新編
會計電算化教程

主　編●李　焱　熊輝根　唐湘娟
副主編●胡浪濤　溫　莉　趙平峰

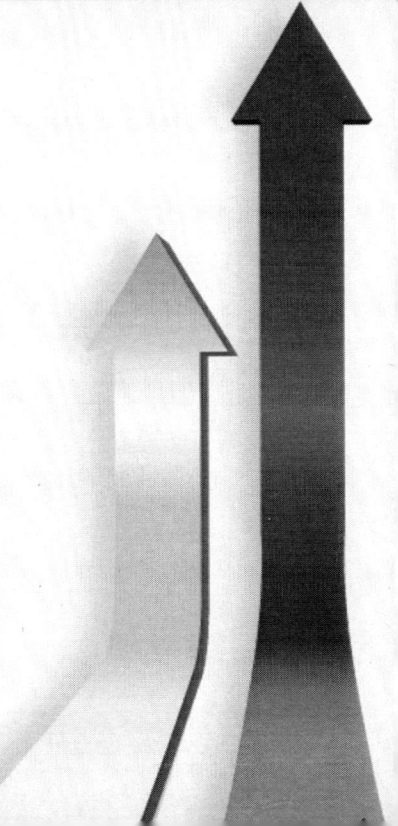

崧燁文化

前 言

本書是以用友公司最新推出的 U8-10.1 財務軟件為藍本編寫的，主要向讀者介紹了總帳系統、應收帳款系統、應付帳款系統、固定資產管理系統、薪資管理系統、銷售管理系統、採購管理系統、存貨核算系統、庫存管理系統等用友財務軟件的相關操作知識。

本書在編寫的過程中，主要突出了以下四個方面的特點：

第一，強調項目實訓是提高財務軟件操作技能的基礎。

針對應用技術類人才教學特點，本書按項目給出了具有針對性的實訓資料，有助於讀者通過親自動手操作從而熟練地掌握財務軟件中的重點操作技能，真正地做到化複雜為簡單，化整體為個別，夯實財務軟件中每一個基本環節的操作技能，練好財務軟件操作的基本功，為能夠真正地提高財務軟件綜合操作技能奠定堅實的基礎。結合整修軟件各個子系統的具體功能，各個分項目實訓的數據是相互有機聯繫的，只需要建立一個帳套就可以完成整個項目的實訓，起到了由個別到綜合的實訓效果。

第二，著力提高財務軟件的綜合操作技能是終極目標。

本書列示了一個公司的連續 2 個月的綜合財務數據，通過對該公司連續 2 個月的業務進行會計處理，有利於學生將用友 U8-10.1 財務軟件中的總帳系統、應收帳款系統、應付帳款系統、固定資產管理系統、薪資管理系統、銷售管理系統、採購管理系統、存貨核算系統、庫存管理系統等作為一個整體加以應用，及時地解決他們的財務軟件綜合操作技能問題，為他們今後走向工作崗位解決工作中的財務軟件操作問題奠定了堅實的基礎。

第三，圖文並茂，對財務軟件操作過程進行詳細的演示。

本書針對財務軟件每一個操作界面都進行了詳細的圖示，同時對於一些重點操作技能進行了文字性總結和說明，強調了財務軟件操作中應注意的事項和相關操作要點，分析了財務軟件操作過程中出現各種錯誤的原因，指出瞭解決問題的方法和途徑，便於讀者獨立進行財務軟件實際操作。

第四，強調了應用型人才培養的教學理念。

本書根據各相關公司、行政事業單位實際工作中的管理需要，詳細地介紹了總帳系統、應收帳款系統、應付帳款系統、固定資產管理系統、薪資管理系統的操作技能，並有針對性地指出了在實際工作中應注意的操作關鍵點。同時，根據實際工作的管理需要，本書給出了詳細、豐富、完備的項目實訓和綜合實訓資料，有利於學生適應未來工作崗位的實際需要，從而為企業和事業單位培養出高素質的實用技能人才。

本書在編寫過程中得到了溫莉、趙平峰、胡浪濤等老師的大力支持，李焱老師負責了本書的概述、基礎設置系統、總帳系統綜合實訓的編寫工作；溫莉老師負責了薪資管理系統的編寫工作；熊輝根老師負責了固定資產管理系統、庫存管理系統的編寫工作；唐湘娟老師負責了應收帳款系統、應付帳款

系統的編寫工作；胡浪濤老師負責了銷售管理系統、採購管理系統的編寫工作；趙平峰老師負責了存貨核算系統的編寫工作；李焱老師負責了本書的審核工作。

由於編者水平有限，在編寫過程中難免存在一些不足之處，衷心傾聽讀者的建議和批評。

李 焱

目 錄

1 會計電算化概述 ··· (1)
   1.1 會計電算化的發展歷程 ·· (1)
   1.2 會計電算化的定義及作用 ·· (1)
   1.3 會計電算化的發展趨勢 ·· (2)
   1.4 會計電算化的管理體制 ·· (3)

2 基礎設置系統 ··· (4)
   2.1 帳套的創建 ·· (4)
   2.2 基礎設置 ··· (17)
   實訓一 創建帳套實訓 ··· (63)
   實訓二 基礎設置實訓 ··· (63)
   實訓三 會計科目設置實訓 ·· (66)
   實訓四 項目目錄實訓 ··· (66)

3 總帳系統 ··· (68)
   3.1 期初餘額錄入 ··· (68)
   3.2 憑證 ··· (76)
   3.3 出納 ··· (87)
   3.4 帳表 ··· (94)
   3.5 期末 ·· (115)
   3.6 會計報表的生成 ··· (131)
   實訓一 數據初始化實訓 ··· (136)
   實訓二 會計憑證的填制審核與記帳實訓 ·································· (140)
   實訓三 出納業務實訓 ·· (141)
   實訓四 對應結轉實訓 ·· (142)
   實訓五 銷售成本結轉實訓 ··· (142)
   實訓六 匯兌損益實訓 ·· (143)

4 應收帳款系統 ·· (144)
   4.1 設置 ·· (144)
   4.2 應收單據處理 ·· (158)
   4.3 收款單據處理 ·· (164)

4.4　核銷處理……………………………………………………………（169）
　　4.5　轉帳處理……………………………………………………………（172）
　　4.6　壞帳處理……………………………………………………………（177）
　　4.7　製單處理……………………………………………………………（181）
　　4.8　單據查詢……………………………………………………………（182）
　　4.9　帳表管理……………………………………………………………（184）
　　4.10　期末處理…………………………………………………………（187）
　　實訓一　應收帳款系統設置實訓………………………………………（188）
　　實訓二　應收帳款系統日常業務處理實訓……………………………（189）

5　應付帳款系統…………………………………………………………（191）
　　5.1　設置…………………………………………………………………（191）
　　5.2　應付單據處理………………………………………………………（203）
　　5.3　付款單據處理………………………………………………………（208）
　　5.4　核銷處理……………………………………………………………（211）
　　5.5　轉帳…………………………………………………………………（216）
　　5.6　製單處理……………………………………………………………（221）
　　5.7　單據查詢……………………………………………………………（223）
　　5.8　帳表管理……………………………………………………………（226）
　　5.9　期末處理……………………………………………………………（228）
　　實訓一　應付帳款系統設置實訓………………………………………（230）
　　實訓二　應付帳款系統日常業務處理實訓……………………………（231）

6　固定資產管理系統……………………………………………………（233）
　　6.1　固定資產管理系統初始化…………………………………………（233）
　　6.2　設置…………………………………………………………………（236）
　　6.3　卡片…………………………………………………………………（239）
　　6.4　處理…………………………………………………………………（246）
　　6.5　帳表…………………………………………………………………（255）
　　實訓一　固定資產系統（工作量法）…………………………………（259）
　　實訓二　固定資產系統（年限平均法二）……………………………（261）

7　薪資管理系統…………………………………………………………（264）
　　7.1　薪資管理系統初始化………………………………………………（264）
　　7.2　設置…………………………………………………………………（268）

7.3	業務處理	(274)
7.4	憑證查詢	(281)
實訓	薪資系統實訓	(282)

8 庫存管理系統 (286)
8.1	初始設置	(286)
8.2	入庫業務	(288)
8.3	出庫業務	(292)
8.4	調撥業務	(294)
8.5	盤點業務	(298)
8.6	報表	(299)
8.7	月末結帳	(301)
實訓	庫存管理實訓	(302)

9 採購管理系統 (304)
9.1	設置	(304)
9.2	供應商管理	(305)
9.3	請購	(307)
9.4	採購訂貨	(307)
9.4	採購到貨	(309)
9.5	採購入庫	(313)
9.6	採購發票	(315)
9.7	採購結算	(327)
9.8	現存量查詢	(329)
9.9	月末結帳	(330)
9.10	報表	(330)
實訓	採購管理實訓	(333)

10 銷售管理系統 (335)
10.1	設置	(335)
10.2	銷售訂貨	(336)
10.3	銷售發貨	(337)
10.4	銷售開票	(340)
10.5	代墊費用單	(346)
10.6	銷售現存量查詢	(347)

10.7　月末結帳 …………………………………………………………………（348）
　　10.8　報表 ……………………………………………………………………（348）
　　實訓　銷售管理實訓 …………………………………………………………（351）

11　存貨核算系統 ……………………………………………………………（353）
　　11.1　初始設置 …………………………………………………………………（353）
　　11.2　日常業務 …………………………………………………………………（356）
　　11.3　業務核算 …………………………………………………………………（356）
　　11.4　財務核算 …………………………………………………………………（361）
　　11.5　帳表 ……………………………………………………………………（364）
　　實訓　存貨核算實訓 …………………………………………………………（365）

12　會計電算化綜合實訓 ……………………………………………………（366）
　　12.1　1月份實訓資料 …………………………………………………………（366）
　　12.2　2月份實訓資料 …………………………………………………………（380）

1 會計電算化概述

1.1 會計電算化的發展歷程

1.1.1 國外會計電算化的發展歷程

1946 年，計算機誕生後，西方的一些計算機技術發達國家著手將計算機技術應用於會計領域，並取得了一些重大突破。1954 年，美國通用電器公司第一次利用計算機計算員工工資、庫存存貨等相關問題，並取得了一些技術成就和突破。

20 世紀 60 年代，一些西方發達國家利用計算機技術進行會計業務處理取得了全面突破。其最重要的一個特點是手工記帳方法幾乎全面被以計算機為基礎的會計電算化信息系統取代，並適當提供了一些有助於公司加強管理的會計信息。

20 世紀 80 年代，以計算機技術為基礎的會計電算化信息系統得到了廣泛普及和應用。其顯著標誌是 1987 年 10 月國際會計師聯合會在日本東京召開了「以計算機在會計中應用」為中心議題的第十三屆會計師大會。

20 世紀 90 年代，以美國為首的西方國家在以計算機技術為基礎的會計電算化信息系統方面達到了日臻成熟的階段。在國際市場上，多達數百種財務軟件在市場上銷售和使用，會計軟件業已經成為計算機軟件的一個重要組成部分。

1.1.2 中國會計電算化的發展歷程

同一些西方發達國家相比，中國計算機技術發展是比較落後的，因此將計算機技術應用到會計領域也是落後了一大步。

1979 年，國家財政部向長春第一汽車製造廠撥款 500 萬元進行會計電算化試點工作，這是將計算機技術應用於會計領域的起點。1981 年，中國人民大學和長春第一汽車製造廠聯合召開了「財務、會計、成本應用計算機」專題研討會。

20 世紀 80 年代，由於國家出抬了許多相關政策發展計算機技術，因此很多計算機公司在會計電算化信息系統研究方面投入大量財力進行了研發，但仍不成熟，有待於進一步發展。

20 世紀 90 年代，中國以計算機技術為基礎的會計電算化信息系統日漸成熟，開始廣泛用於會計工作領域，出現了以用友、金蝶等為代表的財務軟件。

1.2 會計電算化的定義及作用

1.2.1 會計電算化的定義

會計電算化就是以計算機技術為基礎，利用專業的財務軟件來進行會計業務處理，為企業管理提供有關會計信息，來實現預測、分析、決策、控制、預算等會計管理工作。

1.2.2 會計電算化的作用

第一，節約了會計從業人員的工作時間，提高了會計工作效率。

由於實行了會計電算化，只需會計從業人員錄制完會計憑證後，會計憑證的記帳、帳簿的生成、會計報表的生成以及其他會計數據的生成都由計算機在極短的時間內完成，同手工做帳相比，進行會計處理的時間大大減少，極大地提高了會計工作效率。

第二，有利於會計從業人員職能轉變，有助於加強企業管理工作。

由於實行了會計電算化，會計從業人員不必花費過多時間進行記帳、計算等繁重且耗時的工作，有利於抽出更多的時間從事財務數據分析、利用財務信息進行決策等工作，從而有助於加強企業的經濟管理工作。

第三，有助於減少會計從業人員，提高會計從業人員素質。

由於實行了會計電算化，會計工作的效率大大提高，因此不再需要過多的人員從事會計工作。一方面，操作財務軟件需要一定技能；另一方面，會計電算化有利於會計從業人員有更多時間進行會計專業知識學習，因此有利於提高會計從業人員素質。

第四，有助於會計工作規範化，提高會計工作質量。

實行了會計工作電算化後，解決了手工做帳的字體不規範、不清潔等一系列問題，有利於會計工作規範化，極大地促進了會計工作質量提高。

第五，有助於會計理論的發展和研究。

由於實行了會計工作電算化，同手工做帳相比較，在會計核算的程序、會計資料保管等許多方面有不同之處，這些問題需要會計從業人員去研究、探索，從而有利於促進會計理論的發展和研究。

1.3 會計電算化的發展趨勢

隨著計算機技術和網路技術的迅速發展，會計電算化技術已經日趨成熟，在企事業單位的日常經營管理活動中發揮著越來重要的作用。結合近些年來的發展狀況來看，會計電算化呈現出以下幾個方面的發展趨勢：

1.3.1 會計電算化發展普及化

一方面，各種類型的財務軟件經過多年的應用、提高和完善，它們在企事業單位中發揮的提高工作效率、降低經營成本、減輕會計從業人員勞動強度、及時提供各種財務數據等方面的作用被眾人接受；另一方面，隨著計算機技術和網路技術的發展，使用財務軟件的設備使用成本變得越來越少，各種財務軟件的購置成本也變得更加便宜。這兩個方面的合力讓會計電算化越來越平民化、普及化，在不久的將來，有可能社會上所有的企事業單位都會採用會計電算化，從而拋棄傳統的手工會計核算方式。

1.3.2 會計電算化從會計「核算型」向「管理型」發展

由於企業管理工作的需要，中國的會計功能逐步從「核算」功能向「管理」功能發展，強調如何利用準確的財務信息做出及時和正確的分析、決策，以滿足企業管理工作的需要，實現企業利益的最大化。因此，會計電算化從最初的填制憑證、記帳、生成會計報表等會計核算功能逐步向財務分析、財務決策、財務預算等企業管理功能發展，以更好地適應企業發展需要，為企業事前和事中管理及預算、控製提供有效與及時的財務數據。

1.3.3 會計電算化發展的多元化

在會計電算化發展的早期階段，開發的軟件主要滿足大眾化的需要，主要功能是存貨核算、固定資產核算、薪酬核算、會計報表編製等基本功能。隨著會計電算化的發展和成熟，市場競爭日益激烈，各軟件供應商為了佔領市場，根據銀行、電信、鐵路、學校等不同行業及不同客戶的管理需要，量身開發了一系列具有鮮明特徵的會計軟件。因此，會計電算化多元化發展的趨勢更加明顯和突出。

1.4 會計電算化的管理體制

中國會計電算化的管理體制實行的是「統一領導，分級管理」的模式，國務院財政部門負責全國的會計電算化管理工作，縣級以上各級財政部門負責本地區的會計電算化管理工作，各地企事業單位結合本單位實際管理工作需要，在當地財政部門指導下開展會計電算化工作。

各級財政部門管理會計電算化的主要任務如下：

第一，制定會計電算化工作管理制度。

第二，制定會計電算化工作發展規劃。

第三，對當地會計電算化工作進行技術指導，並開展會計電算化人員培訓工作。

國務院財政部門為了促進會計電算化工作的應用和發展，在 1994 年 6 月同時發布了三個有關會計電算化管理的文件，即《會計電算化管理辦法》《商品化會計核算軟件評審規範》和《會計核算軟件基本功能規範》，特別是在 1996 年 6 月又發布了《會計電算化工作規範》。這些行政法規的出抬和實施，有利於中國會計電算化工作規範化、制度化，對於指導和促進全國會計電算化工作的開展起到了至關重要的作用。

2 基礎設置系統

2.1 帳套的創建

2.1.1 系統管理

在用友 U8-10.1 財務軟件中，系統管理主要提供了帳套的創建、帳套的引入、刪除、輸出和備份，年度帳套，操作員的增加和權限的分配，消除異常任務等功能。

企業帳套的創建：一般是指為一個獨立核算的會計單位建立一個完整的帳簿體系。

帳套的引入：已經建立帳套的備份數據可以在以後時間直接引入用友財務軟件中繼續使用。

帳套的刪除：已經建立的帳套，若以後不需要繼續使用時，可以從用友財務軟件系統中刪除。

帳套的輸出和備份：已經建立的帳套數據可以備份到電腦的除 C 盤以外的硬盤和其他移動存儲媒介中，以防數據丟失。

年度帳套：一個會計單位多年使用財務軟件進行會計業務處理，利用此功能選擇某一年度的帳套，然後查詢相關年度的財務數據。

操作員的增加和權限的分配：增加系統操作人員及操作人員的權限的分配設置。

消除異常任務：在財務軟件操作中，出現了一些特殊情況導致財務軟件不能繼續操作時，執行此功能，從而能夠繼續操作財務軟件。

第一次進入 U8-10.1 財務軟件時，首先要以系統管理員（Administrator）身分進入，系統管理員具有操作所有帳套的權限，首次進入系統管理是不需要錄入密碼的。具體操作是雙擊桌面上的「系統管理」快捷圖標，如圖 2-1 所示。

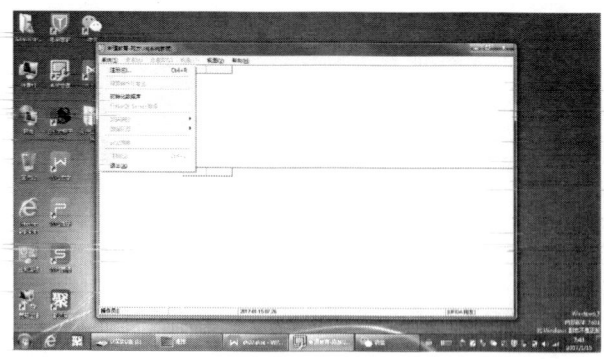

圖 2-1（a）

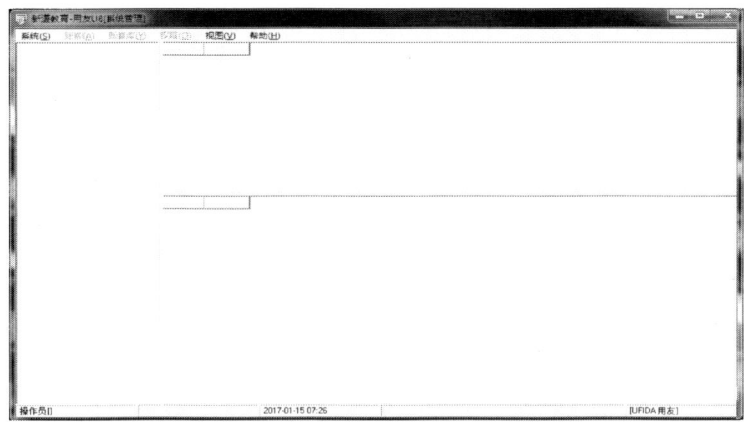

圖 2-1（b）

圖 2-1　啓動 U8-10.1 財務軟件界面

進入系統管理員界面後，彈出「登錄」對話框（見圖 2-2），設置相關內容後，點擊「確定」按鈕，打開「用友 ERP-U8 [系統管理]」操作界面，如圖 2-3 所示。

圖 2-2　登錄對話框

圖 2-3　用友 ERP-U8 [系統管理] 操作界面

2.1.2 創建帳套

單位帳套的創建一般是指為一個獨立核算的會計單位建立一個完整的帳簿體系。其主要包括帳套的基本信息、單位信息、核算類型、基礎信息、編碼方案等內容。

2.1.2.1 基本信息

基本信息主要包括已存的帳套、正在創建的帳套號、帳套名稱、帳套路徑（軟件自動將相關數據存在 C 盤上，也可以人為改存在其他硬盤上）、帳套啟用的時間。

帳套啟用的時間在 1 月份同帳套其他啟用時間（2 月至 12 月）對期初餘額錄入數據、數據錄入方法的影響是不同的，在一個 U8-10.1 財務軟件中，可以最多創建 999 個帳套。其具體操作如圖 2-4～圖 2-7 所示。

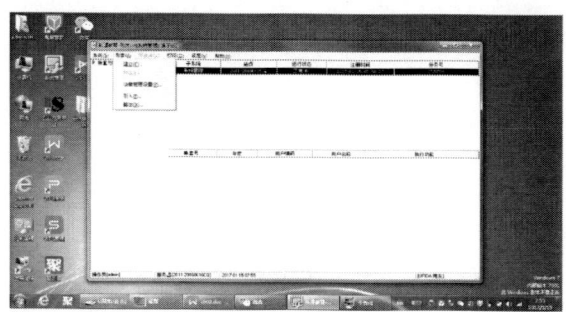

圖 2-4　創建帳套（1）

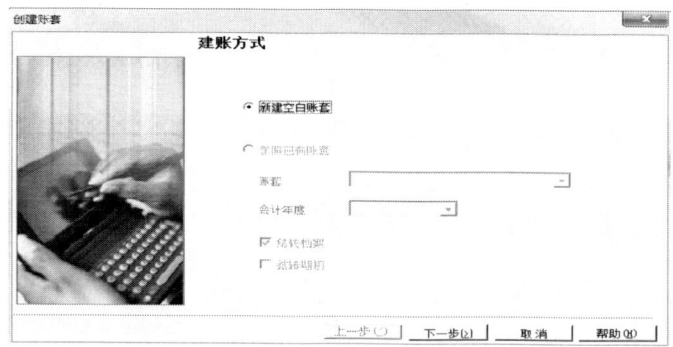

圖 2-5　創建帳套（2）

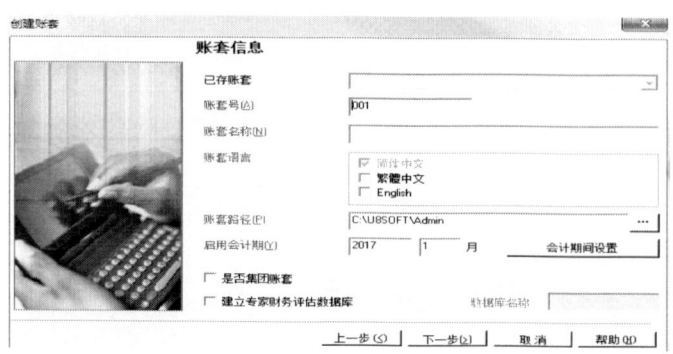

圖 2-6　創建帳套（3）

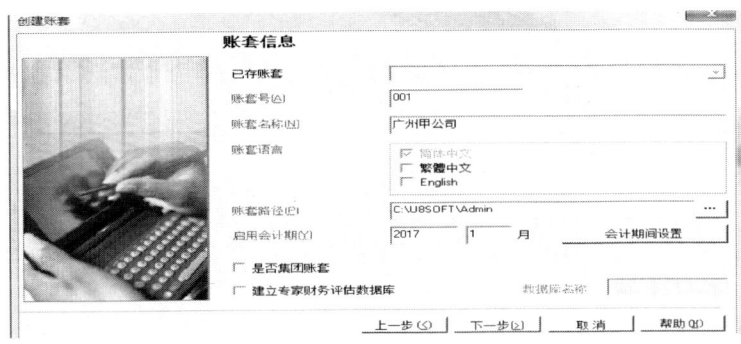

圖 2-7　創建帳套（4）

2.1.2.2　單位信息

單位信息主要包括單位名稱、機構代碼、單位簡稱、單位域名、單位地址、法人代表（法定代表人）、郵政編碼、聯繫電話、國地稅登記號碼等內容，設置「單位信息」對話框如圖 2-8 所示。

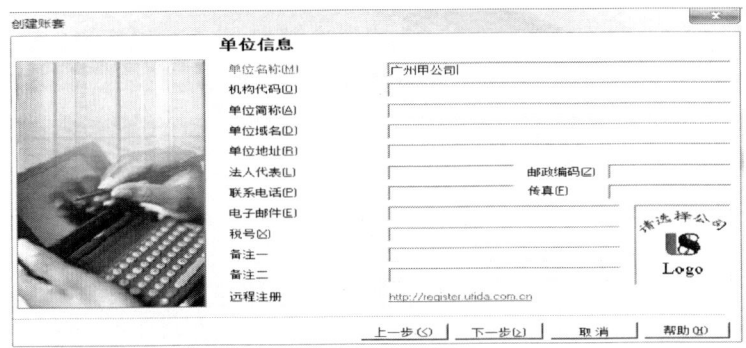

圖 2-8　「單位信息」對話框

2.1.2.3　核算類型

核算類型主要設置「企業類型」中的工業、商業、農業等類型；「行業性質」一定要選擇 2007 年新會計制度科目，否則會影響到基礎設置中的會計科目項目及會計報表的編制工作。核算類型對話框設置如圖 2-9 所示。

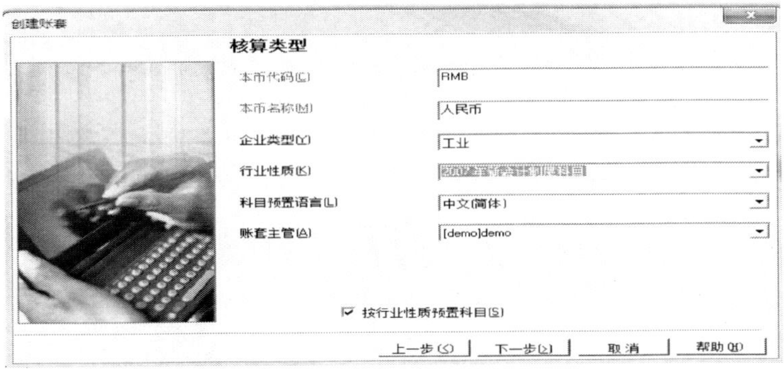

圖 2-9　「核算類型」對話框

2.1.2.4 基礎信息

基礎信息主要包括「存貨是否分類」「客戶是否分類」「供應商是否分類」「有無外幣核算」等內容。軟件會自動選中「存貨是否分類」「客戶是否分類」「供應商是否分類」，若取消了此處選項，將會導致基礎設置中對應內容無法進行操作。

若需要進行外幣核算，則需要手動勾選「有無外幣核算」復選框，如圖2-10所示。

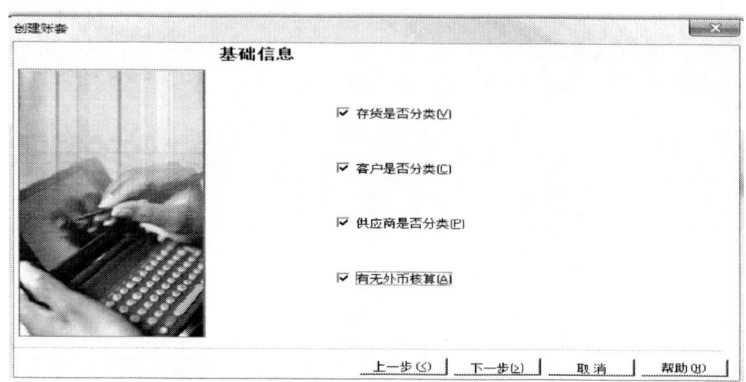

圖2-10 「基礎信息」對話框

「基礎信息」設置完成後，點擊「完成」按鈕，屏幕顯示如圖2-11所示。

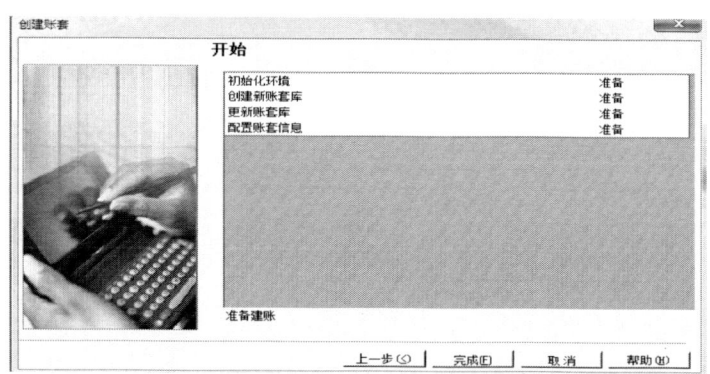

圖2-11（a）

圖2-11（b）
圖2-11 創建帳套完成

2.1.2.5 編碼方案

編碼方案可以根據企業管理要求，進行會計科目編碼級次、客戶分類編碼級次、供應商編碼級次等來操作。編碼方案設置如圖2-12所示，數據精度設置如圖2-13所示，創建帳套成功如圖2-14所示。

 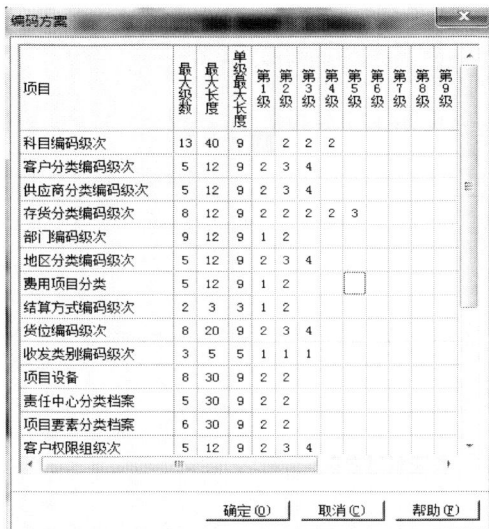

圖 2-12（a）　　　　　　　　　　　　　　　圖 2-12（b）

圖 2-12　編碼方案

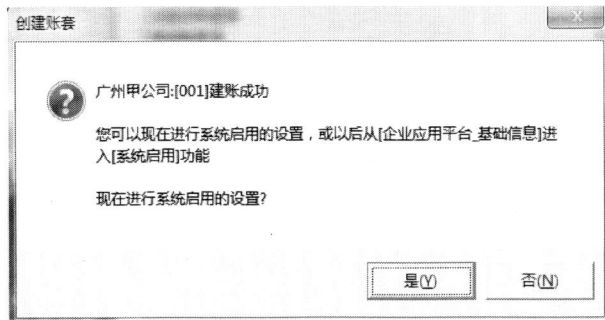

圖 2-13　數據精度

圖 2-14　基礎信息設置完成

［特別提示］

根據管理需要設置會計科目核算的級次，若在此處沒有進行相關的設置，則以後無法增加會計科目核算的級次。

2.1.3 啟用總帳系統及子系統

總帳系統是整個子系統的大腦和中樞，每一個子系統的有關數據最終會傳遞到總帳系統中。因此，在啟用子系統的同時，也要啟用總帳系統。

總帳系統啟用的時間可能是年初（1月份），也可能是在年中（2月至12月份），有些子系統的啟用時間必須同總帳系統啟用的時間是一致的，如應收帳款系統、應付帳款系統。有些子系統的啟用時間同總帳系統啟用的時間可以是不一致的，如薪酬系統、固定資產系統。帳套啟用的時間在1月份同帳套其他啟用時間（2月至12月份）對期初餘額錄入數據、數據錄入方法的影響是不同的。

啟用總帳系統和子系統有兩種方法。

第一種方法是在系統管理中創建帳套完成後啟用帳套，點擊「是」按鈕，彈出「系統啓動」對話框，選擇相關的復選框完成操作，如圖2-15所示。

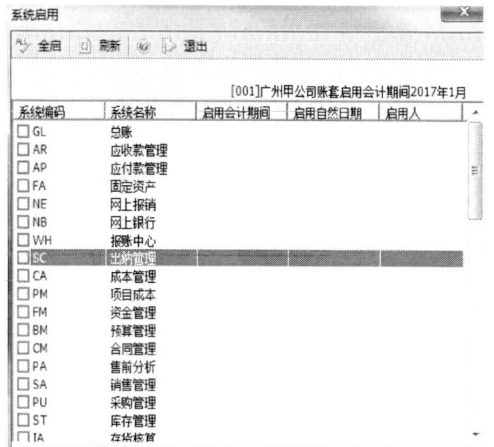
圖2-15（a）

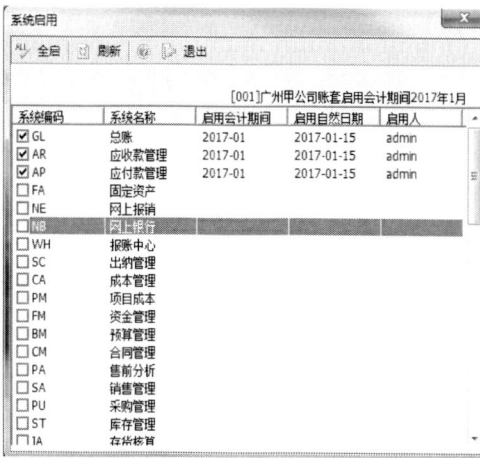
圖2-15（b）

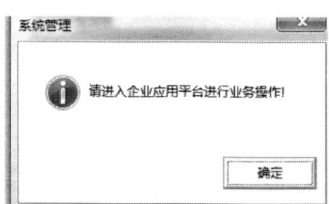
圖2-15（c）

圖2-15　系統啟用（1）

第二種方法是在企業應用平臺中啟用。具體操作是點擊左下角「基礎設置」下面的「基本信息」→「系統啟用」按鈕，如圖2-16所示。

2　基礎設置系統

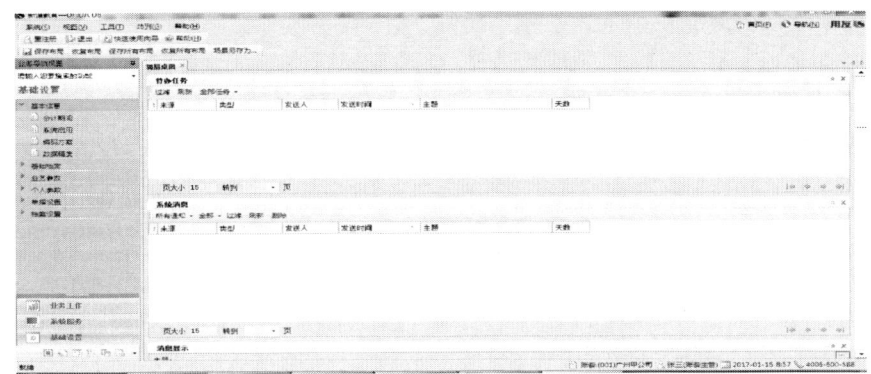

圖 2-16（a）

圖 2-16（b）　　　　　　　　　　　　圖 2-16（c）

圖 2-16　系統啟用（2）

2.1.4　用戶管理及權限設置

帳套主管擁有操作某個帳套的全部權限，它有權增加操作該帳套的操作人員以及根據企業管理實際需要，給每個操作人員授予適當的操作權限。

2.1.4.1　增加用戶

具體操作如下：點擊「權限」→點擊「增加」按鈕，在此錄入相關信息，然後點擊「增加」按鈕，如圖 2-17 所示。

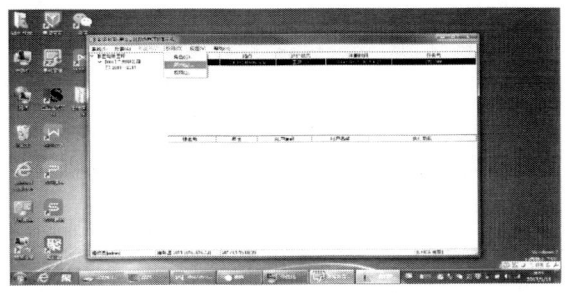

圖 2-17（a）

11

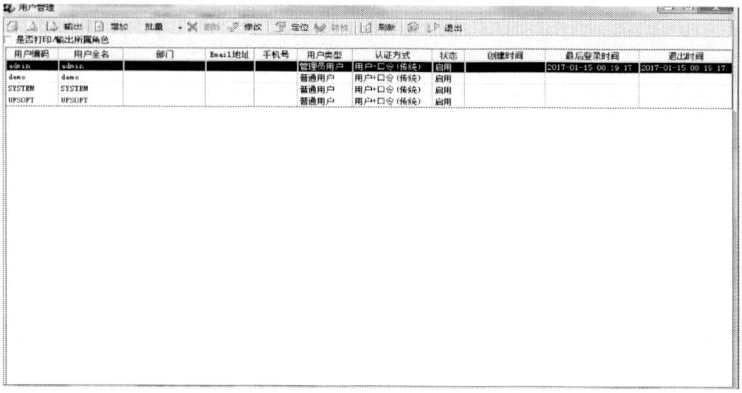

圖 2-17（b）

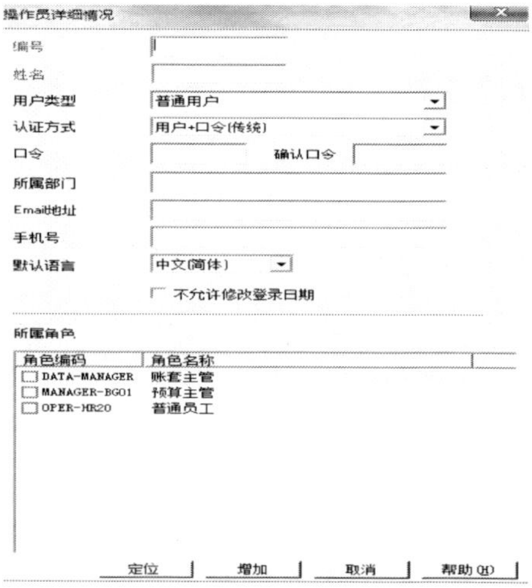

圖 2-17（c）

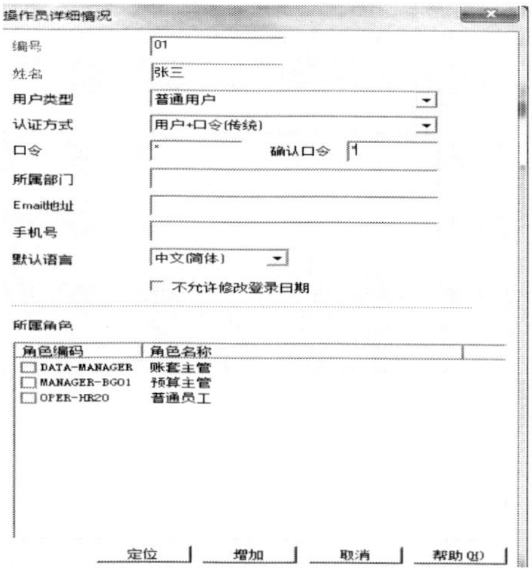

圖 2-17（d）

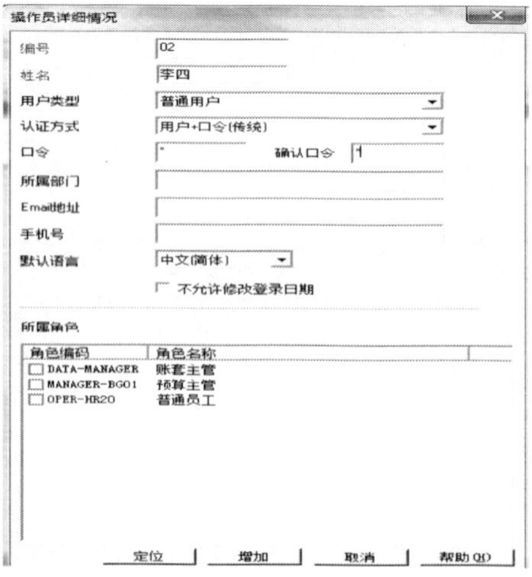

圖 2-17（e）

圖 2-17（f）

圖 2-17　增加用戶

2.1.4.2　帳套主管及相關操作人員權限設置

第一，帳套主管的設置。在「操作員權限」窗口選中某個人為帳套主管，找到某個帳套，選中此帳套，帳套主管設置完成，如圖 2-18 所示。

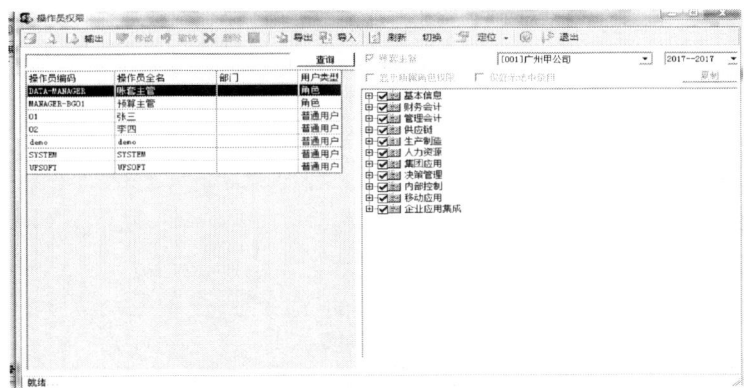

圖 2-18（a）

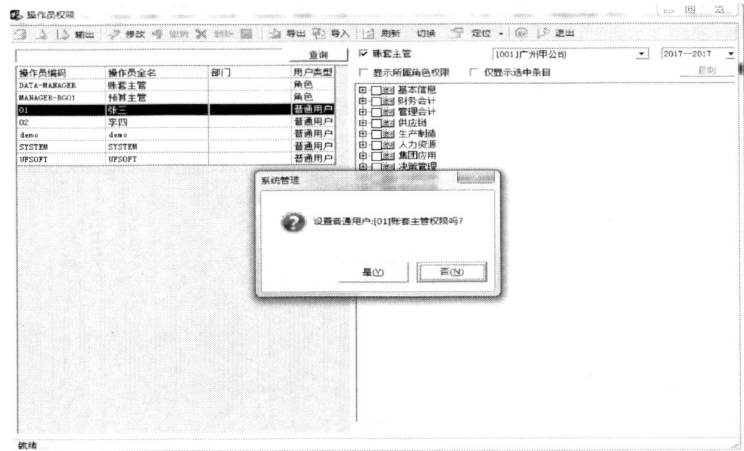

圖 2-18（b）

13

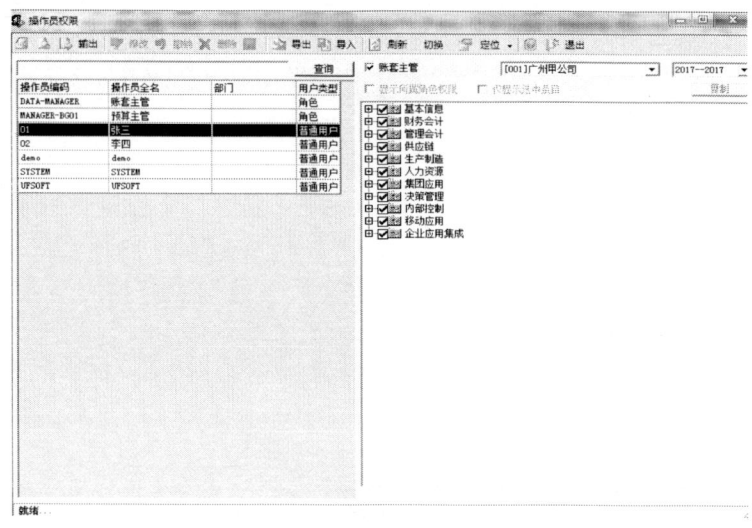

圖 2-18（c）

圖 2-18　帳套主管設置完成

　　第二，帳套主管給帳套有關操作人員授予操作權限。在帳套主管設置完成之後，選中某個操作人員，點擊「修改」按鈕，方能進行授權。然後由帳套主管給相關操作人員授予具體的操作權限。授權完成後，點擊「保存」按鈕，授權過程完成，如圖 2-19 所示。

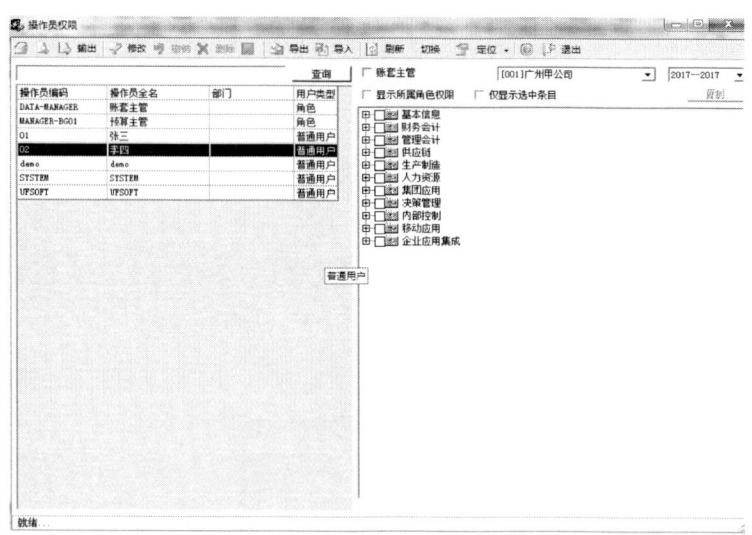

圖 2-19（a）

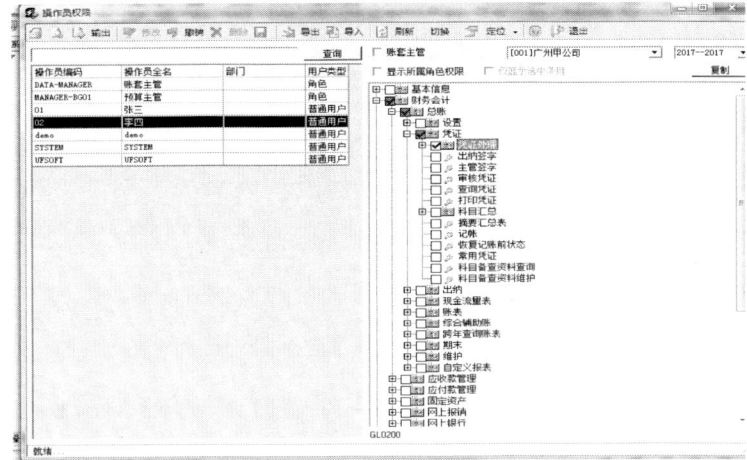

圖 2-19（b）

圖 2-19　授權過程完成

2.1.5　帳套的引入和輸出操作

在關閉財務軟件之前，可以將財務軟件中的數據進行備份。

調出「帳套」，點擊「帳套輸出」命令，選中相關的帳套，然後點擊「確認」按鈕（見圖 2-20）；彈出「請選擇帳套備份路徑」對話框，選擇存放地址，點擊「新建文件夾」按鈕（見圖 2-21）；彈出「請輸入新建的文件夾名稱」對話框，建立文件名（見圖 2-22）；點擊「確定」按鈕完成，如圖 2-23 所示。

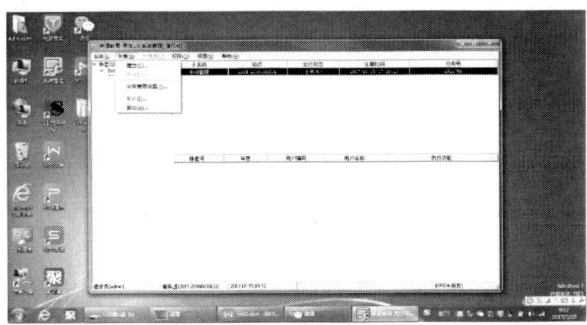

圖 2-20（a）

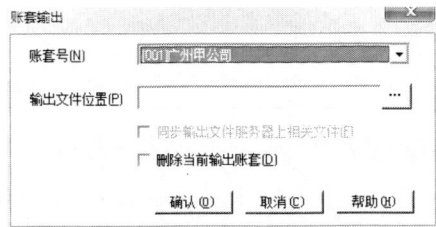

圖 2-20（b）

圖 2-20　帳套輸出

15

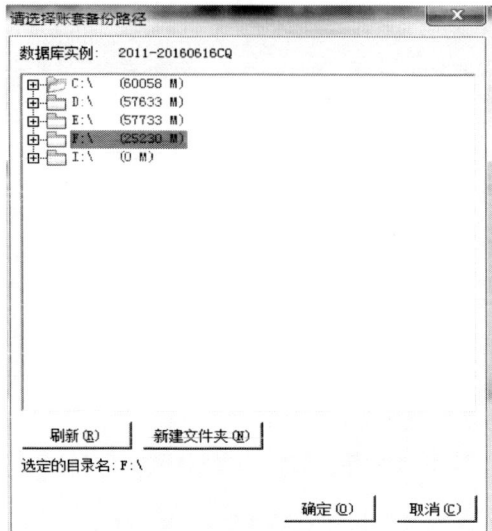
圖 2-21 選擇帳套備份路徑

圖 2-22 「請輸入新建的文件夾名稱」對話框

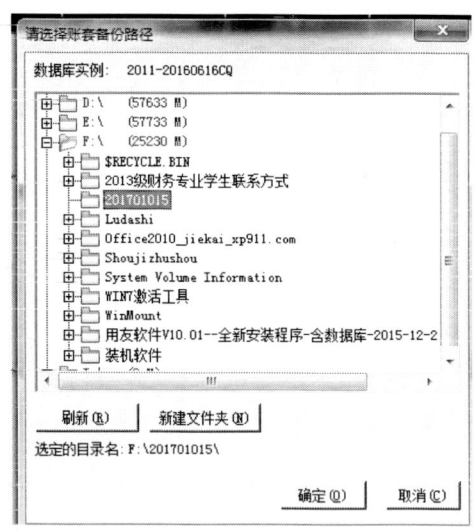
圖 2-23（a）

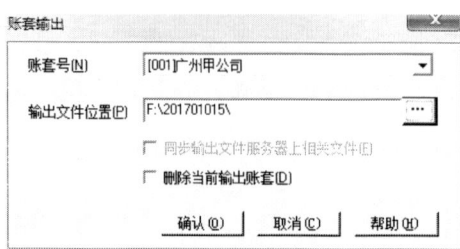
圖 2-23（b）

圖 2-23（c）

圖 2-23 輸出成功

[特別提示]
- 注意建立帳套的時間。
- 注意是否需要採用外幣進行核算。
- 注意總帳系統啟用的時間要同應收系統、應付系統啟用的時間要一致。
- 注意建立好會計科目核算的級數。
- 行業性質只能選擇2007年新會計制度科目。

若帳套已經啟用，這些內容是不可以進行更改的。否則，只能重新建立帳套了。

2.2 基礎設置

基礎設置是進行財務軟件操作的前提和基礎，只有完成了此項工作，方可進行財務軟件後面的操作。基礎設置主要由基本信息、基礎檔案、業務參數、個人參數、單據設置和檔案設置六大部分構成。其中，最主要的是要做好機構人員、客商信息、存貨、財務、收付結算、業務、其他等相關部分的設置工作，否則無法完成軟件中後續的相關操作功能。

點擊頁面左下角的「基礎設置」按鈕就可以進行基礎設置操作了，如圖2-24所示。

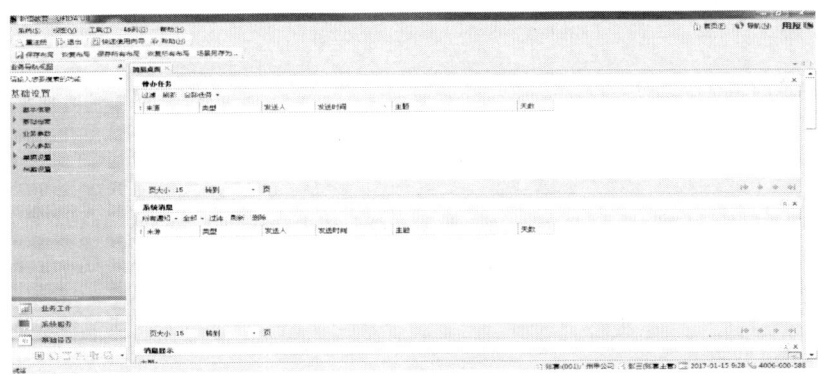

圖2-24 「基礎設置」對話框

基本信息由會計期間、系統啟用、編碼方案和數據精度四個部分組成。

具體操作如下：點擊「基礎設置」→點擊「基本信息」→點擊「會計期間」，如圖2-25所示。

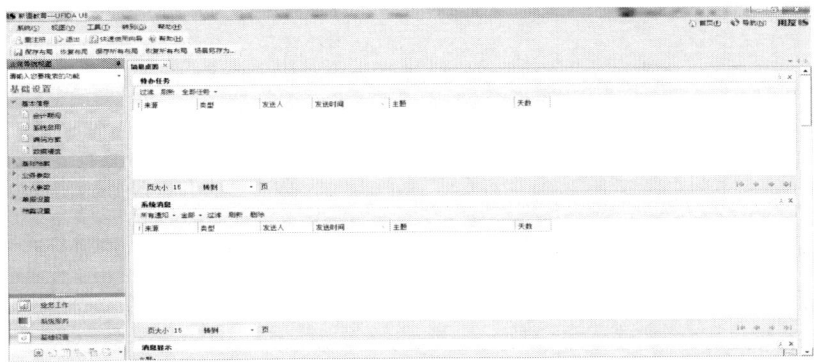

圖2-25（a）

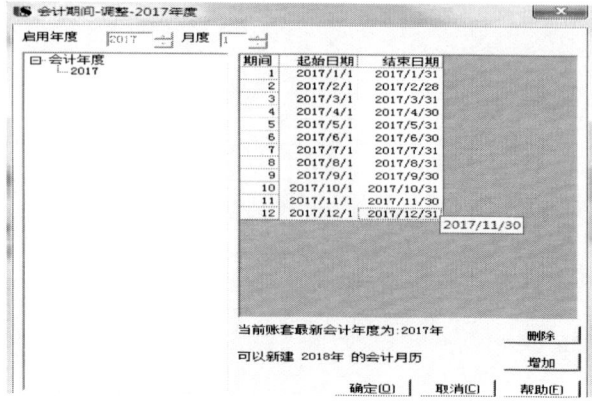

圖 2-25（b）

圖 2-25　會計期間

系統啟用：主要的功能是用於在創建帳套時沒有啟用相關子系統，在此界面可以根據工作要求啟用相關子系統。

具體操作如下：點擊「基礎設置」→點擊「基本信息」→點擊「系統啟用」，如圖 2-26 所示。

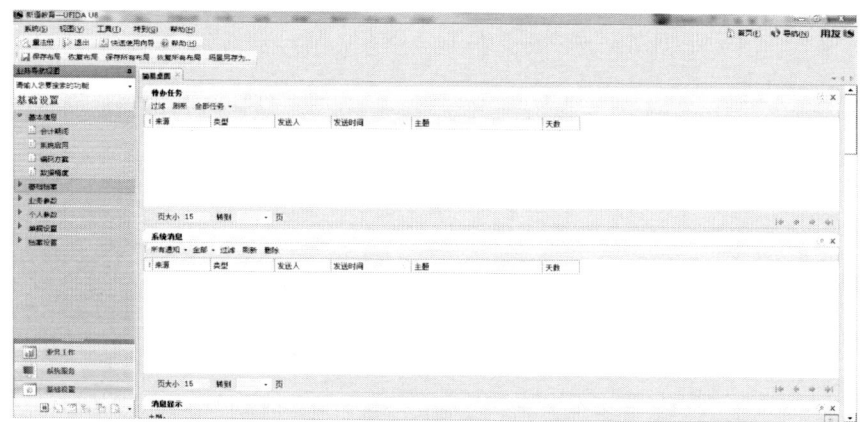

圖 2-26（a）

圖 2-26（b）

圖 2-26　系統啟用

編碼方案：在啟用帳套時已經設置好的各項編碼在此處僅可以查看，是不能修改的。

具體操作如下：點擊「基礎設置」→點擊「基本信息」→點擊「編碼方案」，如圖 2-27 所示。

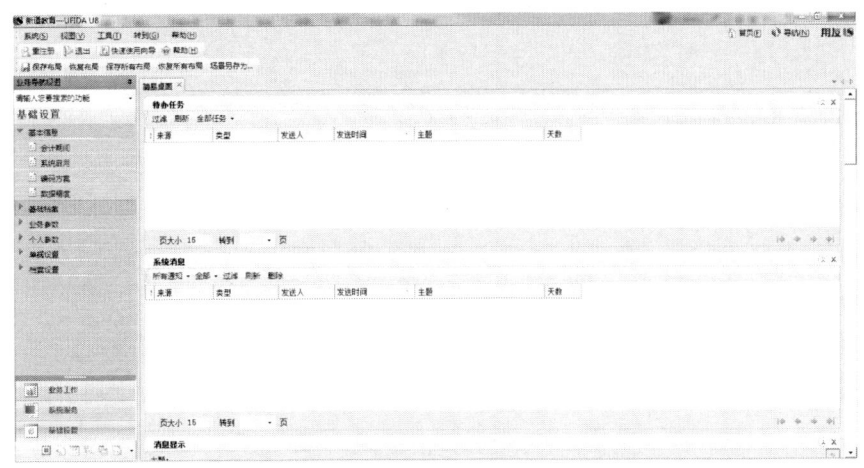

圖 2-27（a）

圖 2-27（b）

圖 2-27　編碼方案

　　數據精度：主要是根據工作的具體要求，修改數據需要保留的小數點位數，在創建帳套可以進行設置，若在創建帳套時沒有進行設置，在此時是可以進行重新進行設置的。

　　具體操作如下：點擊「基礎設置」→點擊「基本信息」→點擊「數據精度」，如圖 2-28 所示。

19

圖 2-28（a）

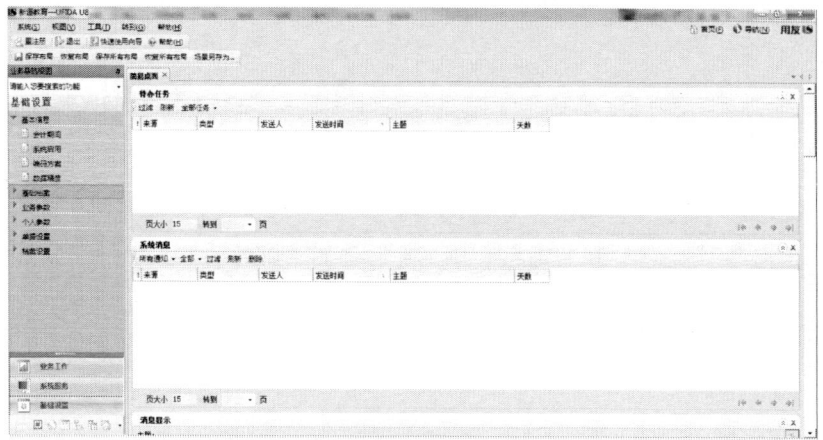

圖 2-28（b）
圖 2-28　數據精度

　　基礎檔案主要由機構人員、客商信息、財務、存貨、收付結算、業務等構成。它是基礎設置中的最重要組成部分，設置工作未能完成則無法進行軟件的後續部分操作。

2.2.1　機構人員

　　機構人員由本單位信息、部門檔案、人員檔案、人員類別、職務檔案、崗位檔案等內容組成。

2.2.1.1　本單位信息

　　具體操作如下：點擊「基礎設置」→點擊「基礎檔案」→點擊「機構人員」→點擊「本單位信息」，如圖 2-29 所示。

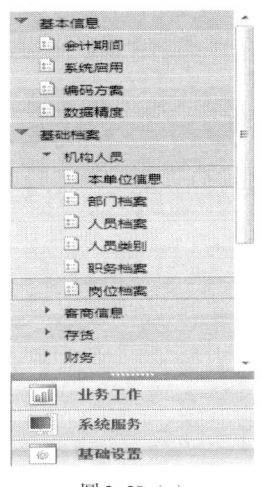

圖 2-29（a）

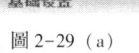

圖 2-29（b）

圖 2-29 「單位信息」對話框

2.2.1.2 部門檔案

由於一級部門編碼的位數為 1 位數，故任何一個單位只能有 10 個一級部門，它們的編碼為 0～9。二級部門的編碼的位數為 2 位數。

具體要填寫的內容有部門編碼、部門名稱、負責人、部門屬性、電話、傳真、郵政編碼、地址、備註、信用額度、信用等級、信用天數等內容。部門編碼、部門名稱、成立日期這三項為必填的內容，其他內容可以根據管理需要進行填寫，也可以不填，如圖 2-30 所示。

具體操作如下：點擊「基礎設置」→點擊「基礎檔案」→點擊「機構人員」→點擊「部門檔案」→點擊「增加」，如圖 2-30 所示。填寫相關內容，最後點擊「保存」按鈕。若發現相關內容有錯誤，點擊「修改」按鈕，修改完相關內容後點擊「保存」按鈕。

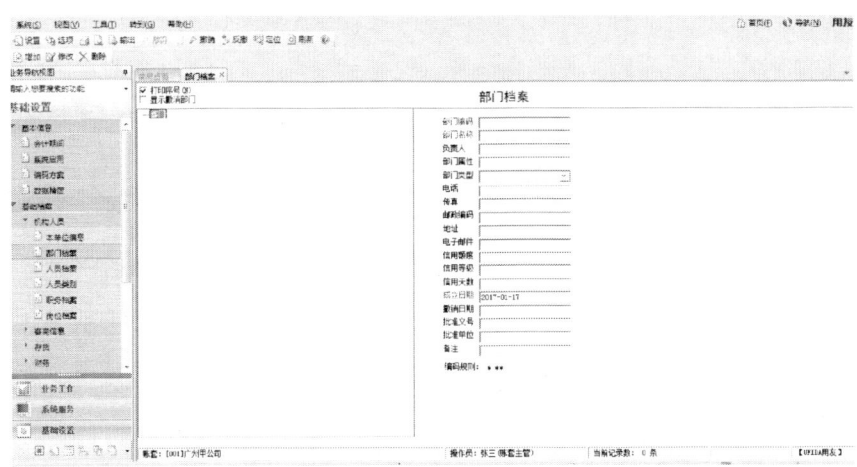

圖 2-30（a）

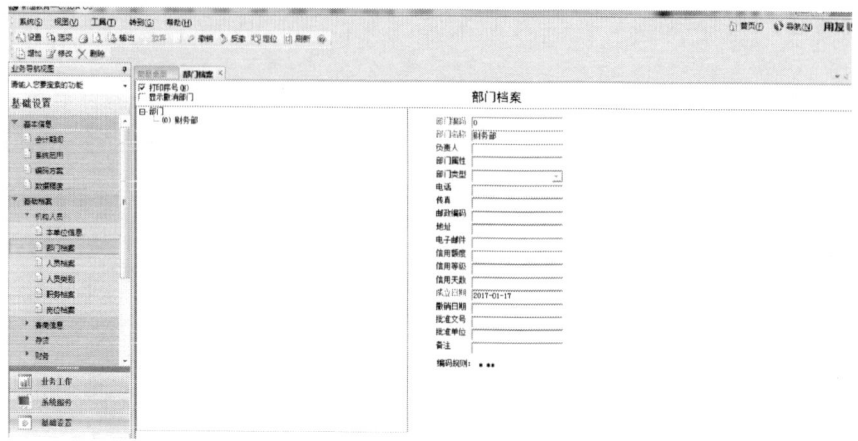

圖 2-30（b）

圖 2-30　部門檔案

若部門設置存在錯誤，可以點擊「修改」按鈕進行修改，修改完成後點擊「保存」按鈕。

2.2.1.3　人員檔案

根據所設立的部門，在每個部門增加相關的人員姓名、人員編碼、性別等內容。人員編碼、人員類別、性別、姓名、行政部門名稱、生效日期、業務或費用部門名稱為必填項目。銀行、出生日期、人員屬性、帳號、身分證號碼為非必填項目。

根據每個人員的具體情況選擇是否為操作員、是否為營業員。只有某個人員是該系統中的操作人員，才能選擇是操作人員。

人員檔案如果沒有選業務員、操作員等，則只能給人力資源（HR）系統使用的，選擇是否為業務員後，總賬、供應鏈等系統中的人員才可以顯示出來。是否為操作員選中後自動在系統管理中添加一個操作員，該操作員可以用來登錄系統，一般情況下操作員可以直接在系統管理中增加，在人員增檔中選中操作員是為了方便，不用錄入兩次，但是有的模塊是要設置操作員與人員檔案對應的。是否為營業員是給連鎖零售系統使用的。

具體操作如下：點擊「基礎設置」→點擊「基礎檔案」→點擊「機構人員」→點擊「人員檔案」→點擊「增加」，錄入相關信息，點擊「保存」按鈕，如圖 2-31 所示。

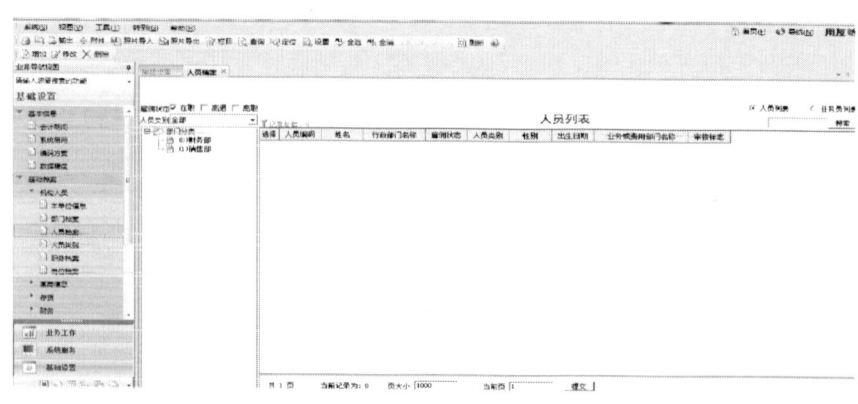

圖 2-31（a）

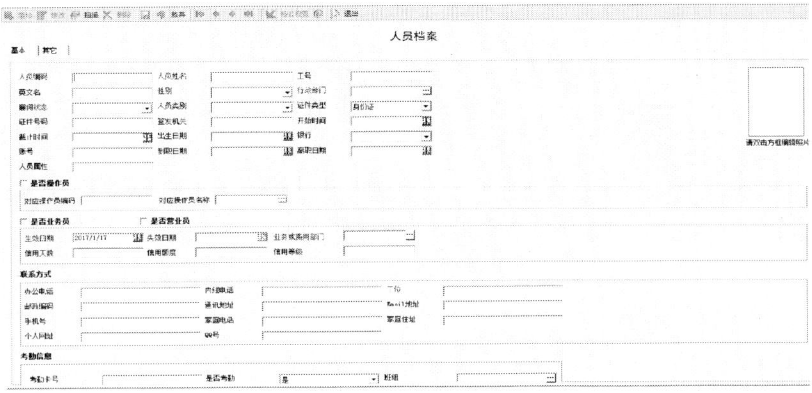

圖 2-31（b）

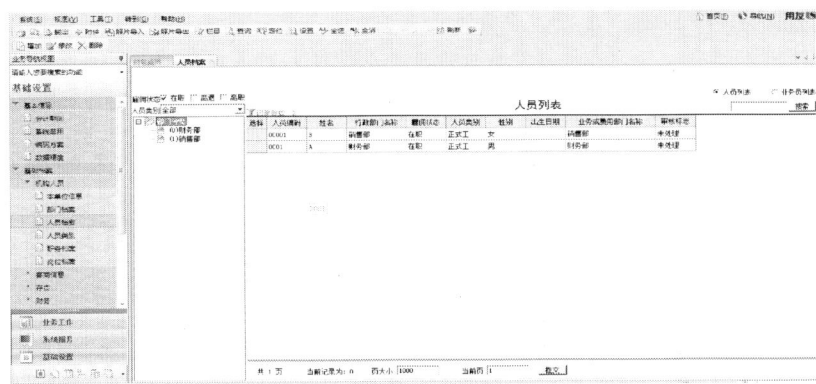

圖 2-31（c）

圖 2-31　人員檔案

[特別提示]

・人員類別不能選擇為無類別，否則會影響薪酬系統的相關操作。性別只能選擇男或女，不能選擇未知的性別。

・人員編碼不能重複，人員姓名可以重複。

2.2.1.4　人員類別

在實際工作中，根據實際情況酌情增加人員類別，在軟件原始設置了三個類別。

具體操作如下：點擊「基礎設置」→點擊「基礎檔案」→點擊「機構人員」→點擊「人員類別」→點擊「增加」，錄入相關信息，點擊「確定」按鈕，如圖 2-32 所示。根據需要，點擊「修改」按鈕，也可以修改相關內容。

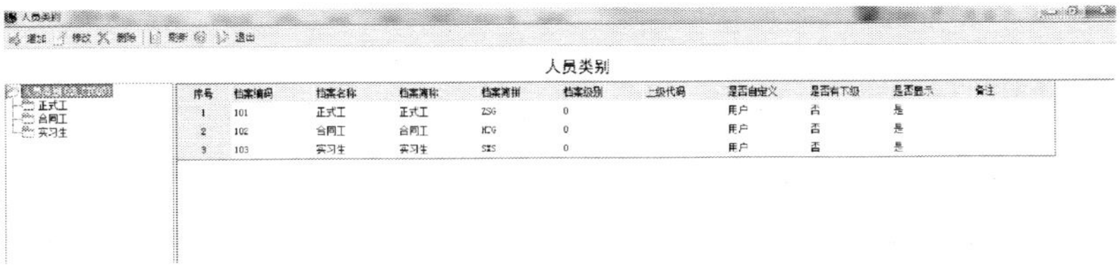

圖 2-32（a）

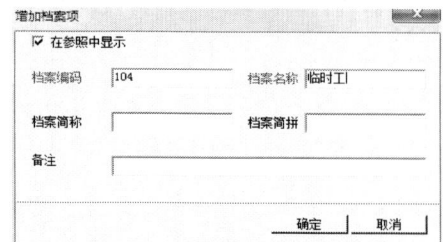

圖 2-32（b）　　　　　　　　　　　　圖 2-32（c）

圖 2-32（d）

圖 2-32　人類類別

2.2.2　客商信息

客商信息主要包括供應商分類及檔案、客戶分類及檔案兩個方面內容。

對供應商、客戶分類的標準取決於每個企業的管理要求，可以按地區進行分類，也可以按銷售額（購買額）進行分類，還可以按其他標準進行分類。

2.2.2.1　地區分類

地區分類共有三級編碼，一級編碼為 2 位數，二級編碼為 3 位數，三級編碼為 4 位數。

具體操作如下：點擊「基礎設置」→點擊「基礎檔案」→點擊「客商信息」→點擊「地區分類」→點擊「增加」，錄入相關信息，點擊「保存」按鈕，如圖 2-33 所示。根據需要，點擊「修改」按鈕，也可以修改相關內容。修改完成後要點擊「保存」按鈕。

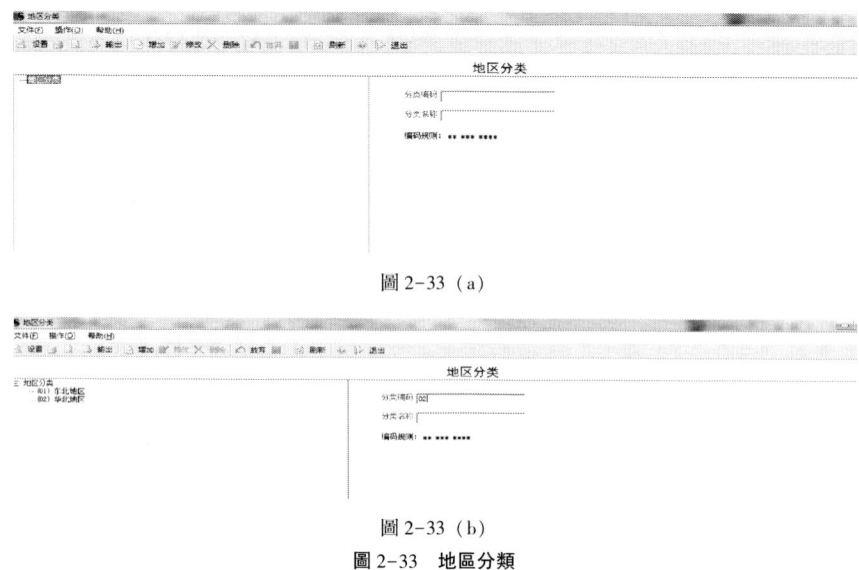

圖 2-33（a）

圖 2-33（b）

圖 2-33　地區分類

2.2.2.2 行業分類

行業分類共有三級編碼，一級編碼為1位數，二級編碼為2位數，三級編碼為3位數。

具體操作如下：點擊「基礎設置」→點擊「基礎檔案」→點擊「客商信息」→點擊「行業分類」→點擊「增加」，錄入相關信息，點擊「保存」按鈕，如圖2-34所示。根據需要，點擊「修改」按鈕，也可以修改相關內容。修改完成後要點擊「保存」按鈕。

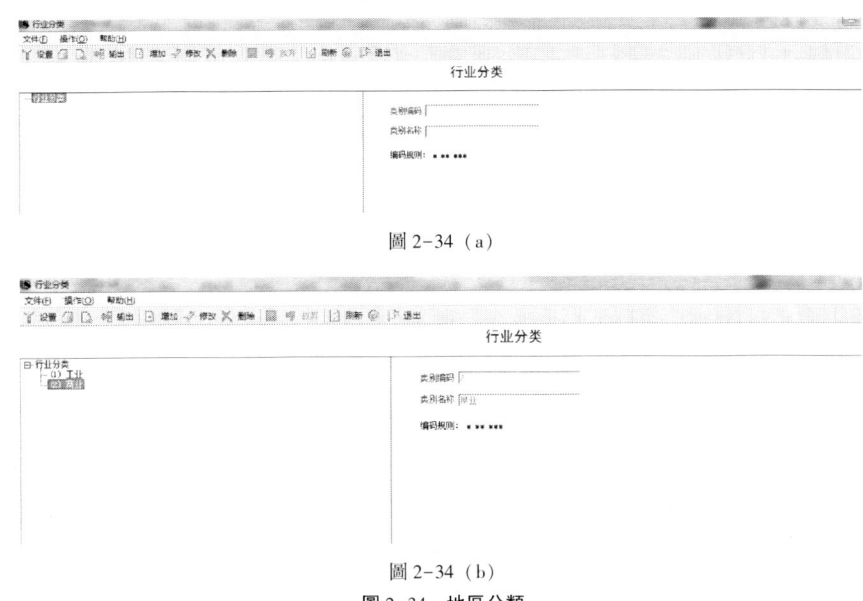

圖2-34（a）

圖2-34（b）

圖2-34　地區分類

2.2.2.3 供應商分類

供應商分類共有三級編碼，一級編碼為2位數，二級編碼為3位數，三級編碼為4位數。

具體操作如下：點擊「基礎設置」→點擊「基礎檔案」→點擊「客商信息」→點擊「供應商分類」→點擊「增加」，錄入相關信息，點擊「保存」按鈕，如圖2-35所示。根據需要，點擊「修改」按鈕，也可以修改相關內容。修改完成後要點擊「保存」按鈕。

圖2-35（a）

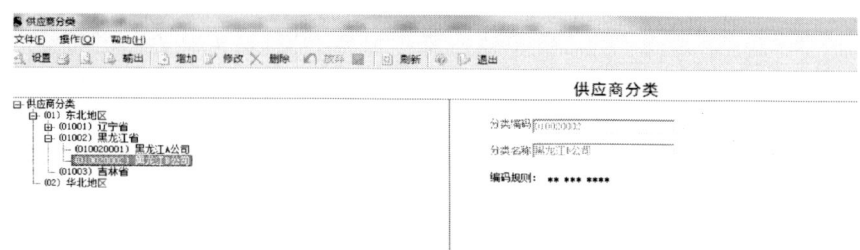

圖 2-35（b）

圖 2-35　供應商分類

2.2.2.4　供應商檔案

在對供應商進行分類的基礎上，進行供應商檔案操作，主要填寫供應商編碼、供應商名稱、供應商簡稱、所屬分類、所屬行業、註冊資金等內容。其中，供應編碼、供應商簡稱、所屬分類為必填項目，供應商名稱、所屬行業、註冊資金等內容為非必填項目。

具體操作如下：點擊「基礎設置」→點擊「基礎檔案」→點擊「客商信息」→點擊「供應商檔案」→點擊「增加」，錄入相關信息，點擊「保存」按鈕，如圖 2-36 所示。

［特別提示］
　　供應商分類中的編碼與供應商檔案中的編碼應當保持一致。

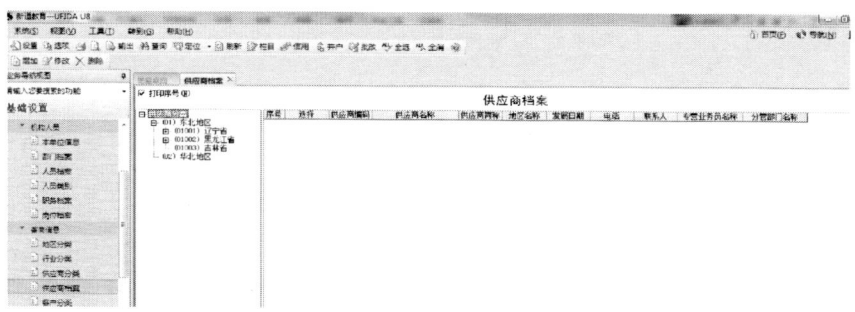

圖 2-36（a）

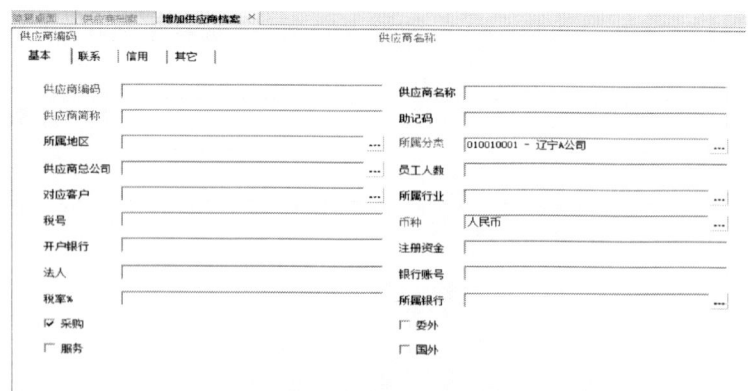

圖 2-36（b）

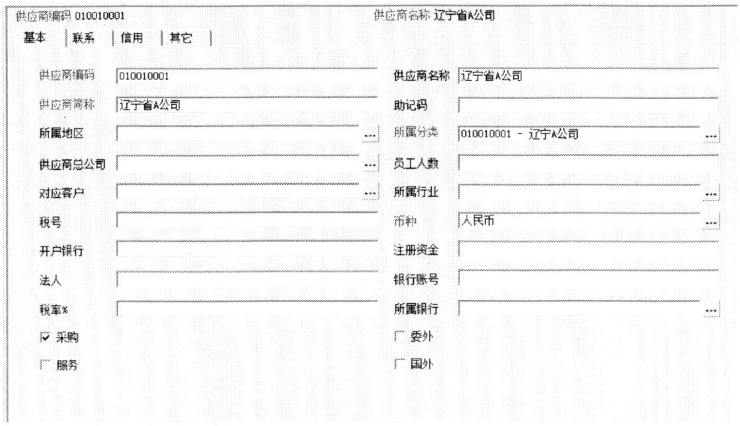

圖 2-36（c）

圖 2-36（d）

圖 2-36 供應商檔案

2.2.2.5 客戶分類

客戶分類共有三級編碼，一級編碼為 2 位數，二級編碼為 3 位數，三級編碼為 4 位數。

具體操作如下：點擊「基礎設置」→點擊「基礎檔案」→點擊「客商信息」→點擊「供應商分類」→點擊「增加」，錄入相關信息，點擊「保存」按鈕，如圖 2-37 所示。根據需要，點擊「修改」按鈕，也可以修改相關內容。修改完成後要點擊「保存」按鈕。

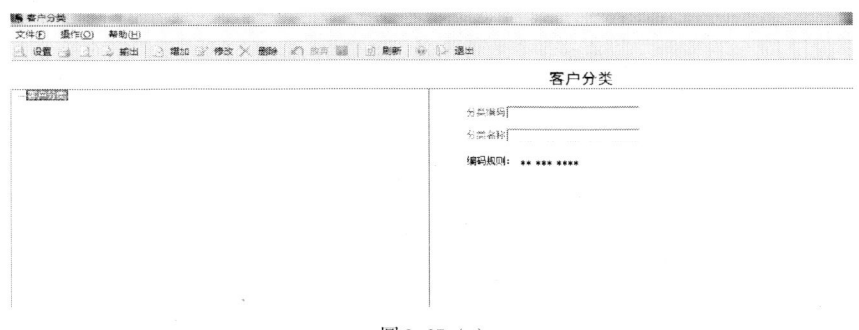

圖 2-37（a）

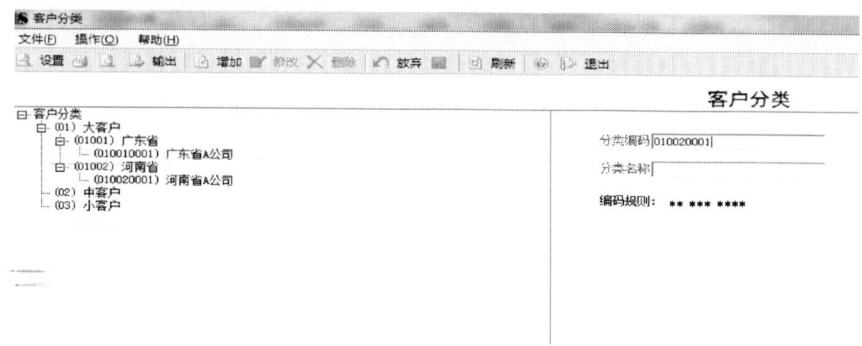

圖 2-37（b）

圖 2-37　客戶分類

在對客戶進行分類的基礎上，進行客戶檔案操作，主要填寫客戶編碼、客戶名稱、客戶簡稱、所屬分類、所屬行業、法人、稅號、對應供應商簡稱、對應供應商簡碼等內容。其中，客戶編碼、客戶名稱、客戶簡稱、所屬分類為必填項目，所屬行業、法人、稅號、對應供應商簡稱、對應供應商簡碼等內容為非必填項目。

具體操作如下：點擊「基礎設置」→點擊「基礎檔案」→點擊「客商信息」→點擊「供應商檔案」→點擊「增加」，錄入相關信息，點擊「保存」按鈕，如圖 2-38 所示。根據需要，點擊「修改」按鈕，也可以修改相關內容。修改完成後要點擊「保存」按鈕。

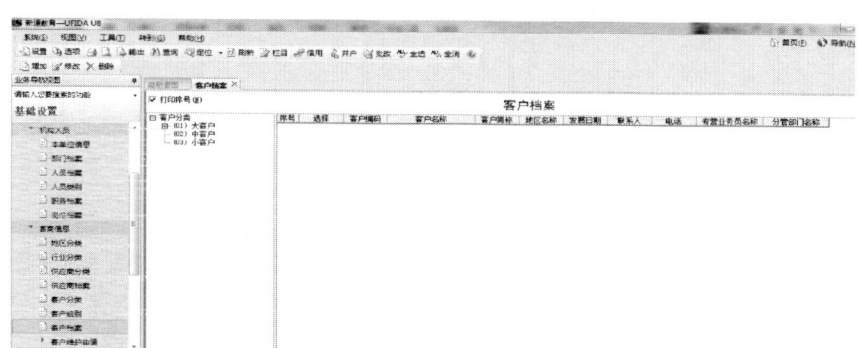

圖 2-38（a）

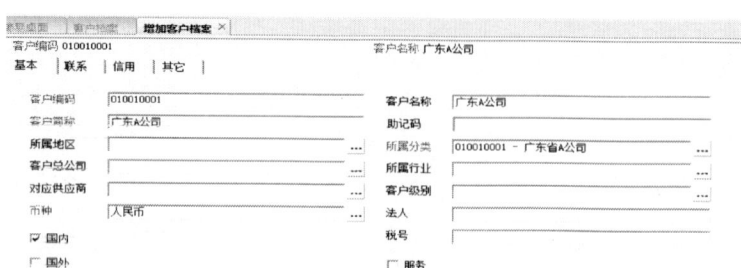

圖 2-38（b）

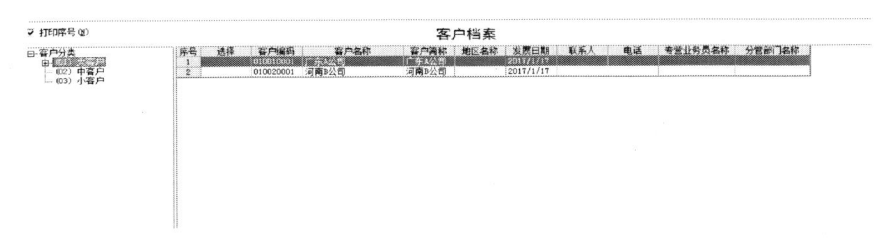

圖 2-38（c）

圖 2-38　客戶檔案

[特別提示]

・做好了地區分類和行業分類後，在進行客戶、供應商分類時，還必須進行重新設置，兩者之間沒有必然聯繫。

・客戶名稱、供應商名稱可以重複，但客戶、供應商編碼不能重複。

・必須先做好供應商、客戶分類後，才可以做供應商、客戶檔案。

2.2.3　存貨

存貨包括存貨分類、計量單位和存貨檔案三方面內容。

2.2.3.1　存貨分類

企業根據管理的實際需要，可以將存貨分為原材料、庫存商品和週轉材料等類別。

存貨編碼的級次為四級，第一、二、三級編碼的位數為 2 位數，第四級編碼的位數為 3 位數。

具體操作如下：點擊「基礎設置」→點擊「基礎檔案」→點擊「存貨」→點擊「存貨分類」→點擊「增加」，錄入相關信息，點擊「保存」按鈕，如圖 2-39 所示。根據需要，點擊「修改」按鈕，也可以修改相關內容。修改完成後要點擊「保存」按鈕。

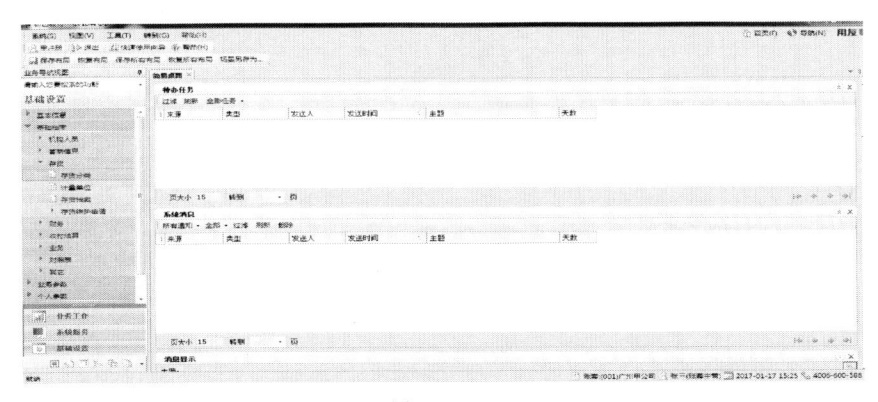

圖 2-39（a）

圖 2-39（b）

圖 2-39（c）

圖 3-29　存貨分類

2.2.3.2　計量單位

　　企業的存貨種類、品種眾多，具有不同的計量單位，如件、個、臺等計量單位。對相關的計量單位進行分組，每一個計量單位組確定一個主要計量單位，其他計量單位為輔助計量單位，輔助計量單位同主要計量單位可以進行相互換算。

　　具體操作如下：點擊「基礎設置」→點擊「基礎檔案」→點擊「存貨」→點擊「計量單位」→點擊「計量單位組」→點擊「分組」→點擊「增加」，錄入相關信息，點擊「保存」按鈕。點擊「單位」命令，錄入相關信息，點擊「保存」按鈕，如圖 2-40 所示。

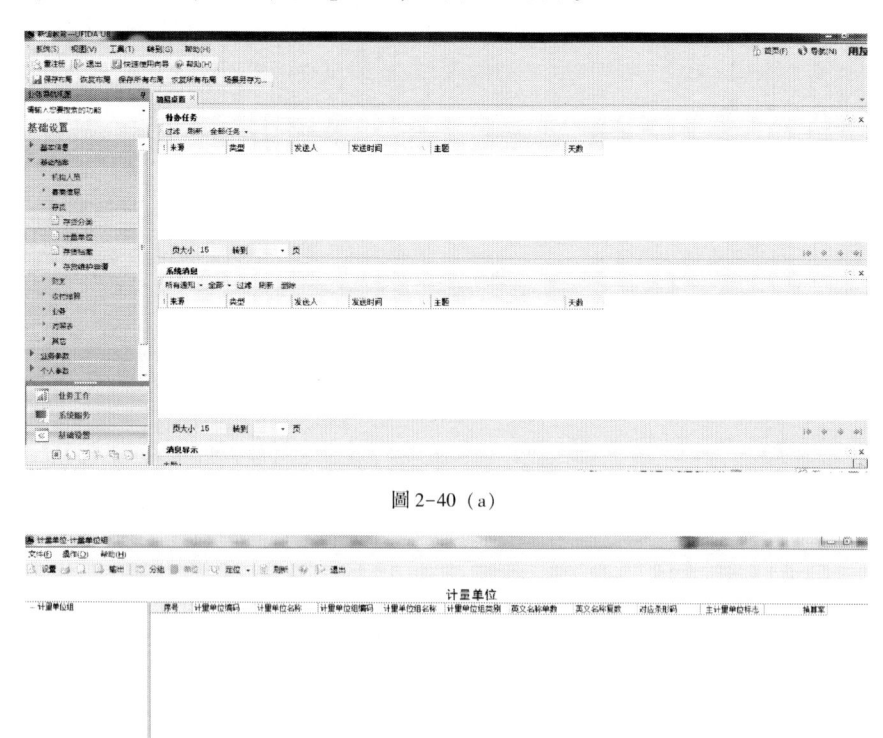

圖 2-40（a）

圖 2-40（b）

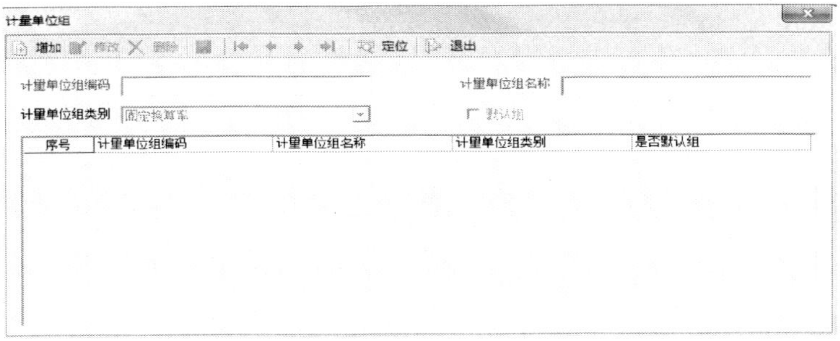

圖 2-40（c）

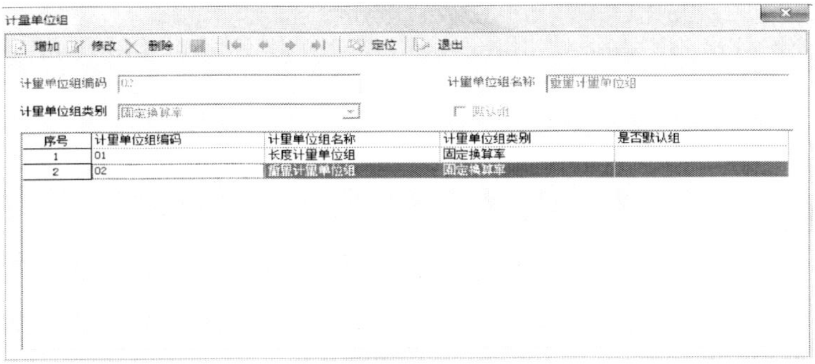

圖 2-40（d）

圖 2-40（e）

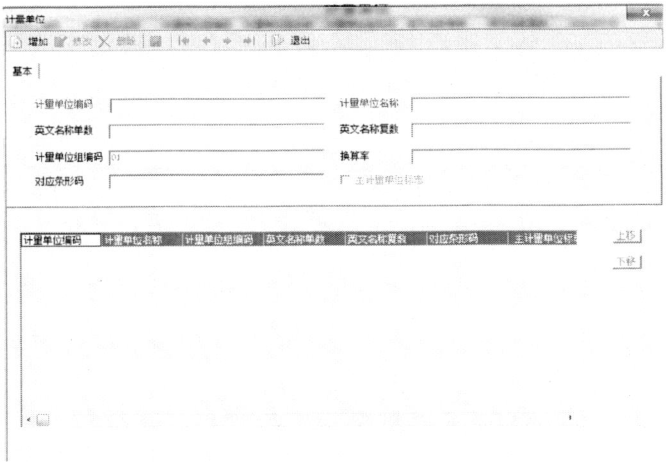

圖 2-40（f）

圖 2-40（g）

圖 2-40（h）

圖 2-40（i）

圖 2-40　計量單位

[特別提示]

・一個計量單位組至少增加兩個以上的計量單位。

・一個計量單位組只有一個主計量單位，主計量單位與非計量單位之間有確定的換算率就錄入確定的換算率。若主計量單位與非計量單位之間沒有確定的換算率就在換算率處錄入數字1。

2.2.3.3 存貨檔案

存貨檔案的內容包括存貨編碼、存貨名稱、計量單位組、主計量單位、存貨屬性、規格型號、計劃售價（售價）、最高售價和最高（最低）庫存等眾多內容。其中，存貨編碼、存貨名稱、計量單位組、主計量單位和存貨屬性是必填項目，規格型號、計劃售價（售價）、最高售價和最高（最低）庫存等其他內容為非必填項目。

存貨屬性中有眾多可供選擇的項目，但是不能全部選中，只能選擇其中的一部分項目。

具體操作如下：點擊「基礎設置」→點擊「基礎檔案」→點擊「存貨」→點擊「存貨檔案」→點擊「增加」，錄入相關信息後，點擊「保存」按鈕，如圖 2-41 所示。若需要對有關內容進行修改，點擊「修改」按鈕，修改完成後點擊「保存」按鈕，方算修改完成。

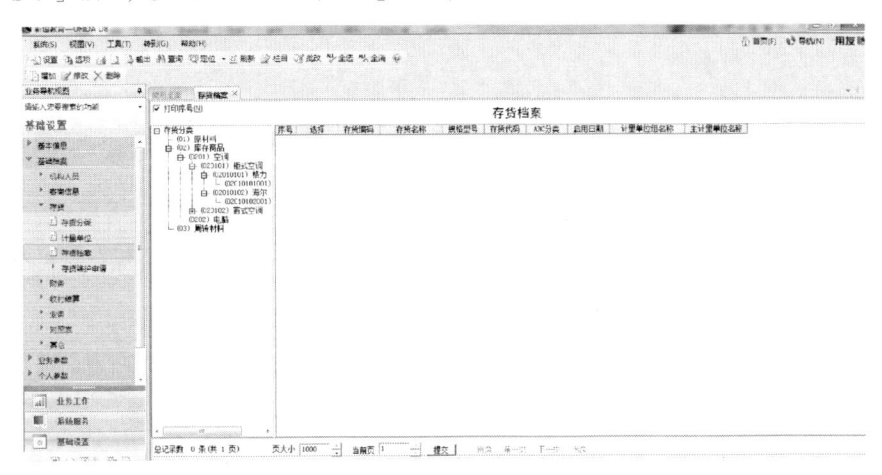

圖 2-41（a）

圖 2-41（b）

圖 2-41（c）

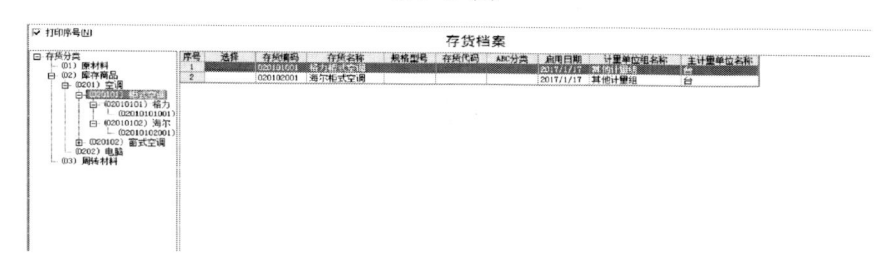

圖 2-41（d）

圖 2-41　存貨檔案

倉庫設置的具體操作如下：點擊「基礎設置」→點擊「基礎檔案」→點擊「存貨」→點擊「存貨檔案」→點擊「增加」→點擊「成本」→點擊「默認倉庫」→點擊「保存」，如圖 2-42 所示。

圖 2-42（a）

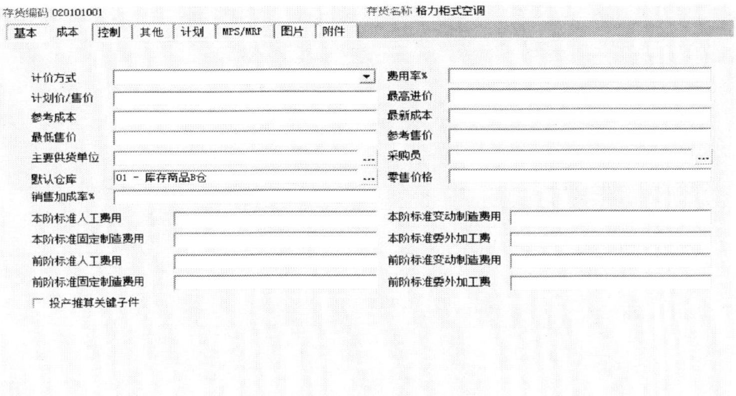

圖 2-42（b）

圖 2-42　倉庫設置

［特別提示］
- 存貨名稱可以重複，存貨編碼不能重複。
- 存貨屬性一定要進行適當選擇，但不能全部選中。

2.2.4　財務

財務主要包括了會計科目、憑證類別、外幣設置、項目目錄等內容。

2.2.4.1　會計科目

第一，可以根據管理需求，增加會計科目。

增設軟件中沒有的一級會計科目，在期末生成有關會計報表時，報表中數據不會包括新增加的一級會計科目的數據。因此，要使期末生成的有關財務報表中包括新增加的一級會計科目相關數據，需要在報表中對有關項目公式重新設置。否則，期末生成的會計報表是錯誤的。

第二，在軟件中已經允許設置二、三級會計科目，甚至更多的明細會計科目，最多可以設置九級會計科目。在實際管理中可以根據需要增設多級會計科目，但在有關編碼方案設置時企業要根據管理需要設置好需要的會計科目級數。

具體操作如下：點擊「基礎設置」→點擊「基礎檔案」→點擊「財務」→點擊「會計科目」→選中某一個會計科目，點擊「增加」命令，錄入相關信息後，點擊「確定」按鈕，如圖 2-43 所示。

圖 2-43（a）

35

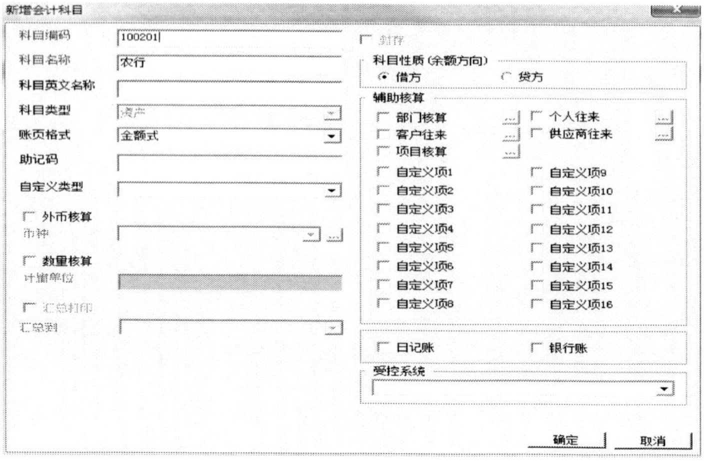

圖 2-43（b）

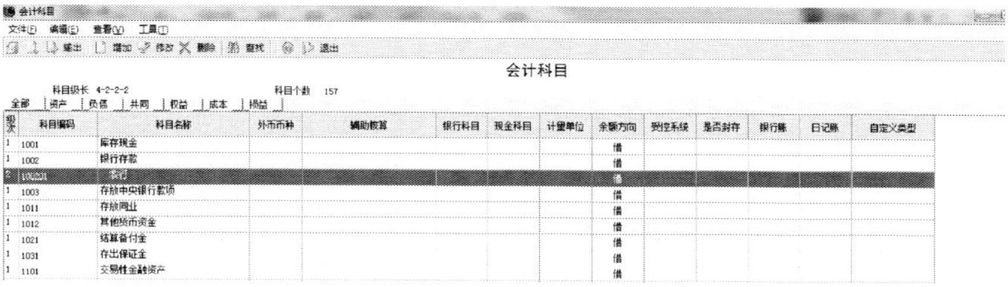

圖 2-43（c）

圖 2-43　會計科目

　　第三，若已經啟用了應收帳款系統、應付帳款系統，不需要在應收帳款、應收票據、預收帳款、應付帳款、應付票據、預付帳款會計科目下面增加有關客戶、供應商的名稱。

　　具體操作如下：點擊「基礎設置」→點擊「基礎檔案」→點擊「財務」→點擊「會計科目」→選中「應收帳款或應收票據或預收帳款」「應付帳款或應付票據或預付帳款」科目，點擊「修改」或雙擊「應收帳款或應收票據或預收帳款」「應付帳款或應付票據或預付帳款」，點擊「修改」命令，選中「客戶往來」或「供應商往來」選項，點擊「確定」按鈕，如圖 2-44 所示。

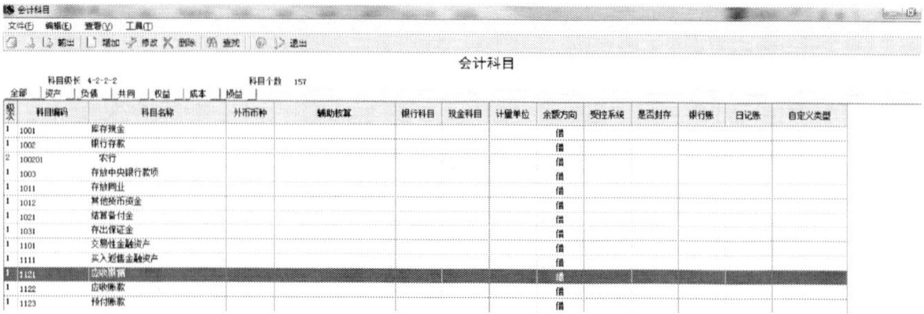

圖 2-44（a）

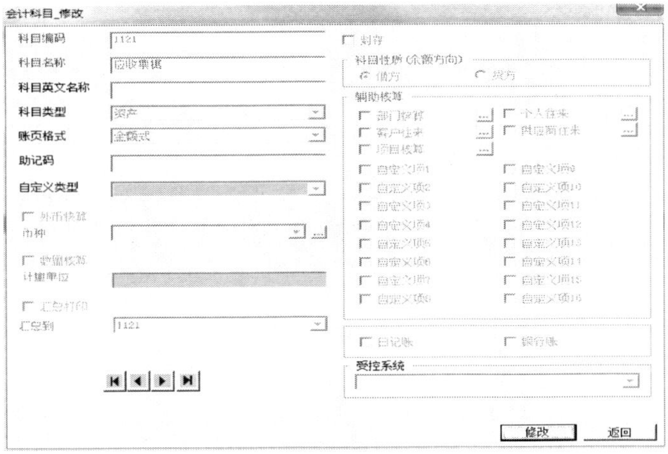

圖 2-44（b）

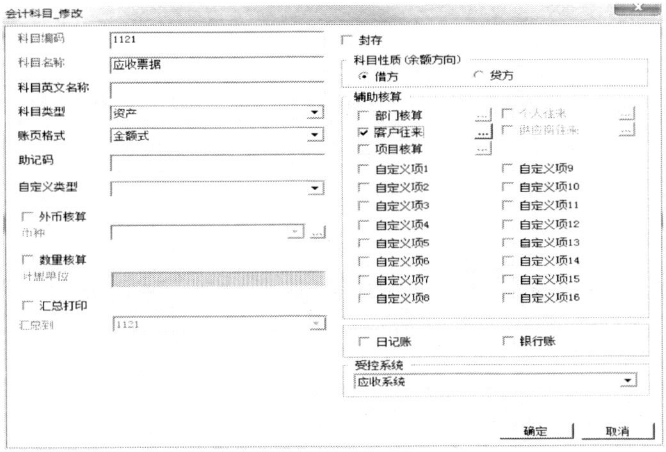

圖 2-44（c）

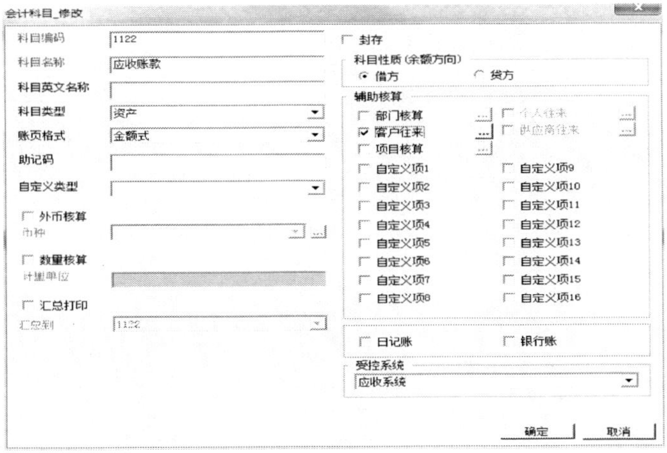

圖 2-44（d）

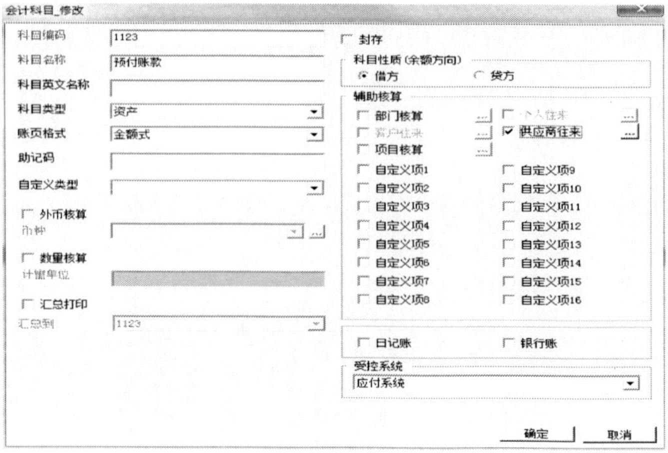

圖 2-44（e）

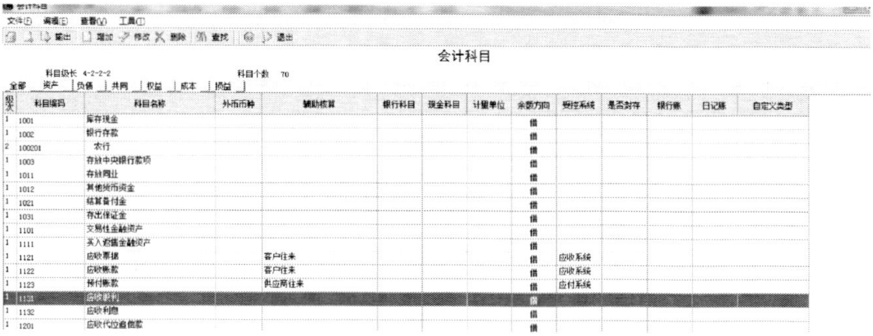

圖 2-44（f）

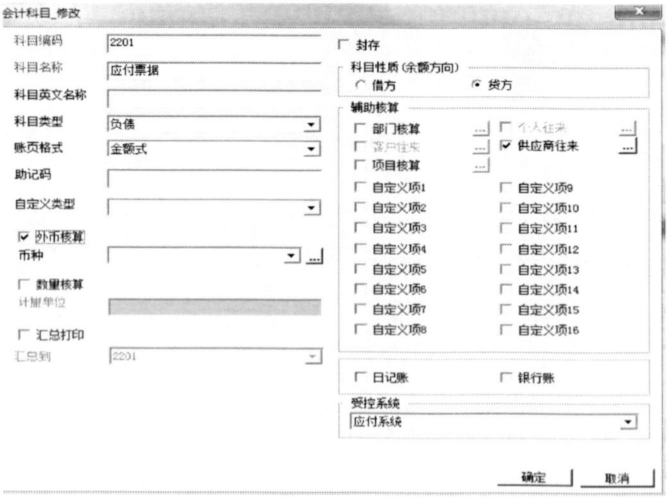

圖 2-44（g）

圖 2-44（h）

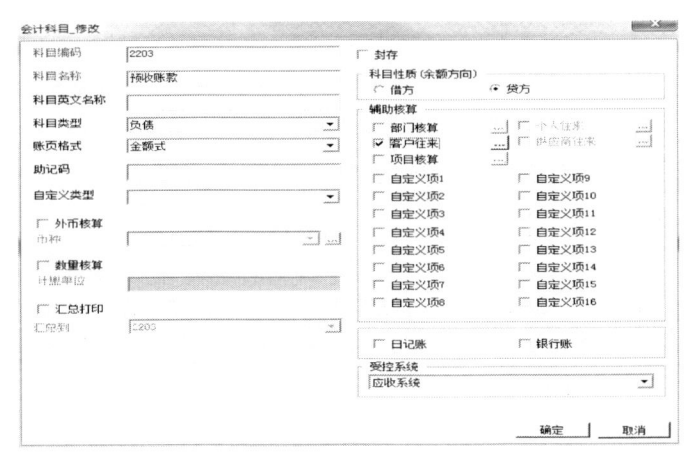

圖 2-44（i）

圖 2-44（j）

圖 2-44 會計科目修改

[特別提示]

- 預付帳款會計科目應當設置為供應商往來輔助核算。
- 預收帳款會計科目應當設置為客戶往來輔助核算。

第四，其他應收帳款、其他應付帳款可以在輔助核算中設置為個人往來輔助核算。

具體操作如下：點擊「基礎設置」→點擊「基礎檔案」→點擊「財務」→點擊「會計科目」→雙擊「其他應收款或其他應付款」會計科目，點擊「修改」命令，選中「個人往來」選項，點擊「確定」按鈕，如圖 2-45 所示。

圖 2-45（a）

圖 2-45（b）

圖 2-45（c）

1	2201	應付票據	供應商往來		貸	應付系統		
1	2202	應付賬款	供應商往來		貸	應付系統		
1	2203	預收賬款	客戶往來		貸	應收系統		
1	2211	應付職工薪酬			貸			
1	2221	應交稅費			貸			
1	2231	應付利息			貸			
1	2232	應付股利			貸			
1	2241	其他應付款	個人往來		貸			
1	2251	應付僱員紅利			貸			
1	2261	應付分保賬款			貸			

圖 2-45（d）

圖 2-45　會計科目修改

第五，「庫存現金」「銀行存款」會計科目的操作。

只有在對「庫存現金」「銀行存款」科目設置為指定為會計科目後，才能實現查詢現金日記帳、銀行存款日記帳、資金日報等功能。「庫存現金」科目要修改為日記帳，「銀行存款」科目要修改為日記帳和銀行帳。

具體操作如下：點擊「基礎設置」→點擊「基礎檔案」→點擊「財務」→點擊「會計科目」→點擊「庫存現金」或「銀行存款」會計科目，點擊「編輯」命令。點擊指定會計科目後，點擊「庫存現金」或「銀行存款」會計科目，點擊「>」，點擊「確定」按鈕，如圖 2-46 所示。

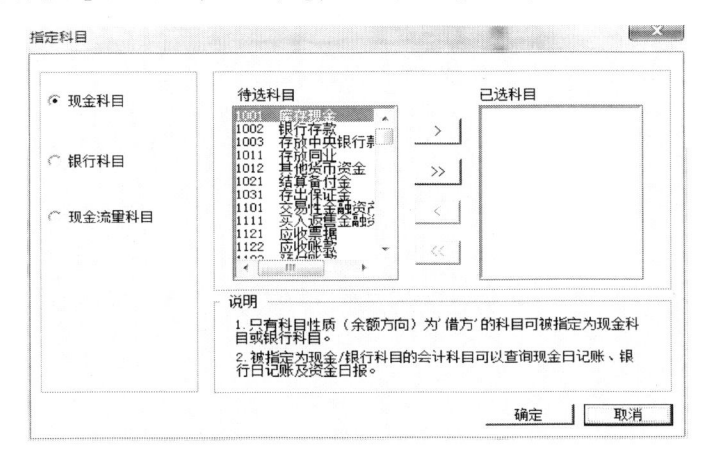

圖 2-46（a）

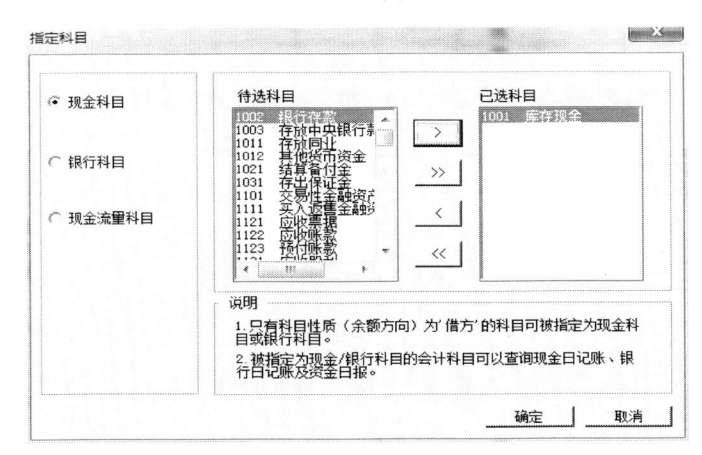

圖 2-46（b）

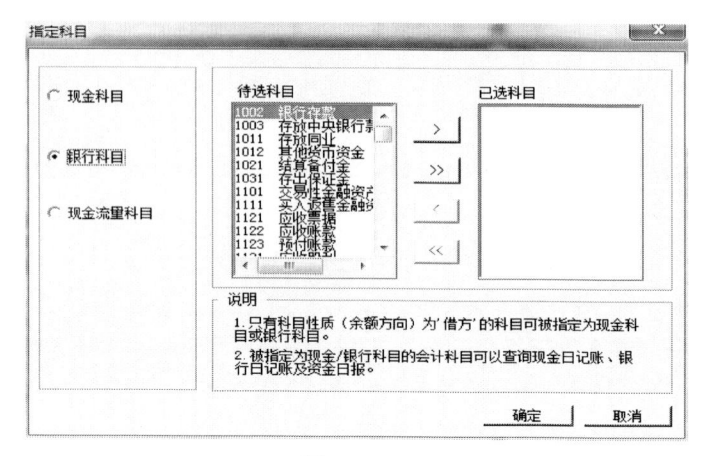

圖 2-46（c）

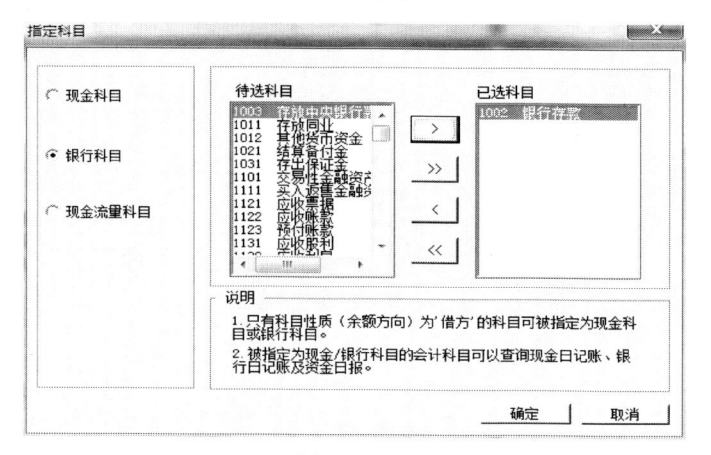

圖 2-46（d）

圖 2-46（e）

圖 2-46　指定科目

　　第六，可以根據企業管理需要，將「管理費用」「銷售費用」等會計科目設置為按部門核算，以滿足企業對每一個部門費用進行考核的需要。

　　具體操作如下：點擊「基礎設置」→點擊「基礎檔案」→點擊「財務」→點擊「會計科目」→雙擊「管理費用」「銷售費用」等會計科目，點擊「修改」命令，選中「部門核算」選項，點擊「確定」按鈕，如圖 2-47 所示。

圖 2-47（a）

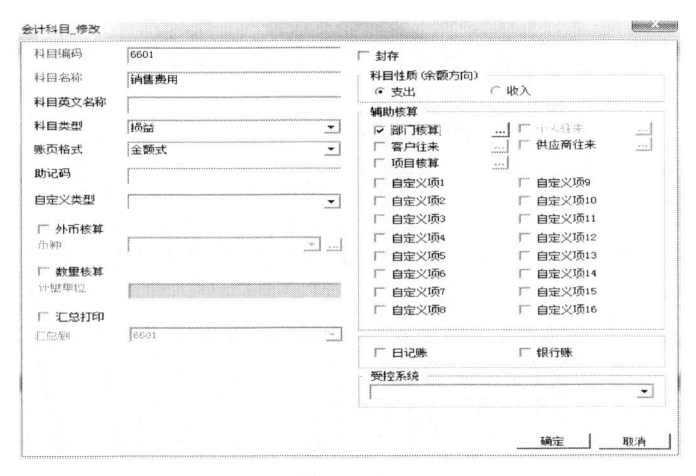

圖 2-47（b）

圖 2-47（c）

圖 2-47　會計科目修改

　　第七，根據管理需要，可以將有些會計科目設置為進行項目目錄的輔助核算。這類會計科目主要有「生產成本」「主營業務收入」「其他業務收入」等會計科目。

　　具體操作如下：點擊「基礎設置」→點擊「基礎檔案」→點擊「財務」→點擊「會計科目」→點擊「生產成本」「主營業務收入」「其他業務收入」等會計科目，點擊「修改」命令，選中「項目核算」選項，點擊「確定」按鈕，如圖 2-48 所示。

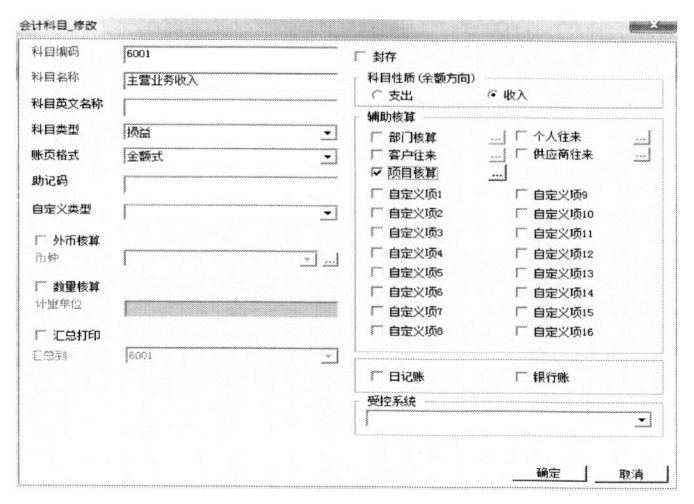

圖 2-48（a）

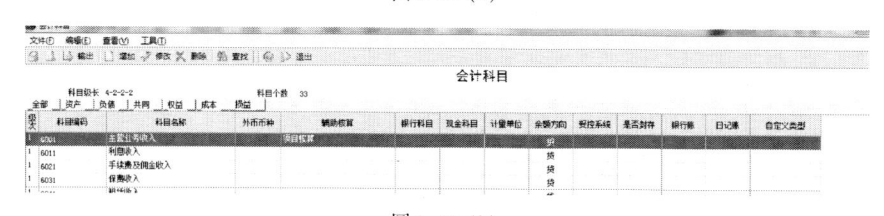

圖 2-48（b）

圖 2-48　會計科目修改

第八，將銀行存款設置為按外幣進行輔助核算。

具體操作如下：點擊「基礎設置」→點擊「基礎檔案」→點擊「財務」→點擊「會計科目」→雙擊或修改「銀行存款」會計科目，選中「外幣核算」選項，點擊「確定」按鈕，如圖 2-49 所示。

圖 2-49（a）

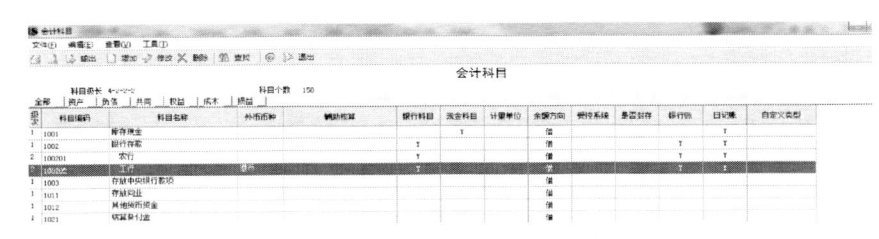

圖 2-49（b）

圖 2-49　新增會計科目

[特別提示]

要先進行外幣設置後，才能進行這一功能設置。

第九，將「原材料」「庫存商品」「週轉材料」等會計科目設置為數量金額輔助核算。

具體操作如下：點擊「基礎設置」→點擊「基礎檔案」→點擊「財務」→點擊「會計科目」→選中或雙擊「原材料」「庫存商品」「週轉材料」會計科目，點擊「修改」命令，選中「數量金額核算」選項，錄入計量單位，點擊「確定」按鈕，如圖 2-50 所示。

圖 2-50（a）

圖 2-50（b）

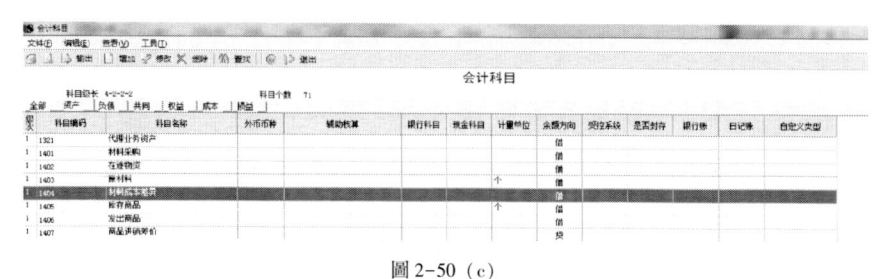

圖 2-50（c）

圖 2-50　會計科目修改

[特別提示]

一般單用戶版的財務軟件才進行此操作，ERP 軟件是不需要進行這一操作的。

2.2.4.2 憑證類別

一般情況下，將會計憑證設定為記帳憑證和收款憑證、付款憑證以及轉帳憑證的方式比較常用，其他憑證類別設置方式比較少用。

[特別提示]

若要進行出納簽字等功能操作，必須將會計憑證的類別設置為收款憑證、付款憑證、轉帳憑證。

具體操作如下：點擊「基礎設置」→點擊「基礎檔案」→點擊「財務」→點擊「憑證類別」，選中「記帳憑證」選項，點擊「確定」按鈕，如圖 2-51 所示。

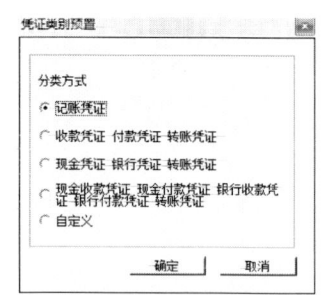

圖 2-51（a） 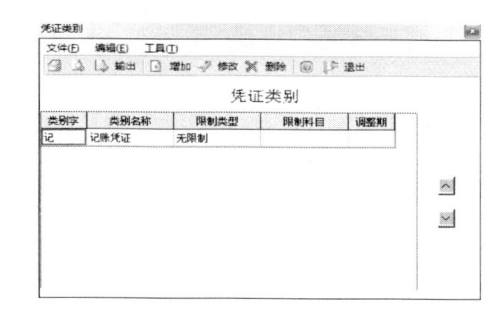　　　　　　　　　圖 2-51（b）

圖 2-51　憑證類別

設置為收款憑證、付款憑證、轉帳憑證的具體操作如下：點擊「基礎設置」→點擊「基礎檔案」→點擊「財務」→點擊「憑證類別」→選中「收款憑證、付款憑證、轉帳憑證」選項，點擊「確定」按鈕，如圖 2-52 所示。

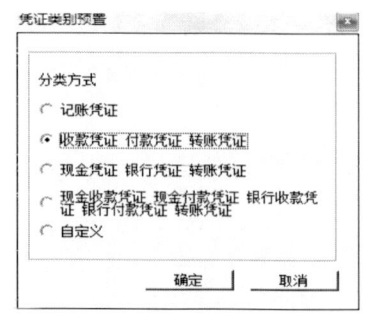

圖 2-52　憑證類別預置

在此基礎上，可以在填制會計憑證時，對一些會計科目有一定限制。一般來說，財務軟件有以下五種類型可供選擇：

第一，無限制，即在填制會計憑證時，可使用所有合法的會計科目。
第二，憑證必無，即在填制會計憑證時，無論借方或貸方，不可有一個限制會計科目發生額。
第三，憑證必有，即在填制會計憑證時，無論借方或貸方，至少有一個限制會計科目發生額。
第四，借方必有，即在填制會計憑證時，借方至少有一個限制會計科目發生額。
第五，貸方必有，即在填制會計憑證時，貸方至少有一個限制會計科目發生額。

具體操作如下：點擊「限制類型」，選中某一個限制類型，點擊「限制科目」。選中某些會計科目，點擊「退出」按鈕，如圖2-53所示。

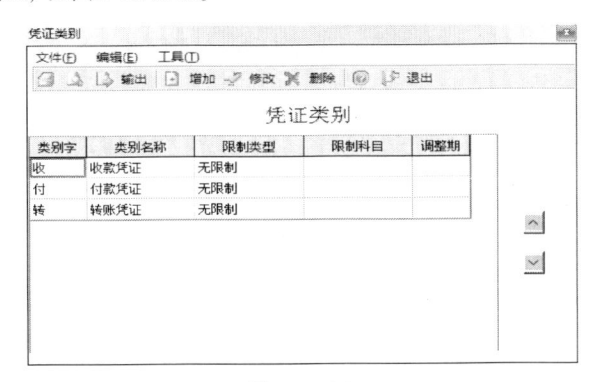

圖2-53（a）

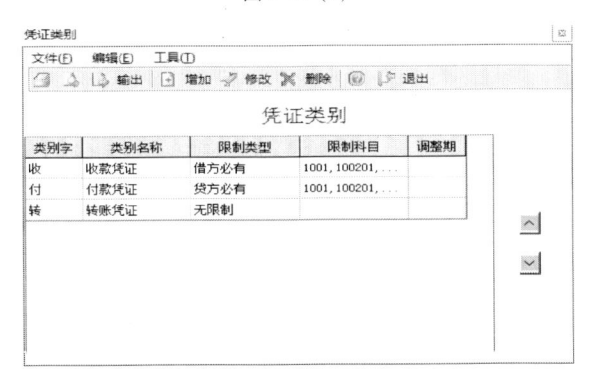

圖2-53（b）
圖2-53 憑證類別

憑證類別設置錯誤後，可以刪除已經設置好的憑證類別，一旦填制憑證後是不能刪除重新設置的。

[特別提示]
限制會計科目之間的逗號是在英文半角狀態錄入的，不能採用全角的方式錄入。

2.2.4.3 外幣設置

一個企業有外幣經濟業務發生時，需要進行此項基礎設置；若沒有外幣經濟業務發生時，則不需要進行此項基礎設置。

具體操作如下：點擊「基礎設置」→點擊「基礎檔案」→點擊「財務」→點擊「外幣設置」→選中「固定匯率」或「浮動匯率」選項，錄入幣符、幣名，點擊「確認」按鈕，錄入匯率，如圖2-54所示。

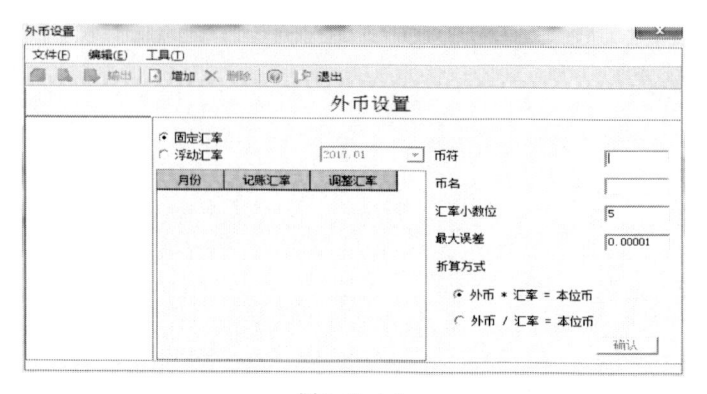

圖 2-54（a）

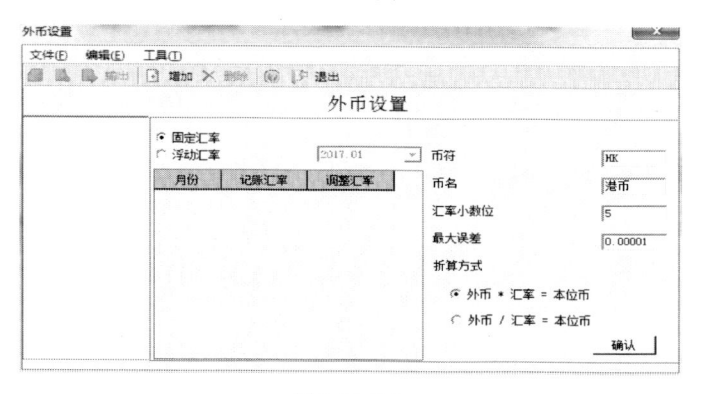

圖 2-54（b）

圖 2-54（c）

圖 2-54　外幣設置

2.2.4.4　項目目錄

在企業的實際管理工作中，需要對產品生產成本、其他業務收入、主營業務收入、在建工程、對外投資、合同等業務活動進行項目管理和核算，將具有共同特性的一類項目定義成一個項目大類。一個項目大類可以核算多個項目，為了便於管理，我們還可以對這些項目進行分類管理。我們可以將存貨、成本對象、現金流量、項目成本等作為核算的項目分類。由此可以確定，實行項目核算不僅滿足管理的需要，而且可以減少一級會計科目的設置。

2 基礎設置系統

其主要操作內容有定義項目大類名稱、定義項目級次、定義項目欄目。

定義項目大類名稱，即將具有共同特性的一類項目定義為一個項目名稱，一個項目大類可以包括多個子項目。項目大類名稱並不是會計科目名稱。

例如，一個企業同時銷售多個產品，取得不同產品的銷售收入，為了核算不同產品的銷售收入，將產品銷售收入定義為一個項目名稱。

定義項目級次，該項目分類最多可以分為 8 級，單級長度最大為 9 字節，總項目長度為 22 字節。

定義項目欄目，主要內容有項目編號、項目名稱、是否結算、所屬分類碼，還可以根據企業管理要求進行增加有關項目。

第一步，在會計科目中進行項目設置。

具體操作如下：雙擊某個會計科目，點擊「修改」命令，選中「項目核算」選項，點擊「確定」按鈕，如圖 2-55 所示。

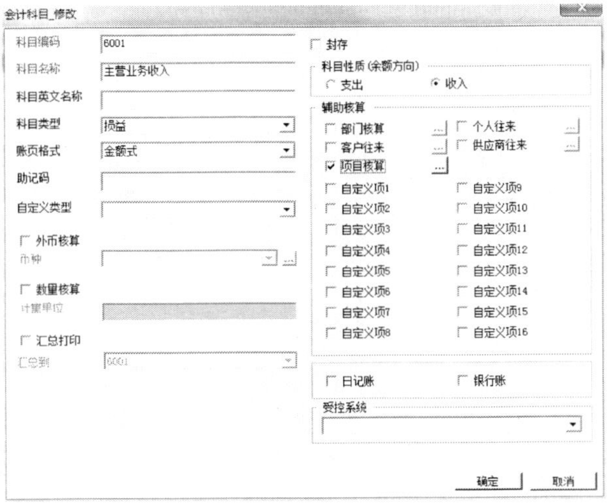

圖 2-55（a）

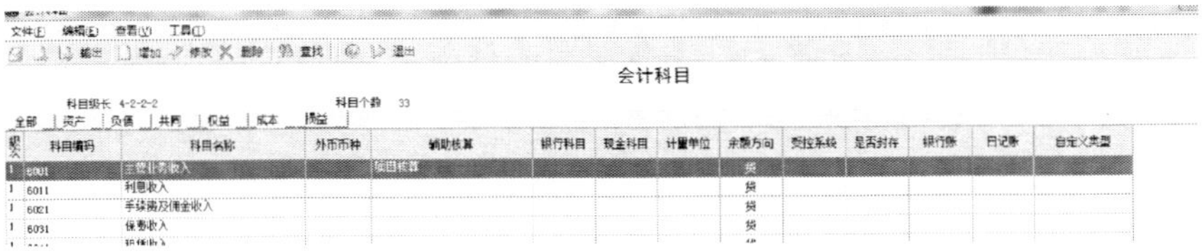

圖 2-55（b）

圖 2-55　在會計科目中進行項目設置

第二步，定義項目大類名稱。

具體操作如下：點擊「基礎設置」→點擊「基礎檔案」→點擊「財務」→點擊「項目目錄」→點擊「增加」，錄入項目大類名稱，點擊「下一步」→點擊「完成」按鈕，如圖 2-56 所示。

49

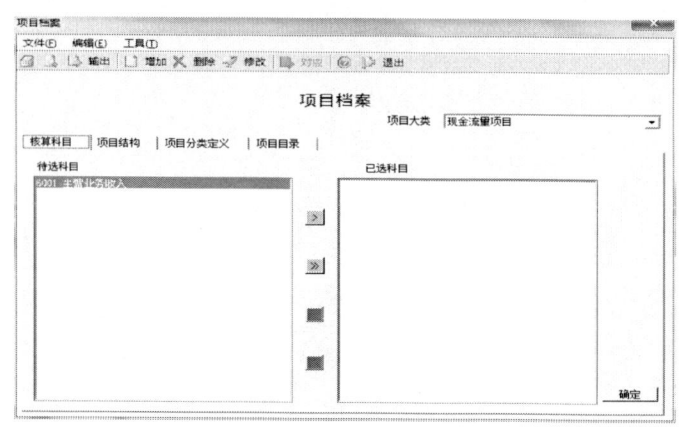

圖 2-56（a）

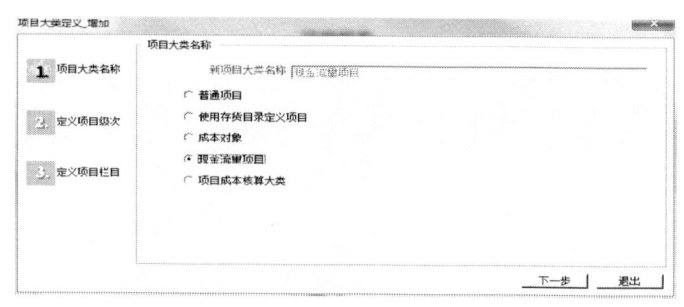

圖 2-56（b）

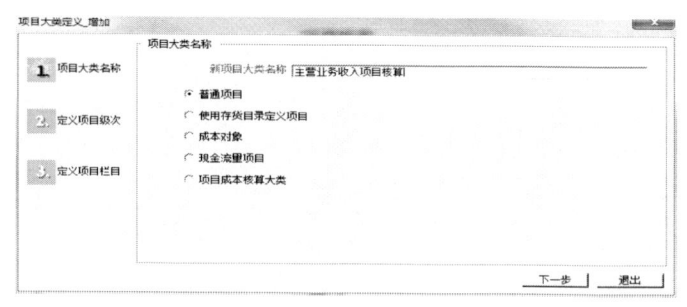

圖 2-56（c）

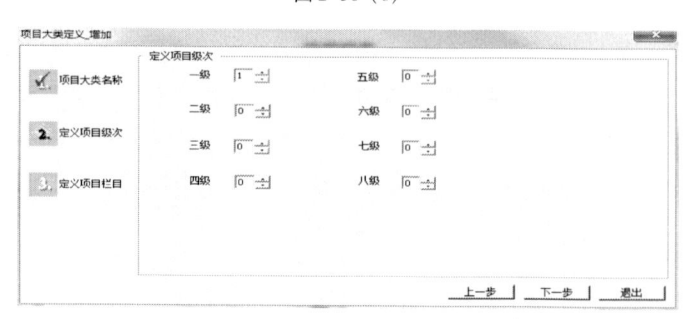

圖 2-56（d）

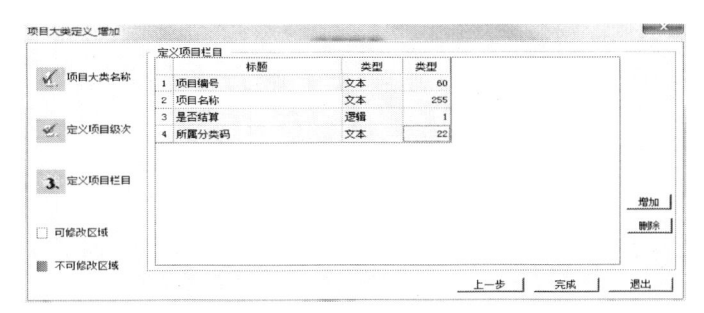

圖 2-56（e）

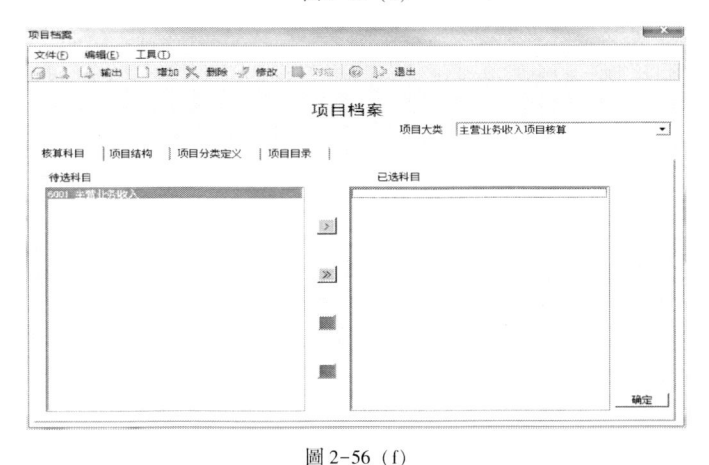

圖 2-56（f）

圖 2-56　定義項目大類名稱

第三步，選定進行項目核算的會計科目。

具體操作如下：點擊「基礎設置」→點擊「基礎檔案」→點擊「財務」→點擊「項目目錄」→選擇「項目大類」選項，移動相關進行項目核算的會計科目，點擊「項目分類定義」選項卡，錄入相關信息，點擊「確定」按鈕，如圖 2-57 所示。

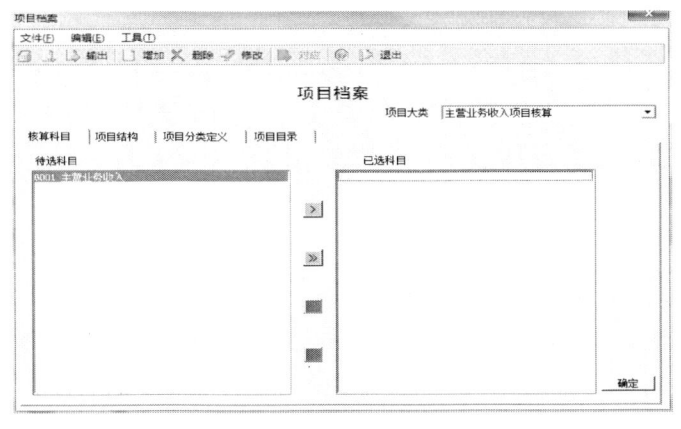

圖 2-57（a）

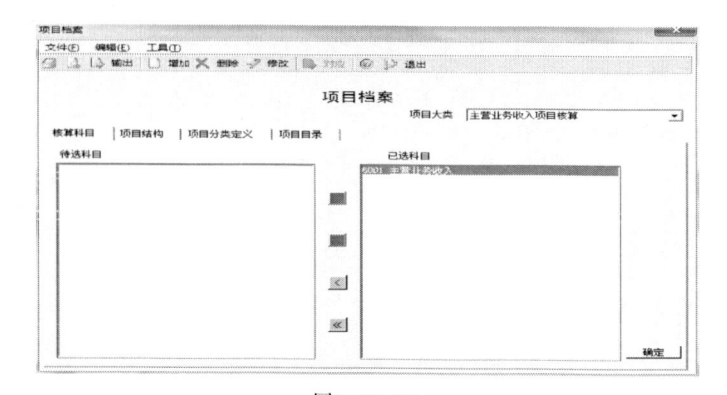

圖 2-57（b）

圖 2-57　選定進行項目核算的會計科目

[特別提示]

進行項目核算的類別和進行項目核算的會計科目一定要匹配，否則後續無法繼續操作。

第四步：進行項目分類定義的設置。

具體操作如下：點擊「基礎設置」→點擊「基礎檔案」→點擊「財務」→點擊「項目目錄」→點擊「項目分類定義」，錄入分類編碼和分類名稱→點擊「確定」，如圖 2-58 所示。

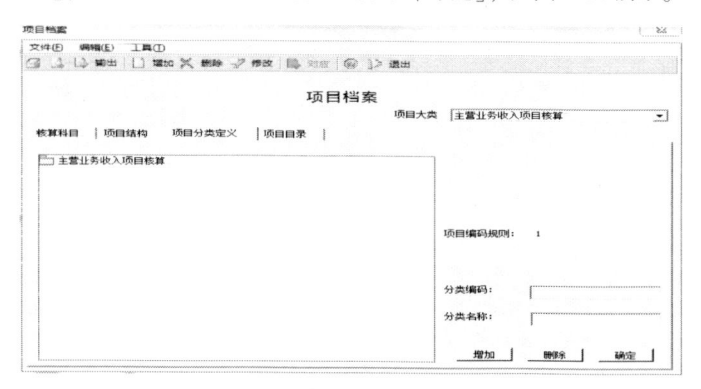

圖 2-58（a）

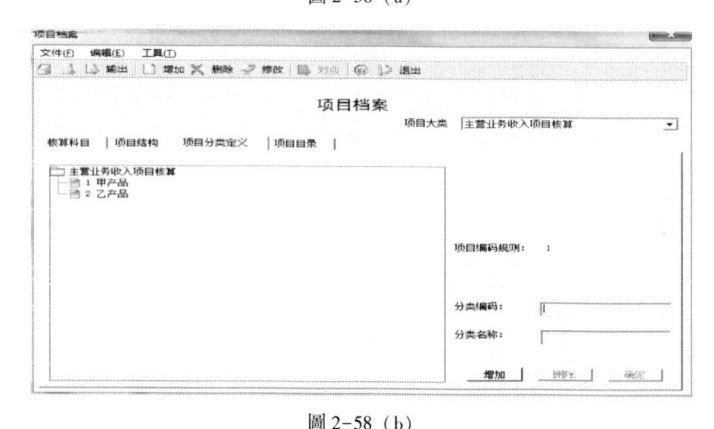

圖 2-58（b）

圖 2-58　進行項目分類定義的設置

第五步：進行項目目錄的設置。

具體操作如下：點擊「基礎設置」→點擊「基礎檔案」→點擊「財務」→點擊「項目目錄」→點擊項目檔案中的「項目目錄」→點擊「維護」按鈕→點擊「增加」→錄入相關信息→點擊「退出」按鈕，如圖 2-59 所示。

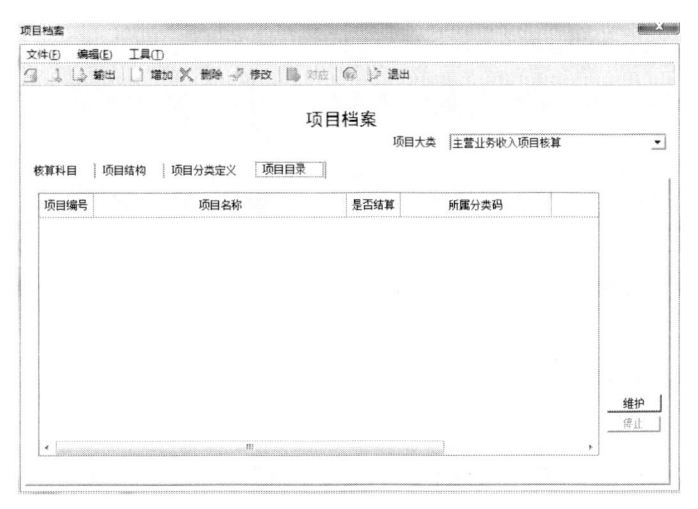

圖 2-59（a）

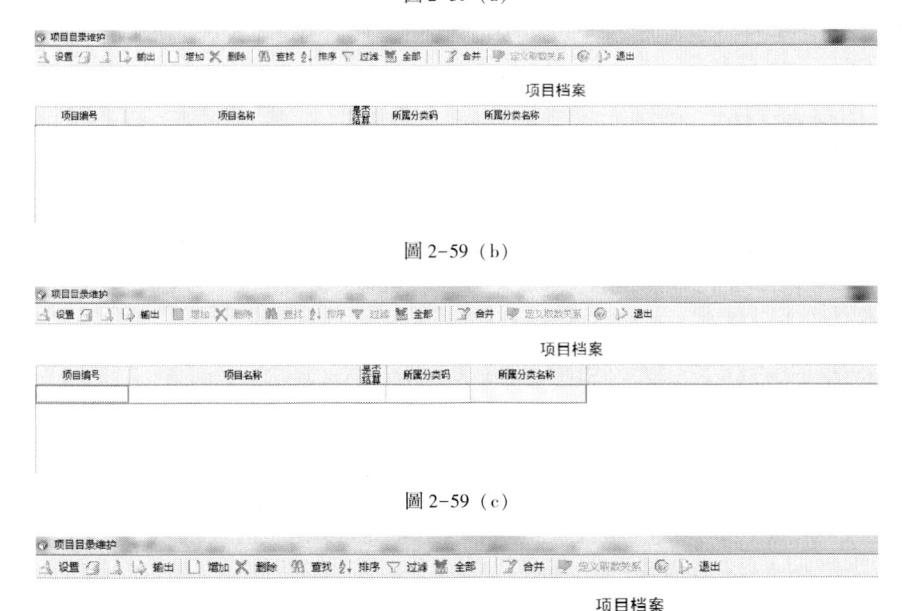

圖 2-59（b）

圖 2-59（c）

圖 2-59（d）

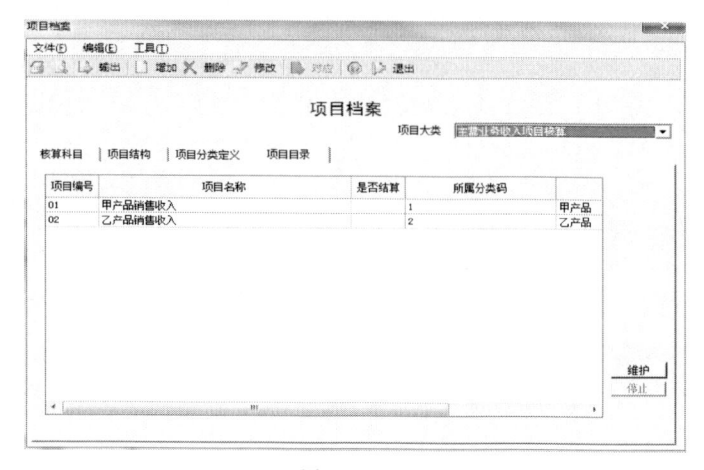

圖 2-59（e）

圖 2-59　進行項目目錄的設置

2.2.5　收付結算

收付結算主要包括結算方式、付款條件和本單位開戶銀行等內容。

2.2.5.1　結算方式

結算方式主要是指通過何種方式進行結算，可以設置為現金結算、銀行結算方式，也可以根據企業管理需要，進行其他類別的設置。

結算方式的編碼規則共有 2 級，一級編碼的位數是 1 位數，二級編碼的位數是 2 位數。

具體操作如下：點擊「基礎設置」→點擊「基礎檔案」→點擊「財務」→點擊「收付結算」→點擊「結算方式」→點擊「增加」，錄入相關信息→點擊「保存」，如圖 2-60 所示。

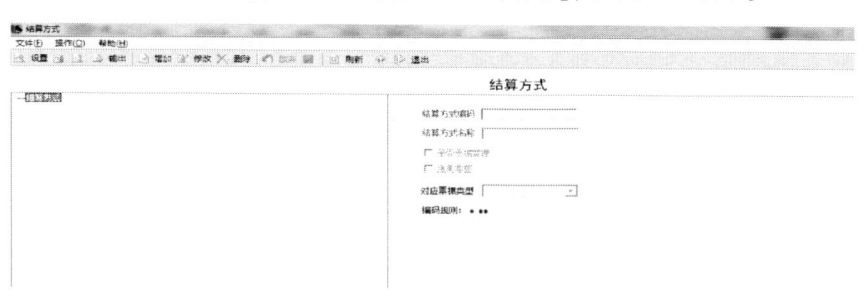

圖 2-60（a）

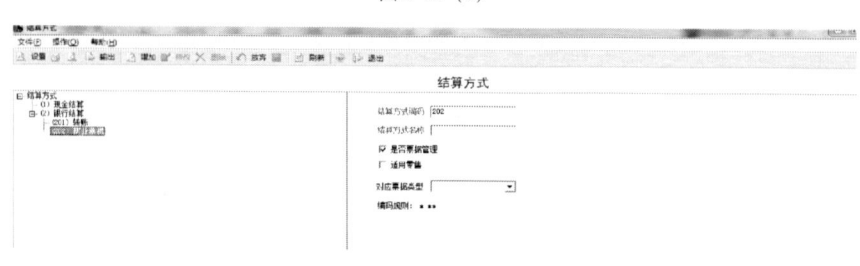

圖 2-60（b）

圖 2-60　結算方式

2.2.5.2 付款條件

付款條件主要包括付款條件編碼、信用天數、優惠天數和優惠率等內容。

具體操作如下：點擊「基礎設置」→點擊「基礎檔案」→點擊「財務」→點擊「收付結算」→點擊「付款條件」→點擊「增加」，錄入相關信息，點擊「保存」，如圖2-61所示。

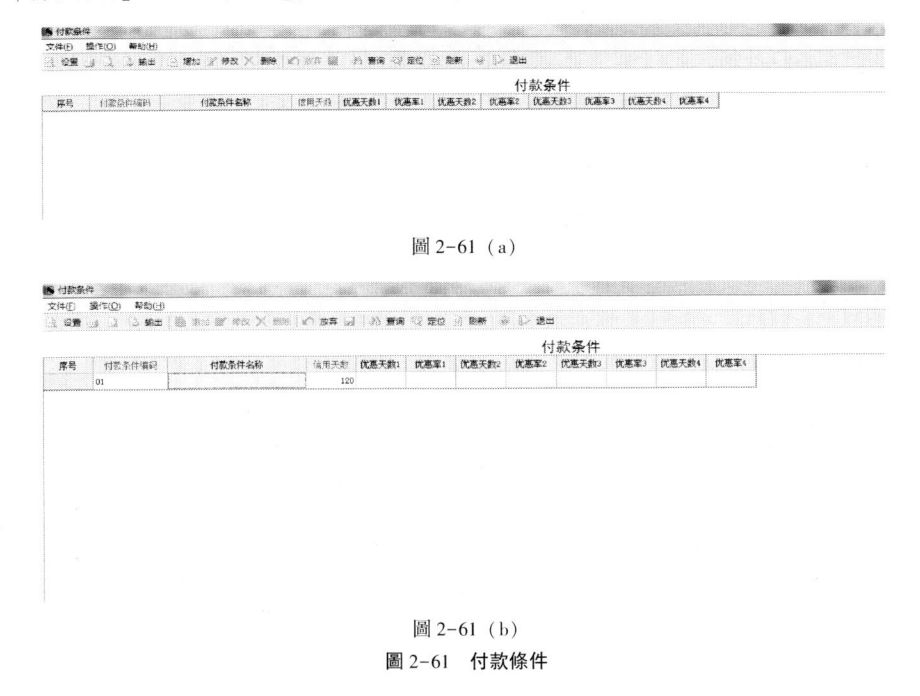

圖2-61（a）

圖2-61（b）

圖2-61　付款條件

2.2.5.3 本單位開戶銀行

本單位開戶銀行相關信息要按照一定要求進行錄入。其主要內容有編碼、銀行帳號、帳戶名稱、幣種、開戶銀行、所屬銀行、客戶編號、聯行號、開戶銀行地址等相關內容。其中，編碼、銀行帳號、幣種、所屬銀行、開戶銀行為必填內容，帳戶名稱、開戶銀行地址和聯行號等其他內容為非必填內容。

具體操作如下：點擊「基礎設置」→點擊「基礎檔案」→點擊「財務」→點擊「收付結算」→點擊「本單位開戶銀行」→點擊「增加」，錄入相關信息，點擊「保存」，如圖2-62所示。

圖2-62（a）

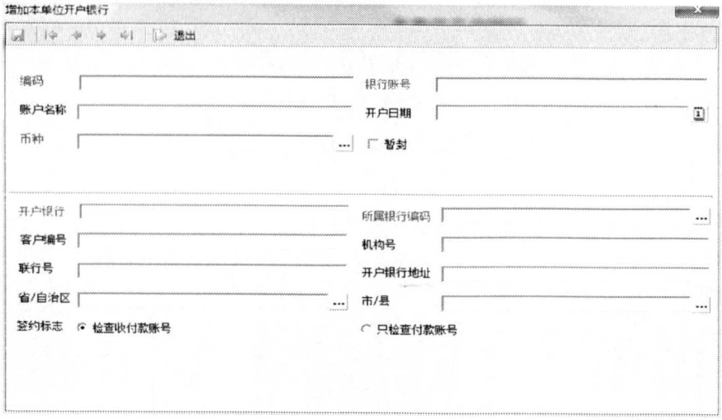

圖 2-62（b）

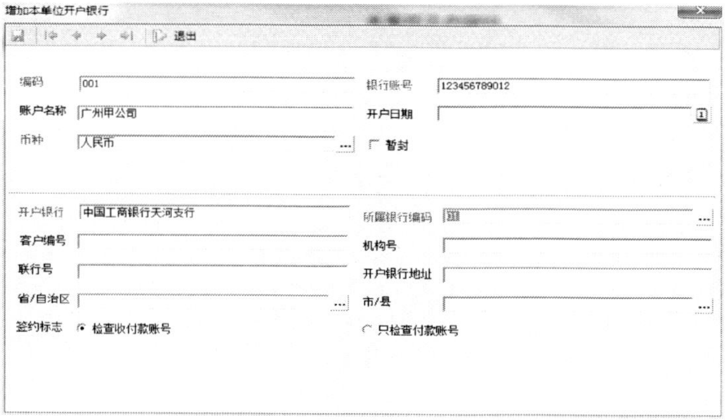

圖 2-62（c）

圖 2-62（d）

圖 2-62　本單位開戶銀行

2.2.6　業務

在業務這個界面，主要進行倉庫檔案、貨位檔案、收發類別、採購類型、銷售類型、費用項目分類、費用項目、發運方式等相關內容的操作。

2.2.6.1　倉庫檔案的設置

具體操作如下：點擊「基礎設置」→點擊「基礎檔案」→點擊「業務」→點擊「倉庫檔案」→

點擊「增加」→錄入相關信息→點擊「保存」按鈕。若發現有關操作不正確，可以點擊「修改」按鈕，修改完成相關內容後，點擊「保存」按鈕，如圖2-63所示。

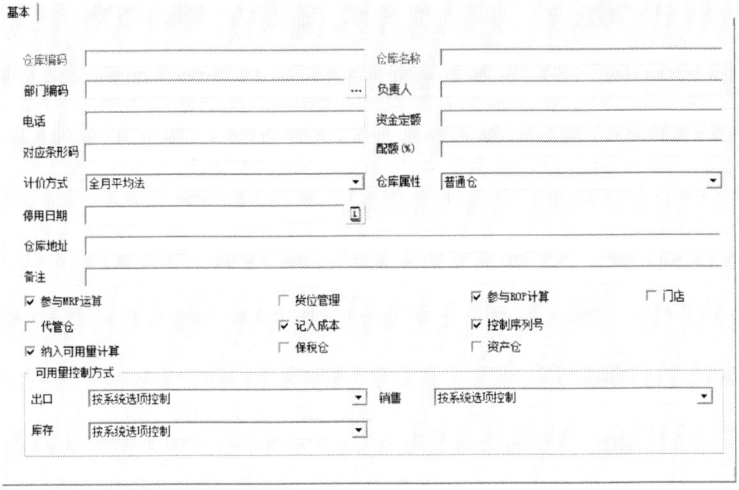

圖2-63（a）

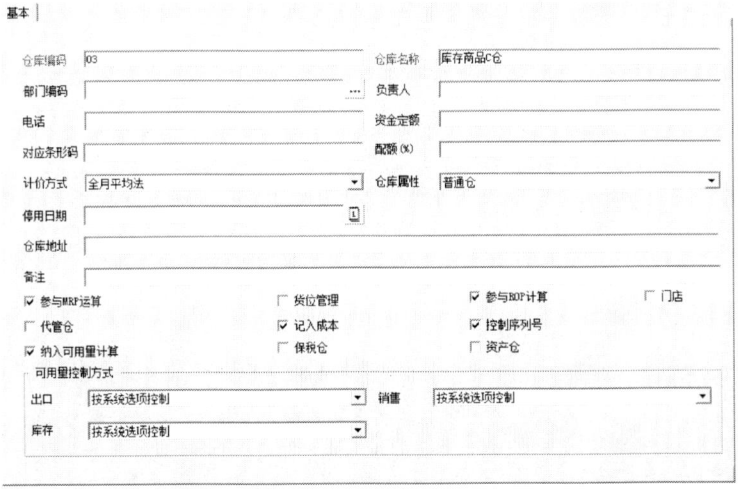

圖2-63（b）

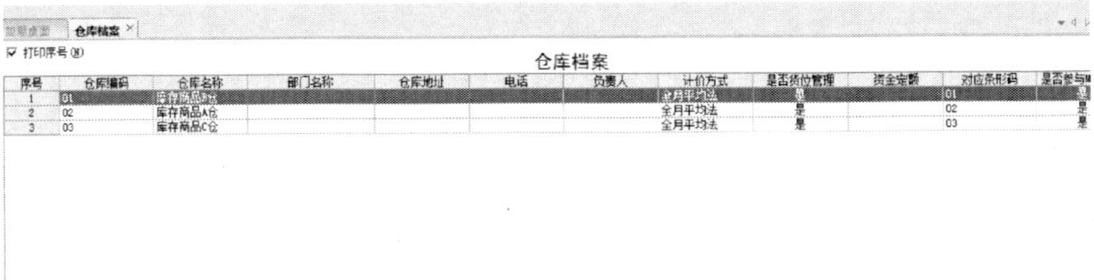

圖2-63（c）

圖2-63　倉庫檔案的設置

2.2.6.2 貨位檔案的設置

具體操作如下：點擊「基礎設置」→點擊「基礎檔案」→點擊「業務」→點擊「貨位檔案」→點擊「增加」→錄入相關信息→點擊「保存」按鈕。若發現有關操作不正確，可以點擊「修改」按鈕，修改完成相關內容後，點擊「保存」按鈕，如圖 2-64 所示。

圖 2-64（a）

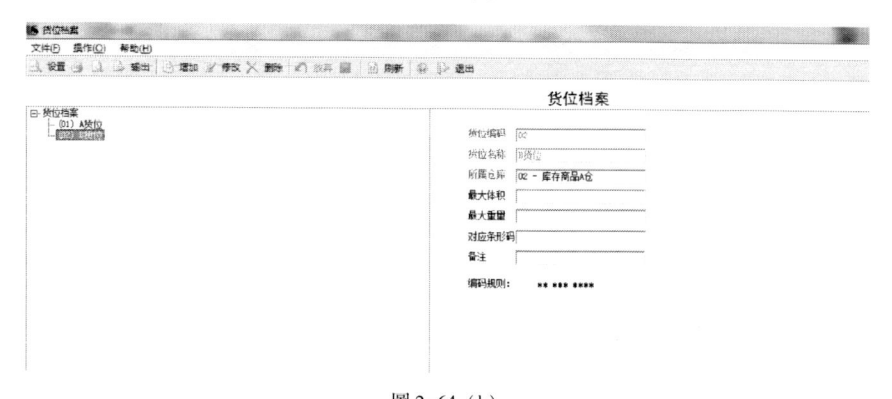

圖 2-64（b）

圖 2-64　貨位檔案的設置

2.2.6.3 收發類別的設置

一般情況下，採購、生產入庫確定為「收」，銷售、生產領用出庫或銷售出庫確定為「出」。每個企業可根據自己的實際經營需要，具體設置出入庫，即收發的類別。

具體操作如下：點擊「基礎設置」→點擊「基礎檔案」→點擊「業務」→點擊「收發類別」→點擊「增加」→錄入相關信息→點擊「保存」按鈕。若發現有關操作不正確，可以點擊「修改」按鈕，修改完成相關內容後，點擊「保存」按鈕，如圖 2-65 所示。

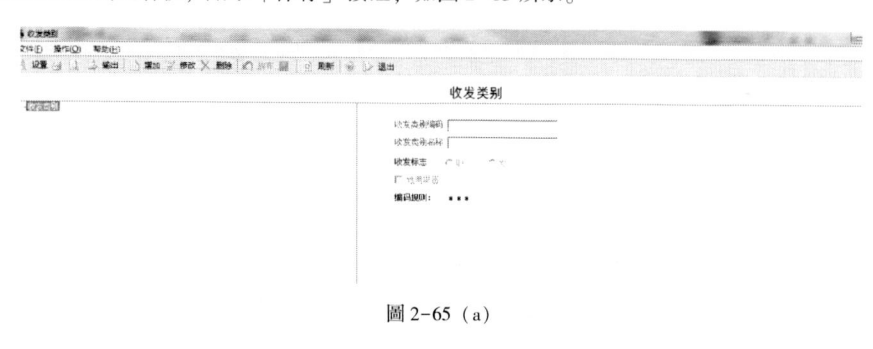

圖 2-65（a）

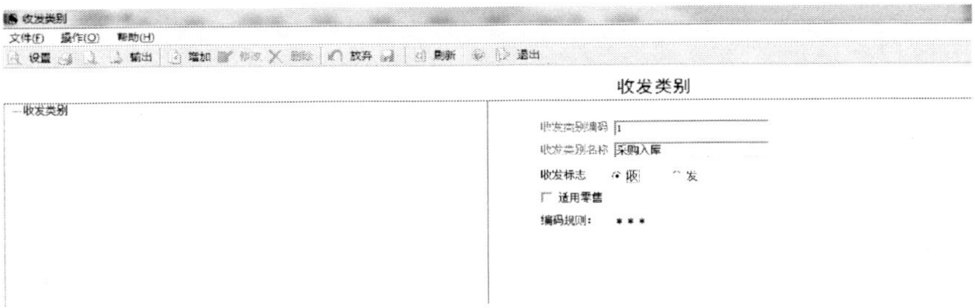

圖 2-65（b）

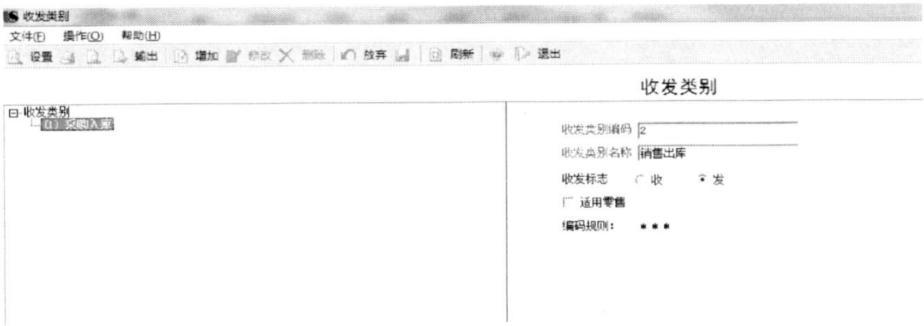

圖 2-65（c）

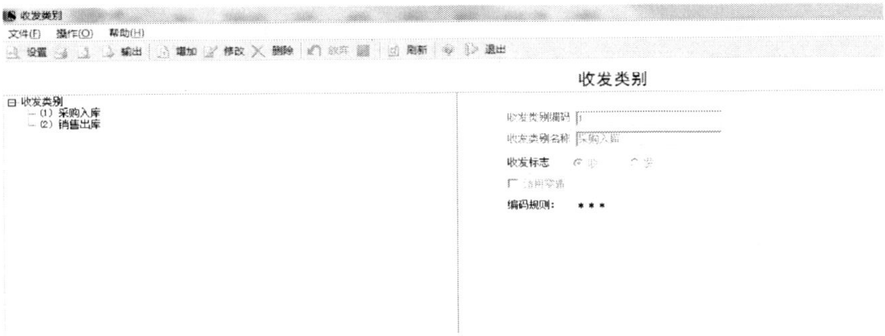

圖 2-65（d）

圖 2-65　收發類別的設置

2.2.6.4　採購類型的設置

每個企業可根據自己的實際經營需要，設置具體的採購類型。

具體操作如下：點擊「基礎設置」→點擊「基礎檔案」→點擊「業務」→點擊「採購類型」→點擊「增加」→錄入相關信息→點擊「保存」按鈕。若發現有關操作不正確，可以點擊「修改」按鈕，修改完成相關內容後，點擊「保存」按鈕，如圖 2-66 所示。

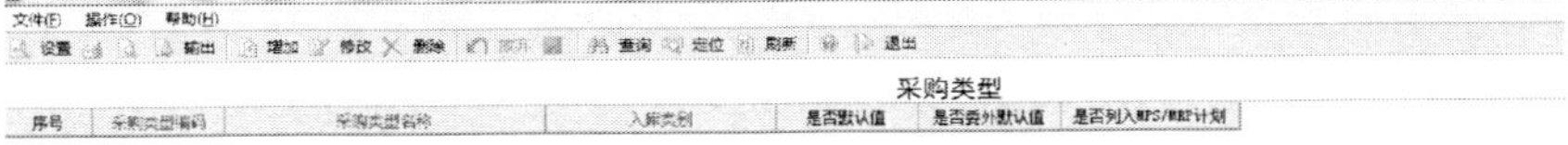

圖 2-66（a）

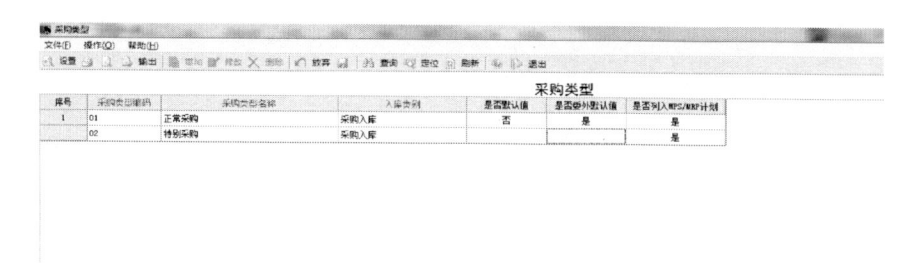

圖 2-66（b）

圖 2-66　採購類型的設置

2.2.6.5　銷售類型的設置

每個企業可根據自己的實際經營需要，設置具體的銷售類型。

具體操作如下：點擊「基礎設置」→點擊「基礎檔案」→點擊「業務」→點擊「銷售類型」→點擊「增加」→錄入相關信息→點擊「保存」按鈕。若發現有關操作不正確，可以點擊「修改」按鈕，修改完成相關內容後，點擊「保存」按鈕，如圖 2-67 所示。

圖 2-67（a）

圖 2-67（b）

圖 2-67　銷售類型的設置

2.2.6.6　費用項目分類的設置

在實際工作中，每一個企業可根據自身管理需要，進行具體的費用項目分類。

具體操作如下：點擊「基礎設置」→點擊「基礎檔案」→點擊「業務」→點擊「費用項目分類」→點擊「增加」→錄入相關信息→點擊「保存」按鈕。若發現有關操作不正確，可以點擊「修改」按鈕，修改完成相關內容後，點擊「保存」按鈕，如圖 2-68 所示。

圖 2-68（a）

圖 2-68（b）

圖 2-68　費用項目的設置

2.2.6.7　費用項目的設置

具體操作如下：點擊「基礎設置」→點擊「基礎檔案」→點擊「業務」→點擊「費用項目」→點擊「增加」→錄入相關信息→點擊「保存」按鈕。若發現有關操作不正確，可以點擊「修改」按鈕，修改完成相關內容後，點擊「保存」按鈕，如圖 2-69 所示。

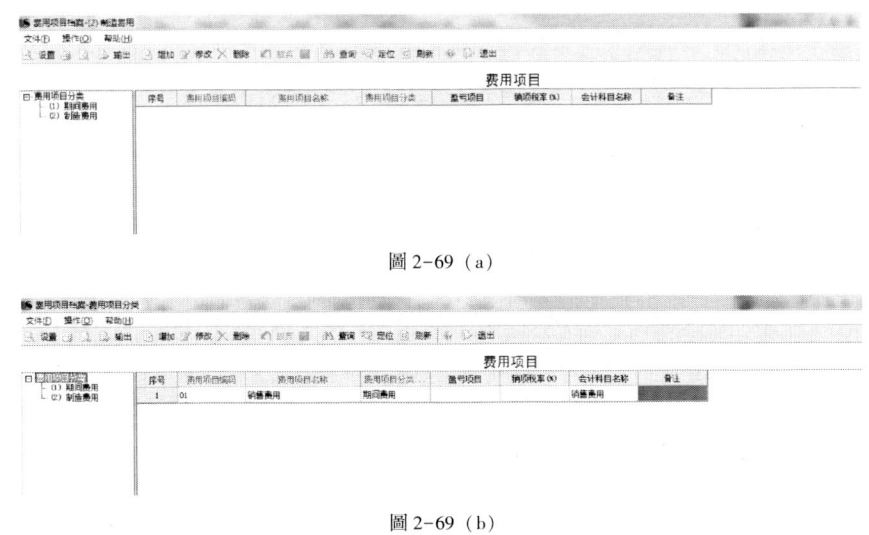

圖 2-69（a）

圖 2-69（b）

圖 2-69　費用項目的設置

2.2.6.8 發運方式的設置

在實際工作，每一個企業可根據自身管理需要，設置具體的發運方式。

具體操作如下：點擊「基礎設置」→點擊「基礎檔案」→點擊「業務」→點擊「發運方式」→點擊「增加」→錄入相關信息→點擊「保存」按鈕。若發現有關操作不正確，可以點擊「修改」按鈕，修改完成相關內容後，點擊「保存」按鈕，如圖2-70所示。

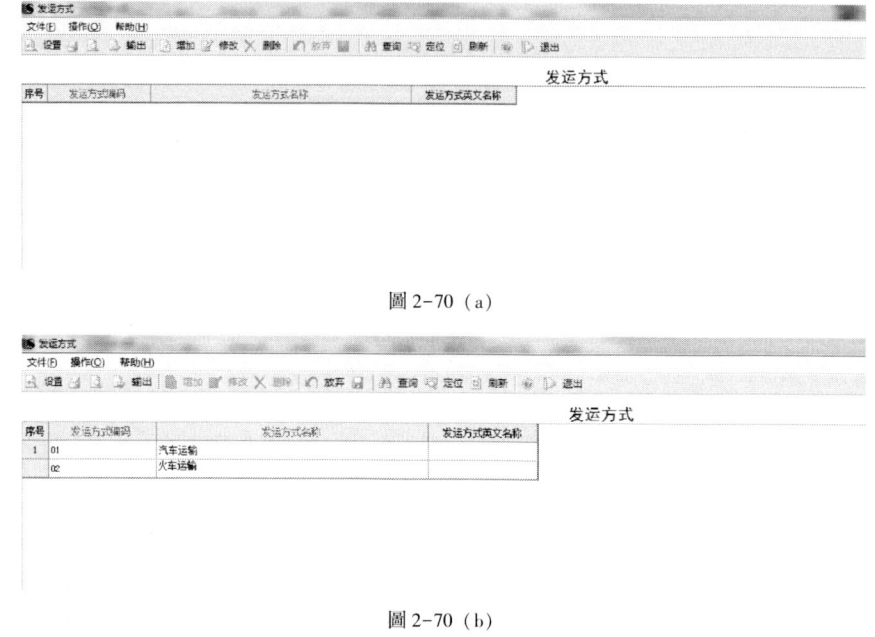

圖2-70（a）

圖2-70（b）

圖2-70 發運方式的設置

2.2.7 其他

為了節約以後填制憑證耗費的時間，我們對經常出現的經濟業務摘要進行設置。

具體操作如下：點擊「基礎設置」→點擊「基礎檔案」→點擊「其他」→點擊「常用摘要」→點擊「增加」，錄入相關信息→點擊「退出」，如圖2-71所示。

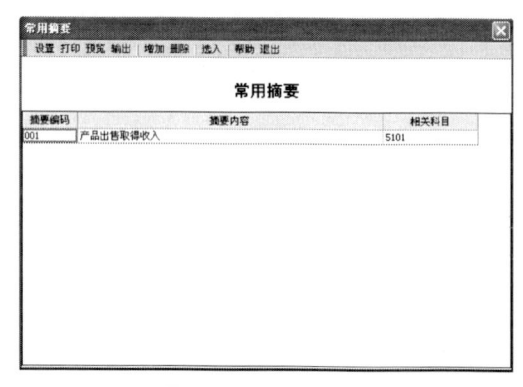

圖2-71 常用摘要設置

實訓一　創建帳套實訓

[實訓目的]

通過本實訓，能夠掌握創建帳套（帳套的基本信息、單位信息、核算類型、基礎信息、編碼方案）、啟用帳套、帳套主管和操作人員權限等相關操作知識。

[實訓內容]

(1) 帳套的名稱：廣東珠江實業股份有限公司。

(2) 帳套的啟用時間：2017 年 1 月 1 日。

(3) 單位信息。

公司名稱：廣東珠江實業股份有限公司。

公司簡稱：廣東珠江實業公司。

單位地址：廣州市大德路 168 號。

法定代表人：張××。　　郵編：510440。

企業類型：工業生產企業。　　行業性質：2007 年新會計制度科目。

基礎信息：存貨需要分類、供應商需要分類、客戶需要分類、需要進行外幣核算。

編碼方案：會計科目設置為 5 級編碼（4-2-2-2-2）。

啟用系統：總帳系統、固定資產系統、應收帳款系統、應付帳款系統、薪資管理系統。

帳套主管及操作人員表如表 2-1 所示。

表 2-1　　　　　　　　　　　帳套主管及操作人員表

人員編碼	姓名	權限	密碼
01	王小麗	帳套主管、製單人	1
02	張三	審核人	2
03	李中華	出納	3

[實訓要求]

根據上述資料，完成系統管理中的有關操作。

實訓二　基礎設置實訓

[實訓目的]

通過本實訓，能夠掌握基礎設置中機構人員、客商信息、存貨、財務、收付結算以及其他等有關操作知識。

[實訓內容]

(1) 廣東珠江實業股份有限公司部門設置表如表 2-2 所示。

表 2-2　　　　　　　　　廣東珠江實業股份有限公司部門設置表

一級部門編碼	一級部門名稱	二級部門編碼	二級部門名稱
1	財務部		

表2-2(續)

一級部門編碼	一級部門名稱	二級部門編碼	二級部門名稱
2	總經理辦		
3	採購部		
4	銷售部	401	銷售一部
		402	銷售二部
5	生產車間	501	車間辦公室
		502	車間生產線
6	人力資源部		

（2）人員相關信息表，如2-3所示。

表2-3　　　　　　　　　　人員相關信息表

部門名稱	人員編碼	姓名	性別	人員類別	出生日期	是否業務員
財務部	101	A	男	在職	1982-10-02	否
	102	B	女	在職	1969-01-09	否
總經理辦	201	C	女	在職	1977-08-25	否
	202	D	女	在職	1981-10-11	否
採購部	301	E	男	在職	1965-01-28	否
	302	F	男	在職	1972-06-12	否
銷售一部	40101	G	女	在職	1981-12-01	是
	40102	H	女	在職	1970-11-23	是
銷售二部	40201	I	男	在職	1987-12-05	是
	40202	J	男	在職	1968-07-26	是
車間辦公室	50101	K	女	在職	1987-01-25	否
	50102	L	女	在職	1989-11-08	否
車間生產線	50201	M	男	在職	1990-12-08	否
	50202	N	女	在職	1976-01-26	否
人力資源部	601	O	男	在職	1975-06-02	否
	602	P	女	在職	1974-09-02	否

（3）供應商相關信息表如表2-4所示。

表2-4　　　　　　　　　　供應商相關信息表

一級編碼	一級分類名稱	二級編碼	二級分類名稱	三級編碼	三級分類名稱
03	東北地區	03001	黑龍江	030010001	A公司
		03002	吉林	030020002	B公司
		03003	遼寧	030030003	C公司
04	華東地區	04001	上海	040010001	D公司
		04002	浙江	040020002	E公司
		04003	江蘇	040030003	F公司

（4）客戶相關信息表如表2-5所示。

表2-5　　　　　　　　　　　　　　客戶相關信息表

一級編碼	一級分類名稱	二級編碼	二級分類名稱
01	大客戶	01001	A公司
		01002	B公司
		01003	C公司
02	中客戶	02001	D公司
		02002	E公司
		02003	F公司
03	小客戶	03001	G公司

（5）存貨相關信息表如表2-6所示。

表2-6　　　　　　　　　　　　　　存貨相關信息表

一級編碼	一級分類名稱	二級編碼	二級分類名稱	三級編碼	三級分類名稱	存貨編碼	計量單位	存貨屬性
01	原材料	0101	A材料			0101	M	銷售、外購、生產耗用、委託
		0102	B材料			0102	M	銷售、外購、生產耗用、委託
02	庫存商品	0201	甲產品			0201	個	銷售、外購、生產耗用、委託
		0202	乙產品			0202	個	銷售、外購、生產耗用、委託
03	週轉材料	0301	包裝物	030101	C紙箱	030101	個	銷售、外購、生產耗用、委託
				030102	D鐵桶	030102	個	銷售、外購、生產耗用、委託
		0302	低值易耗品	030201	打印紙	030201	箱	銷售、外購、生產耗用、委託
				030202	水筆	030202	枝	銷售、外購、生產耗用、委託

（6）計量單位組相關信息表如表2-7所示。

表2-7　　　　　　　　　　　　　計量單位組相關信息表

一級編碼	計量單位組名稱	二級編碼	計量名稱	是否主計量單位	與主計量單位換算率
01	長度計量組	0101	KM	是	
		0102	M	否	1,000
		0103	CM	否	10,000
02	數量計量組	0201	個	是	
		0202	件	否	1
		0203	箱	否	1
		0204	臺	否	1

[實訓要求]

根據上述資料，完成基礎設置中的相關操作。

實訓三　會計科目設置實訓

[實訓目的]

通過本實訓，能夠掌握與會計科目設置相關的操作知識。

[實訓內容]

會計科目表如表2-8所示。

表2-8　　　　　　　　　　　　　會計科目表

會計科目	輔助核算	現金科目	銀行科目	銀行帳	日記帳
庫存現金		是			是
銀行存款			是	是	是
銀行存款——工行			是	是	是
銀行存款——建行	美元		是	是	是
應收帳款	客戶往來				
應收票據	客戶往來				
預收帳款	客戶往來				
其他應收款	個人往來				
應付票據	供應商往來				
應付帳款	供應商往來				
預付帳款	供應商往來				
其他應付款	個人往來				
管理費用	部門核算				
主營業務收入	項目核算				
生產成本	項目核算				
製造費用	部門核算				
庫存商品	數量金額				
原材料	數量金額				
週轉材料	數量金額				

[實訓要求]

根據上述要求，完成相關會計科目的輔助核算設置。

實訓四　項目目錄實訓

[實訓目的]

通過本實訓，能夠掌握項目目錄中的項目大類名稱、項目核算的會計科目選定、項目分類定義等相關操作知識。

[實訓內容]

(1) 項目核算大類名稱：產品生產成本。

(2) 項目核算的會計科目如表2-9所示。

表 2-9　　　　　　　　　　　　　　項目核算的會計科目

一級會計科目	二級會計科目
生產成本	直接材料
生產成本	直接人工
生產成本	製造費用

（3）項目分類如表 2-10 所示。

表 2-10　　　　　　　　　　　　　　　項目分類

分類編碼	分類名稱
1	甲產成品
2	乙產成品
3	丙產成品

（4）項目分錄如表 2-11 所示。

表 2-11　　　　　　　　　　　　　　　項目目錄

項目編碼	項目名稱	是否結算	所屬分類
1	甲產品成本	否	1
2	乙產品成本	否	2
3	丙產品成本	否	3

[實訓要求]

根據上述資料，完成項目目錄的相關操作。

3 總帳系統

3.1 期初餘額錄入

經過創建帳套及基礎設置等相關操作後，現在就可以將手工做帳形成的會計數據作為期初數據錄入到財務軟件中了。在錄入初始數據過程中，要注意到以下幾點：

第一，總帳、應收帳款、應付帳款等系統啟用的時間在年初（1 月）同這些系統啟用的時間在年中（2~12 月）對錄入期初餘額的數據和界面是有不同影響的。

啟用時間在年中比在年初要多錄入年初至系統啟用時間期間的有關會計科目的累計發生額。只要將有關數據錄入「期初餘額」「累計借方」「累計貸方」欄目後，「年初餘額」欄目的數據會自動填入。

啟用時間在年初（1 月）的界面如圖 3-1 和圖 3-2 所示。

圖 3-1　系統啟用對話框

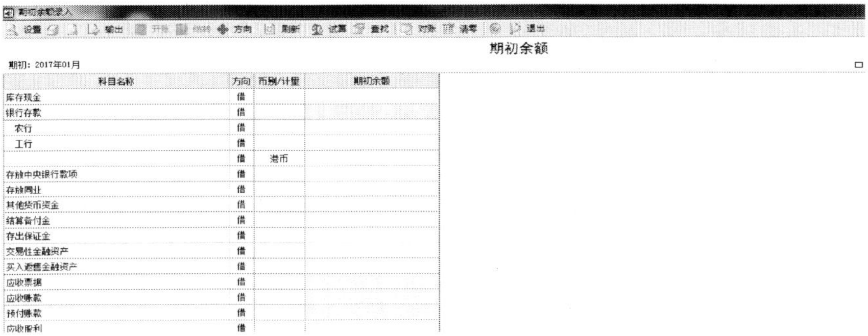

圖 3-2　期初餘額對話框

啟用時間在年中（2~12月）的界面如圖 3-3 和圖 3-4 所示。

圖 3-3　系統啟用對話框

圖 3-4　期初餘額界面

第二，若某個會計科目設有多級會計科目時，要將期初餘額數據明細分別錄入該會計科目最後一級明細科目中，而最後一級以上的會計科目是不需要錄入期初數據的，將期初數據錄入到最下級明細科目後，相關數據會自動匯總到對應的一級會計科目中。

例如，應交稅費——應交增值稅——進項稅額 8,000 元

應交稅費——應交增值稅——銷項稅額 6,000 元

「應交稅費」會計科目有三級明細科目，在錄入該會計科目期初數據時，將 8,000 元、6,000 元分別錄入到第三級會計科目進項稅額、銷項稅額中就行了，一級會計科目「應交稅費」、二級會計科目「應交增值稅」是不需要錄入這些數據的，財務軟件會將有關的數據自動匯總到這些項目中。

第三，若已啟用應收帳款系統，「應收帳款」「應收票據」「預收帳款」這些會計科目是不能夠直接錄入相應的期初餘額數據的。與這些會計科目相關的期初餘額數據在應收帳款系統操作完成後直接引入就行了。

具體操作如下：選中並雙擊「應收帳款」「應收票據」對應的期初餘額空欄→點擊「增行」，錄入相關信息→點擊「往來明細」→點擊「引入」命令，點擊「覆蓋」按鈕，如圖 3-5 所示。

圖 3-5（a）

圖 3-5（b）

圖 3-5（c）

圖 3-5（d）

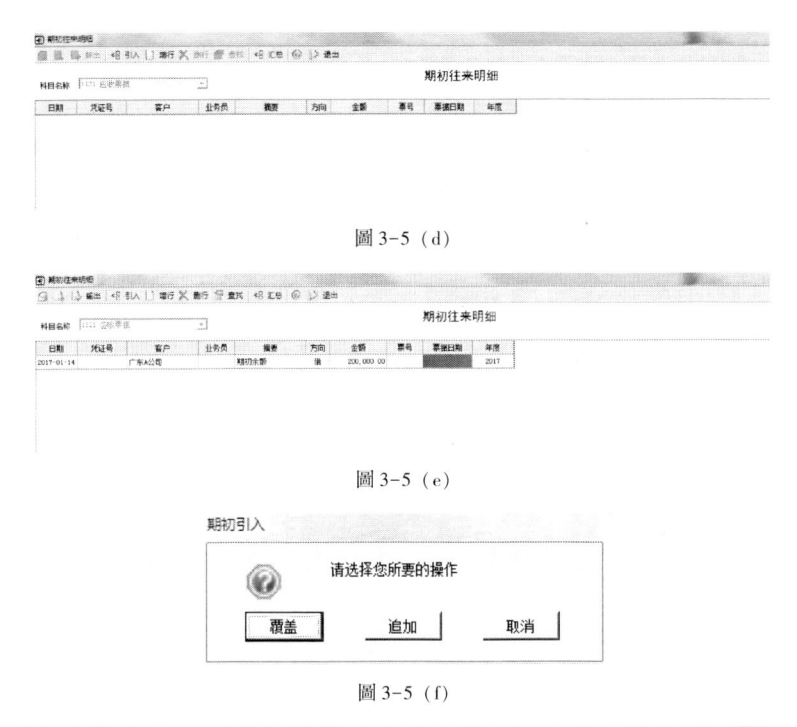

圖 3-5（e）

圖 3-5（f）

圖 3-5（g）

圖 3-5（h）
圖 3-5　期初餘額數據直接引入

[特別提示]
- 引入總帳系統的期初餘額數據同應收系統中的期初餘額數據要一致。
- 必須在應收系統中錄入本期相關業務數據之前將期初餘額的數據引入總帳期初餘額中。否則，

此操作無法完成。

- 當有多個應收客戶時，只需要錄入一個客戶的準確金額，其他客戶的應收金額也能準確無誤地引入總帳系統中。

第四，若已啟用應付帳款系統，「應付帳款」「應付票據」「預付帳款」這些會計科目是不能夠直接錄入相應的期初餘額數據的，與這些會計科目相關的期初餘額數據在應付帳款系統操作完成後直接引入就行了。

具體操作如下：雙擊「應付帳款」「應付票據」對應的期初餘額空欄→點擊「增行」，錄入相關信息→點擊「往來明細」→「引入」命令，點擊「覆蓋」按鈕，如圖3-6所示。

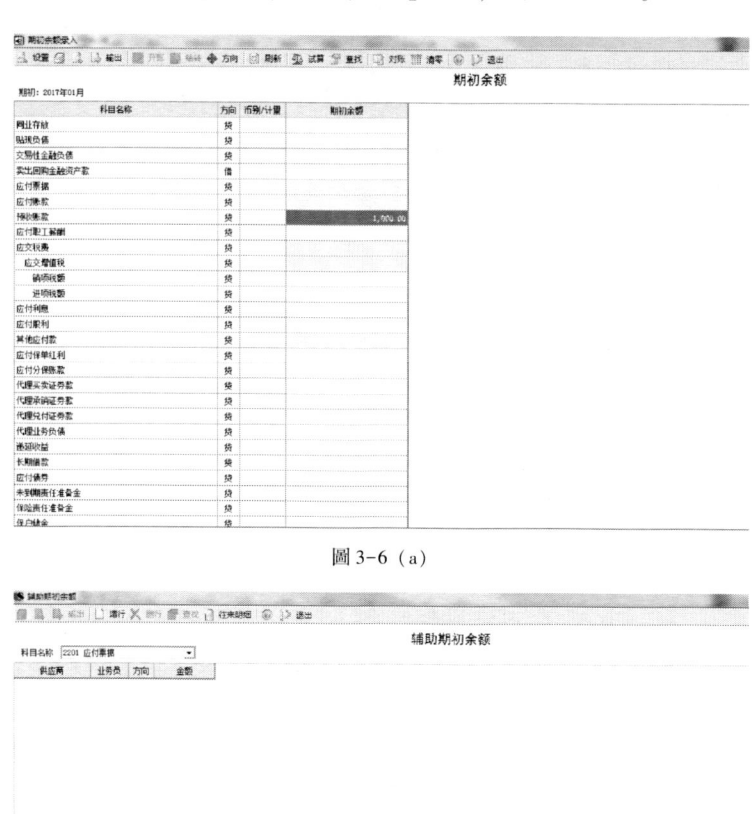

圖 3-6（a）

圖 3-6（b）

圖 3-6（c）

圖 3-6（d）

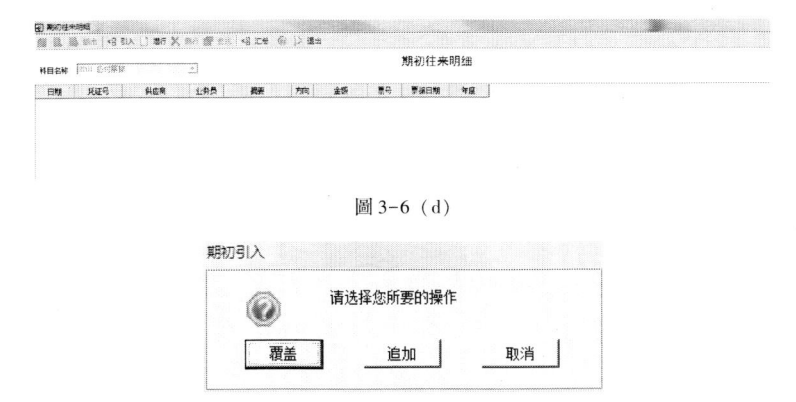

圖 3-6（e）

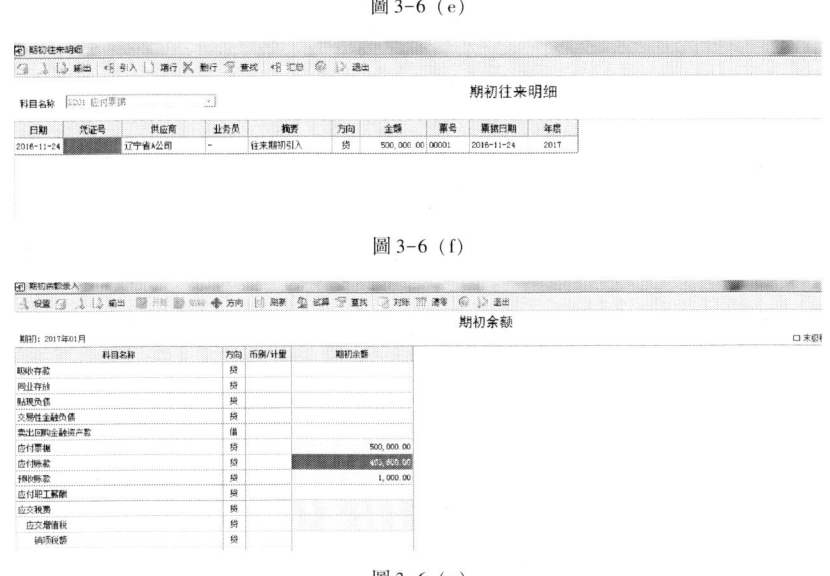

圖 3-6（f）

圖 3-6（g）
圖 3-6　期初餘額數據直接引入

[特別提示]

・引入到總帳系統的期初餘額數據同應付系統中的期初餘額數據要一致。

・必須在應付系統中錄入本期相關業務數據之前將期初餘額的數據引入總帳期初餘額中。否則，此操作無法完成。

・當有多個應付客戶時，只需要錄入一個客戶的準確金額，其他客戶的應付金額也能準確無誤地引入總帳系統中。

第五，「其他應收款」「其他應付款」會計科目設置為個人往來後，不能直接錄入期初數據。

具體操作如下：雙擊「其他應收款」或「其他應付帳」期初餘額下對應的空欄→點擊「增行」→錄入相關信息，如圖 3-7 所示。

73

圖 3-7（a）

圖 3-b（a）

圖 3-7（c）

圖 3-7（d）

圖 3-7（e）

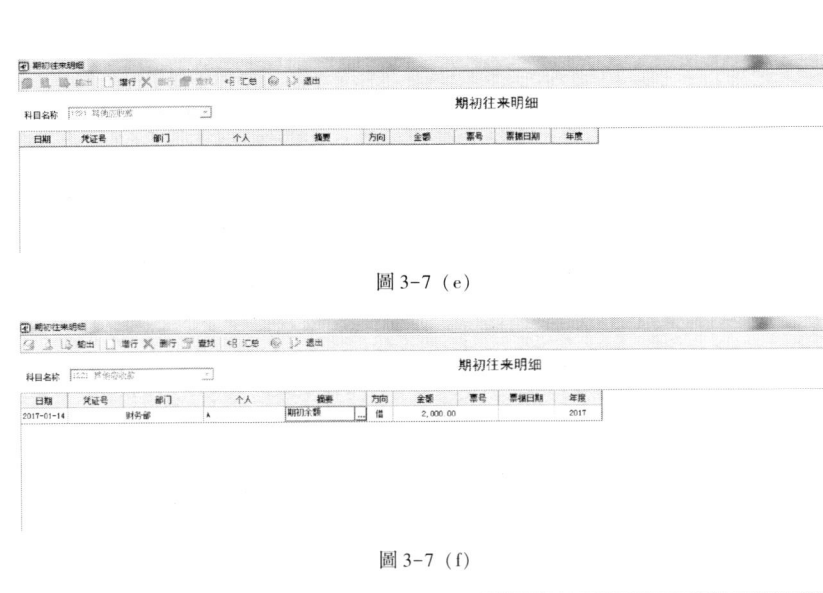

圖 3-7（f）

圖 3-7（g）

圖 3-7 「其他應收款」「其他應付款」設置為個人往來後，不能直接錄入期初數據

第六，若「銀行存款」科目設置為外幣輔助核算時，在錄入期初餘額不僅先要錄入本位幣金額，還要錄入外幣金額。外幣期初餘額錄入如圖 3-8 所示。

圖 3-8　外幣期初餘額錄入完成界面

第七，期初數據錄入完成，要試算平衡，若試算平衡，期初餘額錄入工作已經完成，如圖 3-9 所示。若試算不平衡，一定要找出錄入數據錯誤的會計科目，並改正過來，方算完成了錄入期初餘額的工作，否則會影響到期末生成的會計報表的正確性及記帳工作的操作。

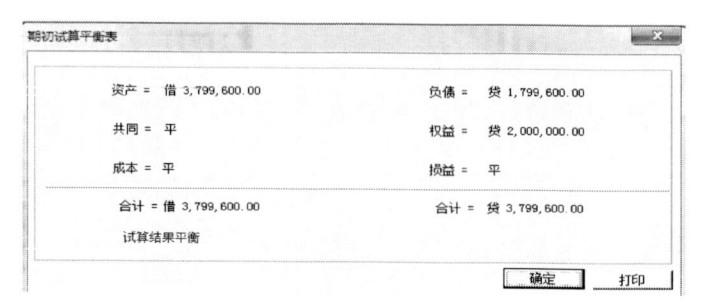

```
期初試算平衡表

    資產 = 借 3,799,600.00        負債 = 貸 1,799,600.00

    共同 = 平                       權益 = 貸 2,000,000.00

    成本 = 平                       損益 = 平

    合計 = 借 3,799,600.00        合計 = 貸 3,799,600.00

    試算結果平衡

                                    確定    打印
```

圖 3-9 「期初試算平衡表」對話框

3.2 憑證

憑證主要由填制憑證、出納簽字、主管簽字、審核憑證、查詢憑證、打印憑證、科目匯總、記帳等內容構成。

3.2.1 填制憑證

第一，增加憑證操作程序。

具體操作如下：點擊「財務會計」→點擊「總帳」→點擊「憑證」→點擊「填制憑證」→點擊「＋」→選擇憑證的類別→選擇製單時間→填寫摘要—選擇會計科目→填寫金額→點擊「保存」按鈕，普通憑證錄入完成，如圖 3-10 所示。

第二，紅字憑證的填寫。一般來說，「主營業務收入」「其他業務收入」「投資收益」「營業外收入」等收入類會計科目的發生額記在其科目的貸方。若發生退貨等原因導致發生額減少的情況時，則填制紅字憑證。

「主營業務成本」「其他業務成本」「財務費用」「管理費用」「銷售費用」「營業外支出」「稅金及附加」「所得稅費用」等費用類會計科目的發生額記在其科目的借方，若發生退貨等原因導致發生額減少的情況時，填制紅字憑證。

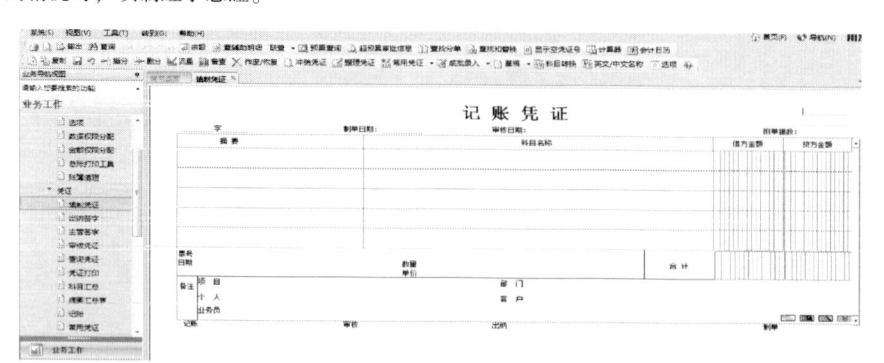

圖 3-10（a）

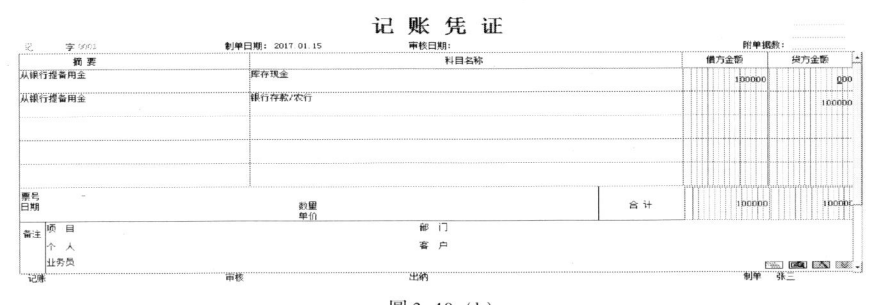

圖 3-10（b）

圖 3-10　普通記帳憑證錄入完成對話框

　　紅字憑證的填寫的具體操作程序同增加憑證的具體操作程序基本上是一樣的，不同點是在錄入金額前，先按一下鍵盤上的減號就實現了錄製紅字憑證的操作；在錄入好金額後再按一下鍵盤上的減號也可以實現錄入紅字憑證的操作。紅字記帳憑證的填寫如圖 3-11 所示。

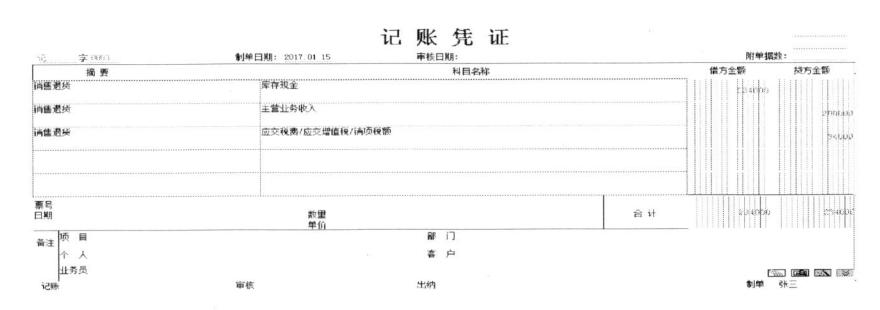

圖 3-11　紅字記帳憑證錄入完成對話框

　　第三，憑證的修改。若填制憑證完成之後，發現某些憑證在會計科目金額等方面存在錯誤，找到這些存在錯誤的記帳憑證，將存在錯誤的地方改正過來，然後點擊「保存」按鈕。
　　若憑證已經被審核之後，發現某些憑證在會計科目、金額等方面存在錯誤，則要取消審核，方可進行修改。
　　第四，某些經濟業務比較複雜，需要填制復式記帳憑證，一張記帳憑證無法反映其整個業務全過程，可點擊「插分」命令來實現。
　　第五，一張憑證填制完成，點擊「保存」按鈕之後，後經審核發現是多餘的憑證，可以將該憑證作廢，作廢憑證的數據不會參與數據運算，但會永遠保存在財務軟件中。若將來認為該作廢憑證是有用的，還可將其恢復為正常的憑證。此時，該憑證的數據就會參與數據運算了。
　　具體操作如下：點擊「填制憑證」→點擊「作廢/恢復」命令，如圖 3-12 所示。

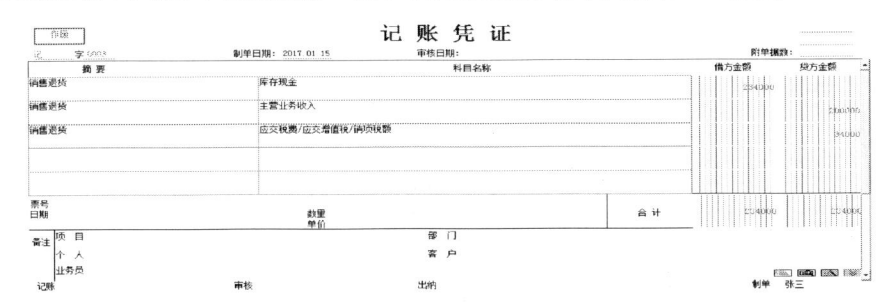

圖 3-12　普通記帳憑作廢或恢復界面

第六，若會計科目設有多級時，每次選擇會計科目時一定要選到該會計科目的最後一級才可以。

第七，錄入輔助核算信息。

一是有關銀行存款帳戶的輔助核算信息。若在基礎設置中已經將結算方式設置完成，在選擇「銀行存款」會計科目時，要求錄入結算方式票據號、發生日期等輔助相關信息，如圖3-13所示。

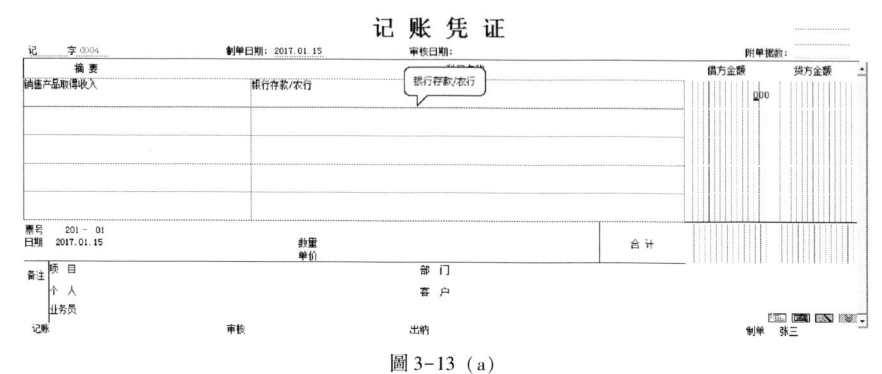

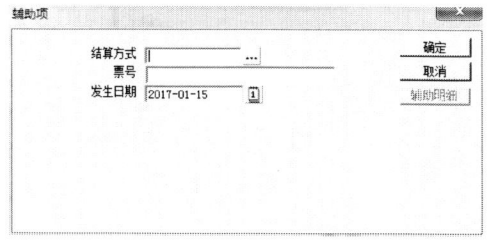

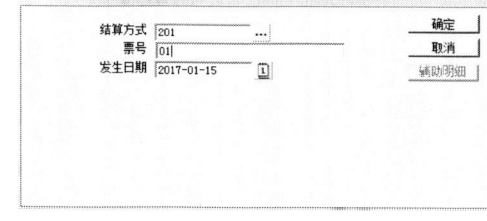

圖3-13（a）

圖3-13（b）　　　　　　　　　圖3-13（c）

圖3-13　有關銀行存款會計科目輔助核算信息錄入

二是有關項目核算的輔助核算信息。若在基礎設置中已經將項目目錄設置完成，在錄入相關會計科目金額時要求錄入項目核算輔助信息，如圖3-14和圖3-15所示。

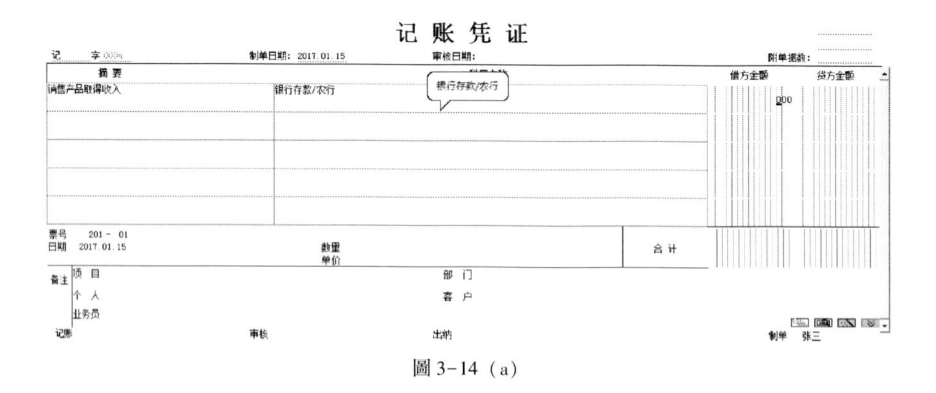

圖3-14（a）

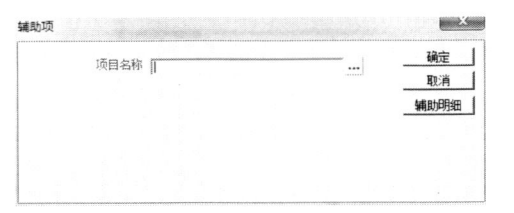

圖 3-14（b） 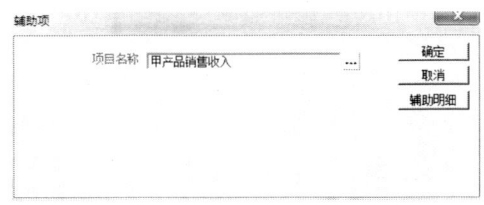　　　　　　　　　　　　　　圖 3-14（c）

圖 3-14　有關項目核算會計科目輔助項錄入

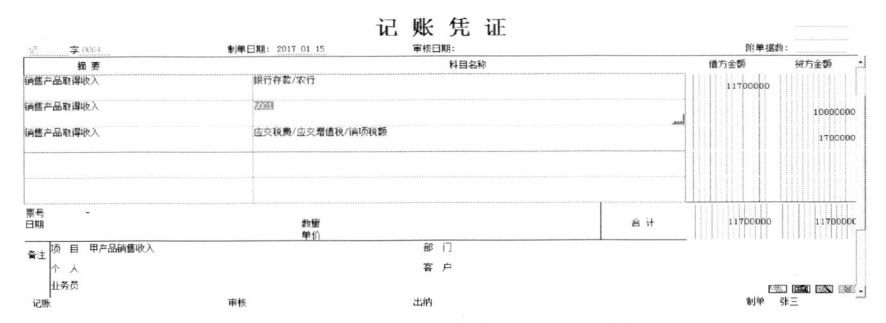

圖 3-15　有關項目核算的會計憑證錄入完成對話框

　　三是有關個人往來的輔助核算信息。若在會計科目中已經將「其他應收款」「其他應付款」會計科目設置為個人往來時，在錄入這些會計科目的金額時，要求錄入部門、個人、發生時間等相關輔助核算信息，如圖 3-16 和圖 3-17 所示。

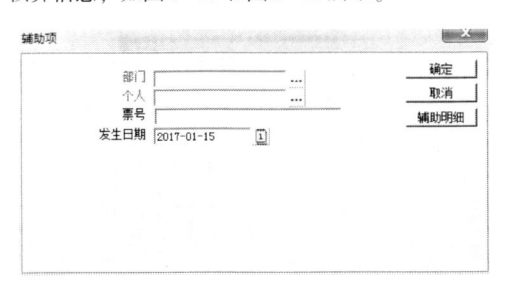

圖 3-16（a） 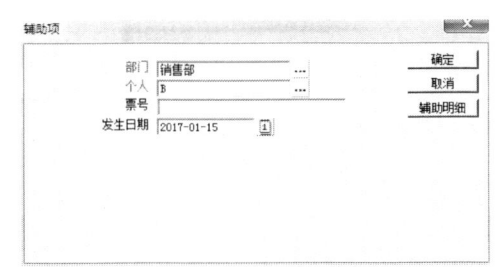　　　　　　　　　　　　　　圖 3-16（b）

圖 3-16　有關個人往來的輔助核算信息錄入

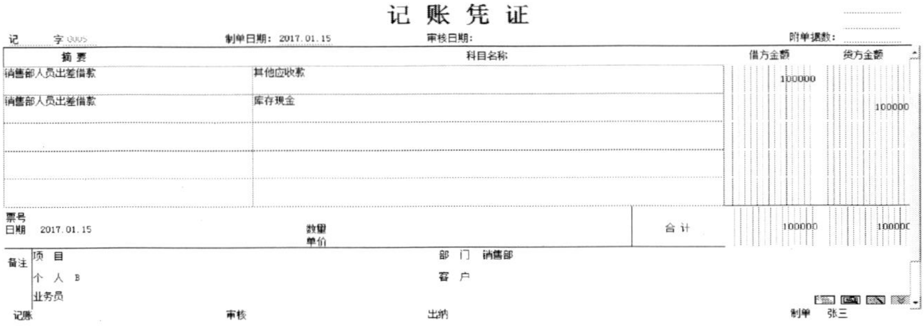

圖 3-17　「其他應付款」或「其他應收款」會計科目記帳憑證錄入完成對話框

四是有關部門核算的輔助核算信息。若在會計科目中已經將「管理費用」「銷售費用」等會計科目設置為部門核算後，在錄入這些會計科目的金額時，要求錄入部門相關信息，如圖 3-18 和圖 3-19 所示。

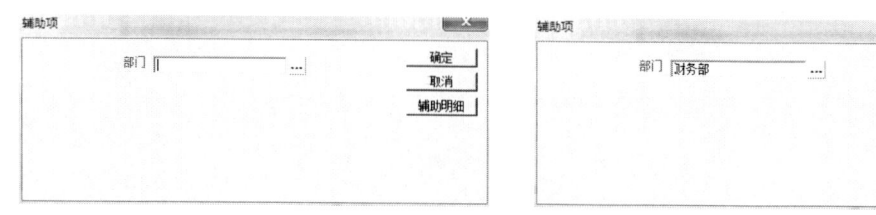

圖 3-18（a）　　　　　　　　　　　　　　圖 3-18（b）

圖 3-18　有關部門核算的輔助核算信息錄入

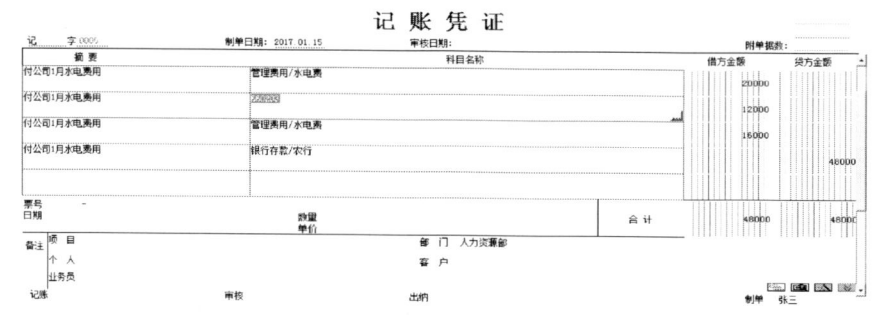

圖 3-19　實行部門核算的會計科目的記帳憑證錄入完成對話框

五是有關外幣核算的輔助核算信息，如圖 3-20 和圖 3-21 所示。

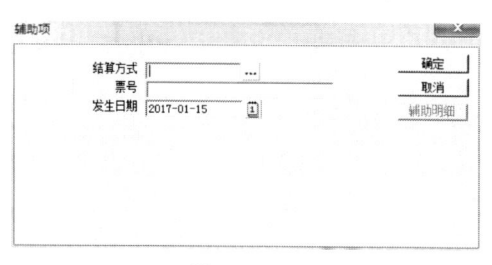

圖 3-20（a） 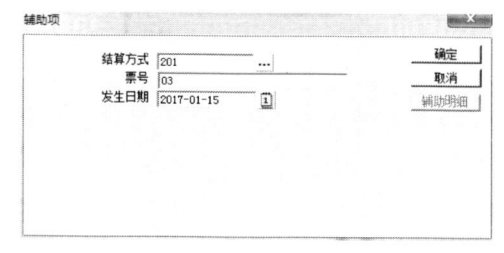　　　　　　　　　　　　　　圖 3-20（b）

圖 3-20　實行外幣核算的會計科目輔助信息錄入

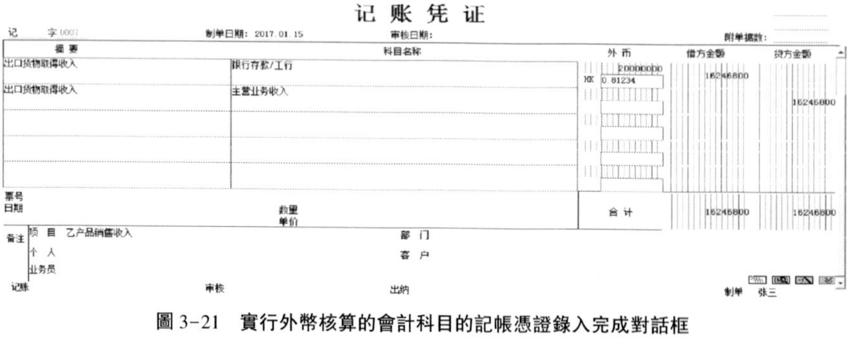

圖 3-21　實行外幣核算的會計科目的記帳憑證錄入完成對話框

3.2.2 出納簽字

出納簽字的前提是將記帳憑證的種類設置為收款憑證、付款憑證、轉帳憑證，這樣便於簽字。若將憑證僅設置為記帳憑證，也可以進行簽字，但這樣比較麻煩。以出納的身分進入系統就可以實現出納簽字的功能了，如圖 3-22 所示。

具體操作如下：點擊「財務會計」→點擊「總帳」→點擊「憑證」→點擊「出納簽字」→「簽字」命令。若需要取消簽字，點擊「取消」按鈕即可。

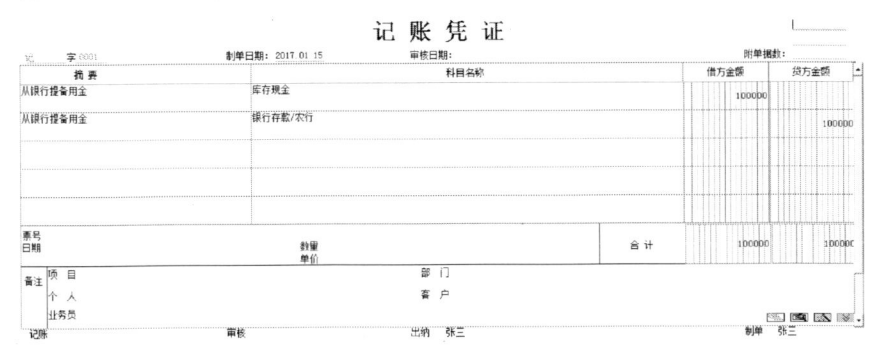

圖 3-22 出納簽字後的會計憑證對話框

3.2.3 主管簽字

具體操作如下：點擊「財務會計」→點擊「總帳」→點擊「憑證」→點擊「主管簽字」→點擊「簽字」或「成批處理」。若簽字後發現有錯誤，需要修改的，點擊「取消」按鈕。注意製單人與主管簽字不能為同一人，否則操作無法實現，如圖 3-23 所示。

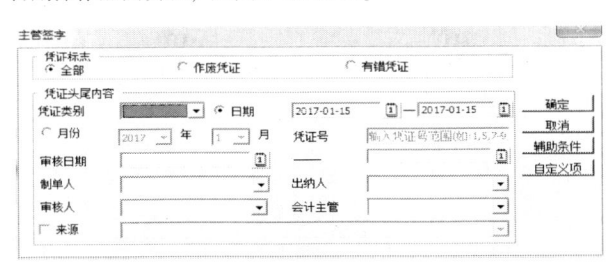

圖 3-23（a）

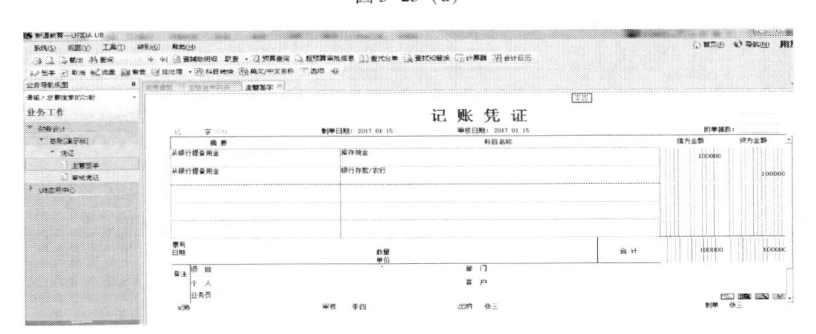

圖 3-23（b）

圖 3-23 主管簽字

3.2.4　審核憑證

會計憑證的製單人與會計憑證的審核人不能為同一個人，即製單人不能審核憑證，會計憑證的審核人不能填制憑證。而以會計憑證審核人的身分進入系統就可以實現憑證審核的功能了，具體界面如圖 3-24 所示。

具體操作如下：點擊「財務會計」→點擊「總帳」→點擊「憑證」→點擊「審核憑證」→「審核」→或「成批審核」命令。

點擊「審核憑證」只能對會計憑證一張一張地進行審核。若點擊「成批審核」則能夠對全部會計憑證一次審核完成。

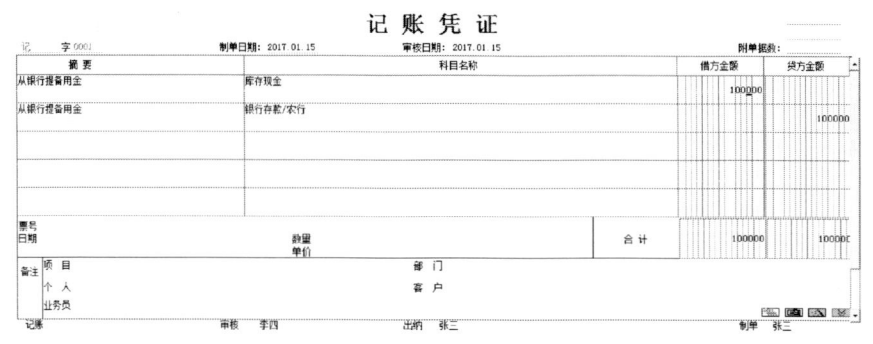

圖 3-24　審核憑證

會計憑證審核後，會計憑證製單人就不能對已審核完成的會計憑證進行修改了，若要對已審核完成的會計憑證進行修改，審核人必須取消會計憑證審核。

具體操作如下：點擊「財務會計」→點擊「總帳」→點擊「憑證」→點擊「審核憑證」→點擊「審核憑證」→點擊「取消」或「成批取消審核」命令。

點擊「取消審核」只能對已審核的會計憑證一張一張地取消審核。若點擊「成批取消審核」則能夠實現對已審核的會計憑證一次取消審核。

3.2.5　查詢憑證

通過此功能，可以查找已經填制完成的會計憑證，獲取所需要的有關信息，如圖 3-25 所示。

具體操作如下：點擊「財務會計」→點擊「總帳」→點擊「憑證」→點擊「查詢憑證」→點擊所需要查看的會計憑證。

圖 3-25（a）

制單日期	憑證編號	摘要	借方金額合計	貸方金額合計	制單人	審核人	系統名	備注	審核日期	年度
2017-01-15	記 - 0001	从银行提备用金	1,000.00	1,000.00	张三	李四			2017-01-15	2017
2017-01-15	記 - 0002	销售产品取得收入	23,400.00	23,400.00	张三					2017
2017-01-15	記 - 0003	销售退货	-2,340.00	-2,340.00	张三			作废		2017
2017-01-15	記 - 0004	销售产品取得收入	117,000.00	117,000.00	张三					2017
2017-01-15	記 - 0005	销售部人员出差借款	1,000.00	1,000.00	张三					2017
2017-01-15	記 - 0006	付公司1月水电费用	480.00	480.00	张三					2017
2017-01-15	記 - 0007	出口货物取得收入	162,468.00	162,468.00	张三					2017
		合计	303,008.00	303,008.00						

圖 3-25（b）

圖 3-25（c）

圖 3-25　查詢憑證

3.2.6 打印憑證

在打印憑證功能下，可以將錄製完成的會計憑證打印出來（見圖 3-26）。打印憑證時既可以按會計憑證類別打印，又可以按會計憑證的號碼打印，若會計憑證還沒有記帳也可以打印，只要選擇「未記帳憑證」就可以。

具體操作如下：點擊「財務會計」→點擊「總帳」→點擊「憑證」→點擊「打印憑證」→選擇「會計憑證類別」或「憑證範圍」→點擊「打印」按鈕。

圖 3-26　打印憑證

3.2.7 科目匯總

為了查看有關財務信息，可以按照月份憑證類別、製單人等條件查詢會計科目匯總數據。若會計憑證沒有記帳，只要選擇「未記帳憑證」就可以查詢有關會計科目的數據。

具體操作如下：點擊「財務會計」→點擊「總帳」→點擊「憑證」→點擊「科目匯總」→選擇「月份」「憑證類別」「製單人」→點擊「匯總」按鈕，如圖3-27所示。

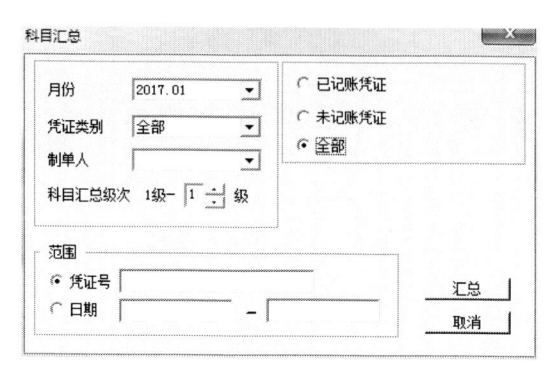

圖3-27（a）

圖3-27（b）

圖3-27　科目匯總

3.2.8 記帳

已經錄製完成的會計憑證，經過會計憑證審核人審核後，方可登記日記帳、明細帳、總帳等帳簿。沒有審核的會計憑證是不能登記日記帳、明細帳、總帳等帳簿的。

具體操作如下：點擊「財務會計」→點擊「總帳」→點擊「憑證」→點擊「記帳」→點擊「全選」「記帳」命令，如圖3-28所示。

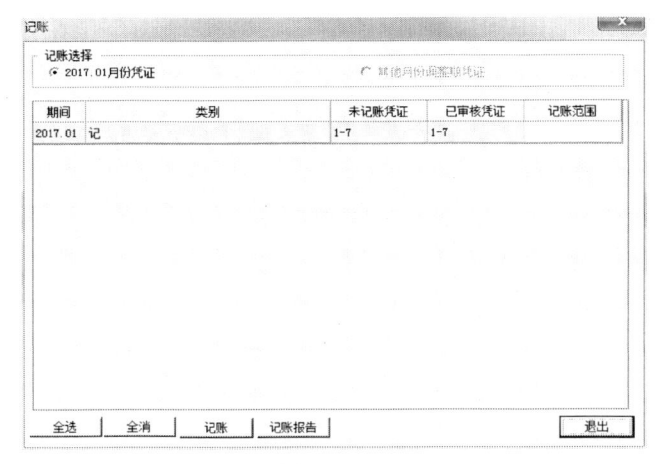

圖 3-28（a）

圖 3-28（b）

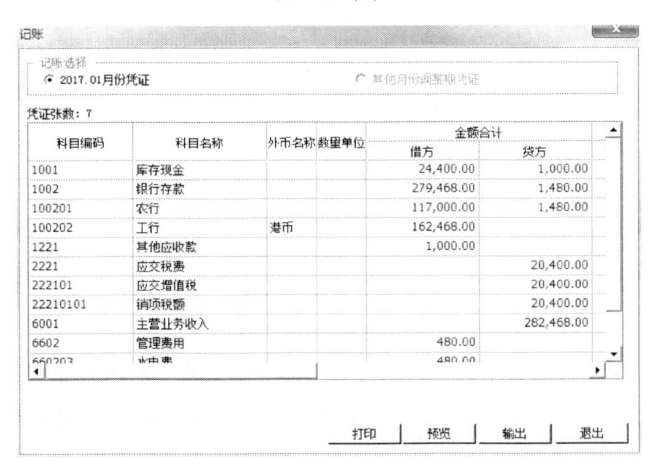

圖 3-28（c）

圖 3-28 記帳

　　若記帳後發現有些會計憑證處理存在錯誤，需要修改相關的會計憑證，首先進行反記帳，然後取消審核，再對有關會計憑證進行修改。

　　進行反記帳的功能鍵是「Ctrl+H」。

　　具體操作如下：點擊「財務會計」→點擊「總帳」→點擊「期末」→點擊「對帳」→按「Ctrl+H」組合鍵→點擊「確定」按鈕→點擊憑證中的「恢復記帳前狀態」→點擊「確定」按鈕→錄入帳套的主管密碼→點擊「確定」按鈕，如圖 3-29 所示。

85

圖 3-29（a）

圖 3-29（b）

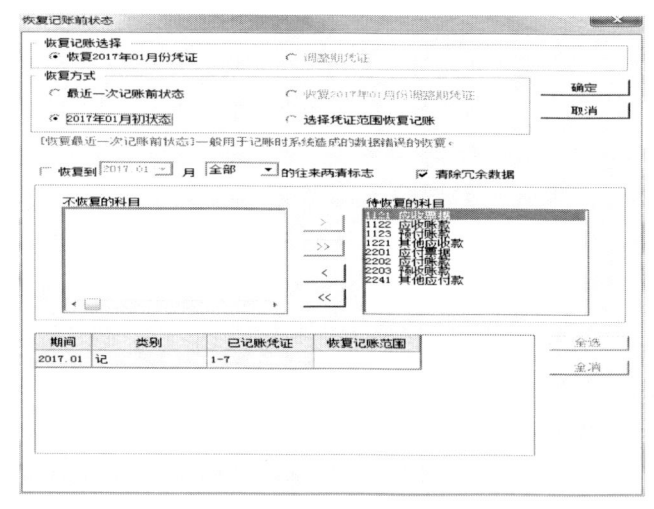

圖 3-29（c）

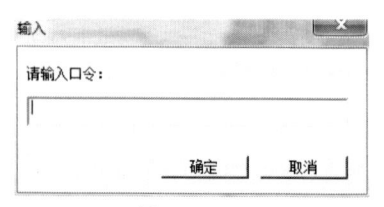

圖 3-29（d） 　　　　　　　　圖 3-29（e）

圖 3-29　記帳後修改錯誤會計憑證

3.3 出納

3.3.1 現金日記帳、銀行日記帳、資金日報表的查詢

根據管理需要,可以查詢現金日記帳、銀行日記帳、資金日報表,以獲取庫存現金、銀行存款等方面的會計信息,以加強企業對資金的管理。至於沒有記帳的會計憑證,只要在查詢時選擇了「未記帳憑證」,也可以查詢到有關庫存現金、銀行存款等相關會計信息。

具體操作如下:點擊「財務會計」→點擊「出納」→點擊「現金日記帳」或「銀行日記帳」或「資金日報表」→選擇「按月查詢」或「按日查詢」→點擊「確定」按鈕,如圖 3-30~圖 3-32 所示。

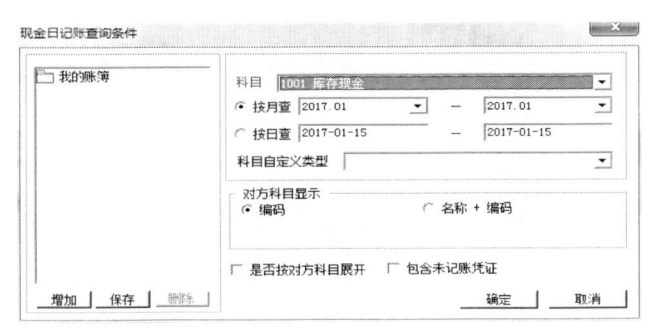

圖 3-30(a)

圖 3-30(b)

圖 3-30 現金日記帳的查詢

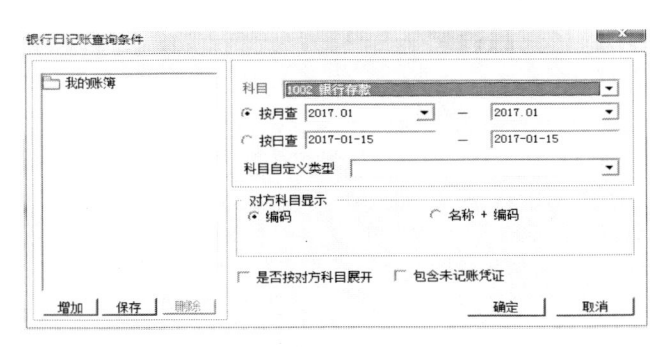

圖 3-31(a)

圖 3-31（b）

圖 3-31　銀行日記帳的查詢

圖 3-32（a）

圖 3-32（b）

圖 3-32　資金日報表的查詢

3.3.2　帳簿打印

根據企業管理需要，可以將現金日記帳、銀行日記帳打印出來。

具體操作如下：點擊「財務會計」→點擊「出納」→點擊「帳簿打印」→「現金日記帳」或「銀行日記帳」命令，選擇「按月打印」或「按日打印」單選按鈕→點擊「打印」按鈕，如圖 3-33 和圖 3-34 所示。

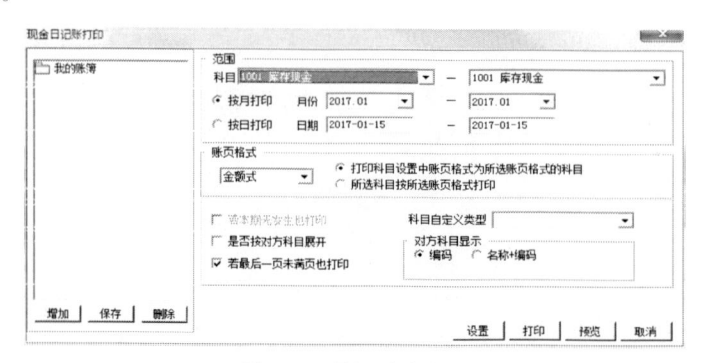

圖 3-33　現金日記帳打印

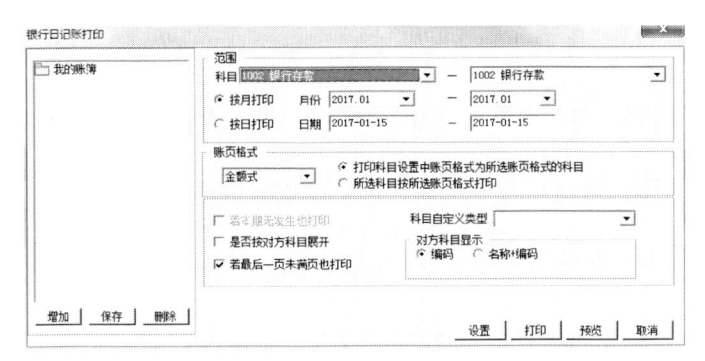

圖 3-34　銀行日記帳打印

3.3.3　支票登記簿

為了加強對企業支票的管理，可以在系統中錄入支票的領用日期、領用人、支票號、預計金額等相關信息，以滿足對銀行存款加強管理的需要。

具體操作如下：點擊「財務會計」→點擊「出納」→點擊「支票登記簿」→點擊「增加」命令後錄入相關信息→點擊「保存」按鈕，如圖 3-35 所示。

圖 3-35（a）

圖 3-35（b）

圖 3-35（c）

圖 3-35　支票登記簿

3.3.4 銀行對帳

該模塊主要包括銀行對帳期初錄入、銀行對帳單、銀行對帳操作、餘額調節表查詢等相關查詢內容。

3.3.4.1 銀行對帳期初錄入

銀行對帳期初錄入是指將有關銀行存款的期初餘額、銀行對帳單的期初餘額以及影響銀行存款銀行對帳單期初餘額的未達帳項的數據錄入，使得最後銀行存款日記帳與銀行對帳單調整後的期末餘額金額應該是相等的。

具體操作如下：點擊「財務會計」→點擊「出納」→點擊「銀行對帳期初錄入」→錄入「單位日記帳」或「銀行對帳單的調整前餘額」相關信息，點擊「對帳單期初未達帳項」或「日記帳期初未達帳項」→點擊「增加」命令，錄入相關信息，點擊「保存」按鈕，如圖3-36所示。

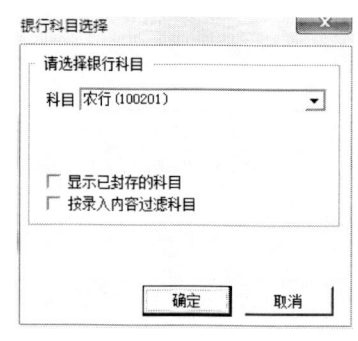

圖 3-36（a）

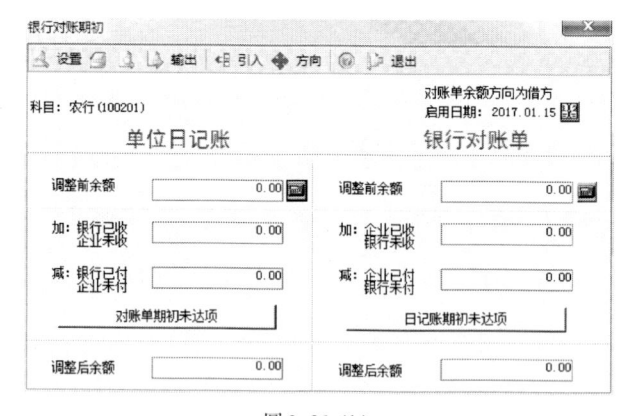

圖 3-36（b）

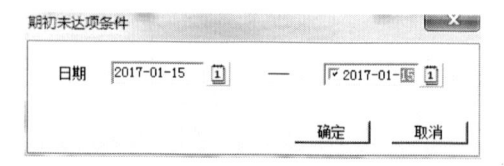

圖 3-36（c）

圖 3-36（d）

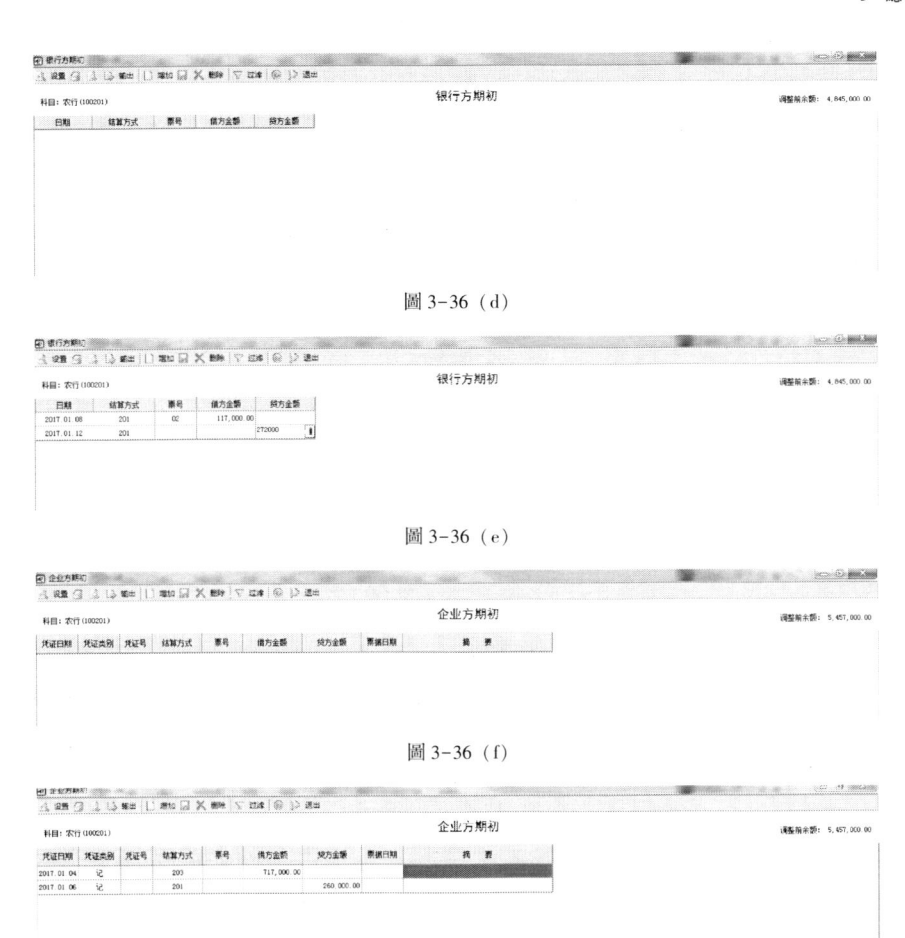

圖 3-36（e）

圖 3-36（f）

圖 3-36（g）

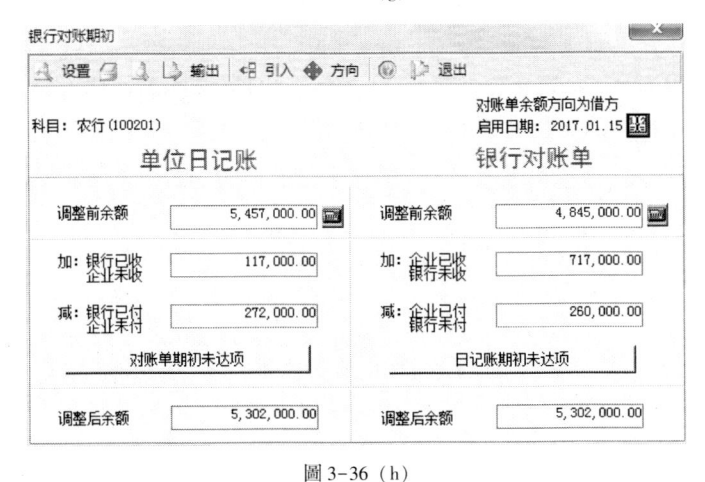

圖 3-36（h）

圖 3-36　銀行對帳期初錄入

[特別提示]

- 調整前餘額是需要手工錄入的。
- 銀行、企業雙方的未達帳項可以點擊「引入」按鈕實行自動引入，不需要手工錄入相關數據。
- 前期發生的經濟業務所生成的會計憑證要全部進行審核和記帳；否則是不能實現此界面中的「引入」功能的。
- 在操作「引入」功能之前，要完成銀行對帳單界面的相關操作；否則是不能實行此界面中的「引入」功能的。
- 實現了「銀行對帳」後，此界面的相關數據就不能再進行任何形式的修改。

3.3.4.2 銀行對帳單

具體操作如下：點擊「財務會計」→點擊「出納」→點擊「銀行對帳單」命令，選擇「開戶銀行或月份」，點擊「確定」按鈕，點擊「增加」命令後，錄入相關信息，點擊「保存」按鈕，如圖 3-37 所示。

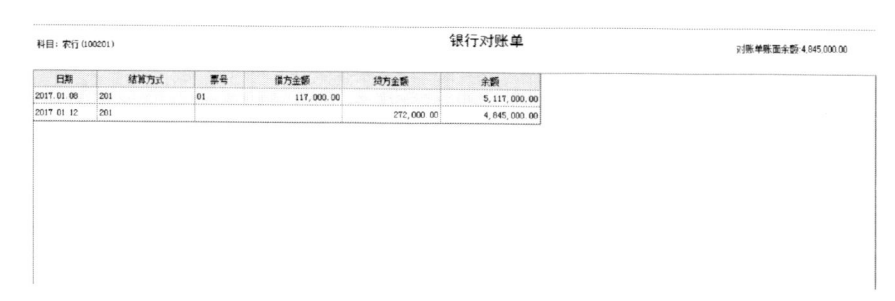

圖 3-37 銀行對帳單

[特別提示]

- 銀行對帳單的有關數據可以實行手工方式錄入。
- 可以點擊「引入」按鈕，將有關銀行對帳單數據（網銀等）直接引入銀行對帳單界面中。

3.3.4.3 銀行對帳操作

具體操作如下：點擊「財務會計」→點擊「出納」→點擊「銀行對帳」命令，選擇「月份」，點擊「確定」按鈕。點擊「對帳」命令，選擇「對帳截止日期」，點擊「確定」按鈕，如圖 3-38 所示。

一筆銀行資金數據在銀行日記帳和銀行對帳單都進行反映的，在操作此功能後，會計兩清欄目內會出現一個紅色標誌「○」；反之，一筆銀行資金數據沒有在銀行日記帳和銀行對帳單中同時進行反映，會計兩清欄目內不會出一個紅色標誌「○」，就會形成未達帳項。

圖 3-38（a）

圖 3-38（b）

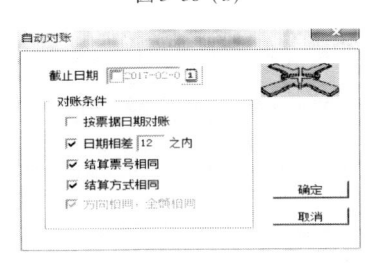

圖 3-38（c）

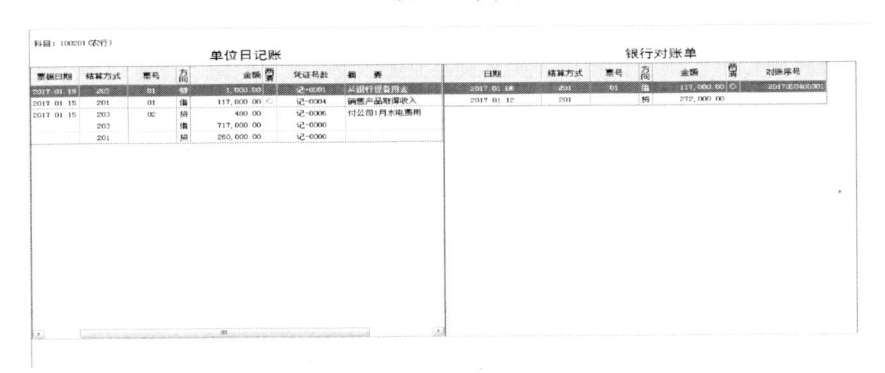

圖 3-38（d）

圖 3-38　銀行對帳

3.3.4.4　餘額調節表查詢

若銀行存款日記帳與銀行對帳單之間不存在未達帳項，銀行存款日記帳與銀行對帳的期末餘額是相同的；反之，若銀行存款日記帳與銀行對帳單之間存在未達帳項，銀行存款日記帳與銀行對帳的期末餘額是不相同的，如圖 3-39 所示。

圖 3-39　餘額調節表查詢

93

3.4 帳表

帳表的主要功能是通過對科目帳、客戶往來輔助帳、供應商往來輔助帳、個人往來帳、部門輔助帳、項目輔助帳等帳簿查詢，以獲取企業所需要的財務信息。

3.4.1 科目帳查詢

科目帳主要包括總帳、餘額表、明細帳、序時帳等內容。若會計憑證還沒有記帳，要選中未記帳憑證，然後就可以查詢所需要的會計信息了。

3.4.1.1 總帳查詢

總帳查詢可以查詢某一個總帳會計科目，也可以一次查詢多個總帳會計科目。

具體操作如下：點擊「財務會計」→點擊「帳表」→點擊「科目表」→點擊「總帳」→選擇「會計科目」，點擊「確定」按鈕，如圖 3-40 所示。

圖 3-40（a）　　　　　　　　　圖 3-40（b）

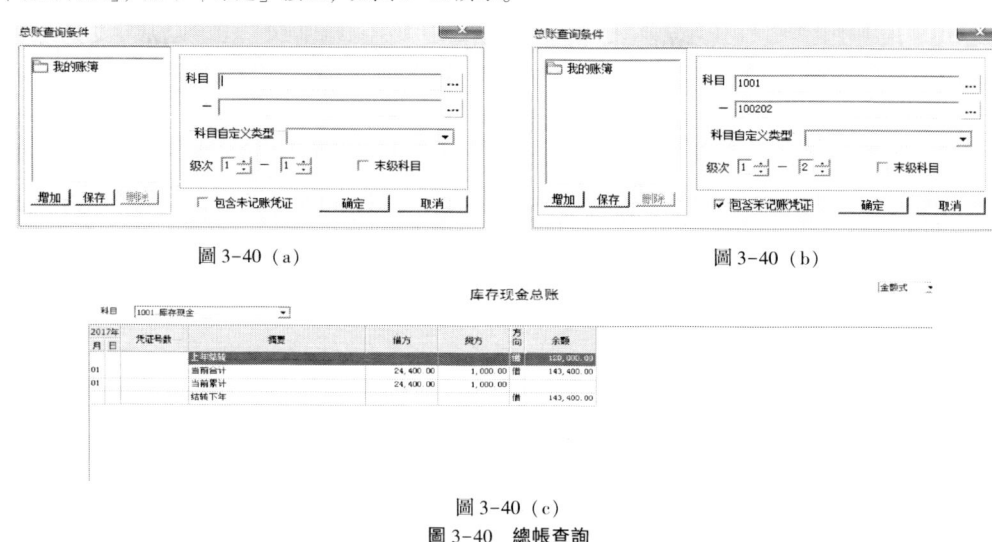

圖 3-40（c）

圖 3-40　總帳查詢

3.4.1.2 餘額表查詢

餘額表查詢一次可以查詢一個會計科目的餘額，也可以一次查詢多個會計科目的餘額。

具體操作如下：點擊「財務會計」→點擊「帳表」→點擊「科目表」→點擊「餘額表」命令，選擇「月份」或「會計科目」，點擊「確定」按鈕，如圖 3-41 所示。

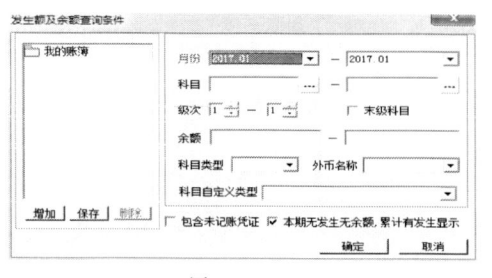

圖 3-41（a） 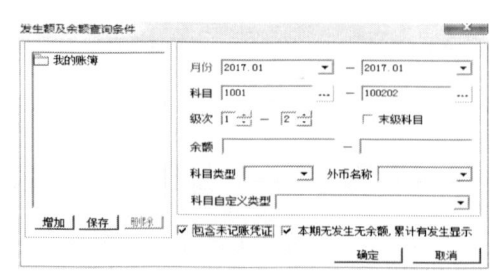　　　　　　　　　圖 3-41（b）

圖 3-41（c）

圖 3-41　餘額表查詢

3.4.1.3　明細帳查詢

有關「庫存現金」「銀行存款」科目的詳細信息只能到現金日記帳、銀行存款日記帳中查詢，不能在明細帳中查詢。

明細帳查詢一次可以查詢一個會計科目的明細帳，也可以一次查詢多個會計科目的明細帳。

具體操作如下：點擊「財務會計」→點擊「帳表」→點擊「科目表」→點擊「明細帳」命令，選擇「月份」或「會計科目」，點擊「確定」按鈕，如圖 3-42 所示。

圖 3-42（a）　　　　　　　　　　　　圖 3-42（b）

圖 3-42（c）

圖 3-42　明細帳查詢

[特別提示]

由於「庫存現金」「銀行存款」這兩個會計科目做了指定會計科目設置，要查詢有關庫存現金、銀行存款明細帳，請以出納或帳套主管身分進入系統中的現金日記帳和銀行日記帳界面進行相關的操作。

3.4.1.4 序時帳查詢

序時帳可以按照填制會計憑證的時間對企業發生的經濟業務進行查詢。

具體操作如下：點擊「財務會計」→點擊「帳表」→點擊「科目表」→點擊「序時帳」命令，選擇「查詢條件」，點擊「確定」按鈕，如圖 3-43 所示。

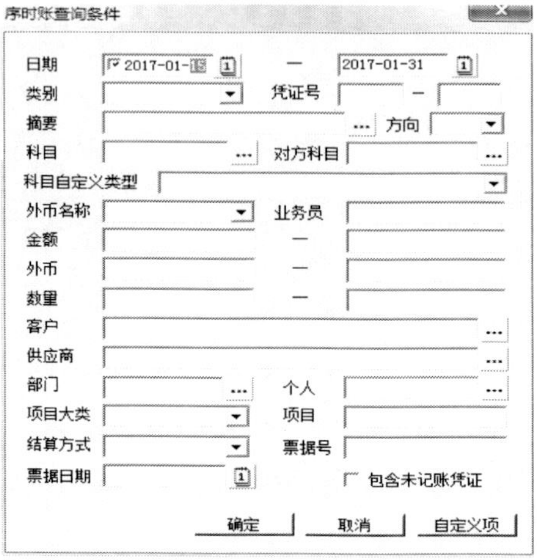

圖 3-43（a）

序 时 账

日期：2017.01.15-2017.01.3

日期	凭证号数	科目编码	科目名称	摘要	方向	数量	外币	金额
2017.01.15	记-0001	1001	库存现金	从银行提备用金	借			1,000.00
2017.01.15	记-0001	100201	农行	从银行提备用金_203_01_2017.01.15	贷			1,000.00
2017.01.15	记-0002	1001	库存现金	销售产品取得收入	借			23,400.00
2017.01.15	记-0002	6001	主营业务收入	销售产品取得收入_甲产品销售收入	贷			20,000.00
2017.01.15	记-0002	22210101	销项税额	销售产品取得收入	贷			3,400.00
2017.01.15	记-0004	100201	农行	销售产品取得收入_201_01_2017.01.15	借			117,000.00
2017.01.15	记-0004	6001	主营业务收入	销售产品取得收入_甲产品销售收入	贷			100,000.00
2017.01.15	记-0004	22210101	销项税额	销售产品取得收入	贷			17,000.00
2017.01.15	记-0005	1221	其他应收款	销售部人员出差借款_销售部_B_2017.01.15	借			1,000.00
2017.01.15	记-0005	1001	库存现金	销售部人员出差借款	贷			1,000.00
2017.01.15	记-0006	660203	水电费	付公司1月水电费[illegible] 销售部人员出差借款_销售部_B_2017.01.15	[illegible]			200.00
2017.01.15	记-0006	660203	水电费	付公司1月水电费用_人力资源部	借			120.00
2017.01.15	记-0006	660203	水电费	付公司1月水电费用_总经理办	借			160.00
2017.01.15	记-0006	100201	农行	付公司1月水电费用_203_02_2017.01.15	贷			480.00
2017.01.15	记-0007	100202	工行	出口货物取得收入_201_03_2017.01.15	借		200,000.00	162,468.00
2017.01.15	记-0007	6001	主营业务收入	出口货物取得收入_乙产品销售收入	贷			162,468.00
2017.01.15	记-0008	660204	差旅费	*支付差旅费_销售部	借			560.00
2017.01.15	记-0008	660204	差旅费	*支付差旅费_人力资源部	借			1,200.00
2017.01.15	记-0008	100201	农行	*支付差旅费_201_9_2017.01.15	贷			1,760.00
2017.01.15	记-0009	2211	应付职工薪酬	*支付财务部人员工资	借			5,600.00
2017.01.15	记-0009	100201	农行	*支付财务部人员工资_203_6_2017.01.15	贷			5,600.00
				合计	借			312,708.00
					贷			312,708.00

圖 3-43（b）

圖 3-43 序時帳查詢

3.4.1.5 多欄帳查詢

對於「生產成本」「製造費用」「管理費用」「財務費用」「銷售費用」等一些會計科目，由於管理的需要，有時會查詢多欄式明細帳。

具體操作如下：點擊「財務會計」→點擊「帳表」→點擊「科目表」→點擊「多欄帳」→點擊「增加」命令，選擇會計科目，點擊「增加欄目」或「自動編制」命令錄入相關信息，點擊「確定」「查詢」按鈕，如圖 3-44 所示。

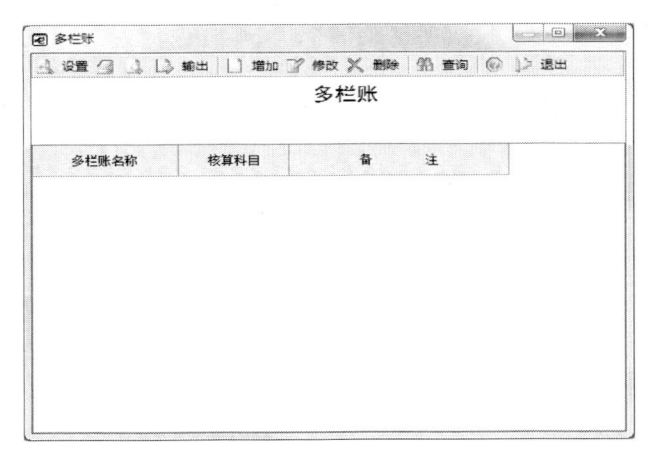

圖 3-44（a）

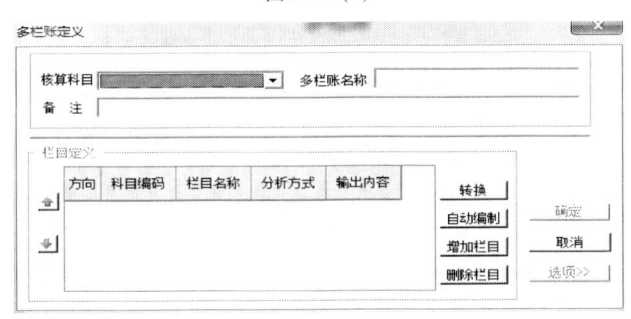

圖 3-44（b）

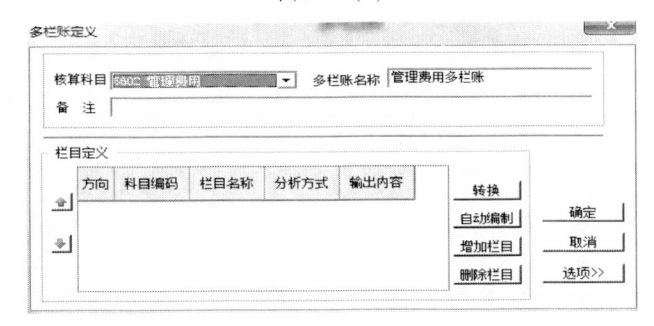

圖 3-44（c）

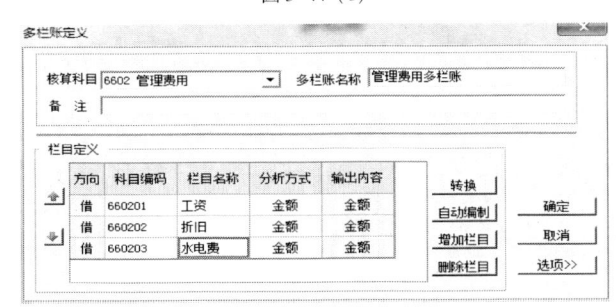

圖 3-44（d）

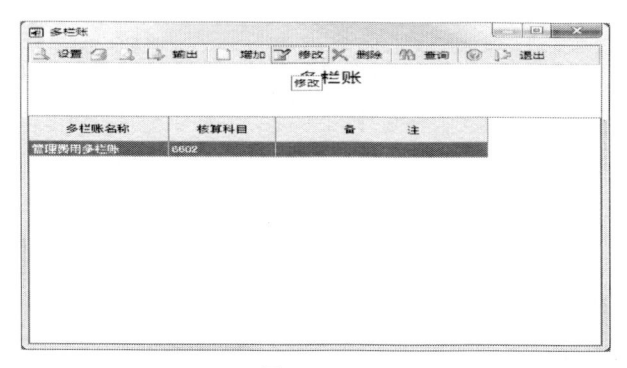

圖 3-44（e）

圖 3-44（f）

圖 3-44（g）

圖 3-44　多欄帳查詢

3.4.2　客戶往來輔助帳查詢

3.4.2.1　客戶科目餘額表查詢

具體操作如下：點擊「財務會計」→點擊「帳表」→點擊「客戶往來輔助帳」→點擊「客戶科目餘額表」命令→選擇「月份」或「科目」→點擊「確定」按鈕，如圖 3-45 所示。

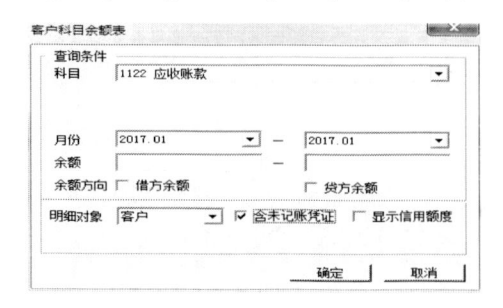

圖 3-45（a）

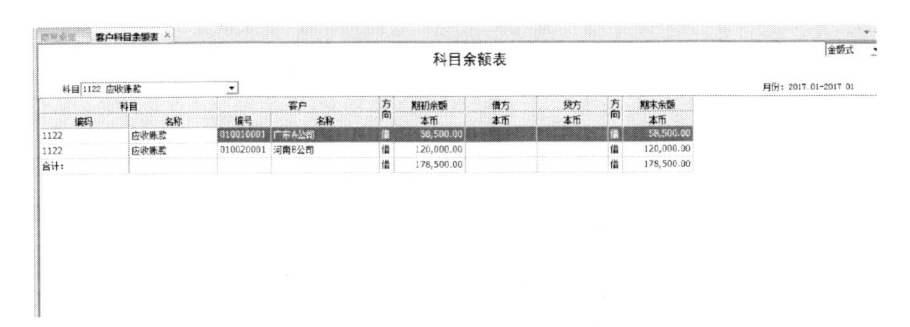

圖 3-45（b）

圖 3-45　客戶科目餘額表查詢

3.4.2.2　客戶餘額表查詢

具體操作如下：點擊「財務會計」→點擊「帳表」→點擊「客戶往來輔助帳」→點擊「客戶餘額表」命令→選擇「月份」或「客戶」→點擊「確定」按鈕，如圖 3-46 所示。

圖 3-46（a）

圖 3-46（b）

圖 3-46　客戶餘額表查詢

3.4.2.3　客戶三欄餘額表查詢

具體操作如下：點擊「財務會計」→點擊「帳表」→點擊「客戶往來輔助帳」→點擊「客戶三欄餘額表」命令→選擇「科目」或「客戶」→點擊「確定」按鈕，如圖 3-47 所示。

圖 3-47（a）

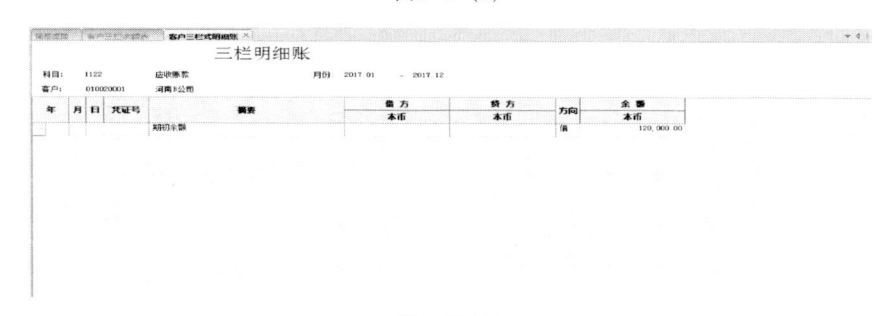

圖 3-47（b）

圖 3-47　客戶三欄餘額表查詢

3.4.2.4　客戶分類餘額表查詢

具體操作如下：點擊「財務會計」→點擊「帳表」→點擊「客戶往來輔助帳」→點擊「客戶分類餘額表」命令→選擇「科目」或「月份」→點擊「確定」按鈕，如圖 3-48 所示。

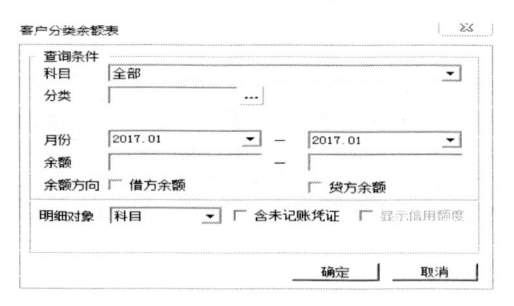

圖 3-48（a）

圖 3-48（b）

圖 3-48　客戶分類餘額表查詢

3.4.3 供應商往來輔助帳查詢

3.4.3.1 供應商科目餘額表查詢

具體操作如下：點擊「財務會計」→點擊「帳表」→點擊「供應商往來輔助帳」→點擊「供應商科目餘額表」命令→選擇「科目」或「月份」→點擊「確定」按鈕，如圖 3-49 所示。

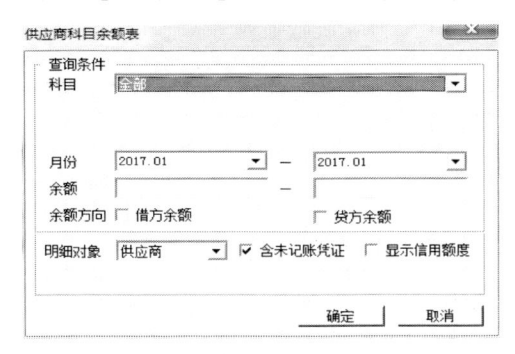

圖 3-49（a）

圖 3-49（b）

圖 3-49　供應商科目餘額表查詢

3.4.3.2 供應商餘額表查詢

具體操作如下：點擊「財務會計」→點擊「帳表」→點擊「供應商往來輔助帳」→點擊「供應商餘額表」命令→選擇「供應商」或「月份」→點擊「確定」按鈕，如圖 3-50 所示。

圖 3-50（a）

圖 3-50（b）

圖 3-50　供應商餘額表查詢

3.4.3.3　供應商三欄餘額表查詢

具體操作如下：點擊「財務會計」→點擊「帳表」→點擊「供應商往來輔助帳」→點擊「供應商三欄餘額表」命令→選擇「科目」或「供應商」→點擊「確定」按鈕，如圖 3-51 所示。

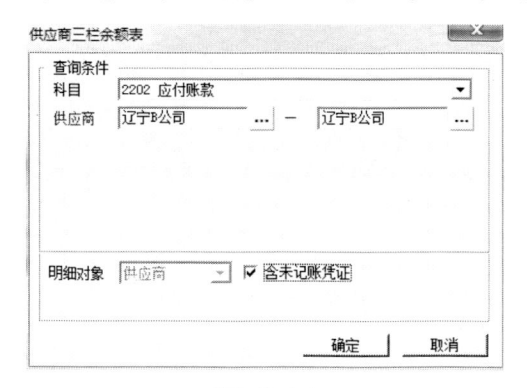

圖 3-51（a）

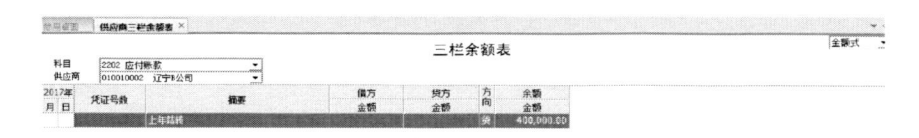

圖 3-51（b）

圖 3-51　供應商三欄餘額表查詢

3.4.3.4　供應商分類餘額表查詢

具體操作如下：點擊「財務會計」→點擊「帳表」→點擊「供應商往來輔助帳」→點擊「供應商分類餘額表」命令→選擇「科目」或「月份」→點擊「確定」按鈕，如圖 3-52 所示。

圖 3-52（a）

圖 3-52（b）

圖 3-52　供應商分類餘額表查詢

3.4.4　個人往來帳查詢

3.4.4.1　個人科目餘額表查詢

具體操作如下：點擊「財務會計」→點擊「帳表」→點擊「個人往來帳」→點擊「個人科目餘額表」命令→選擇「會計科目」或「月份」→點擊「確定」按鈕，如圖 3-53 所示。

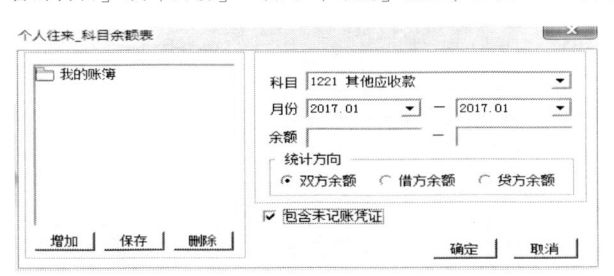

圖 3-53（a）

圖 3-53（b）

圖 3-53　個人科目餘額表查詢

103

3.4.4.2 個人部門餘額表查詢

具體操作如下：點擊「財務會計」→點擊「帳表」→點擊「個人往來帳」→點擊「個人部門餘額表」命令→選擇「會計科目」或「部門」→點擊「確定」按鈕，如圖3-54所示。

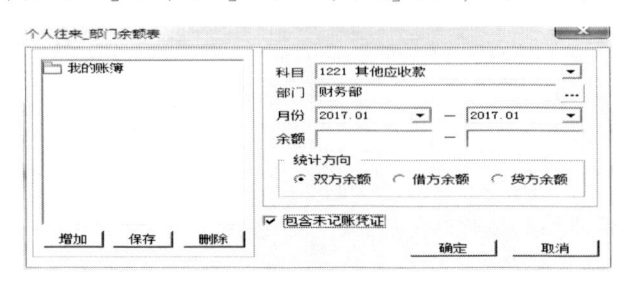

圖3-54（a）

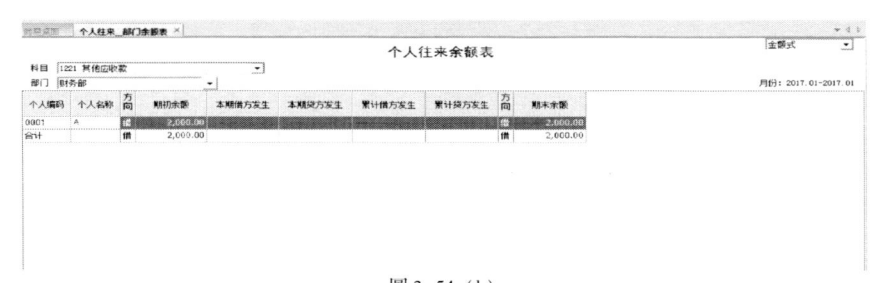

圖3-54（b）

圖3-54　個人部門餘額表查詢

3.4.4.3 個人餘額表查詢

具體操作如下：點擊「財務會計」→點擊「帳表」→點擊「個人往來帳」→點擊「個人餘額表」命令→選擇「部門」或「個人」或「月份」→點擊「確定」按鈕，如圖3-55所示。

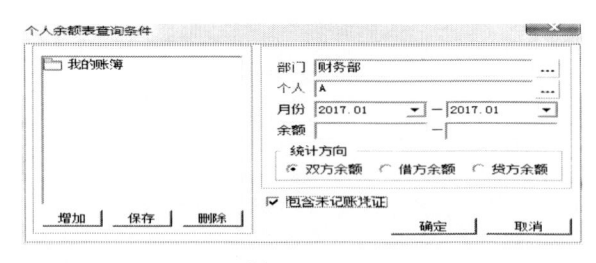

圖3-55（a）

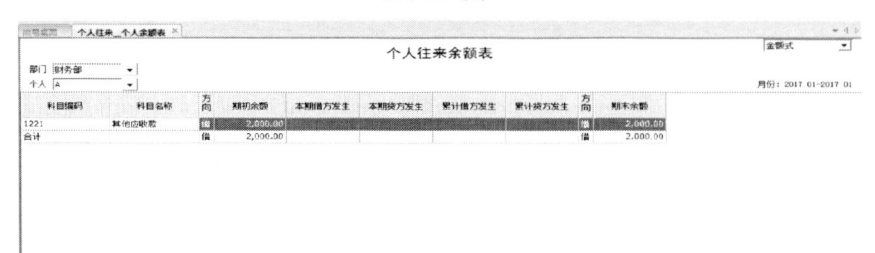

圖3-55（b）

圖3-55　個人餘額表查詢

3.4.4.4　個人往來三欄式餘額表查詢

具體操作如下：點擊「財務會計」→點擊「帳表」→點擊「個人往來帳」→點擊「個人往來三欄式餘額表」命令→選擇「部門」或「個人」或「科目」→點擊「確定」按鈕，如圖 3-56 所示。

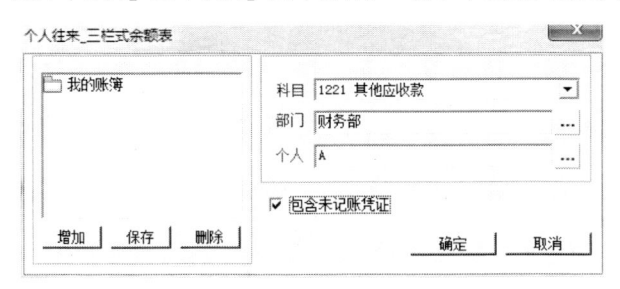

圖 3-56（a）

圖 3-56（b）

圖 3-56　個人往來三欄式餘額表查詢

3.4.4.5　個人往來科目明細帳查詢

具體操作如下：點擊「財務會計」→點擊「帳表」→點擊「個人往來帳」→點擊「個人往來明細帳」→點擊「個人科目明細帳」命令→錄入過濾條件→點擊「確定」按鈕，如圖 3-57 所示。

圖 3-57（a）

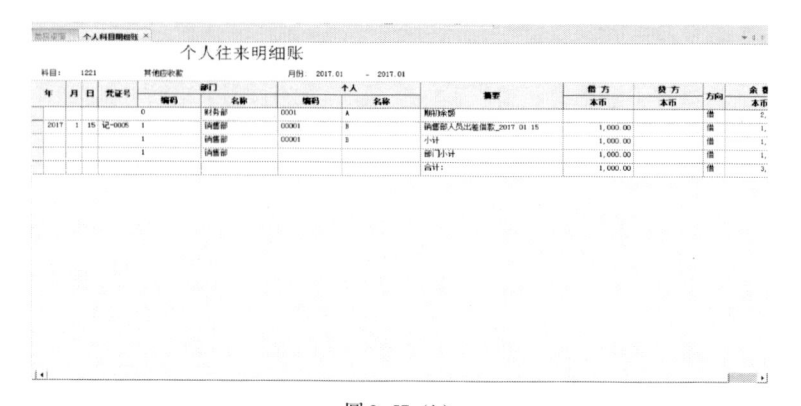

圖 3-57（b）

圖 3-57　個人往來科目明細帳查詢

3.4.4.6　個人往來部門明細帳查詢

具體操作如下：點擊「財務會計」→點擊「帳表」→點擊「個人往來帳」→點擊「個人往來明細帳」→點擊「個人往來部門明細帳」命令→錄入過濾條件→點擊「確定」按鈕，如圖 3-58 所示。

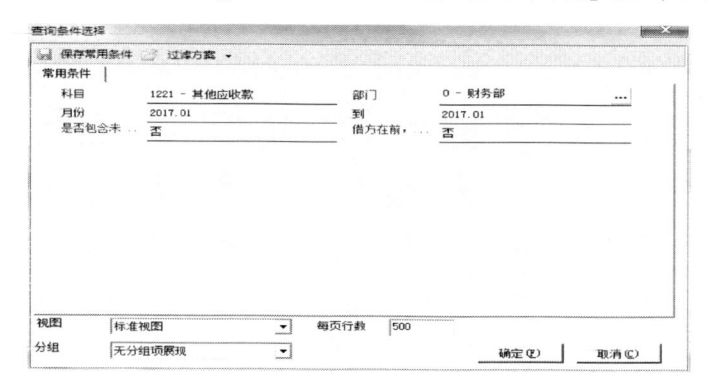

圖 3-58（a）

圖 3-58（b）

圖 3-58　個人往來部門明細帳查詢

3.4.4.7　個人明細帳查詢

具體操作如下：點擊「財務會計」→點擊「帳表」→點擊「個人往來帳」→點擊「個人往來明細帳」→點擊「個人明細帳」命令→錄入過濾條件→點擊「確定」按鈕，如圖 3-59 所示。

圖 3-59（a）

圖 3-59（b）

圖 3-59　個人明細帳查詢

3.4.4.8　個人三欄式明細帳查詢

具體操作如下：點擊「財務會計」→點擊「帳表」→點擊「個人往來帳」→點擊「個人往來明細帳」→點擊「個人三欄明細帳」命令→錄入過濾條件→點擊「確定」按鈕，如圖 3-60 所示。

圖 3-60（a）

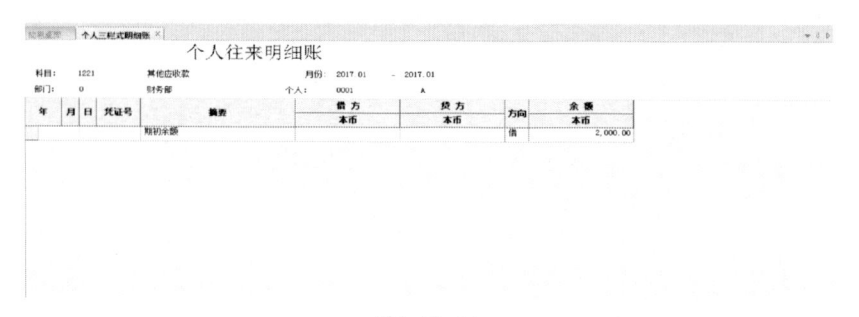

圖 3-60（b）

圖 3-60　個人三欄式明細帳查詢

3.4.5　部門輔助帳查詢

3.4.5.1　部門科目總帳查詢

具體操作如下：點擊「財務會計」→點擊「帳表」→點擊「部門輔助帳」→點擊「部門總帳」命令→點擊「部門科目總帳」→選擇「科目」「部門」或「月份」→點擊「確定」按鈕，如圖 3-61 所示。

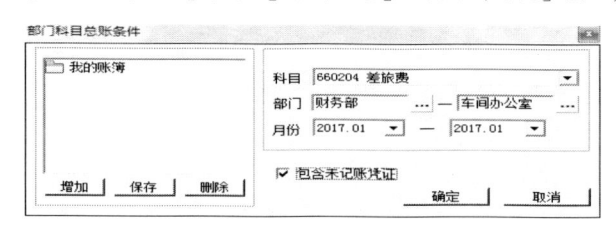

圖 3-61（a）

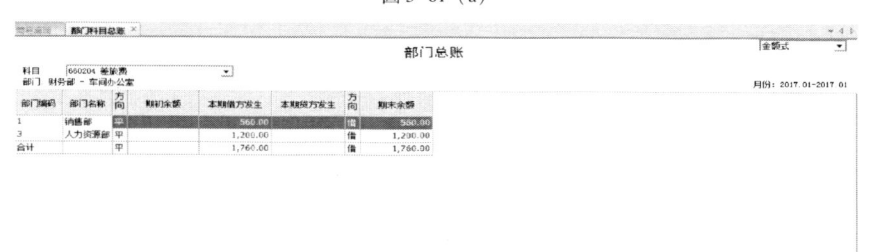

圖 3-61（b）

圖 3-61　部門科目總帳查詢

3.4.5.2　部門總帳查詢

具體操作如下：點擊「財務會計」→點擊「帳表」→點擊「部門輔助帳」→點擊「部門總帳」命令→點擊「部門總帳」→選擇「科目」「部門」或「月份」→點擊「確定」按鈕，如圖 3-62 所示。

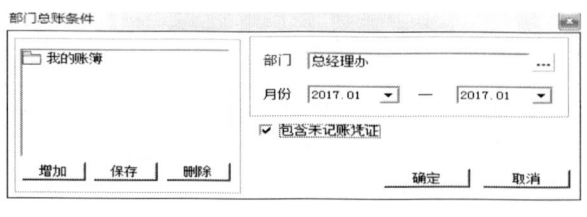

圖 3-62（a）

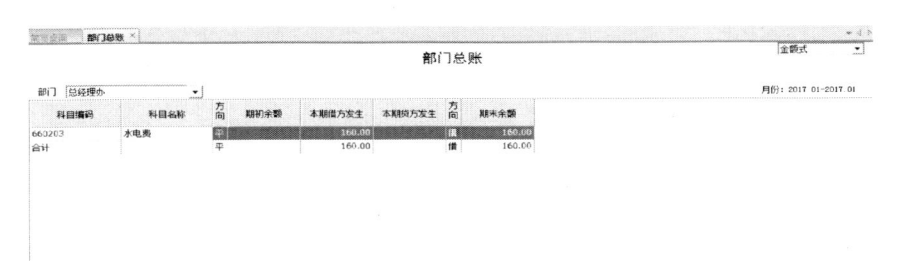

圖 3-62（b）

圖 3-62　部門總帳查詢

3.4.5.3　部門三欄總帳查詢

具體操作如下：點擊「財務會計」→點擊「帳表」→點擊「部門輔助帳」→點擊「部門總帳」命令→點擊「部門三欄總帳」→選擇「科目」「部門」或「月份」→點擊「確定」按鈕，如圖3-63所示。

圖 3-63（a）

圖 3-63（b）

圖 3-63　部門三欄總帳查詢

3.4.5.4　部門科目明細帳查詢

具體操作如下：點擊「財務會計」→點擊「帳表」→點擊「部門輔助帳」→點擊「部門明細帳」→點擊「部門科目明細帳」→選擇「科目」「部門」或「月份」→點擊「確定」按鈕，如圖3-64所示。

圖 3-64（a）

圖 3-64（b）

圖 3-64　部門科目明細帳查詢

3.4.5.5　部門明細帳查詢

具體操作如下：點擊「財務會計」→點擊「帳表」→點擊「部門輔助帳」→點擊「部門明細帳」→選擇「科目」「部門」或「月份」→點擊「確定」按鈕，如圖 3-65 所示。

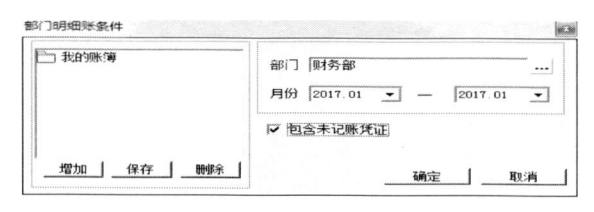

圖 3-65（a）

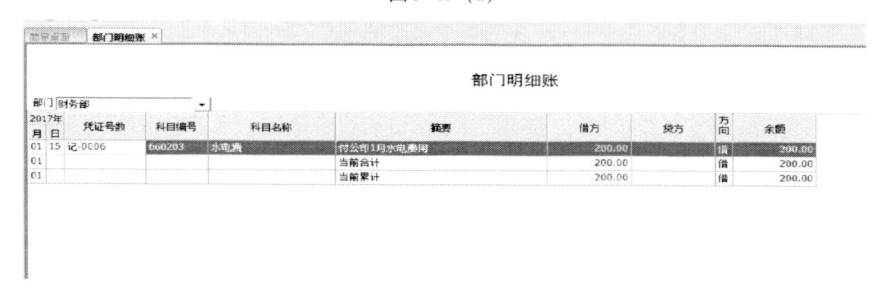

圖 3-65（b）

圖 3-65　部門明細帳查詢

3.4.5.6　部門三欄式明細帳查詢

具體操作如下：點擊「財務會計」→點擊「帳表」→點擊「部門輔助帳」→點擊「部門明細帳」→點擊「部門三欄式明細帳」→選擇「科目」「部門」或「月份」→點擊「確定」按鈕，如圖 3-66 所示。

圖 3-66（a）

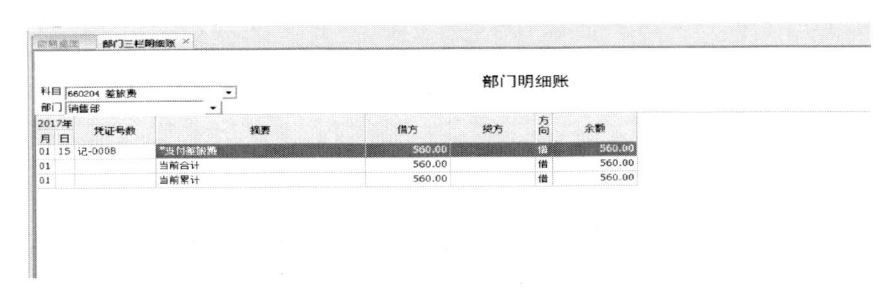

圖 3-66（b）

圖 3-66　部門三欄式明細帳查詢

3.4.5.7　部門多欄式明細帳查詢

　　具體操作如下：點擊「財務會計」→點擊「帳表」→點擊「部門輔助帳」→點擊「部門明細帳」→點擊「部門多欄式明細帳」→選擇「科目」「部門」或「月份」→點擊「確定」按鈕，如圖 3-67 所示。

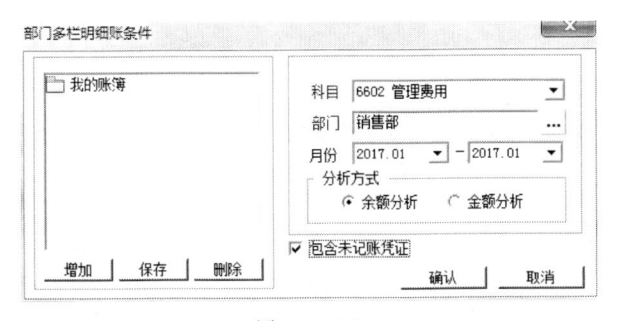

圖 3-67（a）

圖 3-67（b）

圖 3-67　部門多欄式明細帳查詢

3.4.6　項目輔助帳查詢

3.4.6.1　項目科目總帳查詢

　　具體操作如下：點擊「財務會計」→點擊「帳表」→點擊「項目輔助帳查詢」→點擊「項目科目總帳」命令→選擇「項目大類」或「月份」→點擊「確定」按鈕，如圖 3-68 所示。

111

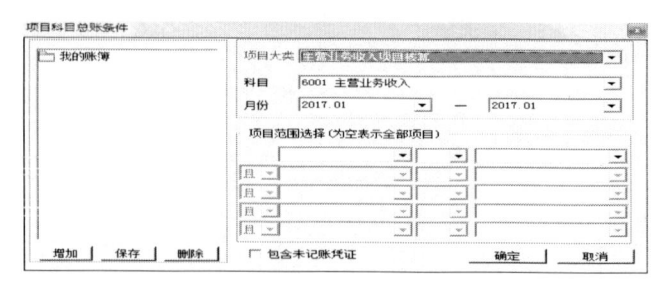

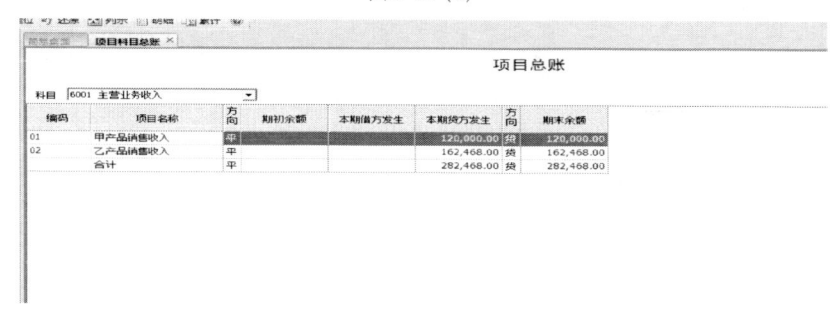

圖 3-68（a）

圖 3-68（a）
圖 3-68　項目科目總帳查詢

3.4.6.2　項目總帳查詢

具體操作如下：點擊「財務會計」→點擊「帳表」→點擊「項目輔助帳查詢」→點擊「項目總帳」命令→選擇「項目大類」或「月份」→點擊「確定」按鈕，如圖 3-69 所示。

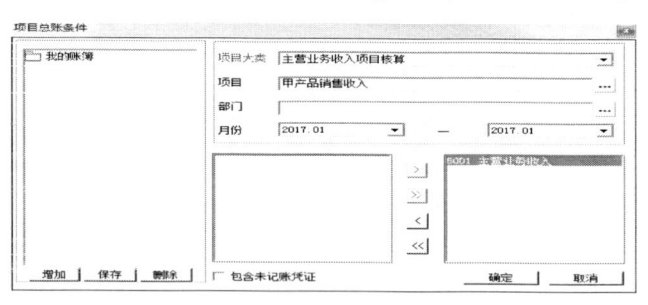

圖 3-69（a）

圖 3-69（b）
圖 3-69　項目總帳查詢

3.4.6.3 項目三欄式總帳查詢

具體操作如下：點擊「財務會計」→點擊「帳表」→點擊「項目輔助帳查詢」→點擊「項目三欄式總帳」命令→選擇「項目大類」或「月份」→點擊「確定」按鈕，如圖 3-70 所示。

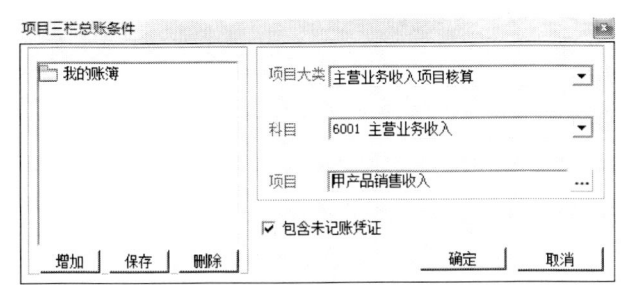

圖 3-70（a）

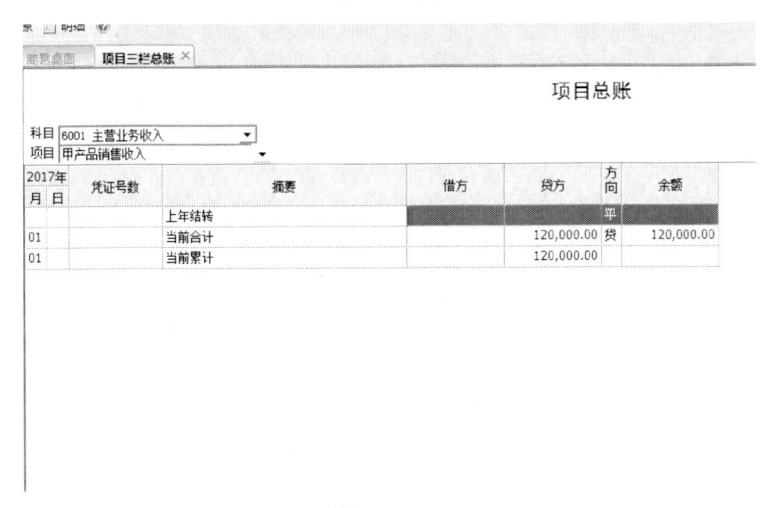

圖 3-70（b）

圖 3-70　項目三欄式總帳查詢

3.4.6.4 項目分類總帳查詢

具體操作如下：點擊「財務會計」→點擊「帳表」→點擊「項目輔助帳查詢」→點擊「項目分類總帳」命令→選擇「項目大類」或「月份」→點擊「確定」按鈕，如圖 3-71 所示。

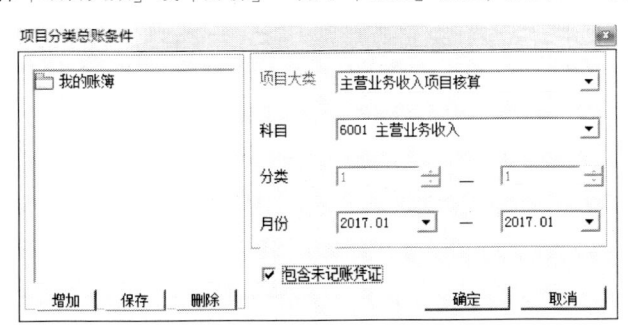

圖 3-71（a）

圖 3-71（b）

圖 3-71　項目分類總帳查詢

3.4.7　帳簿打印

根據實際管理工作的需要，可以隨時將總帳、餘額表、明細帳、多欄帳等打印出來。

3.4.7.1　總帳打印

具體操作如下：點擊「財務會計」→點擊「總帳」→點擊「帳簿打印」→點擊「總帳」→選擇「科目」，點擊「打印」按鈕，如圖 3-72 所示。

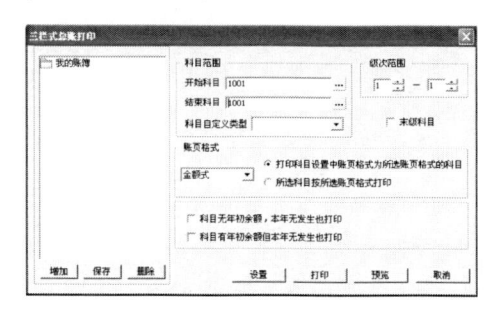

圖 3-72　總帳打印

3.4.7.2　餘額表打印

具體操作如下：點擊「財務會計」→點擊「總帳」→點擊「帳簿打印」→點擊「餘額表」命令，選擇「會計科目」或「月份」，點擊「打印」按鈕，如圖 3-73 所示。

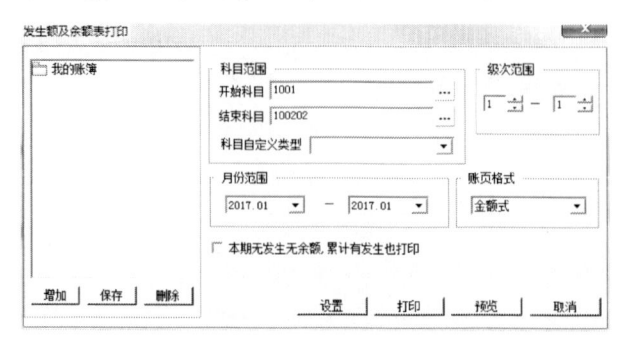

圖 3-73　餘額表打印

3.4.7.3 明細帳打印

具體操作如下：點擊「財務會計」→點擊「總帳」→點擊「帳簿打印」→點擊「明細帳」命令，選擇「科目」或「月份」，點擊「打印」按鈕，如圖 3-74 所示。

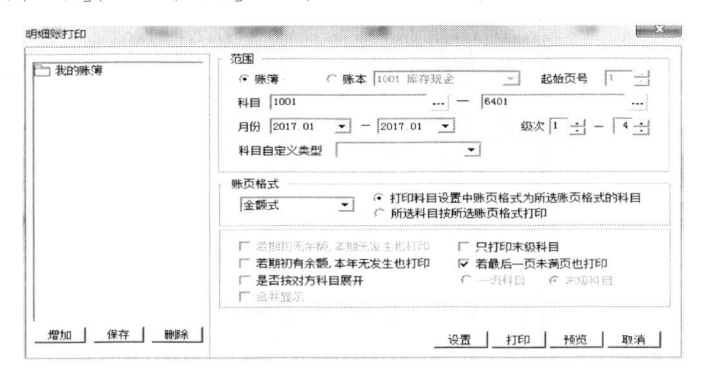

圖 3-74　明細帳打印

3.4.7.4 多欄帳打印

具體操作如下：點擊「財務會計」→點擊「總帳」→點擊「帳簿打印」→點擊「多欄帳」命令，選擇「多欄」，點擊「打印」按鈕，如圖 3-75 所示。

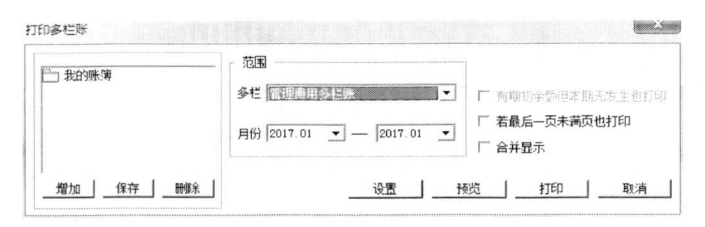

圖 3-75　多欄帳打印

3.5　期末

期末主要包括轉帳定義、轉帳生成、對帳以及結帳與反結帳四個部分。

3.5.1 轉帳定義

3.5.1.1 自定義轉帳

通過在軟件中進行相關設置，可以將一些會計科目的發生額或餘額自動結轉到指定的會計科目中。

例如，在企業每個月月末進行會計業務處理過程中，有一些會計科目在月末是沒有餘額的，如「主營業務收入」「其他業務收入」「投資收益」「管理費用」「銷售費用」「財務費用」等損益類會計科目在每個月的月末都要將其發生額轉入到「本年利潤」會計科目中。

結轉的方法有三種：第一種是手工結轉，第二種是半自動結轉，第三種是自動結轉。

手工結轉：首先通過查詢期末需要結轉的會計科目的明細帳，然後在總帳中填制相關會計憑證，將其發生額或期末餘額結轉到有關會計科目中，從而完成期末結轉工作。

半自動結轉：通過在系統中進行相關設置，期末自動生成相關結轉會計憑證，從而將有關會計科

目的發生額或期末餘額結轉到相關會計科目中。

對於「主營業務收入」「其他業務收入」「營業外收入」「投資收益」等收入類帳戶，在設置自定義結轉時，其結轉方向為借方，金額公式應為貸方發生額。

對於「主營業務成本」「其他業務成本」「營業外支出」「財務費用」「管理費用」「銷售費用」「所得稅費用」「稅金及附加」等費用類帳戶，在設置自定義結轉時，其結轉方向為貸方，金額公式應為借方發生額。

自定義轉帳設置中的部門、個人、客戶、供應商項目可以不進行設置，對財務軟件後面的操作是沒有影響的。

具體操作如下：點擊「財務會計」→點擊「總帳」→點擊「期末」→點擊「轉帳定義」→點擊「自定義轉帳」→「增加」命令，錄入相關信息，點擊「確定」按鈕，點擊「增行」，錄入相關信息，點擊「保存」按鈕，如圖 3-76~圖 3-79 所示。

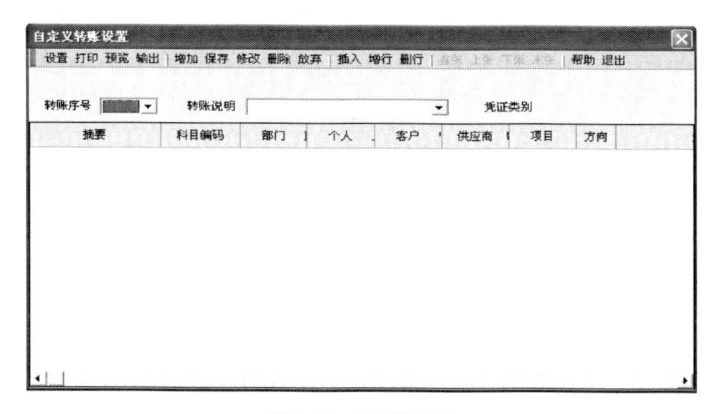

圖 3-76　自定義轉帳

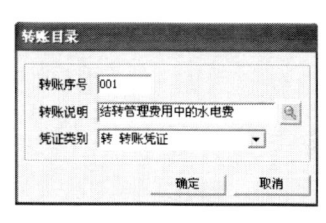

圖 3-77　轉帳目錄　　　　　　　　　圖 3-78　選擇公式

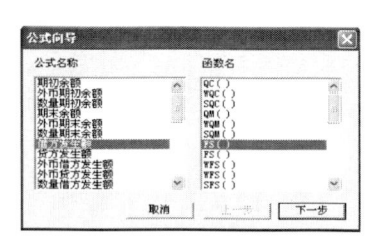

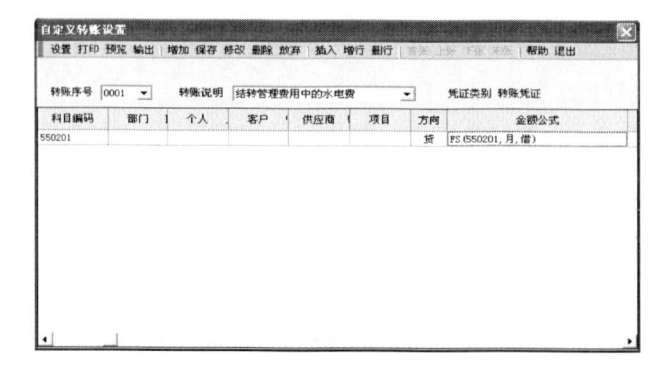

圖 3-79　自定義轉帳設置完成

[特別提示]

・無論是手工結轉還是半自動結轉，都必須分會計科目明細結轉，而不能按會計科目總帳金額結轉。

・平時在處理業務時，對於「主營業務收入」「其他業務收入」「營業外收入」「投資收益」等收入類會計科目，其發生額必須做在貸方；對於「主營業務成本」「其他業務成本」「營業外支出」「稅金及附加」「銷售費用」「財務費用」「管理費用」「所得稅費用」等費用類會計科目，其發生必須做在借方。

自動結轉：在此界面不需要任何操作，只需要在「期間損益」界面做了結轉到相關會計科目的設置，就可以在「轉帳生成」界面操作後結轉損益了。

具體操作分如下兩步：

第一步：點擊「財務會計」→點擊「總帳」→點擊「期末」→點擊「轉帳定義」→點擊「期間損益」→設置會計科目→點擊「確定」，如圖3-80所示。

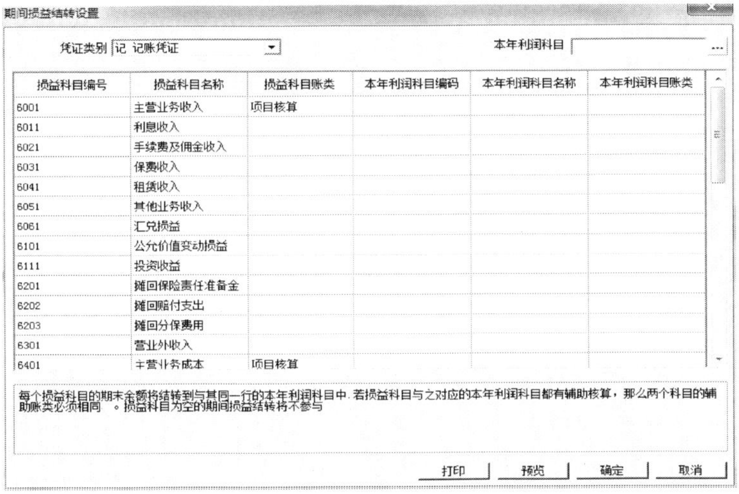

圖3-80（a）

圖3-80（b）

圖3-80 期間損益結轉設置

第二步：點擊「財務會計」→點擊「總帳」→點擊「期末」→點擊「轉帳定義」→點擊「轉帳生成」→選擇期間損益→點擊「全選」或選擇部分會計科目→點擊「確定」→點擊「保存」，如圖 3-81 所示。

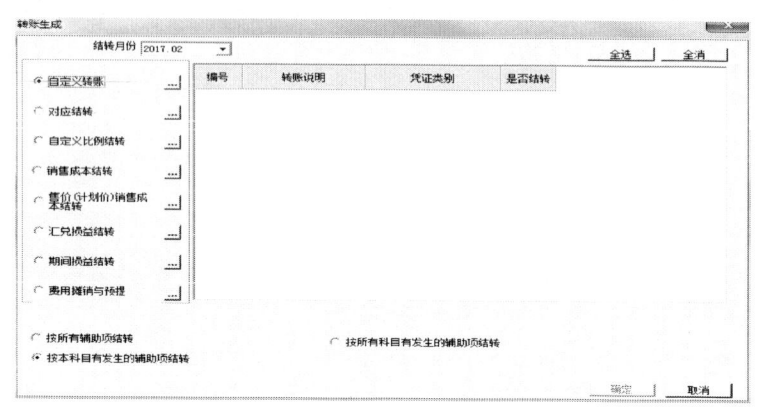

圖 3-81（a）

圖 3-81（b）

圖 3-81（c）

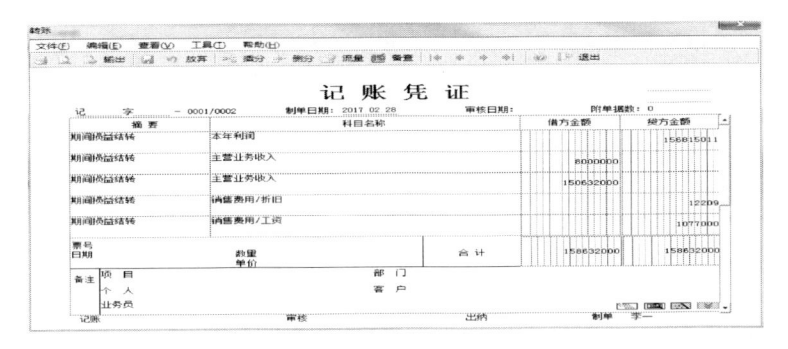

圖 3-81 （d）

圖 3-81　轉帳生成

3.5.1.2　對應結轉

當兩個或多個上級科目的下級科目及輔助項有一一對應關係時，可將其餘額按一定比例係數進行對應結轉，可以一對一結轉，也可以一對多結轉。

對應結轉只能結轉期末餘額，而不能結轉發生額。

一張憑證可定義多行，轉出科目及輔助項必須一致，轉入科目及輔助項可不相同。

轉出科目與轉入科目必須有相同的科目結構，但轉出輔助項與轉入輔助項可不相同。

自動生成憑證時，同一憑證轉入科目有多個，並且若同一憑證的結轉係數之和為 1，則最後一筆結轉金額將為科目餘額減去當前憑證已轉出的餘額。

例如，某公司有第一生產車間，同時生產 A、B 兩種產品。到了期末就要將第一生產車間的製造費用分明細結轉到「生產成本——A 產品（B 產品）——製造費用」科目中。假設 A 產品要承擔 60%的比例，B 產品則承擔 40%的比例。

具體操作如下：點擊「財務會計」→點擊「總帳」→點擊「期末」→點擊「轉帳定義」→點擊「對應結轉」命令後，錄入「編號」或「摘要」或「轉出科目」或「憑證類別」，點擊「增行」命令後，錄入相關信息，點擊「保存」按鈕，如圖 3-82 和圖 3-83 所示。

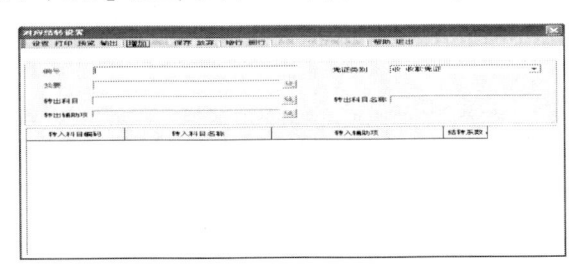

圖 3-82　對應結轉設置

圖 3-83　對應結轉設置完成

3.5.1.3 銷售成本結轉

銷售成本結轉功能主要用來幫助有些企業沒有啟用供應鏈系統在期末計算銷售成本和結轉工作。

具體操作如下：點擊「財務會計」→點擊「總帳」→點擊「期末」→點擊「轉帳定義」→點擊「銷售成本結轉」命令，選擇「憑證類別」或「庫存商品」或「主營業務收入」或「主營業務成本」，點擊「確定」按鈕，如圖 3-84 所示。

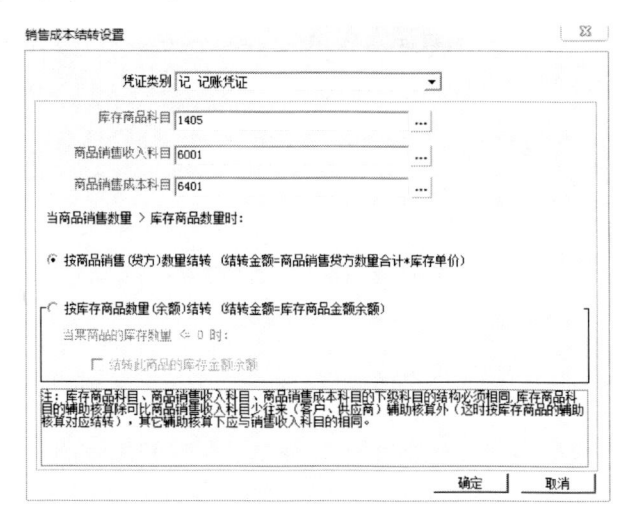

圖 3-84　銷售成本結轉

[特別提示]

要實現此功能，必須將「庫存商品」「原材料」「主營業務成本」「主營業務收入」「其他業務成本」「其他業務收入」等會計科目設置為數量金額式輔助核算形式。

3.5.1.4 匯兌損益

具體操作如下：點擊「財務會計」→點擊「總帳」→點擊「期末」→點擊「轉帳定義」→點擊「匯兌損益」命令，選擇「憑證類別」或「匯兌損益入帳科目」或「是否計算匯兌損益」，點擊「確定」按鈕，如圖 3-85 所示。

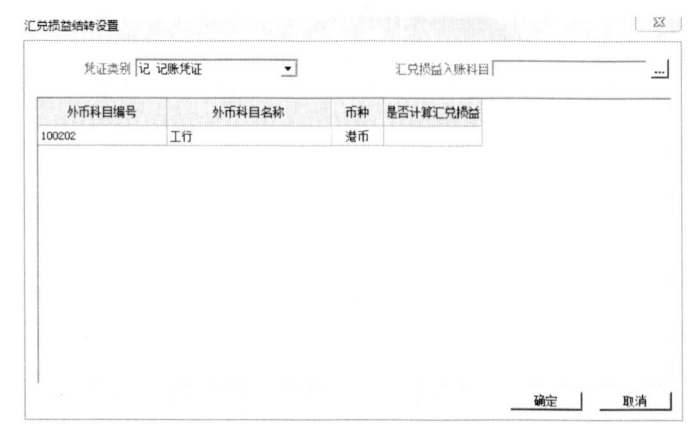

圖 3-85（a）

圖 3-85（b）

圖 3-85　匯兌損益

3.5.1.5　期間損益

具體操作如下：點擊「財務會計」→點擊「總帳」→點擊「期末」→點擊「轉帳定義」→點擊「期間損益」命令，選擇「本年利潤科目」或「憑證類別」，點擊「確定」按鈕，如圖 3-86 所示。

圖 3-86（a）

圖 3-86（b）

圖 3-86　期間損益

3.5.2 轉帳生成

3.5.2.1 自定義轉帳

在這種方式下只能生成會計憑證的一部分，另一部分會計科目金額需要人工填制，然後才能生成一張完整的會計憑證。

具體操作如下：點擊「財務會計」→點擊「總帳」→點擊「期末」→點擊「轉帳生成」→點擊「自定義轉帳」→「全選」命令，點擊「確定」按鈕，錄入相關會計科目或金額，點擊「保存」按鈕（也可以雙擊「是否結轉」，出現「Y」標誌），如圖 3-87 所示。

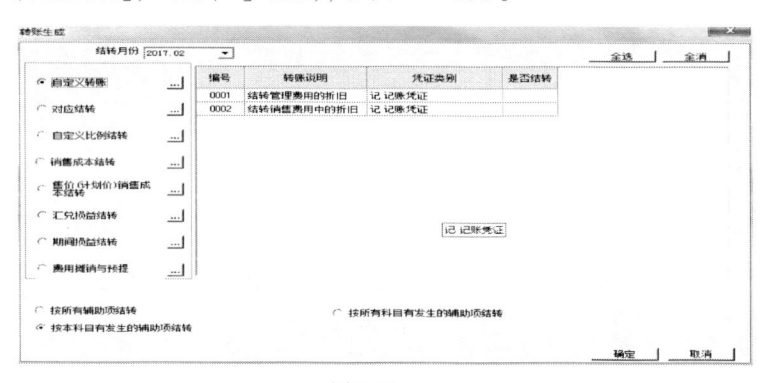

圖 3-87（a）

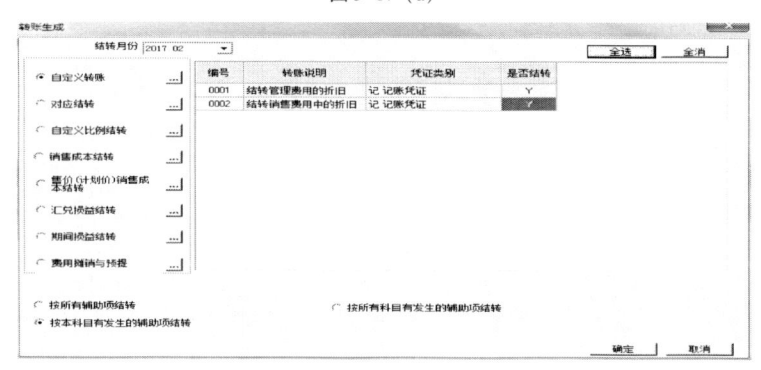

圖 3-87（b）

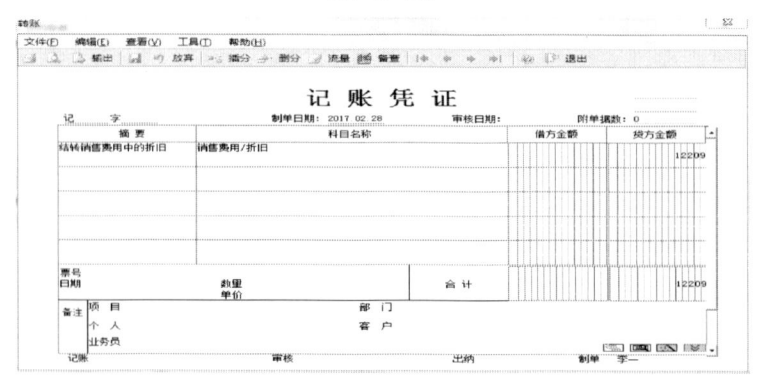

圖 3-87（c）

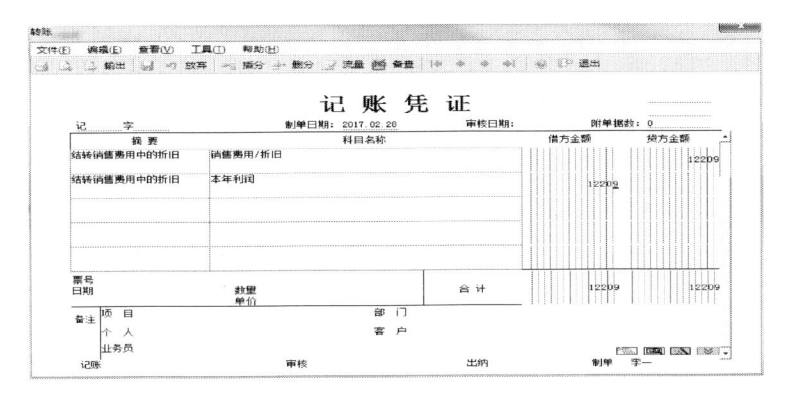

圖 3-87（d）

圖 3-87　自定義轉帳

[特別提示]

在轉帳生成之前的會計憑證要完成審核和記帳工作。

3.5.2.2　對應結轉

具體操作如下：點擊「財務會計」→點擊「總帳」→點擊「期末」→點擊「轉帳生成」→點擊「對應結轉」→「全選」命令，點擊「確定」按鈕，選擇「憑證類別」，點擊「保存」按鈕（也可以雙擊「是否結轉」欄，出現「Y」標誌），如圖 3-88 所示。

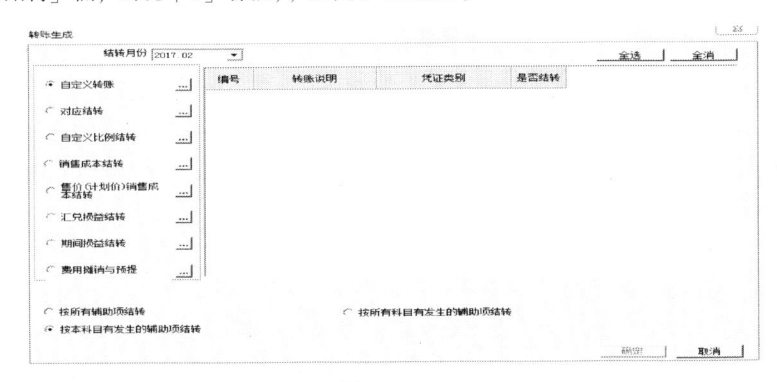

圖 3-88（a）

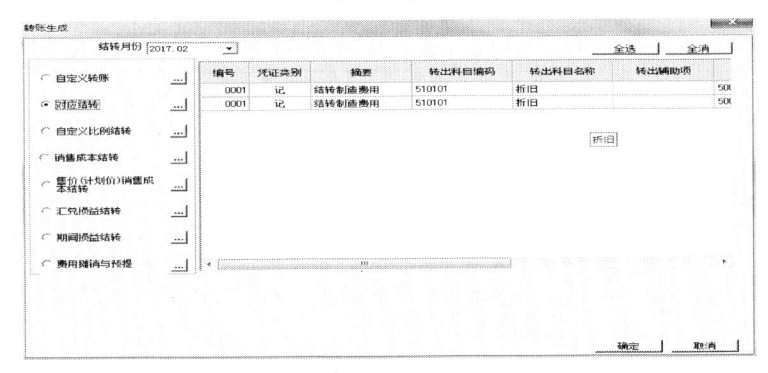

圖 3-88（b）

123

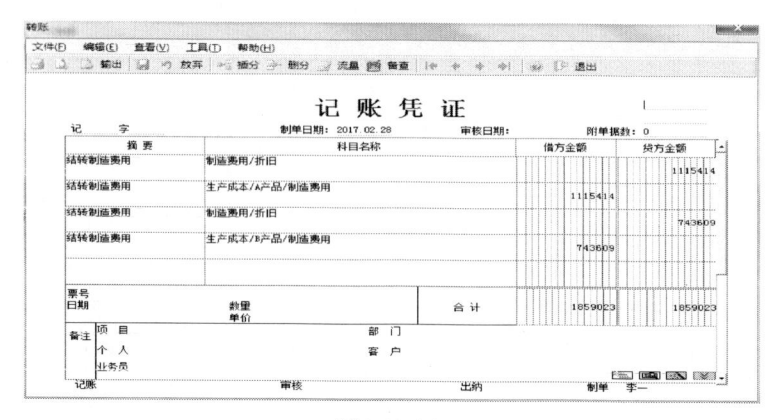

圖 3-88（c）

圖 3-88　對應結轉

3.5.2.3　銷售成本結轉

銷售成本結轉主要用於沒有啓動供應鏈的企業在期末結轉產品的銷售成本。

具體操作如下：點擊「財務會計」→點擊「總帳」→點擊「期末」→點擊「轉帳生成」→點擊「銷售成本結轉」命令，點擊「確定」→點擊「保存」按鈕，如圖 3-89 所示。

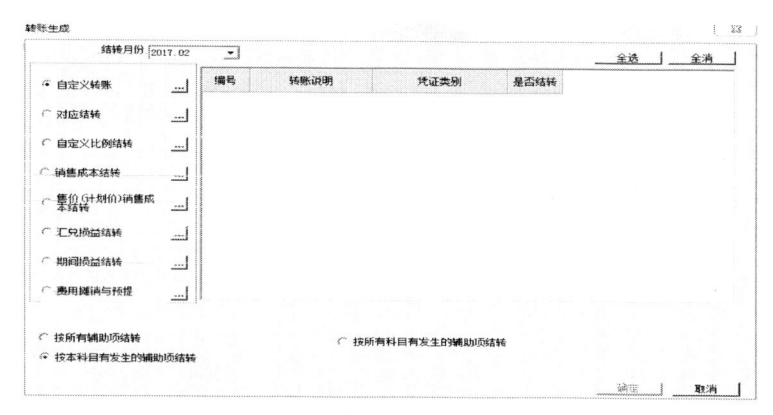

圖 3-89（a）

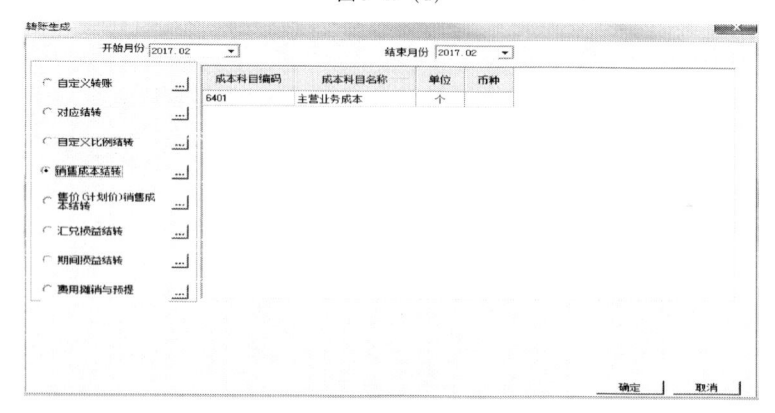

圖 3-89（b）

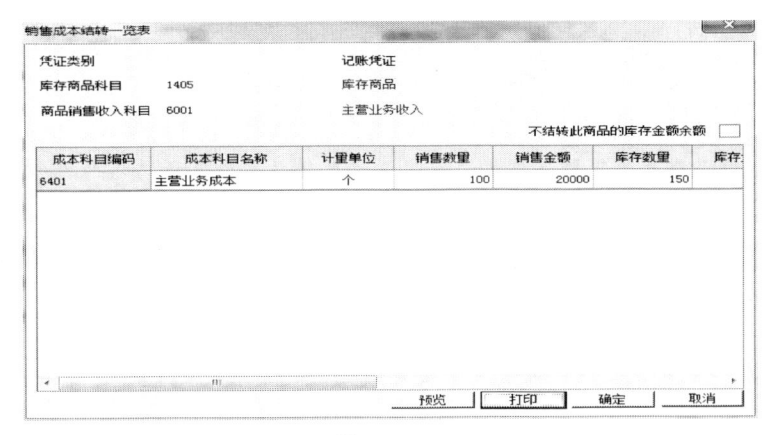

圖 3-89（c）

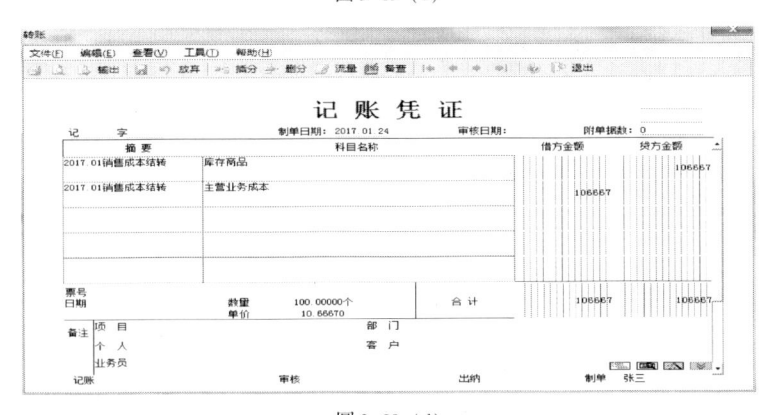

圖 3-89（d）

圖 3-89　銷售成本結轉

3.5.2.4　匯兌損益結轉

具體操作如下：點擊「財務會計」→點擊「總帳」→點擊「期末」→點擊「轉帳生成」→點擊「匯兌損益結轉」→點擊「全選」命令，點擊「確定」→點擊「保存」按鈕（也可以雙擊「是否結轉」欄，出現「Y」標誌），如圖 3-90 所示。

圖 3-90（a）

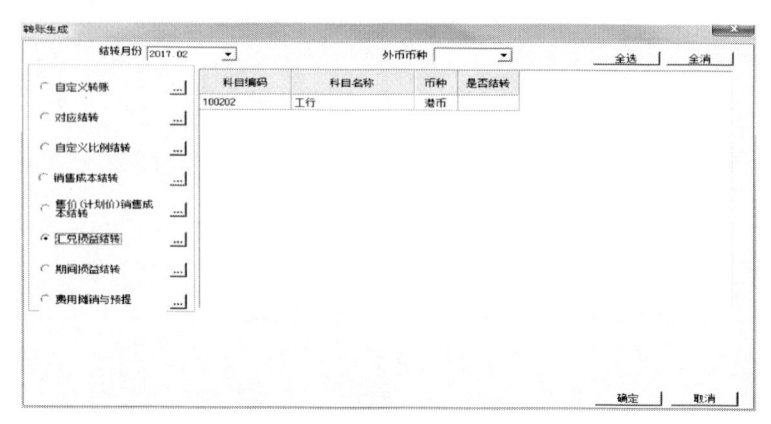

圖 3-90（b）

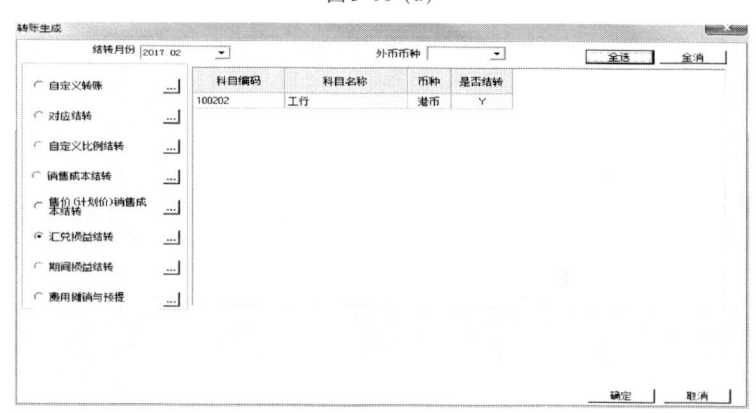

圖 3-90（c）

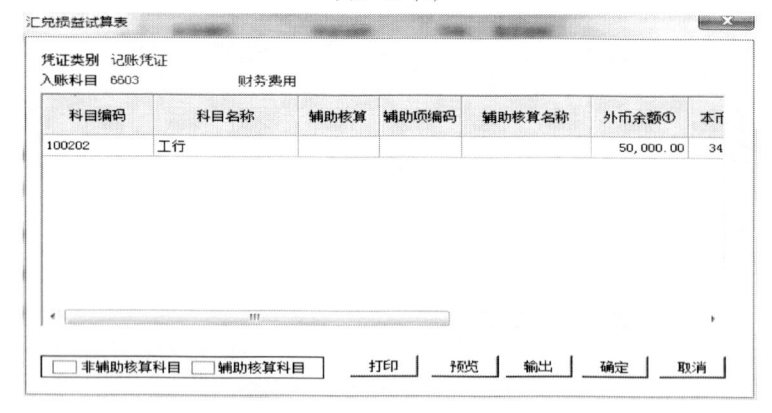

圖 3-90（d）

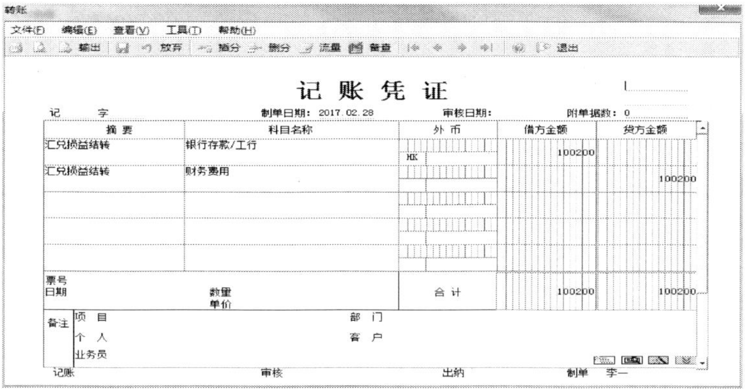

圖 3-90（e）

圖 3-90　匯兌損益結轉

3.5.2.5　期間損益結轉

具體操作如下：點擊「財務會計」→點擊「總帳」→點擊「期末」→點擊「轉帳生成」→點擊「期間損益結轉」命令，點擊「全選」→點擊「確定」按鈕，選擇會計憑證類別後，點擊「確定」→點擊「保存」按鈕（也可以雙擊「是否結轉」欄，出現「Y」標誌），如圖 3-91 所示。

圖 3-91（a）

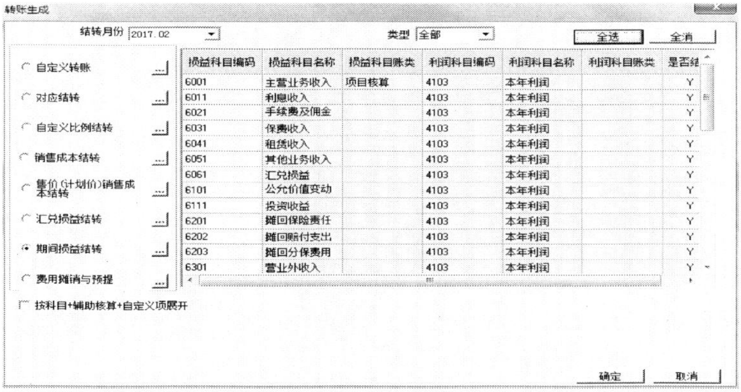

圖 3-91（b）

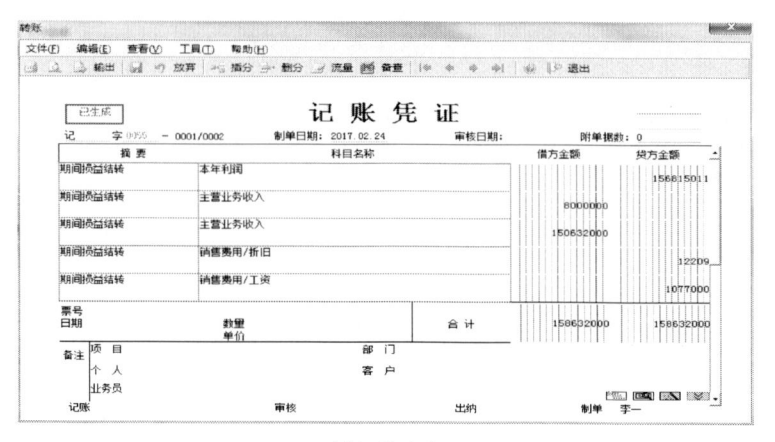

圖 3-91（c）

圖 3-91　期間損益結轉

3.5.3　對帳

具體操作如下：點擊「財務會計」→點擊「總帳」→點擊「期末」→點擊「對帳」命令，點擊「是否對帳」選項，如圖 3-92 所示。

圖 3-92（a）

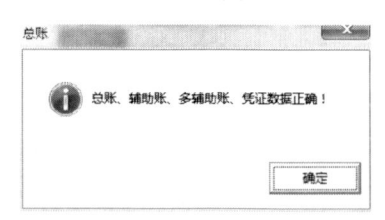

圖 3-92（b）

圖 3-92　對帳

3.5.4　結帳與反結帳

為了保證期末結帳工作順利進行，結帳前必須做好以下幾個方面的工作：
第一，所有開啓的子系統期末必須全部完成結帳工作。

第二，損益類帳戶本期發生額必須按明細分別結轉到「本年利潤」會計科目中。
第三，全部會計憑證必須完成審核記帳工作。
若沒有完成全部業務操作，期末結帳工作是不能順利完成的。

3.5.4.1 結帳

具體操作如下：點擊「財務會計」→點擊「總帳」→點擊「結帳」命令，點擊「下一步」→點擊「對帳」→點擊「下一步」→點擊「結帳」按鈕，如圖 3-93 所示。

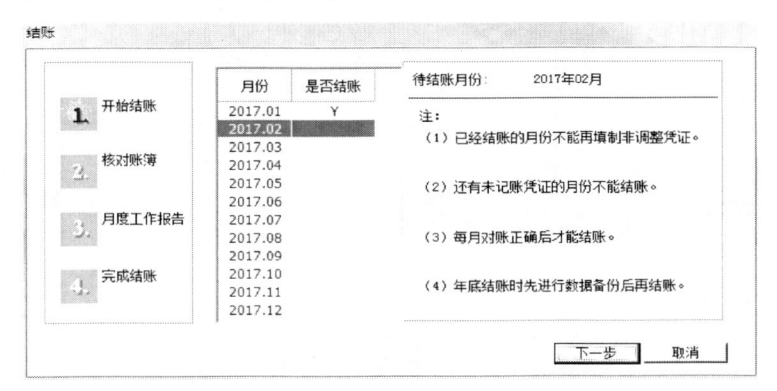

圖 3-93（a）

圖 3-93（b）

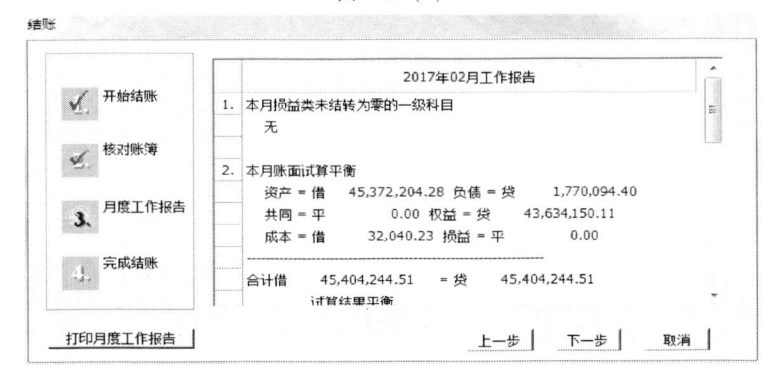

圖 3-93（c）

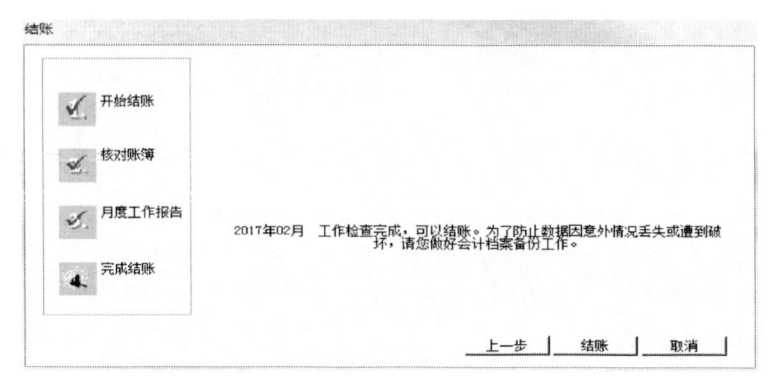

圖 3-93（d）

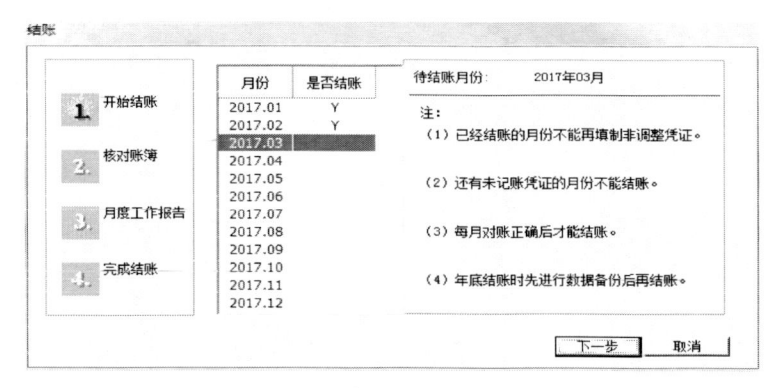

圖 3-93（e）

圖 3-93　結帳

3.5.4.2　反結帳

總帳系統結帳後，就不能對財務軟件系統的有關財務數據進行修改了。若在總帳系統結帳後發現有關財務數據存在錯誤，確定需要修改相關數據，可以進行反結帳。

反結帳的組合鍵是「Ctrl+Shift+F6"。

具體操作如下：點擊「結帳」，同時按下「Ctrl+Shift+F6"組合鍵，錄入口令，點擊「確定」按鈕，如圖 3-94 所示。

圖 3-94（a）

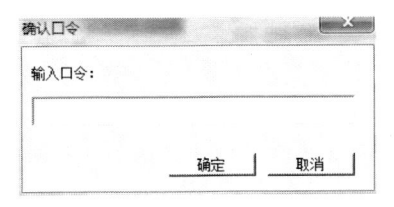

圖 3-94（b）

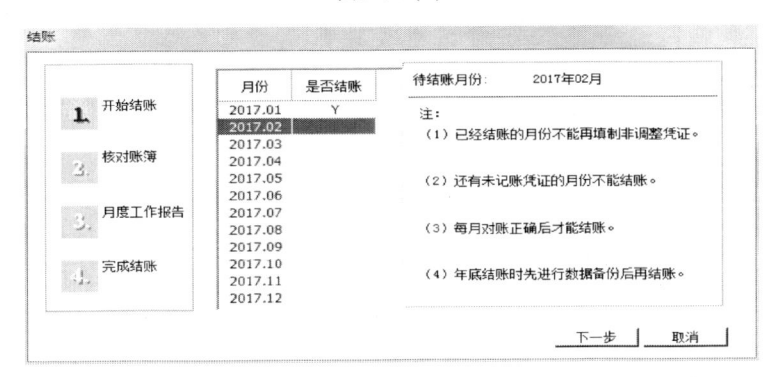

圖 3-94（c）

圖 3-94　反結帳

3.6　會計報表的生成

總帳系統期末完成結帳工作後，就可以生成會計報表了。本部分主要講述資產負債表和利潤表的生成操作。

在利用財務軟件生成會計報表時，同手工做帳是不同的，可以先生成利潤表，後生成資產負債表；也可以先生成資產負債表，後生成利潤表。

3.6.1　利潤表的生成

具體操作如下：點擊「UFO 報表」→「文件」→「新建」→「格式」→「報表模板」命令後，點擊「確認」按鈕，並按下「Ctrl+D」組合鍵，如圖 3-95~圖 3-97 所示。

[特別提示]

行業一定要選擇「2007 年新會計制度科目」，否則生成的會計報表是錯誤的。

圖 3-95　UFO 報表

131

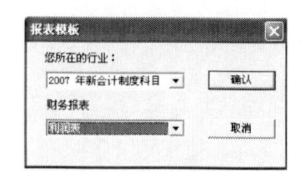

圖 3-96　選擇相關條件

圖 3-97　顯示利潤表報表模板

在此界面下，可以錄入公司名稱利潤表的年月。

具體操作如下：選擇「數據」→「設置」→選中「單位名稱」或「年」或「月」→錄入相關內容，點擊「確定」按鈕，如圖 3-98 和圖 3-99 所示。

若發現位置不正確，可通過「偏移」功能實現位置的調整。

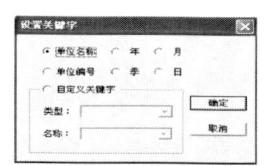

圖 3-98　設置年、月、日等內容

圖 3-99　關鍵字設置完成

若會計利潤表中會計取數公式存在錯誤，也可以進行重新設置。

具體操作如下：選中「數據」→選中「編輯公式」→設置正確的取數公式，點擊「確認」按鈕，如圖3-100和圖3-101所示。

[特別提示]
- 進行公式設置時，一定要在英文半角狀態下進行的，否則公式設置無法成功。
- 進行公式設置時，光標首先要指向所要編輯的公式處，然後再進行相關操作。

圖3-100　進行公式設置部分操作（1）

圖3-101　進行公式設置部分操作（2）

單位名稱、年、月等內容設置好後，按下「Ctrl+D」組合健，選擇「數據」→「關鍵字」→選中「錄入」，就可以生成利潤表了，如圖3-102所示。

圖3-102　生成的完整利潤表

3.6.2 資產負債表的生成

具體操作如下：點擊「UFO報表」→「文件」→「新建」→「格式」→「報表模板」命令，點擊「確認」按鈕，按下「Ctrl+D」組合鍵，如圖3-103~圖3-106所示。

[特別提示]

行業一定要選擇「2007年新會計制度科目」，否則生成的會計報表是錯誤的。

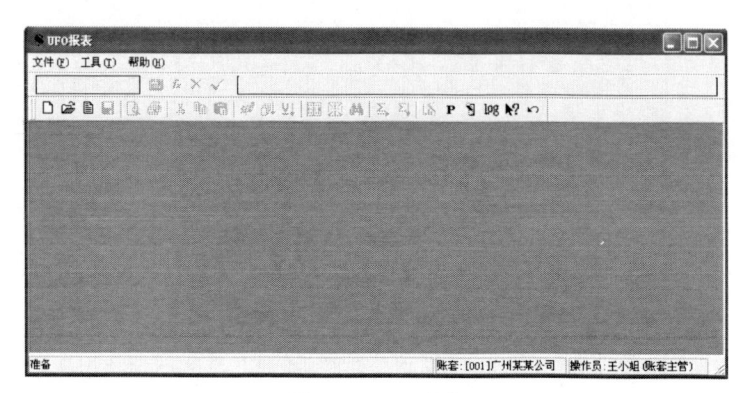

圖3-103　UFO報表

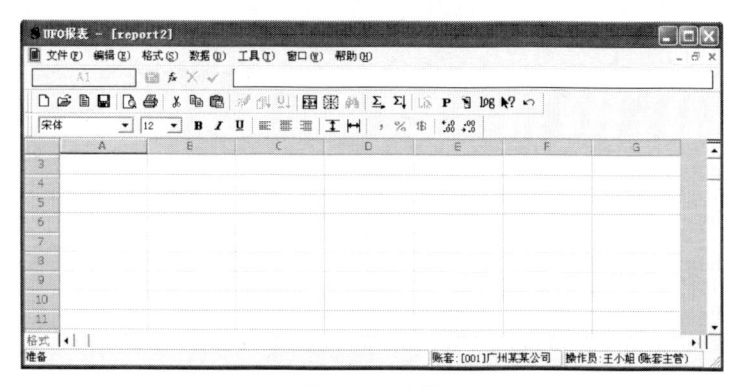

圖3-104　文件

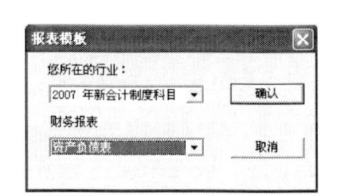

圖3-105　進行相關條件選擇

圖 3-106　顯示資產負債表模板

在此界面下，可以錄入公司名稱資產負債表的年、月、日。

具體操作如下：選擇「數據」→選擇「設置」→選中「單位名稱」或「年」或「月」或「日」→錄入相關內容，點擊「確定」按鈕，如圖 3-107 所示。

若發現位置不正確，可通過「偏移」功能實現位置的調整。

圖 3-107　相關鍵字設置完成的對話框

若資產負債表中會計取數公式存在錯誤，也可以進行重新設置。

具體操作如下：選中「數據」→「編輯公式」→設置正確的取數公式，點擊「確認」按鈕，如圖 3-108 和圖 3-109 所示。

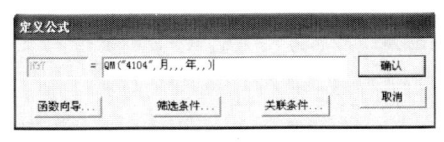

圖 3-108　進行公式設置的部分　　　　圖 3-109　進行公式設置的部分

[特別提示]

- 進行公式設置時，一定要在英文半角狀態下進行，否則公式設置無法成功。
- 進行公式設置時，光標首先要指向所要編輯的公式處，然後再進行相關操作。

單位名稱、年、月等內容設置好後，按下「Ctrl+D」組合健，選擇「數據」→「關鍵字」→選中「錄入」，就可以生成資產負債表了，如圖 3-110 所示。

資產	行次	期末余額	年初余額	負債和所有者權益（或股東權益）	行次	期末余額	年初余額
流動資產：				流動負債：			
貨幣資金	1	35,069,749.00	35,071,525.00	短期借款	32	343,825.00	343,825.00
交易性金融資產	2			交易性金融負債	33		
應收票據	3	100,000.00	100,000.00	應付票據	34	100,000.00	100,000.00
應收賬款	4	1,861,892.60	60,500.00	應付賬款	35	167,863.00	117,000.00
預付款項	5	6,841.00	10,000.00	預收款項	36	9,100.00	5,000.00
應收利息	6			應付職工薪酬	37	894,226.00	870,000.00
應收股利	7			應交稅費	38	254,986.40	
其他應收款	8			應付利息	39		
存貨	9	8,378,474.23	8,259,800.00	應付股利	40		
一年內到期的非流動資產	10			其他應付款	41		
其他流動資產	11			一年內到期的非流動負債	42		
流動資產合計	12	45,416,956.83	43,501,825.00	其他流動負債	43		
非流動資產：				流動負債合計	44	1,770,094.40	1,435,825.00
可供出售金融資產	13			非流動負債：			
持有至到期投資	14			長期借款	45		
長期應收款	15			應付債券	46		
長期股權投資	16			長期應付款	47		
投資性房地產	17			專項應付款	48		
固定資產	18	1,732,159.77	1,750,000.00	預計負債	49		
在建工程	19			遞延所得稅負債	50		
工程物資	20			其他非流動負債	51		
固定資產清理	21	5,127.91		非流動負債合計	52		
生產性生物資產	22			負債合計	53	1770094.40	1435825.00
油氣資產	23			所有者權益（或股東權益）：			
無形資產	24			實收資本（或股本）	54	24,990,000.00	24,990,000.00
開發支出	25			資本公積	55		
商譽	26			減：庫存股	56		
長期待攤費用	27			盈余公積	57	1,750,000.00	1,750,000.00
遞延所得稅資產	28			未分配利潤	58	8,644,150.11	7,076,000.00
其他非流動資產	29			所有者權益（或股東權益）合計	59	45,384,150.11	43,816,000.00
非流動資產合計	30	1,737,287.68	1,750,000.00				
資產總計	31	47,154,244.51	45,251,825.00	負債和所有者權益（或股東權益）總計	60	47,154,244.51	45,251,825.00

圖 3-110　生成的完整資產負債表

資產負債表不平衡的幾種原因如下：

第一，自行增設了一級會計科目。這需要將生成的資產負債表相關項目數據同科目餘額表進行對照，找出存在錯誤的會計報表項目，通過對會計報表取數公式重新設置來解決。

第二，「製造費用」會計科目期末存在餘額。這需要將「製造費用」科目餘額轉入「生產成本」科目中來解決。

第三，軟件中有關會計報表項目中會計取數公式設置不正確。這需要將生成的資產負債表相關項目數據同科目餘額表進行對照，找出存在錯誤的會計報表項目，通過對會計報表取數公式重新設置來解決。

實訓一　數據初始化實訓

[實訓目的]

通過本實訓，能夠掌握數據初始化的有關操作知識。

[實訓內容]

廣東珠江實業股份有限公司為增值稅一般納稅人，增值稅稅率為17%，所得稅稅率為25%，購進有關貨物時，全部取得了增值稅專用發票，原材料採用實際成本法進行核算。該公司2017年1月1日有關資料如下：

（1）科目餘額表如表 3-1 所示。

表 3-1　　　　　　　　　　　　　　　　科目餘額表　　　　　　　　　　　　　　　　單位：元

科目名稱	輔助核算	借方餘額	科目名稱	輔助核算	貸方餘額
庫存現金	日記帳 現金科目	4,000	短期借款——建行		600,000
銀行存款——工行	銀行帳日記帳 銀行科目	2,818,000	應付票據	供應商往來	468,000
其他貨幣資金——銀行本票		248,600	應付帳款	供應商往來	1,872,000
			預收帳款	客戶往來	30,000
交易性金融資產——股票		30,000	應付職工薪酬——工資		220,000
應收票據	客戶往來	234,000	應交稅費		73,200
應收帳款	客戶往來	1,053,000	未交增值稅		52,000
預付帳款	供應商往來	200,000	城市維護建設稅		20,000
壞帳準備		-1,800	教育費附加		1,200
其他應收款	個人往來	10,000	應付利息		2,000
原材料		1,100,000	其他應付款	個人往來	100,000
週轉材料		176,100	長期借款——招行		3,200,000
庫存商品		3,810,000	股本		34,034,200
長期股權投資——A公司		500,000	盈餘公積——法定盈餘公積		126,100
固定資產		17,648,210	利潤分配——未分配利潤		-11,400
累計折舊		-1,814,010			
在建工程——廠房		3,068,000			
無形資產——專利權		1,200,000			
長期待攤費用——裝修費		430,000			
合計		30,714,100			30,714,100

(2) 公司部門名稱表如表 3-2 所示。

表 3-2　　　　　　　　　　　　　　公司部門名稱表

一級部門編碼	一級部門名稱	二級部門編碼	二級部門名稱	職員名稱	職名編碼
1	財務部				
2	總經理辦			趙紅	201
3	採購部				
4	銷售部	401	銷售一部		
		402	銷售二部		
5	生產車間	501	生產車間辦公室		
		502	生產車間生產線	李東國	50201
6	人力資源部				

(3) 客戶分級表如表 3-3 所示。

表 3-3　　　　　　　　　　　　　　　客戶分級表

序號	一級分類名稱	二級分類名稱	三級分類名稱
04	東北地區	黑龍江省	黑龍江××公司
		遼寧省	
		吉林省	

表3-3(續)

序號	一級分類名稱	二級分類名稱	三級分類名稱
05	華東地區	上海市	上海××電梯公司
		浙江省	
		江蘇省	
		福建省	

(4) 供應商分級表如表3-4所示。

表3-4　　　　　　　　　　　供應商分級表

序號	一級分類名稱	二級分類名稱
03	大供應商	A公司
04	中供應商	B公司
05	小供應商	

(5) 存貨分類表如表3-5所示。

表3-5　　　　　　　　　　　存貨分類表

序號	一級分類	二級分類	三級分類	存貨屬性
1	原材料	A材料		外購外銷生產耗用
		B材料		外購外銷生產耗用
2	庫存商品	甲產品		外購外銷生產耗用
		乙產品		外購外銷生產耗用
3	週轉材料	包裝物	A包裝物	外購外銷生產耗用
			B包裝物	外購外銷生產耗用
		低值易耗品	A低值易耗品	外購外銷生產耗用
			B低值易耗品	外購外銷生產耗用
			C低值易耗品	外購外銷生產耗用

(6) 計量單位組如表3-6所示。

表3-6　　　　　　　　　　　計量單位組

分組編碼	分組名稱	計量單位編碼	計量單位名稱	是否主計量單位	換算率
03	重量單位組	0301	千克（kg）	是	
		0302	克（g）	否	1,000

(7) 倉庫貨位分類表如表3-7所示。

表3-7　　　　　　　　　　　倉庫貨位分類表

倉庫名稱	貨位	備註
商品倉	A貨位	商品全部存放於A貨位
原材料倉	B貨位	原材料全部存放於B貨位
週轉材料倉	C貨位	週轉材料全部存放於C貨位

(8) 應收帳款明細表如表3-8所示。

表 3-8　　　　　　　　　　　　　　　應收帳款明細表　　　　　　　　　　　　單位：元

客戶名稱	品種	計量單位	銷售數量	不含稅單價	不含稅總金額	稅額	部門	開戶行
黑龍江××公司	甲產品	個	1,000	500	500,000	85,000	銷售部	工行廣東分行
上海××電梯公司	乙產品	個	2,000	200	400,000	68,000	銷售部	工行廣東分行
合計					900,000	153,000		

(9) 應收票據明細表如表 3-9 所示。

表 3-9　　　　　　　　　　　　　　　應收票據明細表　　　　　　　　　　　　單位：元

客戶名稱	票據號	承兌銀行	簽發日期	到期日	票據面值	部門
黑龍江××公司	1199	廣州農行	2016.12.25	2017.3.25	234,000	銷售部

(10) 應付帳款明細表如表 3-10 所示。

表 3-10　　　　　　　　　　　　　　　應付帳款明細表　　　　　　　　　　　　單位：元

供應商名稱	品種	計量單位	採購數量	不含稅單價	不含稅總金額	稅額	部門	開戶行
A公司	C材料	個	1,000	1,000	1,000,000	170,000	採購部	工行廣東分行
B公司	D材料	個	750	800	600,000	102,000	採購部	工行廣東分行
合計					1,600,000	272,000		

(11) 應付票據明細表如表 3-11 所示。

表 3-11　　　　　　　　　　　　　　　應付票據明細表　　　　　　　　　　　　單位：元

供應商名稱	票據號	承兌銀行	簽發日期	到期日	票據面值	部門
A公司	1263	廣州農行	2016.11.20	2017.3.20	468,000	採購部

(12) 預付帳款明細表如表 3-12 所示。

表 3-12　　　　　　　　　　　　　　　預付帳款明細表　　　　　　　　　　　　單位：元

供應商名稱	付款方式	金額	付款日期	部門
甲公司	支票	200,000	2016.12.14	採購部

(13) 預收帳款明細表如表 3-13 所示。

表 3-13　　　　　　　　　　　　　　　預收帳款明細表　　　　　　　　　　　　單位：元

客戶名稱	收款方式	金額	收款日期	部門
黑龍江××公司	轉帳	30,000	2016.12.18	銷售部

(14) 其他應收款明細表如表 3-14 所示。

表 3-14　　　　　　　　　　　　　　　其他應收款明細表　　　　　　　　　　　單位：元

部門	姓名	金額	備註
總經理辦	趙紅	10,000	預借差旅費

(15) 其他應付款明細表如表3-15所示。

表3-15　　　　　　　　　　　其他應付款明細表　　　　　　　　　　　單位：元

部門	姓名	金額	備註
車間生產線	李東國	100,000	工衣押金

(16) 庫存商品明細表如表3-16所示。

表3-16　　　　　　　　　　　庫存商品明細表　　　　　　　　　　　單位：元

名稱	計量單位	數量	單價	總額	倉庫	貨位
甲商品	個	20,000	90.5	1,810,000	商品倉	A貨位
乙商品	個	10,000	100	1,000,000	商品倉	A貨位
丙商品	個	10,000	100	1,000,000	商品倉	A貨位
合計				3,810,000		

(17) 原材料明細表如表3-17所示。

表3-17　　　　　　　　　　　原材料明細表　　　　　　　　　　　單位：元

名稱	計量單位	數量	單價	總額	倉庫	貨位
A材料	個	12,000	50	600,000	材料倉	B貨位
B材料	個	5,000	100	500,000	材料倉	B貨位
合計				1,100,000		

(18) 週轉材料明細表如表3-18所示。

表3-18　　　　　　　　　　　週轉材料明細表　　　　　　　　　　　單位：元

名稱	計量單位	數量	單價	總額	倉庫	貨位
A包裝物	個	10,000	10.01	100,100	週轉材料倉	C貨位
B包裝物	個	15,200	5	76,000	週轉材料倉	C貨位
合計				176,100		

［實訓要求］

(1) 根據上述要求，對相關會計科目進行輔助核算設置。
(2) 根據上述資料錄入帳套的初始數據，並試算平衡。

實訓二　會計憑證的填制審核與記帳實訓

［實訓目的］

通過本實訓，能夠掌握填制憑證、審核憑證、記帳和反記帳等相關知識。

［實訓內容］

說明：帳套初始化數據可以利用本章實訓一的資料。

廣東珠江實業股份有限公司2017年1月份發生經濟業務如下：

(1) 2017年1月2日開出現金支票一張，支票號碼是001，從中國工商銀行提取現金5,000元。
(2) 2017年1月3日採購部張××因到上海出差，預借差旅費2,000元，出納以現金支付。
(3) 2017年1月4日支付2016年12月水電費25,000元，其中公司行政部門負擔5,000元，生產

車間負擔 20,000 元；開出中國工商銀行廣州分行轉帳支票一張，支票號碼是 002。

（4）2017 年 1 月 5 日支付 2016 年 12 月電話費 1,200 元，其中公司行政部門負擔 800 元，銷售部門負擔 300 元，生產車間負擔 100 元；開出中國工商銀行廣州分行轉帳支票一張，支票號碼是 003。

（5）2017 年 1 月 20 日支付銷售部門產品廣告費 3,000 元，開出中國工商銀行廣州分行的轉帳支票一張，支票號碼是 004；取得了增值稅普通發票。

（6）2017 年 1 月 25 日收到中國工商銀行廣州分行的進帳通知，上個季度銀行利息收入 365.25 元已經存入公司帳戶；進帳單號是 005。

（7）2017 年 1 月 28 日採購部張××報銷差旅費 1,800 元，多餘的現金已經退回。

（8）2017 年 1 月 28 日支付公司加油費共計 17,550 元（價稅合計），取得了增值稅專用發票，增值稅稅率為 17%；以銀行轉帳方式支付。

（9）2017 年 1 月 28 日以現金方式支付辭職員工工資 6,200 元。

（10）2017 年 1 月 30 日支付生產車間的汽車修理費用 1,170 元（價稅合計），取得了增值稅專用發票，增值稅稅率為 17%；開出轉帳支票一張，支票號碼是 006。

[實訓要求]

（1）根據發生的上述經濟業務填制會計憑證。

（2）審核會計憑證。

（3）記帳。

（4）記帳後發現，在填制第 5 筆經濟業務的會計憑證，錄入的金額是 30,000 元，需要修改第 5 筆經濟業務的會計憑證。

實訓三　出納業務實訓

[實訓目的]

通過本實訓，能夠掌握查詢現金日記帳、查詢銀行存款日記帳、查詢銀行餘額調節表、銀行對帳等相關操作知識。

[實訓內容]

說明：帳套初始化相關數據可以利用本章實訓一的資料。

廣東珠江實業股份有限公司 2017 年 1 月 1 日銀行存款日記帳、銀行對帳單的期初餘額為 100,000 元。該公司本月發生下列經濟業務：

（1）2017 年 1 月 2 日開出現金支票一張，支票號碼是 001，從中國工商銀行提取現金 5,000 元。

（2）2017 年 1 月 4 日支付 2016 年 12 月水電費 25,000 元（其中生產車間負擔 18,000 元，公司管理部門負擔 7,000 元），開出中國工商銀行廣州分行轉帳支票一張，支票號碼是 002。

（3）2017 年 1 月 5 日支付 2016 年 12 月電話費 1,200 元（其中銷售部門負擔 600 元，公司管理部門負擔 400 元，生產車間負擔 200 元），開出中國工商銀行廣州分行轉帳支票一張，支票號碼是 003。

（4）2017 年 1 月 6 日銷售貨物一批，收到轉帳支票一張，支票號碼是 004，金額是 117,000 元。

（5）2017 年 1 月 10 日收到客戶退貨通知，2017 年 1 月 6 日銷售的貨物中有一部分貨物中不符合合同要求，故客戶將一部分貨物退回，退貨金額為 23,400 元；開出中國工商銀行廣州分行轉帳支票一張，支票號碼是 005。

（6）2017 年 1 月 20 日支付銷售部門產品廣告費 3,000 元，開出中國工商銀行廣州分行的轉帳支票一張，支票號碼是 006。

（7）2017 年 1 月 21 日中國工商銀行廣州分行將上個季度銀行利息收入 365.25 元已經存入公司帳

户，但該公司還沒有接到銀行利息收入進帳通知。

（8）2017 年 1 月 22 日以現金支付上月管理部門電話費 256 元。

（9）2017 年 1 月 22 日採購部王小麗因出差從財務部借走現金 2,500 元。

（10）2017 年 1 月 26 日開出現金支票一張，金額是 1,000 元，支票號碼是 007，銀行對帳單中沒有此筆業務發生。

（11）2017 年 1 月 30 日銀行收到一筆客戶前欠的貨款 3,000 元，但公司還沒有收到進帳通知單。

［實訓要求］

（1）根據上述發生的經濟業務，填制會計憑證，並查詢現金日記帳、銀行存款日記帳。

（2）編制 1 月份銀行存款餘額調節表。

實訓四　對應結轉實訓

［實訓目的］

通過本實訓，能夠掌握對應結轉的設置及利用對應結轉生成相關會計憑證的操作知識。

［實訓內容］

（1）廣東珠江實業股份有限公司有一個 A 生產車間，能夠同時生產 A、B、C 三種產品，到了期末，A、B、C 三種產品要承擔製造費用的比例分別為 50%、30%、20%。

（2）2017 年 1 月製造費用明細表如表 3-19 所示。

表 3-19　　　　　　　　　　　製造費用明細表

序　號	項　目	金額（元）
1	工資	452,000
2	折舊	356,208
3	水電費	157,932
4	辦公費	24,156
5	修理費	5,262

（3）為了便於操作，帳套初始化數據可以任意錄入。

［實訓要求］

（1）完成對應結轉的設置工作。

（2）利用對應結轉功能生成相關的會計憑證。

實訓五　銷售成本結轉實訓

［實訓目的］

通過本實訓，能夠掌握銷售成本結轉的設置及利用銷售成本結轉生成相關會計憑證的操作知識。

［實訓內容］

廣東珠江實業股份有限公司沒有啟用供應鏈，有關庫存商品的會計資料如下：

（1）庫存商品（甲）的進出抬帳如表 3-20 所示。

表 3-20　　　　　　　　　　庫存商品（甲）的進出抬帳

序號	日期	項目	入庫數量（個）	購進單價（元）	出庫數量（個）	銷售單價（元）
1	1月1日	購進	5,000	20		
2	1月2日	銷售			3,200	50
3	1月4日	購進	6,000	22		
4	1月6日	銷售			4,200	48
5	1月15日	購進	5,500	21		
6	1月18日	購進	4,000	20		
7	1月25日	銷售			3,500	45

（2）為便於操作，沒有期初庫存商品數量，所有銷售購進都通過銀行存款直接收付款項。購進時全部取得了增值稅專用發票，購進單價都是不含增值稅的價格，銷售單價都是不含增值稅的價格。帳套初始化數據可以任意錄入。

［實訓要求］
（1）完成銷售成本結轉的設置工作。
（2）利用銷售成本結轉功能生成相關的會計憑證。

實訓六　匯兌損益實訓

［實訓目的］
通過本實訓，能夠掌握匯兌損益的設置及利用匯兌損益結轉生成相關會計憑證的操作知識。

［實訓內容］
（1）廣東珠江實業股份有限公司發生的一部分經濟業務採用美金收付，同時採用浮動匯率進行外幣折算。
（2）匯率折算表 1~10 日匯率為 1：6.335,6；11~20 日匯率為 1：6.330,1；21~30 日匯率為 1：6.230,9；31 日匯率為 1：6.332,6。
（3）1月份外匯（USD）收支明細表如表 3-21 所示。

表 3-21　　　　　　　外匯（USD）收支明細表　　　　　　　　　　單位：美元

時間	摘要	收入	支出	期初結存
1月1日	期初結存			5,000
1月2日	銷售收入	60,000		
1月3日	採購		42,000	
1月12日	銷售收入	70,000		
1月15日	採購		6,000	
1月21日	採購		50,000	
1月26日	銷售收入	3,600		
1月31日	採購		4,000	

（4）為便於操作，帳套初始化數據除銀行存款以外，外幣帳戶的金額任意錄入。
（5）所有進口貨物沒有取得增值稅專用發票，所有價格全部是含稅價格。

［實訓要求］
（1）根據以上發生的經濟業務填制會計憑證。
（2）完成匯兌損益的設置操作。
（3）利用匯兌損益結轉生成相關會計憑證。

4 應收帳款系統

應收帳款系統主要由設置、應收單據處理、收款單據處理、核銷處理、轉帳處理、壞帳處理、製單處理、單據查詢、帳表管理和期末處理等部分組成。

應收帳款系統的主要功能是通過期初的設置，錄入與應收帳款、應收票據、預收帳款相關的期初餘額數據、本期發生的相關數據（在沒有啟用供應鏈的條件下），生成與應收帳款、應收票據、預收帳款相關的會計憑證，根據管理需要，查詢每個客戶的應收帳款、應收票據、預收帳款等會計科目的明細帳和總帳，獲取有關財務數據。

4.1 設置

設置由初始設置和期初餘額錄入兩個部分組成。

4.1.1 初始設置

4.1.1.1 基本科目設置

進行此操作的前提是應在「基礎設置」中將「應收帳款」「應收票據」「預收帳款」會計科目設定為客戶往來輔助核算類科目，否則無法進行操作，如圖 4-1 所示。

具體操作如下：點擊「財務會計」→點擊「應收管理」→點擊「設置」→點擊「基本科目設置」→點擊「增加」，然後錄入相關信息。

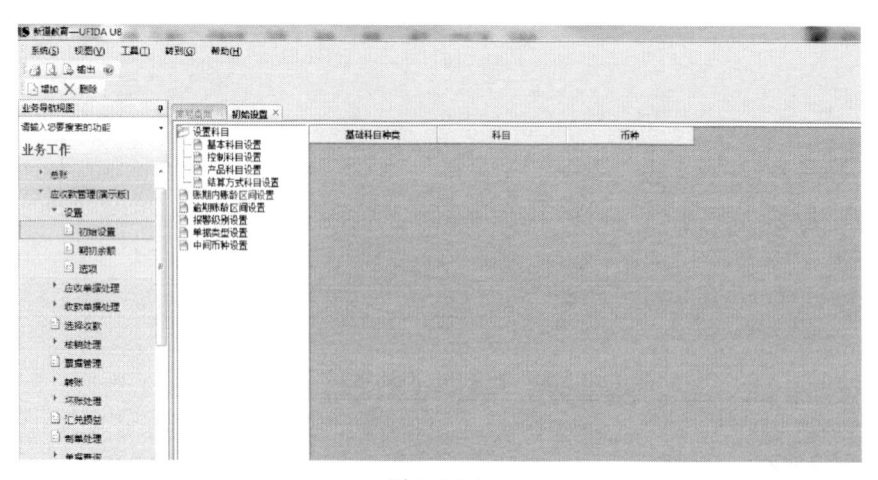

圖 4-1（a）

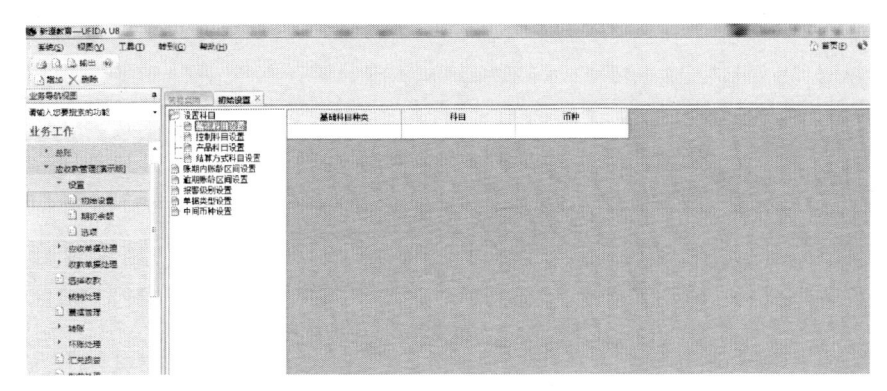

圖 4-1（b）

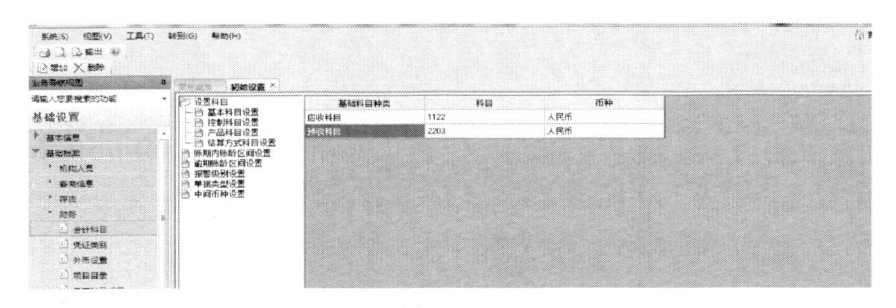

圖 4-1（c）
圖 4-1　基本科目設置

4.1.1.2　控製科目設置

具體操作如下：點擊「財務會計」→點擊「應收管理」→點擊「設置」→點擊「控製科目設置」，然後錄入相關信息，如圖 4-2 所示。

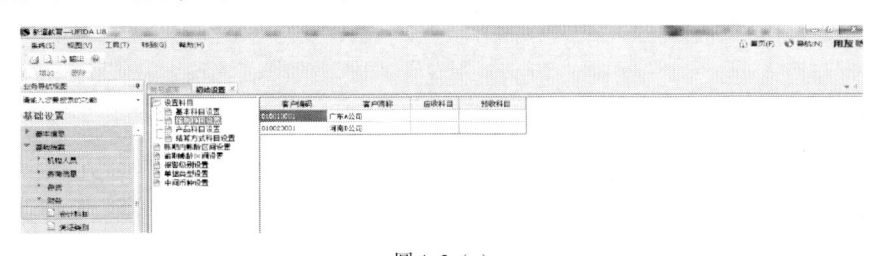

圖 4-2（a）

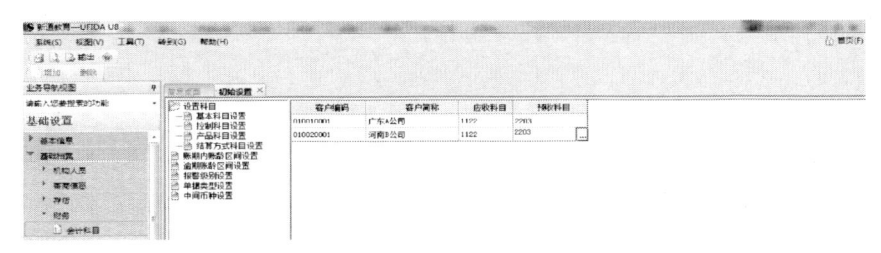

圖 4-2（b）
圖 4-2　控製科目設置

4.1.1.3 產品科目設置

具體操作如下：點擊「財務會計」→點擊「應收管理」→點擊「設置」→點擊「產品科目設置」，然後錄入相關信息。

點擊「銷售收入」科目下面的空格，選中「主營業務收入」會計科目或「其他業務收入」會計科目。

點擊「應交增值稅」科目下面的空格，選中「應交稅費——應交增值稅——銷項稅額」會計科目，如圖 4-3 所示。

銷售退回項目可以進行相關設置，也可以不進行相關設置，不設置也不會影響財務軟件後面的操作。

稅率一欄可以進行相關設置，也可以不進行相關設置，不設置也不會影響財務軟件後面的操作。

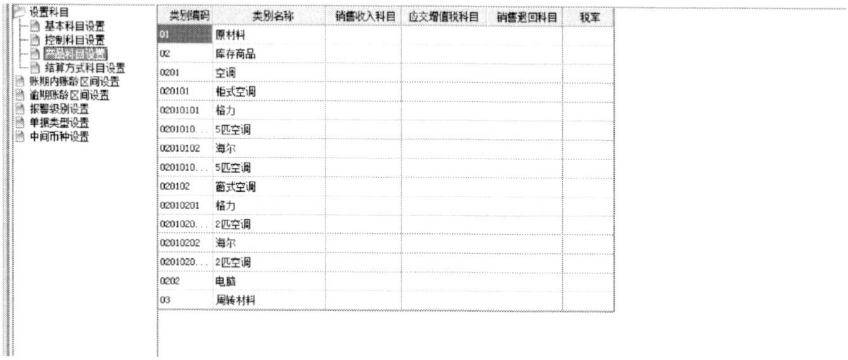

类别编码	类别名称	销售收入科目	应交增值税科目	销售退回科目	税率
01	原材料				
02	库存商品				
0201	空调				
020101	柜式空调				
02010101	格力				
0201010...	5匹空调				
02010102	海尔				
0201010...	5匹空调				
020102	窗式空调				
02010201	格力				
0201020...	2匹空调				
02010202	海尔				
0201020...	2匹空调				
0202	电脑				
03	周转材料				

圖 4-3（a）

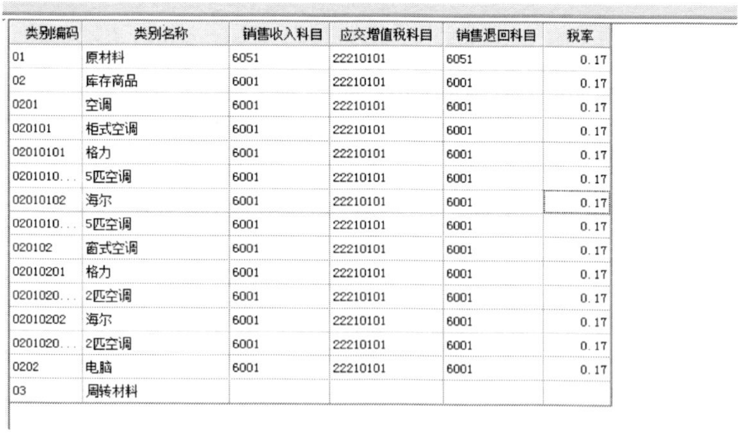

类别编码	类别名称	销售收入科目	应交增值税科目	销售退回科目	税率
01	原材料	6051	22210101	6051	0.17
02	库存商品	6001	22210101	6001	0.17
0201	空调	6001	22210101	6001	0.17
020101	柜式空调	6001	22210101	6001	0.17
02010101	格力	6001	22210101	6001	0.17
0201010...	5匹空调	6001	22210101	6001	0.17
02010102	海尔	6001	22210101	6001	0.17
0201010...	5匹空调	6001	22210101	6001	0.17
020102	窗式空调	6001	22210101	6001	0.17
02010201	格力	6001	22210101	6001	0.17
0201020...	2匹空调	6001	22210101	6001	0.17
02010202	海尔	6001	22210101	6001	0.17
0201020...	2匹空调	6001	22210101	6001	0.17
0202	电脑	6001	22210101	6001	0.17
03	周转材料				

圖 4-3（b）

圖 4-3 產品科目設置

4.1.1.4 結算方式科目設置

具體操作如下：點擊「財務會計」→點擊「應收管理」→點擊「設置」→點擊「結算方式科目設置」→點擊「增加」，然後錄入相關信息，如圖 4-4 所示。

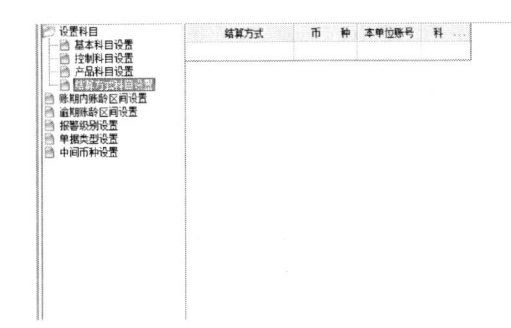

圖 4-4（a）

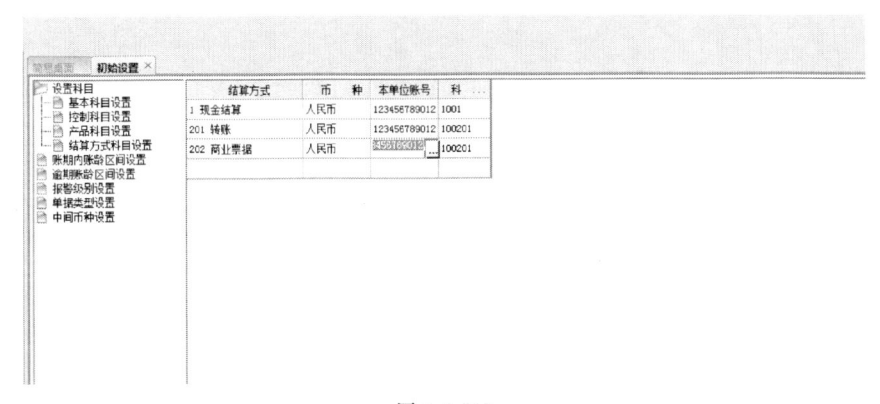

圖 4-4（b）

圖 4-4　結算方式科目設置

4.1.1.5　帳期內帳齡期間設置

每個企業根據管理工作的實際需要，應設置符合工作需要的應收帳款管理天數，以加強對應收帳款的管理工作。

具體操作如下：點擊「增加」命令，在總天數項目空格下錄入天數，如圖 4-5 和圖 4-6 所示。

例如，××公司以 30 天為時間段，對應收帳款進行管理，如表 4-1 所示。

表 4-1　　　　　　　　　　　　　　30 天時間段

序　號	起止天數（天）	總天數（天）
01	0~30	30
02	31~60	60
03	61 以上	

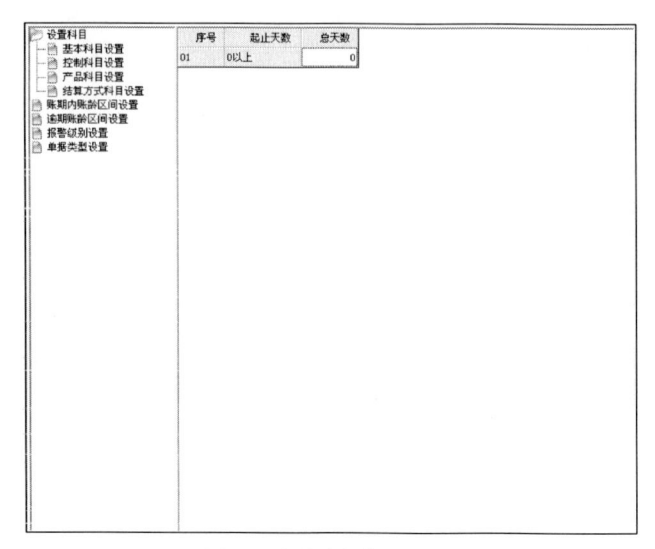

圖 4-5　帳期內帳齡期間設置

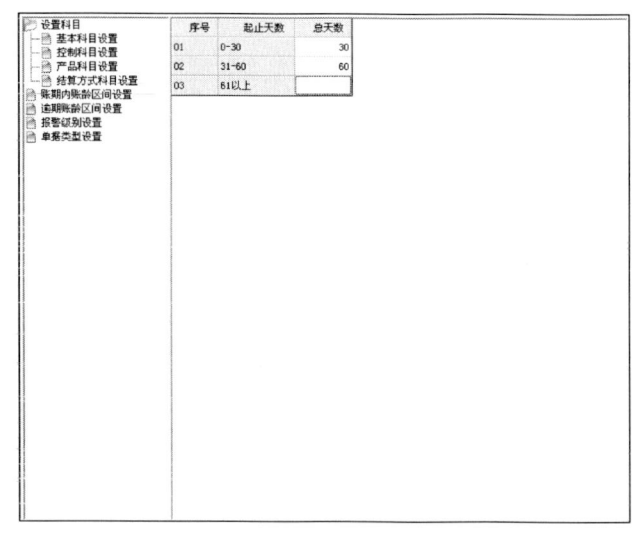

圖 4-6　帳期內帳齡期間設置完成

[特別提示]

錄入總天數後，按 Enter 鍵就會自動彈出下一欄。

4.1.1.6　逾期帳齡期間設置

每個企業根據管理工作的實際需要，應設置應收帳款逾期時間段，以加強對逾期應收帳款的管理工作。

具體操作如下：點擊「增加」命令，在總天數項目空格下錄入天數，如圖 4-7 和圖 4-8 所示。

例：××公司以 90 天為時間段，對應收帳款進行管理，如表 4-2 所示。

表 4-2　　　　　　　　　　　90 天時間段

序　號	起止天數（天）	總天數（天）
01	1~90	90
02	91~180	180
03	181 以上	

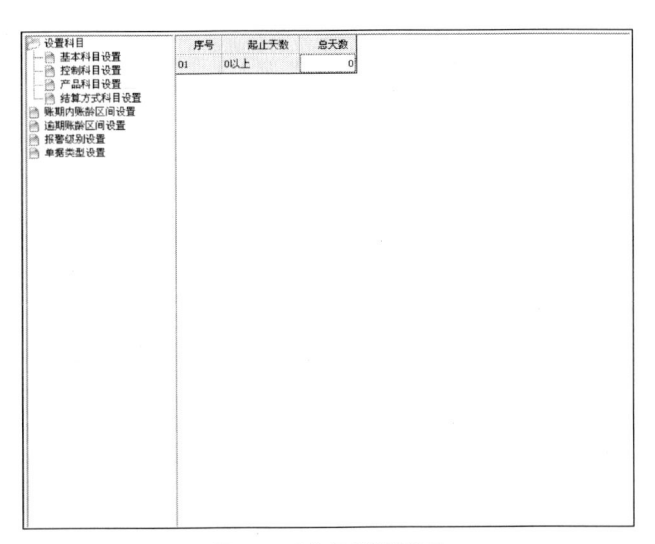

圖 4-7　逾期帳齡期間設置

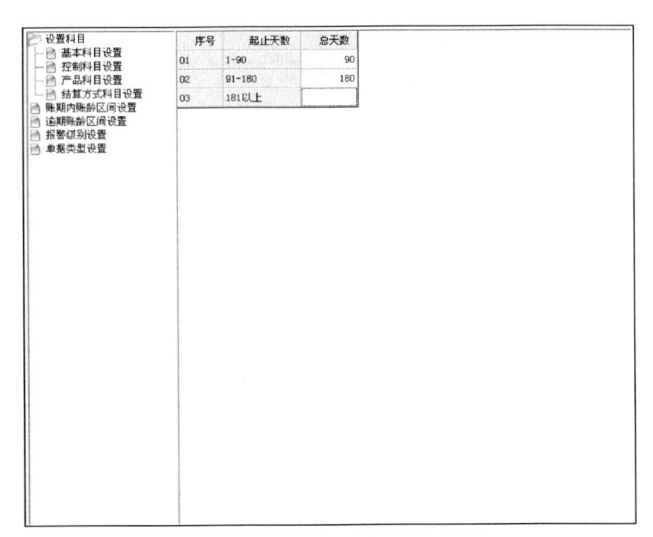

圖 4-8　逾期帳齡期間設置完成

4.1.1.7　壞帳準備設置

　　只有在設置的「選項」中將壞帳準備的方法由直接核銷法修改為應收餘額百分比法、銷售收入百分比法或帳齡分析法，此界面才會顯示。若採用直接核銷法進行壞帳處理，此界面是不會出現的。

　　具體操作如下：點擊「選項」，選擇相關的計提方法，點擊「確定」按鈕，如圖 4-9 所示。

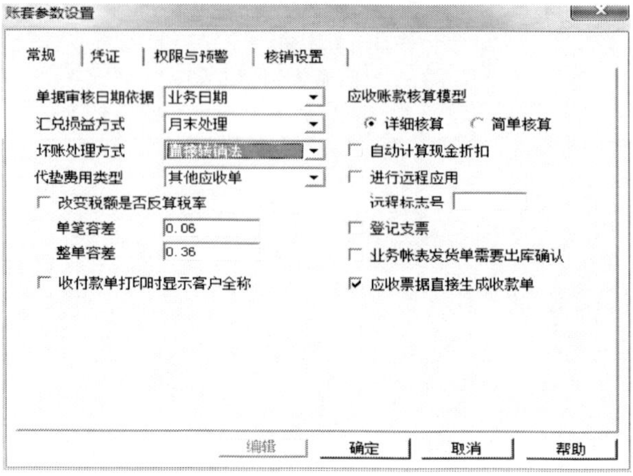

圖 4-9（a）

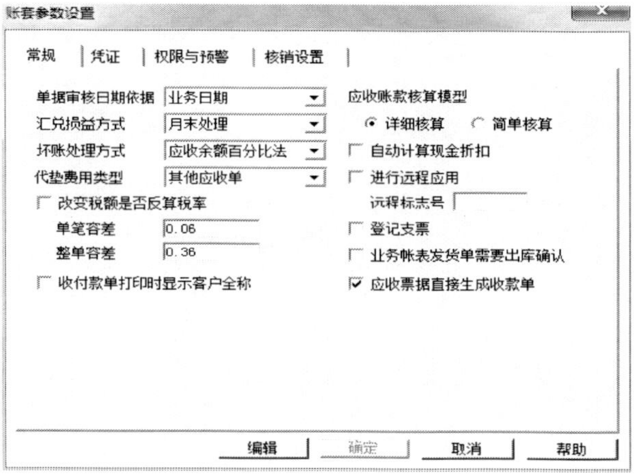

圖 4-9（b）

圖 4-9　壞帳準備設置（1）

點擊「壞帳準備設置」命令，錄入相關信息，點擊「確定」按鈕，如圖 4-10 所示。

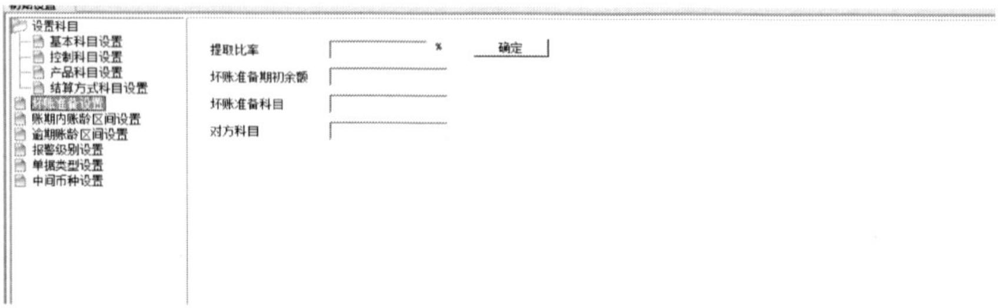

圖 4-10（a）

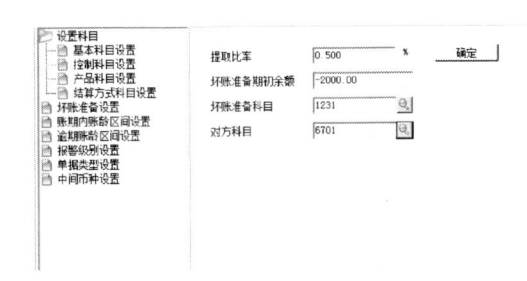

圖 4-10（b）

圖 4-10　壞帳準備設置（2）

[特別提示]

若壞帳準備科目餘額是在借方，此時錄入壞帳準備期初餘額時要錄入負數。

4.1.2　期初餘額錄入

期初餘額錄入可以分為三大類，分別是應收帳款期初餘額的錄入、應收票據期初餘額的錄入、預收帳款期初餘額的錄入。應收帳款期初餘額的錄入又可以分為銷售專用發票和銷售普通發票兩大類。

4.1.2.1　應收帳款期初餘額的錄入

第一，開具銷售專用發票形成的應收帳款期初餘額的錄入。

具體操作如下：點擊「期初餘額」命令→選擇「銷售發票」「銷售專用發票」選項→點擊「確定」按鈕→點擊「增加」→「確定」按鈕→點擊「增加」命令，錄入相關信息→點擊「保存」按鈕，具體操作如圖 4-11～圖 4-18 所示。

圖 4-11　期初餘額查詢對話框 　　　　圖 4-12　選擇銷售發票對話框

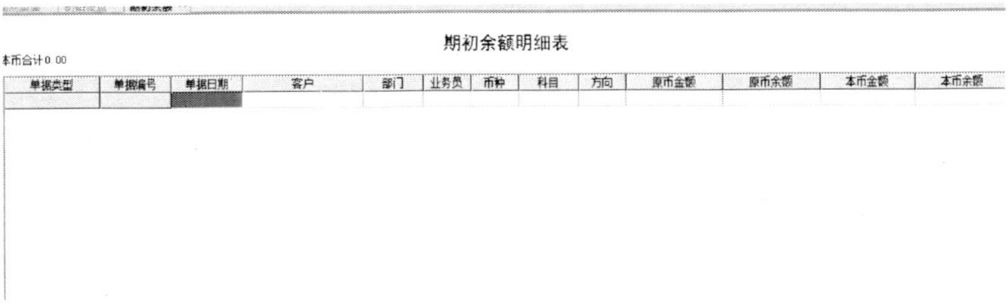

圖 4-13　期初餘額明細表

圖 4-14 選擇發票類別對話框

圖 4-15 銷售專用發票

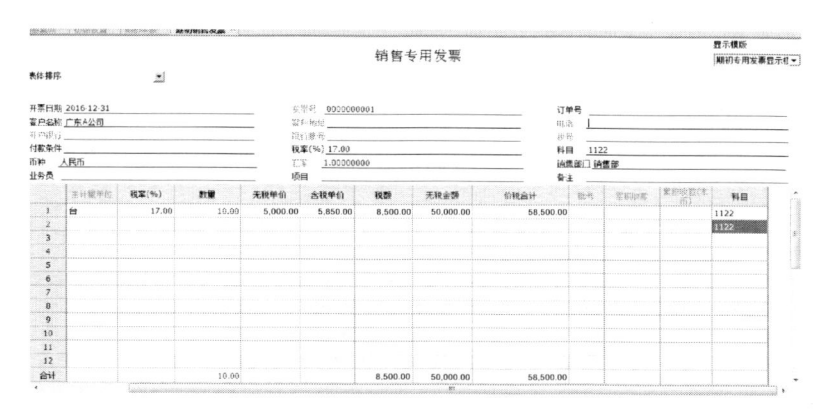

圖 4-16 銷售專用發票錄入

圖 4-17 銷售專用發票錄入完成

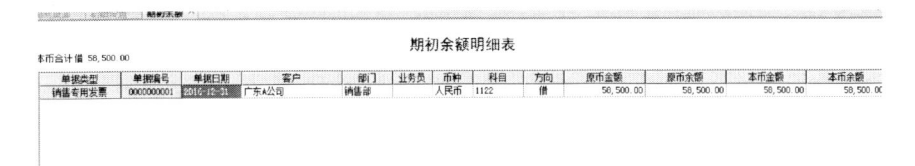

圖 4-18　期初餘額明細表完成

第二，開具銷售普通發票形成的應收帳款期初餘額的錄入。
具體操作如下：點擊「期初餘額」命令→選擇「銷售發票」和「銷售普通發票」選項→點擊「確定」按鈕→點擊「增加」→「確定」按鈕→點擊「增加」命令，錄入相關信息→點擊「保存」按鈕，如圖 4-19~圖 4-25 所示。

圖 4-19　期初餘額查詢　　　　　　圖 4-20　選擇銷售發票種類

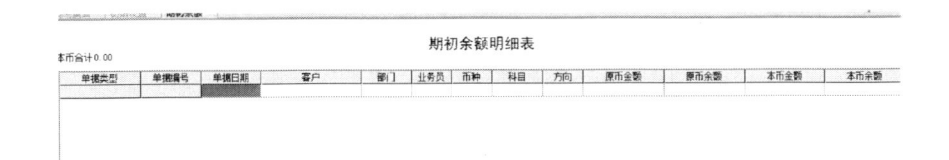

圖 4-21　完成選擇銷售發票

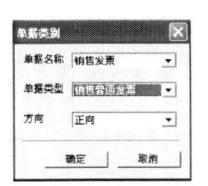

圖 4-22　選擇單據類別

153

圖 4-23　銷售普通發票

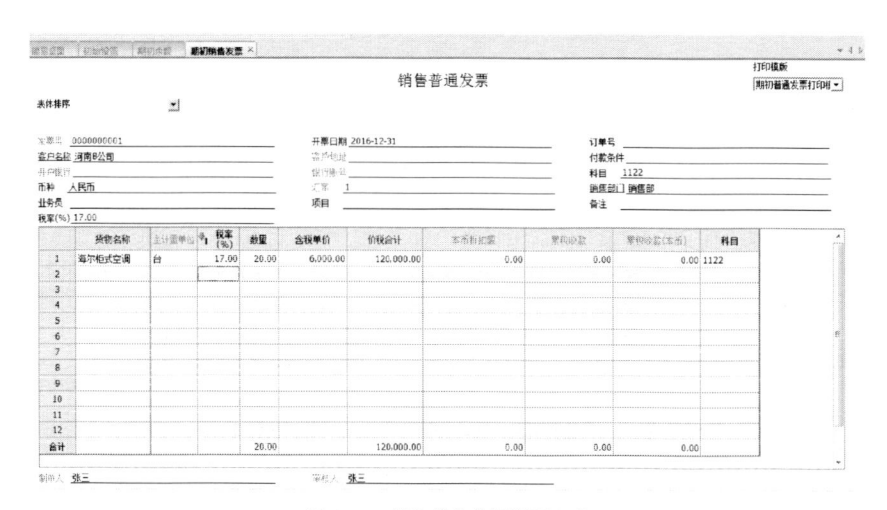

圖 4-24　錄入銷售普通發票完成

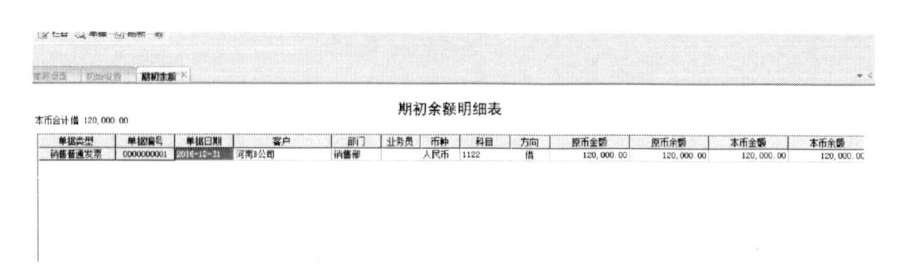

圖 4-25　期初餘額明細表完成

4.1.2.2　應收票據期初餘額的錄入

具體操作如下：點擊「期初餘額」命令→選擇「應收票據」→選擇「銀行承兌匯票」或「商業承兌匯票」選項→點擊「確定」按鈕→點擊「增加」命令，錄入相關信息→點擊「保存」按鈕，如圖 4-26～圖 4-32 所示。

4 應收帳款系統

圖 4-26 期初餘額查詢

圖 4-27 選擇應收票據類型

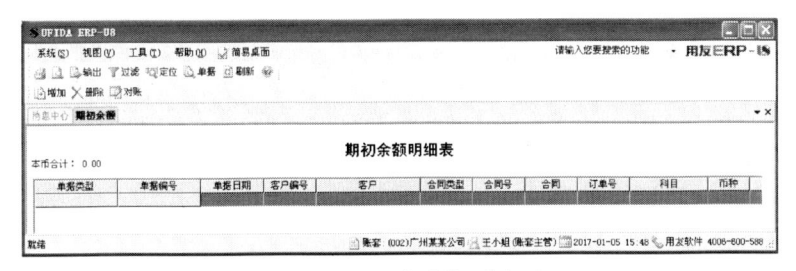

圖 4-28 完成選擇應收票據類型

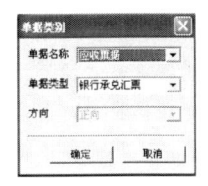

圖 4-29 選擇單據類別

期初票据

幣種 _____

票據編號 _____   開票單位 _____

承兌銀行 _____   貸書單位 _____

票據訊息 _____   票據余額 _____

面值卡庫 _____   科目 _____

簽發日期 _____   收到日期 _____

到期日 _____   部門 _____

業務員 _____   項目 _____

摘要 _____

圖 4-30 期初票據

圖 4-31　期初票據錄入完成

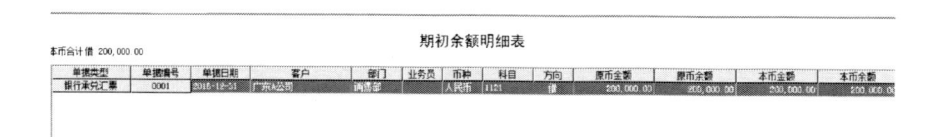

圖 4-32　期初餘額明細表完成

4.1.2.3　預收帳款期初餘額的錄入

具體操作如下：點擊「期初餘額」命令→選擇「預收款」和「收款單」選項→點擊「確定」按鈕→點擊「增加」命令→選擇「預收款」選項→點擊「確定」按鈕→點擊「增加」，錄入相關信息→點擊「保存」按鈕，如圖 4-33～圖 4-39 所示。

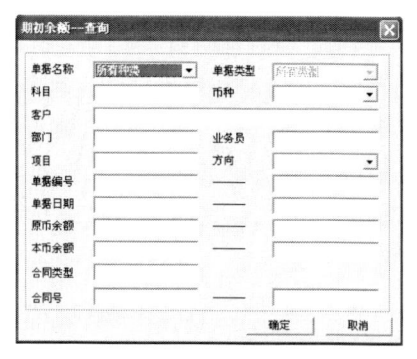

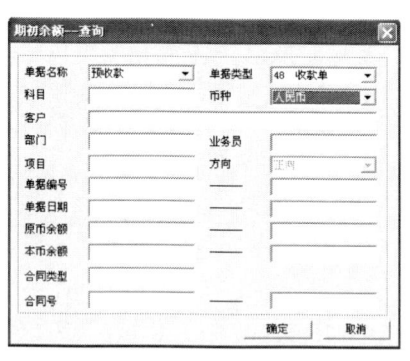

圖 4-33　期初餘額查詢　　　圖 4-34　選擇預收款的單據類型

圖 4-35　完成選擇預收款的單據類型

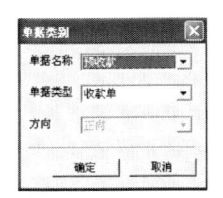

圖 4-36　選擇單據類別

圖 4-37　收款單

圖 4-38　錄入完成的收款單

圖 4-39　期初餘額明細表完成

[特別提示]

　　收款單中「款項類型」欄要選擇為「預收款」。

4.1.2.4 選項

　　在選項功能下，能夠對應收款核銷方式、單據審核時期依據、匯兌損益方式、壞帳處理方式等相關內容進行修改。

　　特別要提醒的是，會計準則中不允許採用直接核銷法進行壞帳處理，而只能採用備抵法進行壞帳處理。因此，在進行壞帳處理前要進行相關壞帳處理方法設置。否則，進行了相關壞帳會計處理後，在此功能下便不允許再進行修改壞帳處理方法的操作了。

　　財務軟件默認的壞帳處理方法是直接核銷法。

　　具體操作如下：點擊「選項」命令，進行相關選擇後點擊「確定」按鈕，如圖4-40和圖4-41所示。

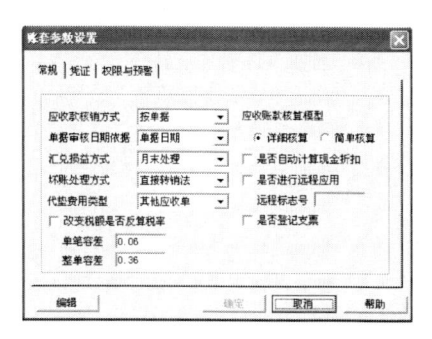

圖4-40　選項

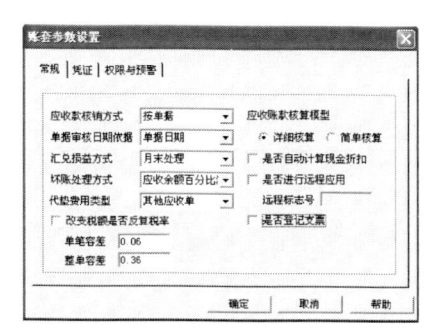

圖4-41　完成設置

4.2　應收單據處理

　　應收單據處理主要由應收單據錄入和應收單據審核兩部分內容組成。應收單據處理模塊主要用於處理本期銷售業務形成的應收帳款或應收票據業務。

4.2.1　應收單據錄入

　　在應收單據錄入功能下，製單人和審核人可以是同一人。

　　具體操作如下：點擊「應收單據錄入」命令→選擇「單據類型」選項→點擊「確定」按鈕→點擊「增加」，錄入相關信息→點擊「保存」按鈕→點擊「審核」，選擇立即製單→點擊「保存」按鈕，如圖4-42～圖4-51所示。

圖4-42　單據類別

圖 4-43　銷售專用發票

圖 4-44　銷售專用發票錄入

圖 4-45　是否立即製單

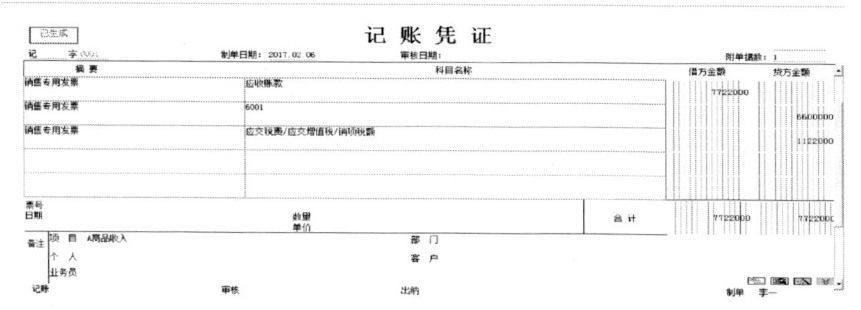

圖 4-46　生成記帳憑證

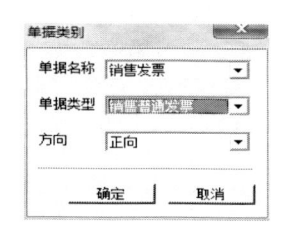

圖 4-47　單據類別

圖 4-48　銷售普通發票

圖 4-49　銷售普通發票錄入

圖 4-50　是否立即製單

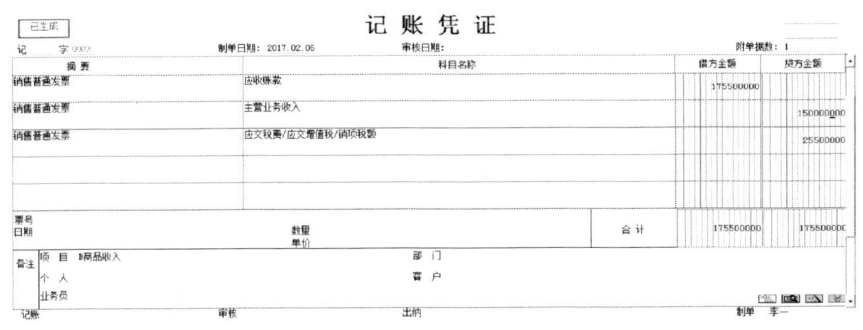

圖 4-51　生成記帳憑證

若因產品質量等原因發生銷貨退回，具體處理如下：

具體操作如下：點擊「應收單據錄入」命令→選擇發票種類，選擇「負向」→點擊「確定」按鈕→點擊「增加」，錄入相關信息→點擊「保存」按鈕→點擊「審核」，選擇立即製單→點擊「保存」按鈕，如圖 4-52~圖 4-55 所示。

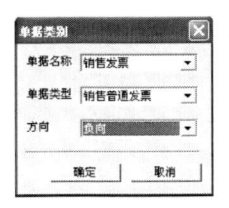

圖 4-52　選擇單據類別

圖 4-53　銷售專用發票

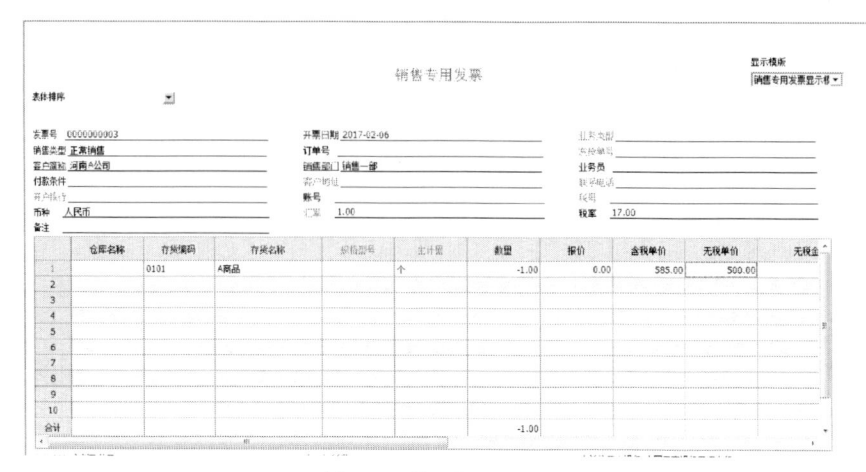

圖 4-54 銷售專用發票錄入

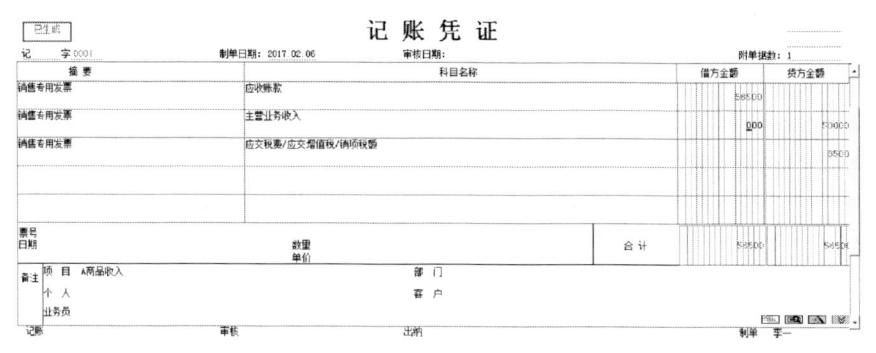

圖 4-55 生成紅字記帳憑證

[特別提示]

· 可以在此界面進行審核，也可以不在此界面進行審核，而是在應收單據審核界面中進行審核。

· 審核工作完成後，就可以立即生成有關應收帳款的記帳憑證。也可以不在此界面生成有關應收帳款的記帳憑證，而是在製單處理界面中生成有關應收帳款的記帳憑證。

· 發生銷售退回時，在錄入銷售發票「數量」時，不能錄入正數，要錄入負數。

· 若啟用了供應鏈系統，應收單據是不需要再進行人工錄入相關數據的，完成了供應鏈系統的相關操作後，銷售商品形成的應收數據直接在供應鏈中的存貨核算系統中形成應收帳款的相關記帳憑證。沒有收回的應收帳款在以後會計期間收回，在「收款單據處理」界面進行操作即可。

4.2.2 應收單據審核

在應收單據錄入功能下，若沒有對應收單據進行審核，就可以在此功能下進行審核了。

具體操作如下：點擊「應收單據審核」命令，錄入相關條件→點擊「確定」按鈕，選中需要審核的記錄→點擊「審核」，如圖 4-56~圖 4-59 所示。

圖 4-56　選擇相關過濾條件

圖 4-57　應收帳單單據列表

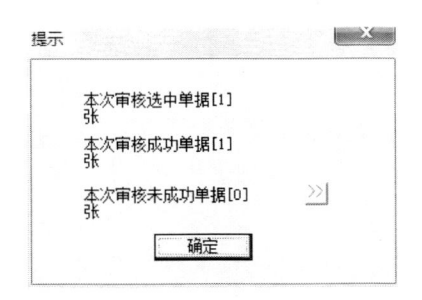

圖 4-58　提示界面

圖 4-59　審核完成

　　若應收單據審核完成後，發現應收單據中有關數據存在錯誤，點擊「棄審」命令後，就可以對有關數據進行修改了，修改完成後點擊「保存」按鈕，然後再次進行審核。

4.3 收款單據處理

收款單據處理主要由收款單據錄入和收款單據審核兩部分內容組成。

4.3.1 收款單據錄入

前期形成的應收帳款、應收票據在本期收回，或者本期預收客戶的款項在此界面進行處理。

具體操作如下：點擊「收款單據錄入」命令→點擊「增加」，錄入相關信息→點擊「保存」按鈕→點擊「審核」，選擇立即製單→點擊「保存」按鈕，如圖4-60~圖4-63所示。

圖4-60 收款單

圖4-61 收款單錄入

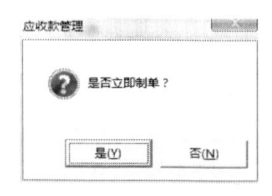

圖4-62 是否立即制單

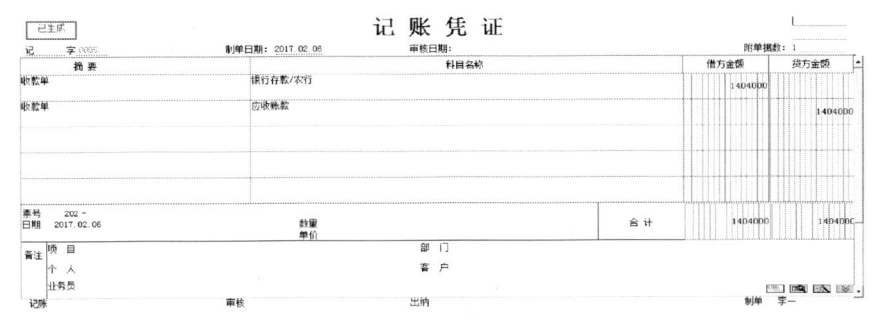

圖 4-63　生成記帳憑證

若採用預收帳款方式進行結算，具體操作如下：點擊「收款單據錄入」命令→點擊「增加」，錄入相關信息→點擊「保存」按鈕→點擊「審核」，選擇立即製單→點擊「保存」按鈕，如圖 4-64~圖 4-67 所示。

款項類型要選擇為「預收款」，否則，後面無法自動生成有關預收款帳的會計憑證，預收衝應收的操作也無法完成。

圖 4-64　收款單錄入

圖 4-65　收款單錄入

圖 4-66　是否立即製單

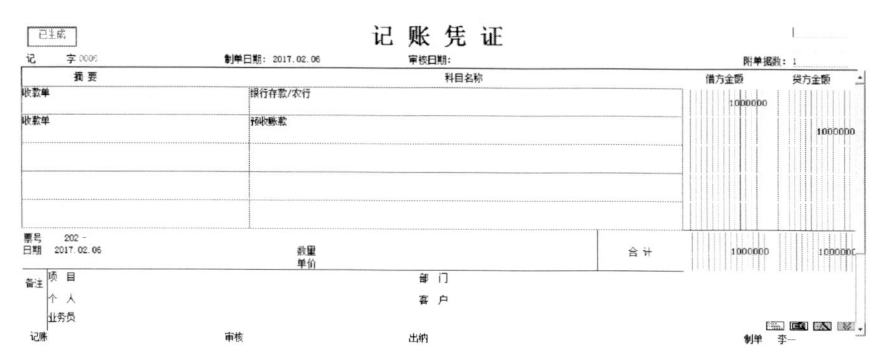

圖 4-67　生成記帳憑證

[特別提示]
- 可以在此界面進行審核，也可以在應收單據審核界面中進行審核。
- 審核工作完成後，可以立即生成有關應收帳款的記帳憑證；也可以不在此界面生成有關應收帳款的記帳憑證，而是在製單處理界面中生成有關應收帳款的記帳憑證。
- 若是預收客戶的有關款項，在收款單的「款項類型」要選擇「預收款」，否則不能生成預收款項的記帳憑證。

4.3.2　收款單審核

在收款單據錄入功能下，若沒有對收款單據進行審核，就可以在此功能下進行審核了。

具體操作如下：點擊「收款單審核」命令，錄入相關條件→點擊「確定」按鈕，選中需要審核的記錄→點擊「審核」，如圖 4-68~圖 4-71 所示。

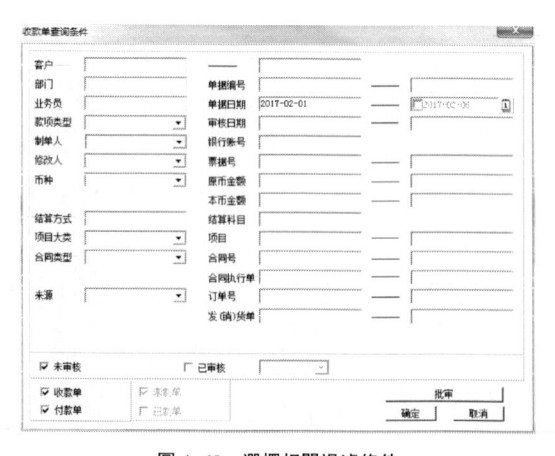

圖 4-68　選擇相關過濾條件

圖 4-69 收付款單列表

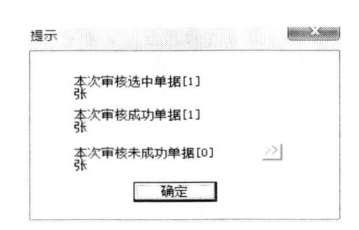

圖 4-70 提示界面

圖 4-71 審核完成

選擇收款具體操作如下：點擊「應收款管理」→點擊「選擇收款」→選擇客戶→點擊「確定」→填入收款金額→點擊「確定」→錄入結算方式→點擊「確定」，如圖 4-72~圖 4-77 所示。

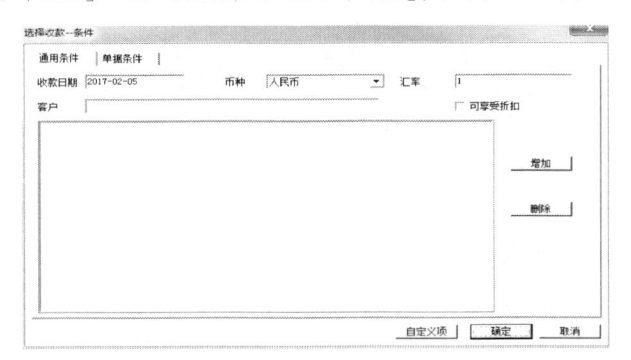

圖 4-72 選擇收款

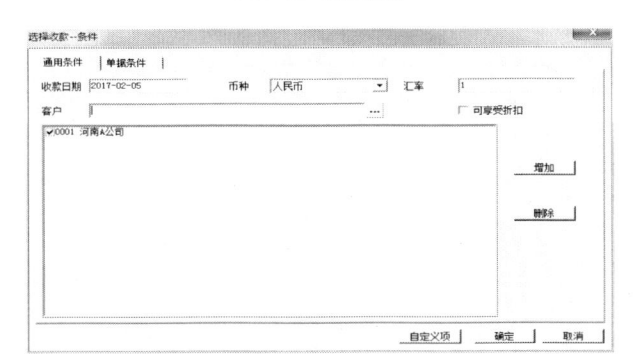

圖 4-73 選擇客戶

167

圖 4-74　選擇收款列表

圖 4-75　填入收款金額

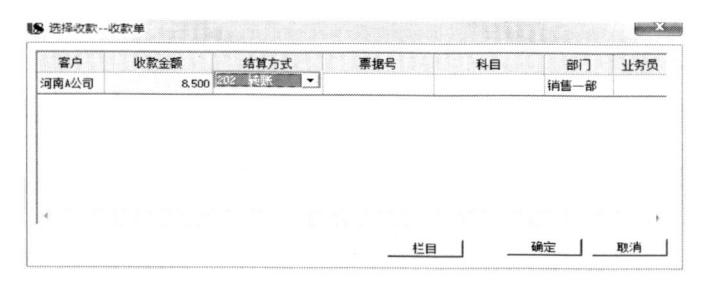

圖 4-76　錄入結算方式

圖 4-77　選擇收款完成

4.4 核銷處理

4.4.1 手工核銷

手工核銷是指收款單與它們對應的應收單的核銷工作，即從應收帳款總額中減掉已收回的款項。企業根據查詢條件選擇需要核銷的單據，然後手工核銷，以加強對應收帳款的管理工作。

進入單據核銷界面，上邊列表顯示該客戶可以核銷的收付款單記錄，下邊列表顯示該客戶符合核銷條件的對應單據。

錄入本次結算金額，上下列表中的結算金額必須保持一致。

可以點擊「分攤」按鈕，系統將收付單據中的本次結算金額自動分攤到核銷單據列表的本次結算欄。

核銷處理有兩種方式：一種是自動核銷，另一種是手工核銷。

具體操作如下：點擊「手工核銷」命令，錄入相關信息→點擊「確定」按鈕，錄入結算金額或點擊「分攤」→「保存」按鈕，如圖 4-78 所示。

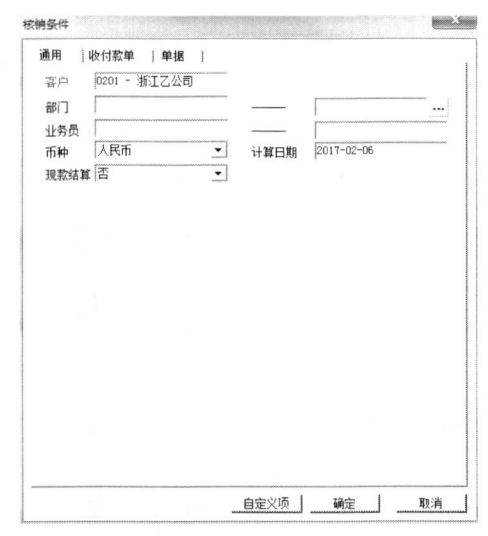

圖 4-78（a）　　　　　　　　　　圖 4-78（b）

圖 4-78（c）

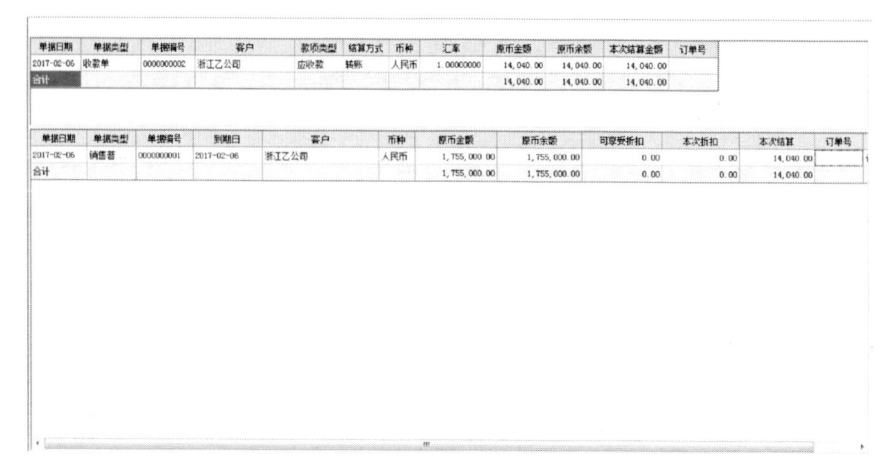

圖 4-78（d）

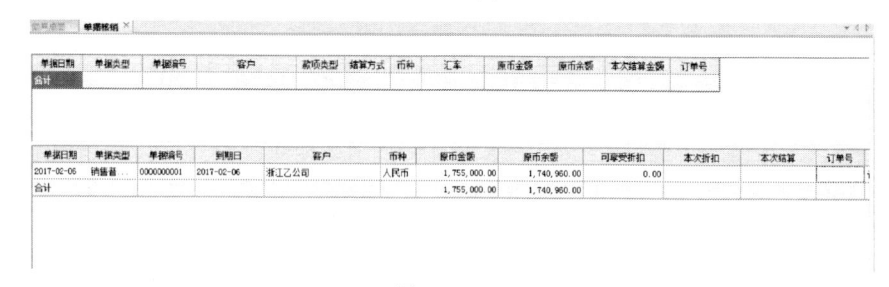

圖 4-78（e）

圖 4-78　手工核銷

4.4.2　自動核銷

具體操作如下：點擊「自動核銷」命令，選擇相關條件→點擊「確定」按鈕，如圖 4-79 所示。

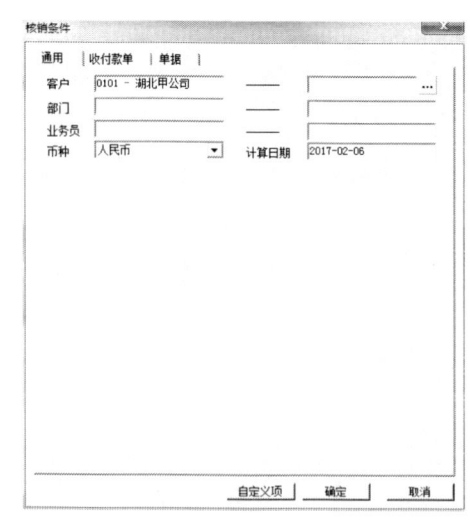

圖 4-79（a）　　　　　　　　　　　　圖 4-79（b）

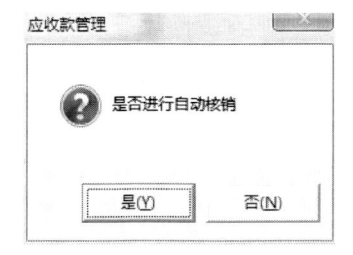

圖 4-79（c）

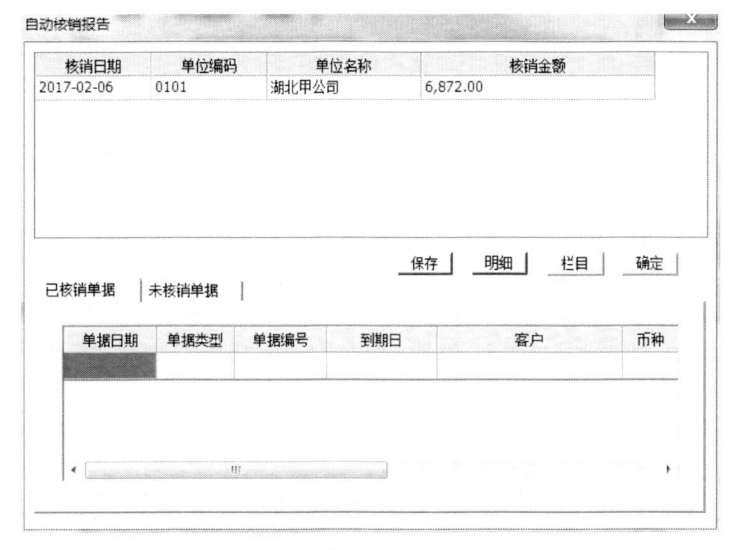

圖 4-79（d）

圖 4-79　自動核銷

若在基礎設置→基礎檔案→收付結算中做了票據管理操作，在這個界面就可以查到相關資料，如圖 4-80 所示。

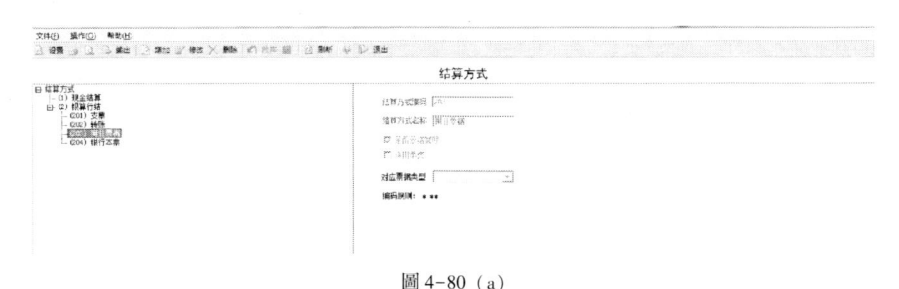

圖 4-80（a）

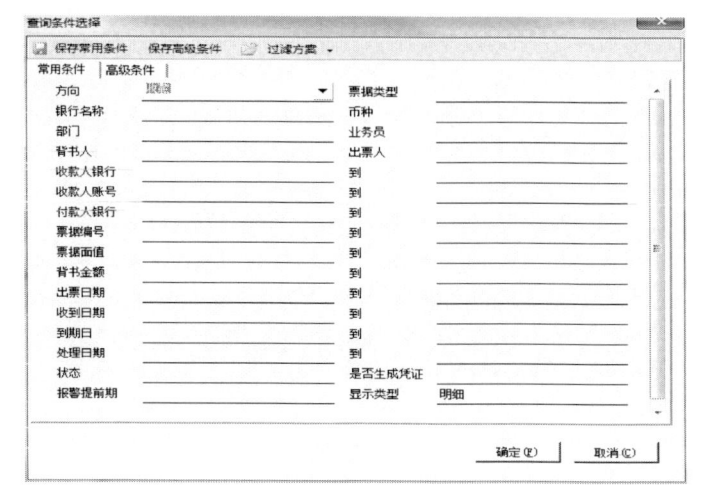

圖 4-80（b）

圖 4-80（c）

圖 4-80　票據管理

4.5　轉帳處理

4.5.1　應收衝應收

下面舉例說明應收衝應收：甲公司應向 A 公司收取款項 5,000 元，又應向 B 公司收取款項 6,000 元，由於 B 公司還欠 A 公司款項 5,000 元，通過協商，達成某種協議，即由 B 公司代替 A 公司向甲公司償還所欠的 5,000 元款項。

具體操作如下：點擊「財務會計」→點擊「應收款管理」→點擊「轉帳」→點擊「應收衝應收」命令→選擇相關條件→點擊「過濾」，並錄入並帳金額→點擊「保存」按鈕，選擇是否立即製單→點擊「保存」按鈕，如圖 4-81 所示（可以不立即製單，也可以稍後生成記帳憑證）。

圖 4-81（a）

圖 4-81（b）

圖 4-81（c）

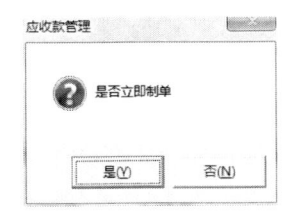

圖 4-81（d）

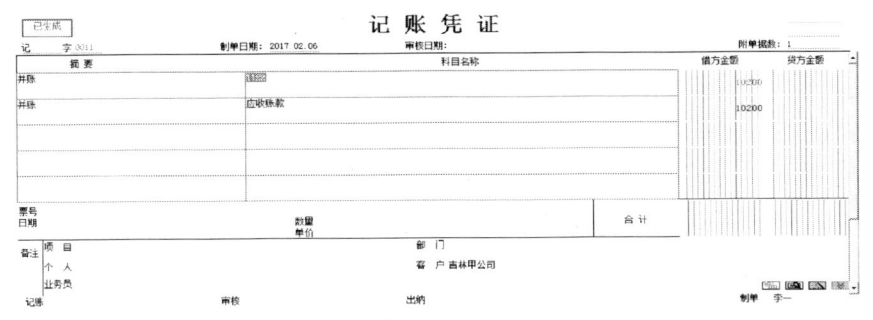

圖 4-81（e）

圖 4-81 應收衝應收

4.5.2 預收衝應收

預收衝應收是指用某個客戶的預收帳款衝抵其應收帳款。

具體操作如下：點擊「財務會計」→點擊「應收款管理」→點擊「轉帳」→點擊「預收衝應收」命令，選擇相關條件→點擊「過濾」按鈕→點擊「應收款」選項→點擊「過濾」按鈕，錄入「轉帳總金額」→點擊「自動轉帳」後選擇立即製單→點擊「保存」按鈕，如圖 4-82 所示（可以馬上生成記帳憑證，也可以稍後生成記帳憑證）。

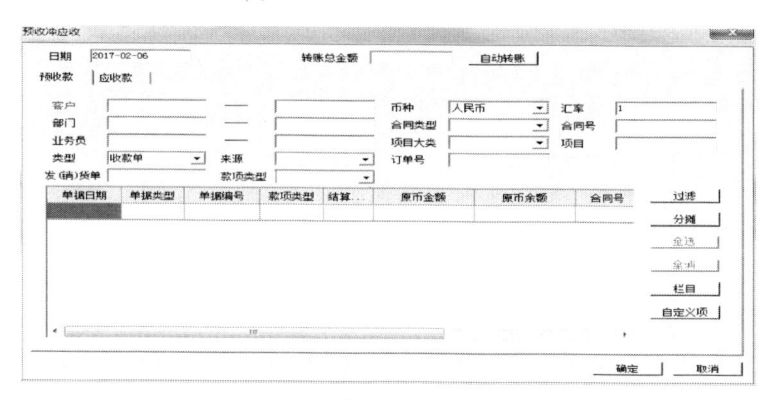

圖 4-82（a）

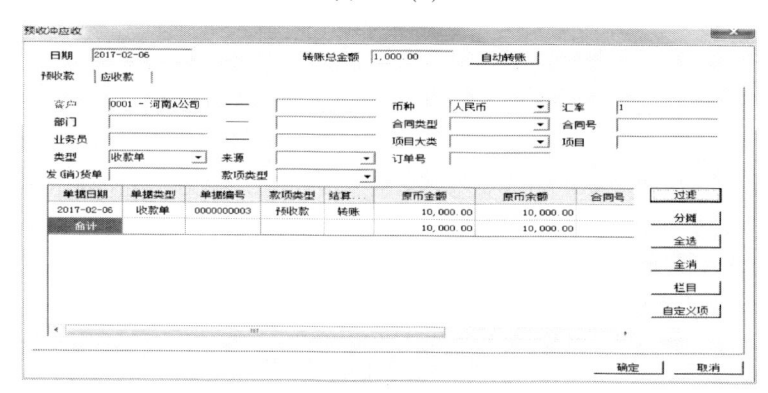

圖 4-82（b）

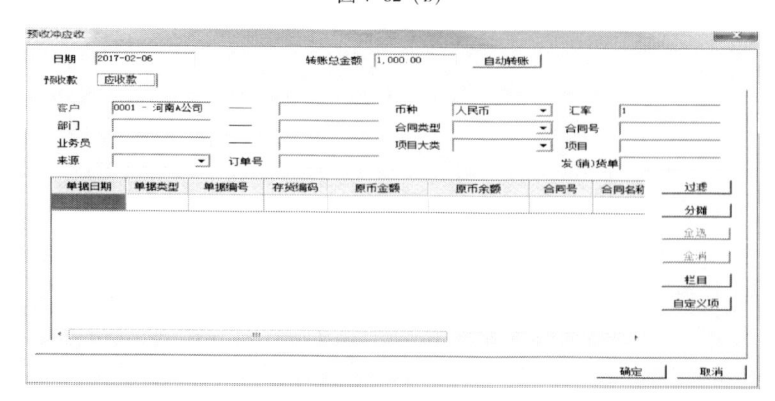

圖 4-82（c）

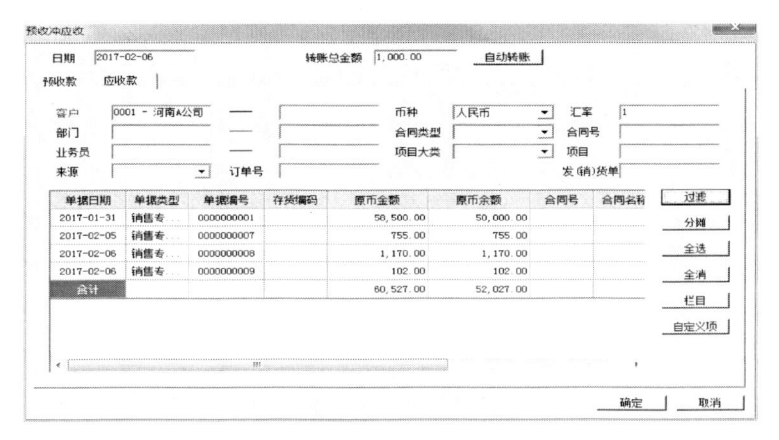

圖 4-82（d）

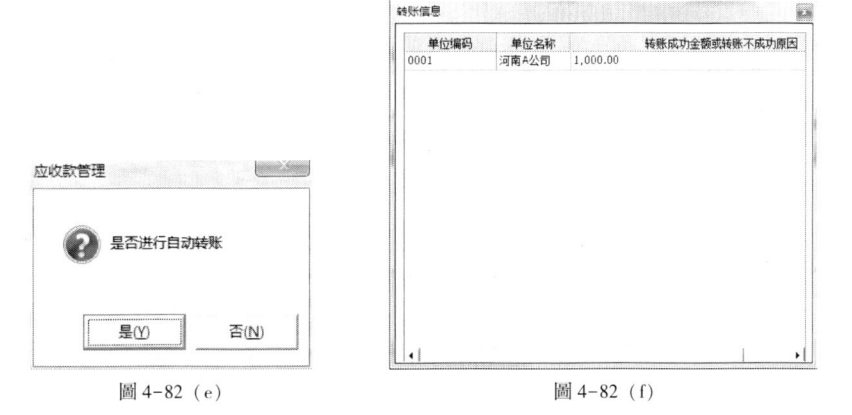

圖 4-82（e）

圖 4-82（f）

圖 4-82（g）

圖 4-82 預收衝應收

4.5.3 應收衝應付

具體操作如下：點擊「財務會計」→點擊「應收款管理」→點擊「轉帳」→點擊「應收衝應付」命令，選擇相關條件→點擊「確定」按鈕→點擊「應付」選項，選擇相關條件→點擊「確定」按鈕，

錄入轉帳金額→點擊「自動轉帳」按鈕,選擇立即製單→點擊「保存」按鈕,如圖4-83所示(可以立即製單,也可以稍後製單)。

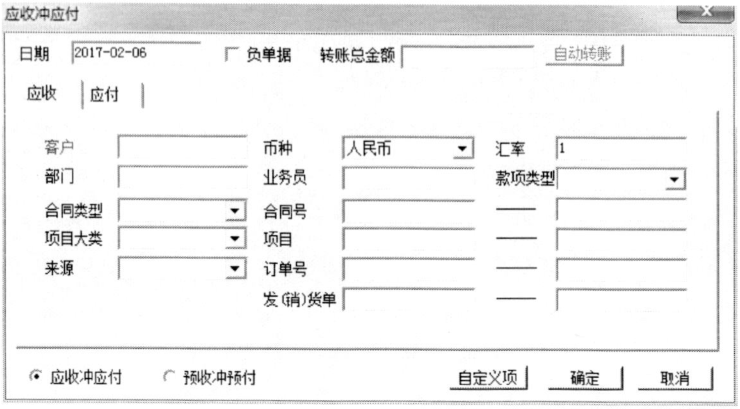

圖4-83(a)

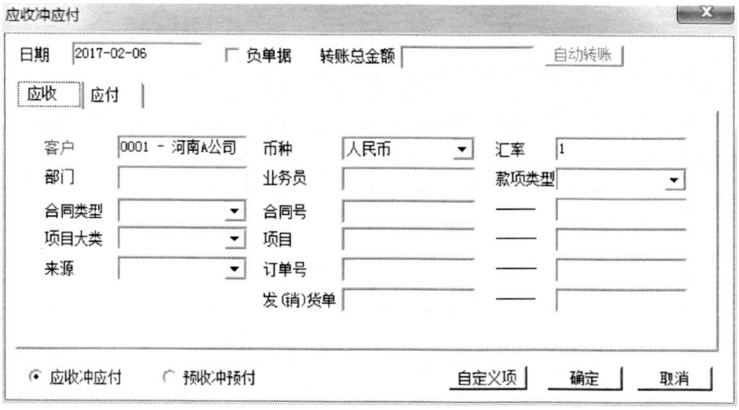

圖4-83(b)

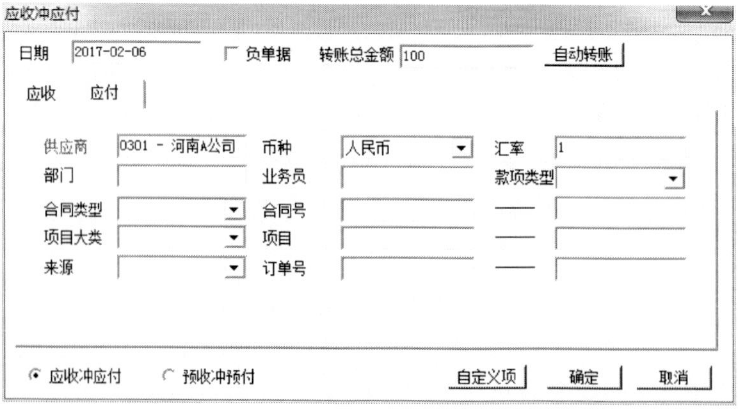

圖4-83(c)

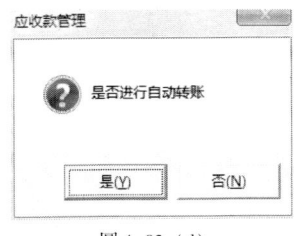

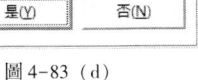

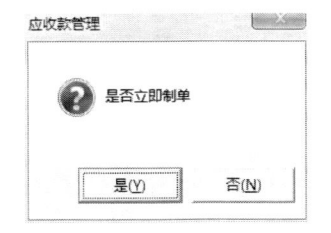

圖 4-83（d）　　　　　　　圖 4-83（e）

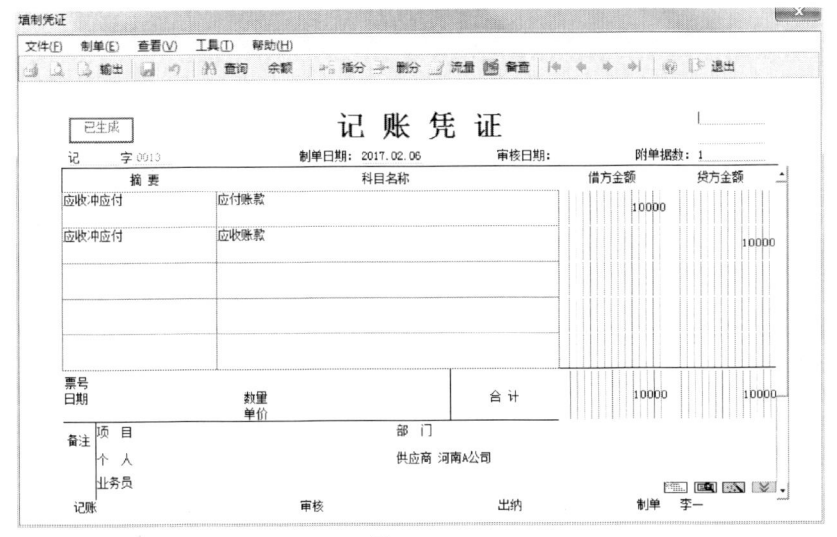

圖 4-83（f）

圖 4-83　應收衝應付

[特別提示]

應收衝應收、預收衝應收、應收衝應付操作成功後，可以選擇立即生成有關會計憑證，也可以放棄立即生成有關會計憑證，而在「製單處理」界面生成相關的會計憑證。

4.6　壞帳處理

在實際工作中，計提壞帳準備是在每年的 12 月份進行處理的，平時（1～11 月）是不需要進行這方面業務處理的。

壞帳處理模塊主要由計提壞帳準備、壞帳發生、壞帳收回等內容組成。

4.6.1　計提壞帳準備

具體操作如下：點擊「財務會計」→點擊「應收款管理」→點擊「壞帳處理」→點擊「計提壞帳準備」命令→點擊「確認」按鈕，選擇立即製單→點擊「保存」按鈕，如圖 4-84 所示（也可以不立即製單，稍後在製單處理界面製單）。

圖 4-84（a）

圖 4-84（b）

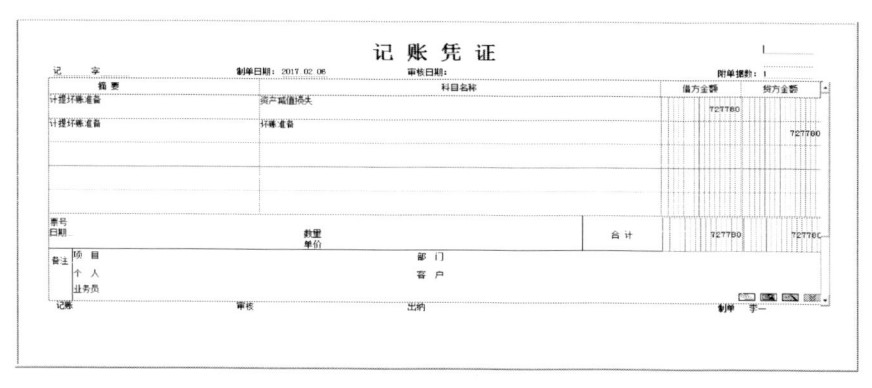

圖 4-84（c）

圖 4-84　計提壞帳準備

4.6.2　壞帳發生

具體操作如下：點擊「財務會計」→點擊「應收款管理」→點擊「壞帳處理」→點擊「壞帳發生」命令，選擇相關條件後→點擊「確定」按鈕，錄入發生壞帳金額→點擊「確認」按鈕，選擇立即製單→點擊「保存」按鈕，如圖 4-85 所示。

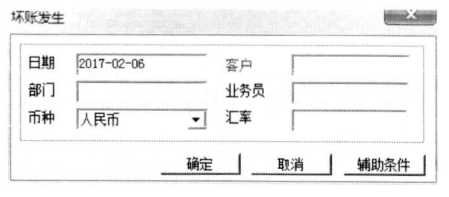

圖 4-85（a） 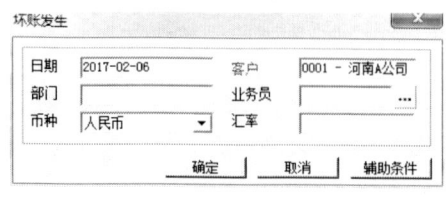　　　　　　　　　　　圖 4-85（b）

圖 4-85（c）

圖 4-85（d）

圖 4-85（e）

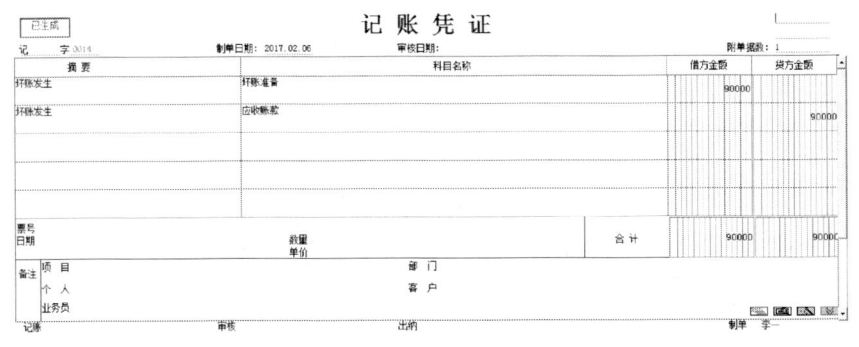

圖 4-85（f）

圖 4-85　壞帳發生

4.6.3　壞帳收回

具體操作如下：點擊「財務會計」→點擊「應收款管理」→點擊「壞帳處理」→點擊「壞帳收回」命令，錄入相關信息→點擊「確定」按鈕，選擇立即製單→點擊「保存」按鈕，如圖4-86所示。

圖4-86（a） 　　　　　　　　圖4-86（b）

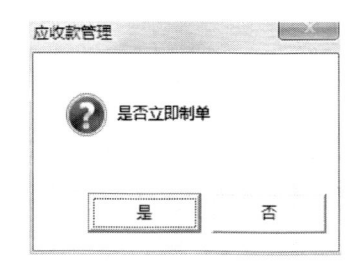

圖4-86（c）

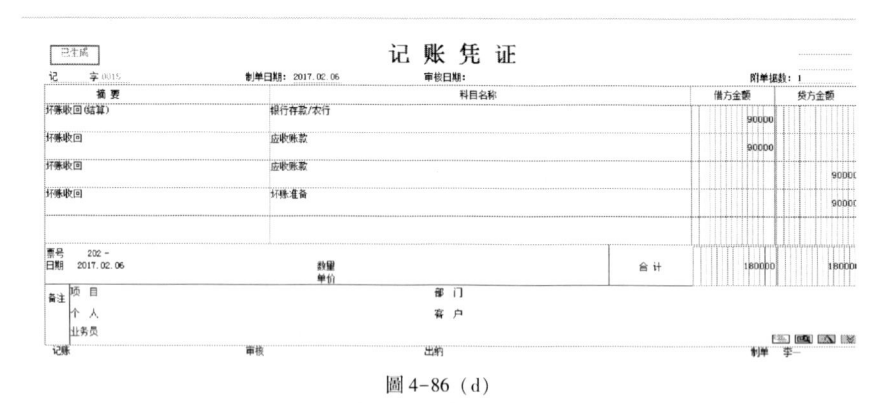

圖4-86（d）

圖4-86　壞帳收回

[特別提示]

- 發生的壞帳又收回，在填制收款單時，只需要保存即可，不能進行審核。
- 在計提壞帳準備、壞帳發生、壞帳收回完成後，可以選擇立即製單，也可以在「製單處理」界面生成有關會計憑證。

4.7 製單處理

在應收單據處理、收款單據處理、轉帳、壞帳處理等功能中，發生的相關經濟業務完成相關操作後可以立即製單，也可以不立即製單，而在製單處理功能模塊中製單，生成會計憑證。

具體操作如下：點擊「財務會計」→點擊「應收款管理」→點擊「製單處理」命令，選擇相關條件→點擊「確定」按鈕，選中有關記錄→點擊「製單」→點擊「保存」按鈕，如圖 4-87 所示。

圖 4-87（a）

圖 4-87（b）

圖 4-87（c）

圖 4-87（d）

圖 4-87（e）

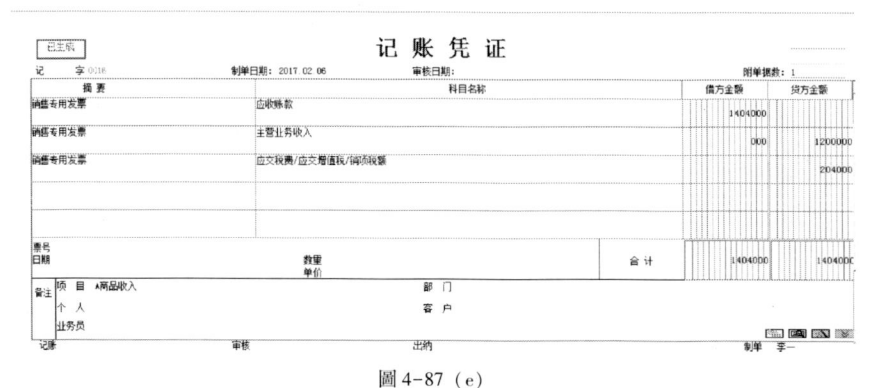

圖 4-87　製單處理

[特別提示]

·過濾條件的選擇十分重要，否則無法將所有發生的經濟業務生成會計憑證，會導致期末應收帳款無法結帳。

·若銷售時收到了商業匯票，有關數據仍然錄到「應收單據錄入」界面，在生成會計憑證時，將「應收帳款」會計科目更改為「應收票據」會計科目即可。

4.8　單據查詢

4.8.1　發票查詢

具體操作如下：點擊「財務會計」→點擊「應收款管理」→點擊「單據查詢」→點擊「發票查詢」命令，選擇相關條件→點擊「確定」按鈕，如圖 4-88 所示。

圖 4-88（a）

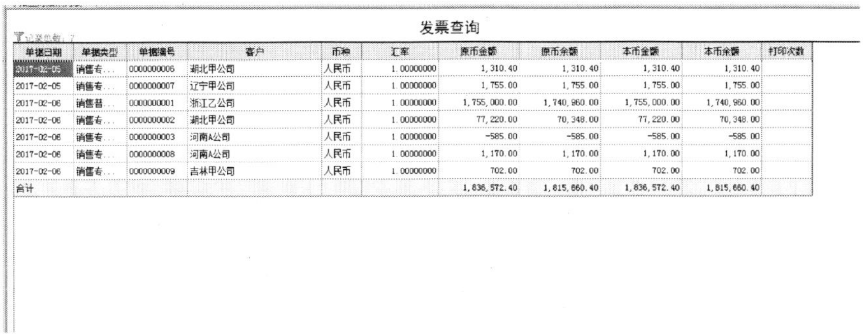

發票查詢

单据日期	单据类型	单据编号	客户	币种	汇率	原币金额	原币余额	本币金额	本币余额	打印次数
2017-02-05	销售专...	0000000006	湖北甲公司	人民币	1.00000000	1,310.40	1,310.40	1,310.40	1,310.40	
2017-02-05	销售专...	0000000007	辽宁甲公司	人民币	1.00000000	1,755.00	1,755.00	1,755.00	1,755.00	
2017-02-06	销售普...	0000000001	浙江乙公司	人民币	1.00000000	1,755,000.00	1,740,960.00	1,755,000.00	1,740,960.00	
2017-02-06	销售专...	0000000002	湖北甲公司	人民币	1.00000000	77,220.00	70,348.00	77,220.00	70,348.00	
2017-02-06	销售专...	0000000003	河南A公司	人民币	1.00000000	-585.00	-585.00	-585.00	-585.00	
2017-02-06	销售专...	0000000008	河南A公司	人民币	1.00000000	1,170.00	1,170.00	1,170.00	1,170.00	
2017-02-06	销售专...	0000000009	吉林甲公司	人民币	1.00000000	702.00	702.00	702.00	702.00	
合计						1,836,572.40	1,815,660.40	1,836,572.40	1,815,660.40	

圖 4-88（b）

圖 4-88　發票查詢

4.8.2　收付款單查詢

具體操作如下：點擊「財務會計」→點擊「應收款管理」→點擊「單據查詢」→點擊「收付款單查詢」命令，選擇相關條件→點擊「確定」按鈕，如圖 4-89 所示。

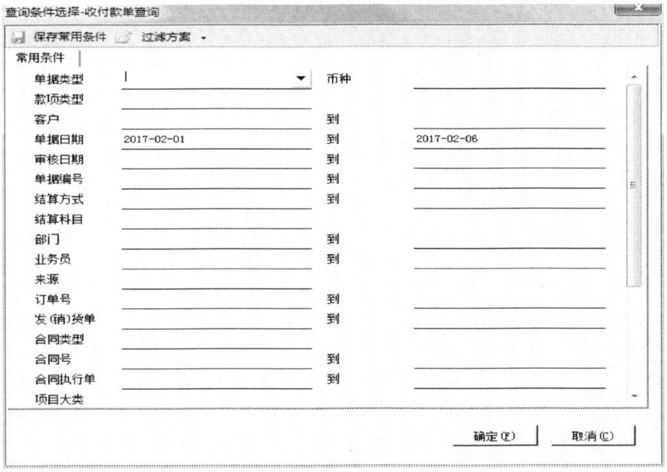

圖 4-89（a）

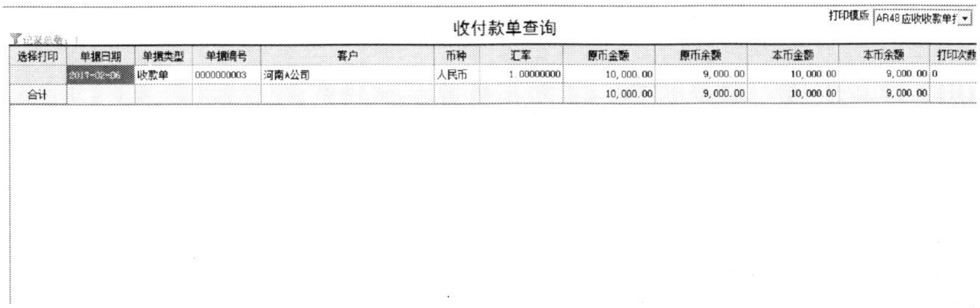

收付款单查询

打印模版 AR48 应收收款单打

选择打印	单据日期	单据类型	单据编号	客户	币种	汇率	原币金额	原币余额	本币金额	本币余额	打印次数
	2017-02-06	收款单	0000000003	河南A公司	人民币	1.00000000	10,000.00	9,000.00	10,000.00	9,000.00	0
合计							10,000.00	9,000.00	10,000.00	9,000.00	

圖 4-89（b）

圖 4-89　收付款單查詢

4.8.3 憑證查詢

若發現已經生成的會計憑證存在錯誤，在此功能下刪除某一張會計憑證，先對有關單據進行修改、審核，然後生成正確的會計憑證。

若認為此憑證完全不再需要，可以進行刪除處理。

[特別提示]

不能在總帳系統中將在應收系統生成的會計憑證進行修改和作廢操作。

具體操作如下：點擊「財務會計」→點擊「應收款管理」→點擊「單據查詢」→點擊「憑證查詢」命令，選擇相關條件→點擊「確定」按鈕，如圖4-90所示。

圖4-90（a）　　　　　　　　圖4-90（b）

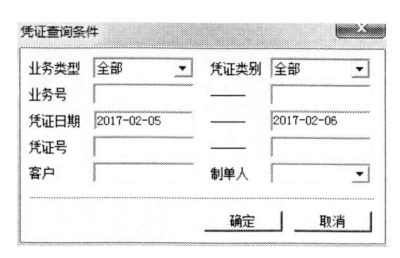

圖4-90（c）

圖4-90　憑證查詢

4.9　帳表管理

4.9.1　業務總帳

具體操作如下：點擊「財務會計」→點擊「應收款管理」→點擊「帳表管理」→點擊「業務總帳」，選擇相關條件→點擊「確定」按鈕，如圖4-91所示。

圖 4-91（a）

圖 4-91（b）

圖 4-91　業務總帳

4.9.2　業務餘額表

具體操作如下：點擊「財務會計」→點擊「應收款管理」→點擊「帳表管理」→點擊「業務餘額表」命令，選擇相關條件→點擊「確定」按鈕，如圖 4-92 所示。

圖 4-92（a）

应收余额表

币种

期间 2017 . 2 - 2017 . 2

客户编码	客户名称	期初	本期应收	本期收回	余额	周转率	周转天数
		本币	本币	本币	本币	本币	本币
0001	河南A公司	58,500.00	2,342.00	20,400.00	40,442.00	0.05	540.00
(小计)…		58,500.00	2,342.00	20,400.00	40,442.00		
0002	吉林甲公司	0.00	600.00	0.00	600.00	2.00	13.50
(小计)…		0.00	600.00	0.00	600.00		
0101	湖北甲公司	-5,000.00	80,402.40	3,744.00	71,658.40	2.41	11.20
(小计)…		-5,000.00	80,402.40	3,744.00	71,658.40		
0201	浙江乙公司	0.00	1,769,040.00	28,080.00	1,740,960.00	2.03	13.30
(小计)…		0.00	1,769,040.00	28,080.00	1,740,960.00		
0202	辽宁甲公司	0.00	1,000.00	0.00	1,000.00	2.00	13.50
(小计)…		0.00	1,000.00	0.00	1,000.00		
总计		53,500.00	1,853,384.40	52,224.00	1,854,660.40		

圖 4-92（b）

圖 4-92　業務餘額表

4.9.3　業務明細帳

具體操作如下：點擊「財務會計」→點擊「應收款管理」→點擊「帳表管理」→點擊「業務明細帳」命令，選擇相關條件→點擊「確定」按鈕，如圖 4-93 所示。

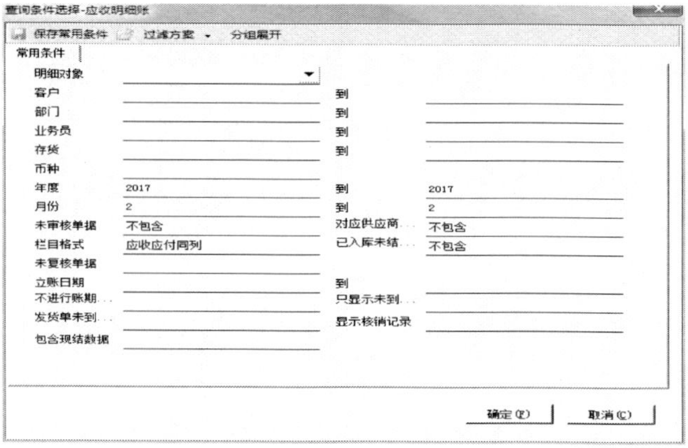

圖 4-93（a）

应收明细账

币种：全部

期间：2 - 2

年	月	日	凭证号	客户		摘要	订单号	发货单	出库单	单据类型	单据号	币种	本期应收	本期收回	余额	到期日
				编码	名称								本币	本币	本币	
				0001	河南A公司	期初余额									58,500.00	
2017	2	5	记-0024	0001	河南A公司	收款单				收款单	0000000007	人民币		8,500.00	50,000.00	2017-02-05
2017	2	5	记-0010	0001	河南A公司	并账				并账	BZAR0000...	人民币	755.00		50,755.00	2017-02-05
2017	2	6	记-0004	0001	河南A公司	销售专...				销售专...	0000000000	人民币	[illegible]		50,170.00	2017-02-06
2017	2	6	记-0006	0001	河南A公司					收款单	0000000003	人民币		10,000.00	40,170.00	2017-02-06
2017	2	6	记-0020	0001	河南A公司	销售专...				销售专...	0000000008	人民币	1,170.00		41,340.00	2017-02-06
2017	2	6	记-0011	0001	河南A公司	并账				并账	BZAR0000...	人民币	102.00		41,442.00	2017-02-06
2017	2	6	记-0013	0001	河南A公司	应收冲应付				应收冲应付	YCFA0000	人民币		100.00	41,342.00	2017-01-31
2017	2	6	记-0014	0001	河南A公司	坏账发生				坏账发生	HZAR0000.	人民币		900.00	40,442.00	2017-01-31
2017	2	6	记-0015	0001	河南A公司	坏账收回				坏账收回	HZAR0000.	人民币	900.00	900.00	40,442.00	2017-02-06
				(0001)...									2,342.00	20,400.00	40,442.00	
2017	2	6	记-0021	0002	吉林甲公司	销售专...				销售专...	0000000009	人民币	702.00		702.00	2017-02-06
2017	2	6	记-0011	0002	吉林甲公司	并账				并账	BZAR0000	人民币	-102.00		600.00	2017-02-06
				(0002)...									600.00		600.00	
				0101	湖北甲公司	期初余额									-5,000.00	
2017	2	5	记-0018	0101	湖北甲公司	销售专...				销售专...	0000000006	人民币	1,310.40		-3,689.60	2017-02-05
2017	2	6	记-0001	0101	湖北甲公司	销售专				销售专	0000000002	人民币	77,220.00		73,530.40	2017-02-06
2017	2	6	记-0007	0101	湖北甲公司	销售专...				销售专...	0000000005	人民币	1,872.00		75,402.40	2017-02-06
2017	2	6	记-0017	0101	湖北甲公司	收款单				收款单	0000000004	人民币		1,872.00	73,530.40	2017-02-06
2017	2	6	记-0023	0101	湖北甲公司	销售专...				收款单	0000000006	人民币		1,872.00	71,658.40	2017-02-06
				(0101)...									80,402.40	3,744.00	71,658.40	
2017	2	6	记-0003	0201	浙江乙公司	销售普...				销售普...	0000000001	人民币	1,755,0...		1,755,000.00	2017-02-06
2017	2	6	记-0016	0201	浙江乙公司	销售专...				销售专...	0000000004	人民币	14,040.00		1,769,040.00	2017-02-06
2017	2	6	记-0005	0201	浙江乙公司	收款单				收款单	0000000002	人民币		14,040.00	1,755,000.00	2017-02-06
2017	2	6	记-0022	0201	浙江乙公司	收款单				收款单	0000000005	人民币		14,040.00	1,740,960.00	2017-02-06

圖 4-93（b）

圖 4-93　業務明細帳

4.10 期末處理

期末處理系統期末一定要結帳，結帳後對該系統的數據就不能進行錄入、修改了。若結帳後發現有數據錯誤，可以進行反結帳，數據修改完成後，再進行結帳。

只有期末處理系統結帳後，總帳系統期末才能夠進行結帳處理。

4.10.1 期末結帳

為保證本月月末結帳工作順利完成，本月期末結帳系統所有生成的單據應當全部製單並記帳，否則期末結帳工作無法順利完成。

具體操作如下：點擊「財務會計」→點擊「應收款管理」→點擊「期末結帳」命令，雙擊「結帳標誌」下對應的空欄→點擊「下一步」→「完成」按鈕，如圖 4-94 所示。

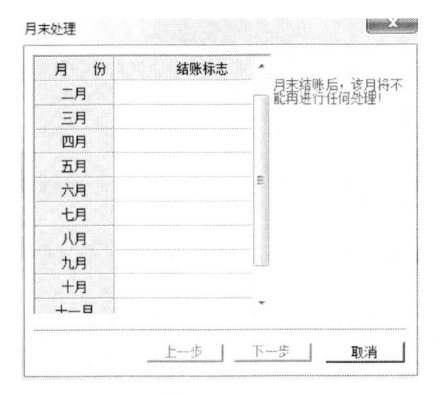

圖 4-94（a）

圖 4-94（b）

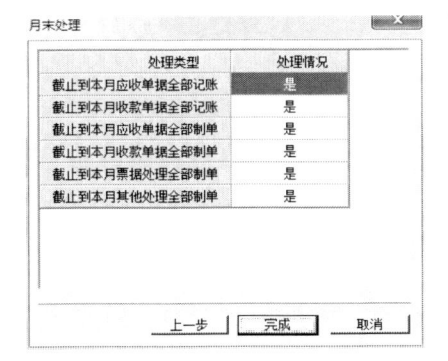

圖 4-94（c）

圖 4-94（d）

圖 4-94　期末結帳

4.10.2 取消月結

具體操作如下：點擊「財務會計」→點擊「應收款管理」→點擊「取消月結」命令→點擊「確定」按鈕，如圖 4-95 所示。

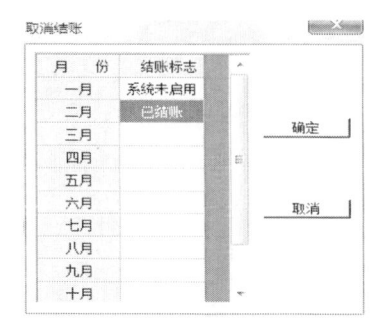

圖 4-95（a）　　　　　　　　　　　　　　圖 4-95（b）

圖 4-95　取消月結

實訓一　應收帳款系統設置實訓

[實訓目的]

通過本實訓，能夠掌握應收帳款系統初始設置、期初餘額和選項的相關操作知識。

[實訓內容]

以下是廣東珠江實業股份有限公司 2017 年 1 月 1 日有關應收帳款、應收票據的期初餘額數據資料。

（1）會計科目輔助核算設置表如表 4-3 所示。

表 4-3　　　　　　　　　　　　會計科目輔助核算設置表

序號	會計科目	輔助核算
1	應收帳款	客戶往來
2	應收票據	客戶往來
3	預收帳款	客戶往來

（2）完成基本科目設置、控製科目設置、產品科目設置、結算方式科目設置。

（3）計量單位組如表 4-4 所示。

表 4-4　　　　　　　　　　　　　計量單位組

分組編碼	分組名稱	計量單位編碼	計量單位名稱	是否主計量單位	換算率
02	數量單位組	0201	個	是	
		0202	件	否	1
		0203	箱	否	1
		0204	臺	否	1

（4）單位開戶行有關資料如表 4-5 所示。

表 4-5　　　　　　　　　　　　　開戶行有關資料

編碼	01	銀行帳號	123456789012
帳戶名稱	廣東珠江實業股份有限公司	開戶時間	2010-01-05
幣種	人民幣	開戶銀行	工商銀行廣東省分行
所屬銀行	中國工商銀行	聯行號	95588

（5）應收帳款明細表如表4-6所示。

表4-6　　　　　　　　　　　　　應收帳款明細表

客戶名稱	品種	計量單位	庫存數量	不含稅單價（元）	不含稅總金額（元）	稅額（元）	部門	開戶行
黑龍江三洋公司	甲產品	個	1,000	500	500,000	85,000	銷售部	工商銀行廣東省分行
上海廣日電梯公司	乙產品	個	2,000	200	400,000	68,000	銷售部	工商銀行廣東省分行
合計					900,000	153,000		

（6）應收票據明細表如表4-7所示。

表4-7　　　　　　　　　　　　　應收票據明細表

客戶名稱	票據號	承兌銀行	簽發日期	到期日	票據面值（元）	部門
黑龍江三洋公司	1199	廣州農行	2016.12.25	2017.3.25	234,000	銷售部

（7）預收帳款明細表如表4-8所示。

表4-8　　　　　　　　　　　　　預收帳款明細表

客戶名稱	收款方式	金額（元）	收款日期	部門
黑龍江××公司	轉帳	30,000	2016.12.18	銷售部

（8）將計提壞帳準備的方法設置為應收帳款餘額百分比法。
（9）銷售商品時客戶的稅務登記證號及開戶銀行、帳號任意錄入。

[實訓要求]
（1）完成「應收帳款」「應收票據」「預收帳款」等會計科目的輔助核算設置。
（2）完成初始設置的相關操作。
（3）錄入應收帳款、應收票據的期初餘額，並引入總帳系統的期初餘額中。

實訓二　應收帳款系統日常業務處理實訓

[實訓目的]
　　通過本實訓，能夠掌握應收帳款系統中的應收單據處理、收款單據處理、核銷、轉帳、壞帳、製單處理、期末處理等相關技能的操作知識。

[實訓內容]
　　期初資料利用本章實訓一的資料，增值稅稅率為17%。
　　2017年1月廣東珠江實業股份有限公司發生了如下經濟業務：
（1）2017年1月2日銷售部銷售甲產品給上海B公司，銷售數量為1,000個，不含稅銷售單價為160元，開具了增值稅專用發票，款項沒有收到。
（2）2017年1月3日銷售部銷售乙產品給遼寧化工公司，銷售數量500個，不含稅銷售單價為200元，開具了增值稅普通發票；遼寧化工公司開具了一張銀行承兌匯票，開票日期為2017年1月3日，票面金額為58,500元，期限為3個月，票據號是01。
（3）2017年1月3日收到開戶行進帳通知單，進帳單號是001；收到江蘇D公司預付購買丙產品貨款117,000元。
（4）2017年1月4日銷售部銷售丙產品給上海B公司，銷售數量為2,000個，不含稅銷售單價為

120元，開具了增值稅專用發票，款項沒有收到。

（5）2017年1月5日收到開戶行進帳通知單，進帳單號是002；收到黑龍江三洋公司所欠貨款585,000元。

（6）2017年1月6日銷售部銷售乙產品給遼寧化工公司，銷售數量為600個，不含稅銷售單價為200元，開具了增值稅普通發票；遼寧化工公司於同日通過銀行轉帳方式付清了全部貨款，轉帳單號是003。

（7）2017年1月7日銷售部銷售丙產品給江蘇D公司，銷售數量為6,00個，不含稅銷售單價為120元，開具了增值稅普通發票，款項還沒有收到。

（8）2017年1月10日收到開戶銀行進帳通知單，進帳單號是004；收到1月2日銷售給上海B公司的貨款及稅金，共計187,200元。

（9）2017年1月10日銷售部銷售乙產品給浙江紡織進出口公司，銷售數量為2,000個，不含稅銷售單價為110元，開具了增值稅專用發票，貨物已發出，款項還沒有收到。

（10）2017年1月20日收到開戶銀行的進帳通知單，進帳單號是005，收到1月7日銷售給江蘇D公司的貨款，款項共計842,400元。

（11）2017年1月25日收到客戶江蘇D公司的退貨通知，2017年1月7日銷售的貨物中有一部分貨物（丙產品）中不符合合同要求，因產品質量存在問題發生退貨，已辦理了退貨入庫手續，退貨數量為5個。

（12）2017年1月26日銷售貨物甲產品一批給遼寧化工公司，數量為500個，不含稅銷售單價為200元，收到轉帳支票一張，支票號碼是004，含稅金額是117,000元；增值稅稅率為17%，開具了增值稅專用發票。

（13）2017年1月28日銷售貨物乙產品一批給浙江紡織進出口公司，數量為50個，不含稅銷售單價為200元，價款合計共計11,700元；增值稅稅率為17%，款項還沒有收到，開具了增值稅專用發票。

（14）2017年1月30日收到客戶上海B公司退貨通知，2017年1月2日銷售的貨物中（甲產品）有一部分貨物不符合合同要求，客戶故將一部分貨物退回，數量為100個，退貨含稅金額為18,720元；開出中國工商銀行廣州分行轉帳支票一張，支票號碼為005；增值稅稅率為17%。

［實訓要求］
（1）根據上述發生的經濟業務，進行應收單據處理、收款單據處理。
（2）生成有關應收帳款經濟業務的會計憑證。
（3）進行預收帳款衝抵應收帳款業務的處理，並生成相應的會計憑證。
（4）進行手工核銷處理。
（5）月底進行月末結帳處理。

5 應付帳款系統

應付帳款系統由設置、應付單據處理、付款單據處理、核銷處理、轉帳、製單處理、單據查詢、帳表管理、期末處理等相關內容組成。

應付帳款系統的主要功能是通過期初的設置，錄入與應付帳款、應付票據、預付帳款相關的期初餘額數據、本期發生的相關數據（在沒有啟用供應鏈的前提下），生成與應付帳款、應付票據、預付帳款相關的會計憑證；根據管理需要，查詢每個客戶的應付帳款、應付票據、預付帳款等會計科目的明細帳和總帳，獲取有關財務數據。

5.1 設置

設置由初始設置和期初餘額錄入兩部分內容組成。

5.1.1 初始設置

5.1.1.1 基本科目設置

進行此操作的前提是應在「基礎設置」中將「應付帳款」「應付票據」「預付帳款」等會計科目設定為供應商往來輔助核算類科目，否則無法進行操作。

由於存貨的核算方法有計劃成本和實際成本法兩種核算方法，因此在計劃成本法下採購科目應設置為「材料採購」，在實際成本法下採購科目應設置為「原材料」或「庫存商品」。

具體操作如下：點擊「業務工作」→點擊「財務會計」→點擊「應付款管理」→點擊「設置」→點擊「初始設置」→點擊「基本科目設置」→點擊「增加」，錄入相關信息，如圖 5-1 所示。

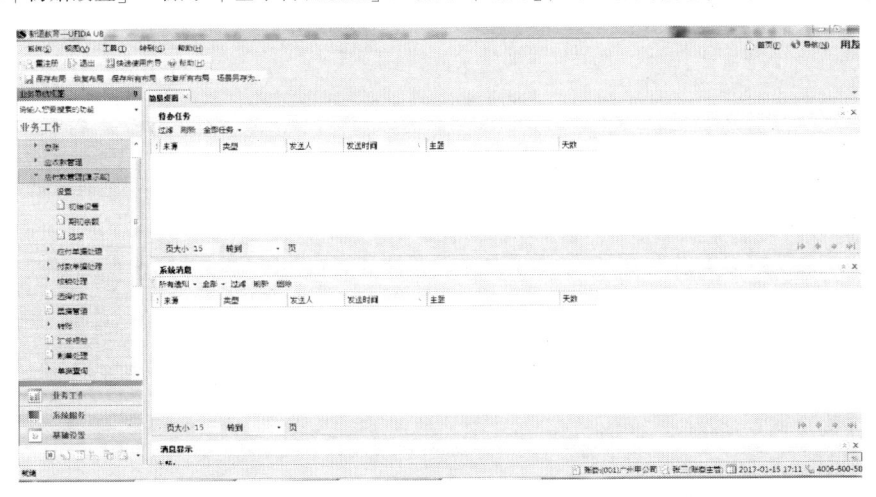

圖 5-1（a）

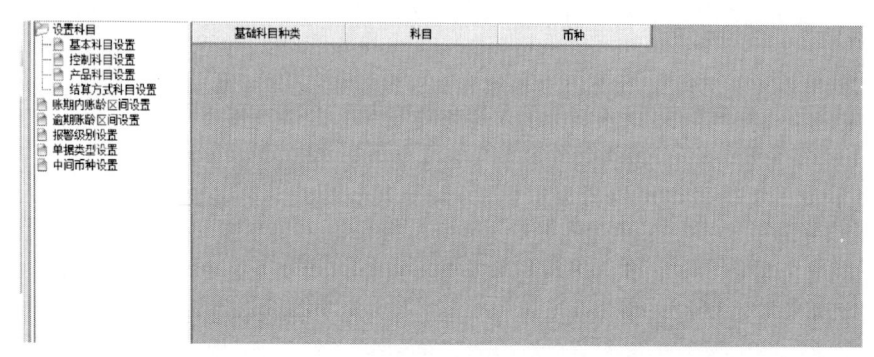

圖 5-1（b）

圖 5-1（c）

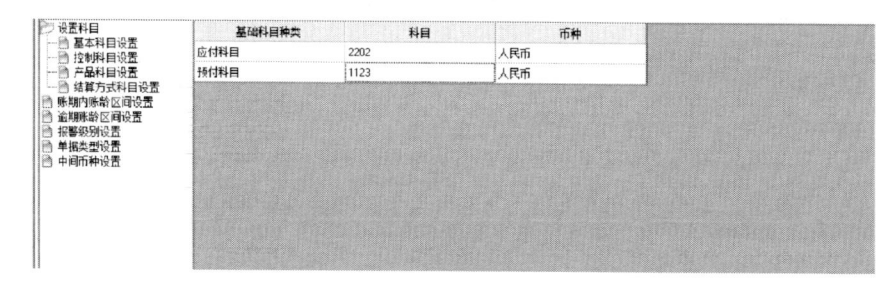

圖 5-1（d）

圖 5-1　基本科目設置

5.1.1.2　控製科目設置

具體操作如下：點擊「業務工作」→點擊「財務會計」→點擊「應付款管理」→點擊「設置」→點擊「初始設置」→點擊「控製科目設置」，錄入相關信息，如圖 5-2 所示。

圖 5-2（a）

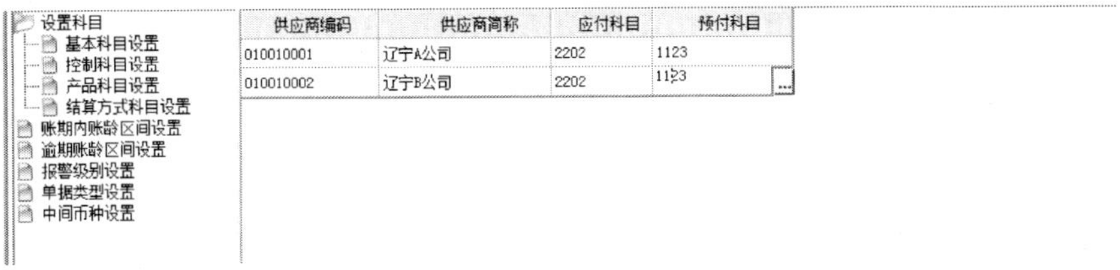

供应商编码	供应商简称	应付科目	预付科目
010010001	辽宁A公司	2202	1123
010010002	辽宁B公司	2202	1123

圖 5-2（b）

圖 5-2　控製科目設置

5.1.1.3　產品科目設置

具體操作如下：點擊「業務工作」→點擊「財務會計」→點擊「應付款管理」→點擊「設置」→點擊「初始設置」→點擊「產品科目設置」，錄入相關信息，如圖 5-3 所示。

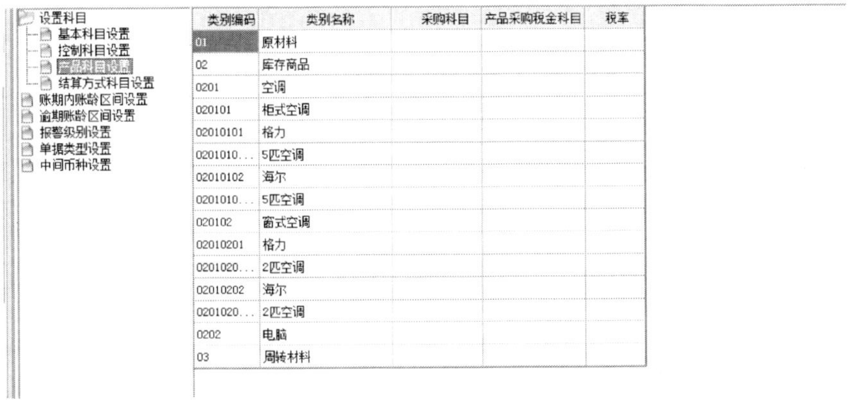

类别编码	类别名称	采购科目	产品采购税金科目	税率
01	原材料			
02	库存商品			
0201	空调			
020101	柜式空调			
02010101	格力			
0201010...	5匹空调			
02010102	海尔			
0201010...	5匹空调			
020102	窗式空调			
02010201	格力			
0201020...	2匹空调			
02010202	海尔			
0201020...	2匹空调			
0202	电脑			
03	周转材料			

圖 5-3（a）

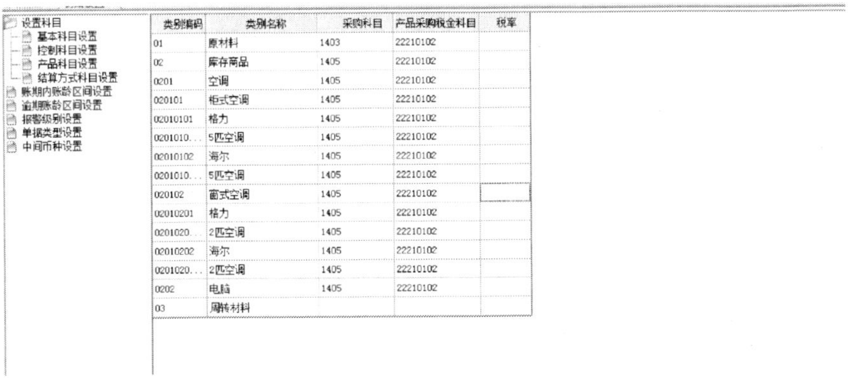

类别编码	类别名称	采购科目	产品采购税金科目	税率
01	原材料	1403	22210102	
02	库存商品	1405	22210102	
0201	空调	1405	22210102	
020101	柜式空调	1405	22210102	
02010101	格力	1405	22210102	
0201010...	5匹空调	1405	22210102	
02010102	海尔	1405	22210102	
0201010...	5匹空调	1405	22210102	
020102	窗式空调	1405	22210102	
02010201	格力	1405	22210102	
0201020...	2匹空调	1405	22210102	
02010202	海尔	1405	22210102	
0201020...	2匹空调	1405	22210102	
0202	电脑	1405	22210102	
03	周转材料			

圖 5-3（b）

圖 5-3　產品科目設置

5.1.1.4　結算方式科目設置

具體操作如下：點擊「業務工作」→點擊「財務會計」→點擊「應付款管理」→點擊「設置」→點擊「初始設置」→點擊「結算方式科目設置」，錄入相關信息，如圖 5-4 所示。

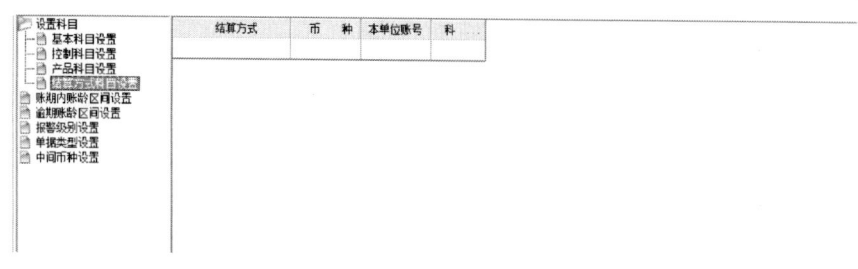

圖 5-4（a）

圖 5-4（b）

圖 5-4　結算方式科目設置

5.1.1.5　帳期內帳齡期間設置

每個企業根據管理工作的實際需要，設置滿足管理需要的應付帳款管理天數，以加強對應付帳款的管理工作。

例如，××公司以 30 天為時間段，對應付帳款進行管理。

具體操作如下：點擊「業務工作」→點擊「財務會計」→點擊「應付款管理」→點擊「設置」→點擊「初始設置」→點擊「帳期內帳齡期間設置」，錄入相關信息，如圖 5-5 所示。

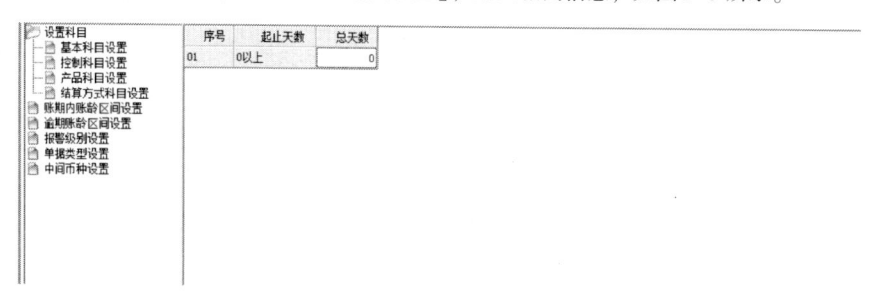

圖 5-5（a）

圖 5-5（b）

圖 5-5　帳期內帳齡期間設置

［特別提示］

錄入總天數後，按「Enter」鍵就會自動彈出下一欄。

5.1.1.6 逾期帳齡期間設置

每個企業根據管理工作的實際需要，設置應付帳款逾期時間段，以加強對逾期應付帳款的管理工作。

例如，××公司以 30 天為時間段，對應付帳款進行管理。

具體操作如下：點擊「業務工作」→點擊「財務會計」→點擊「應付款管理」→點擊「設置」→點擊「初始設置」→點擊「逾期帳齡期間設置」，錄入相關信息，如圖 5-6 所示。

圖 5-6（a）

圖 5-6（b）

圖 5-6　逾期帳齡期間設置

［特別提示］

錄入總天數後，按「Enter」鍵就會自動彈出下一欄。

5.1.2　期初餘額錄入

期初餘額錄入可以分為三大類，分別是應付帳款期初餘額的錄入、應付票據期初餘額的錄入和預付帳款期初餘額的錄入。應付帳款期初餘額的錄入又可以分為採購時取得增值稅專用發票形成的應付帳款期初餘額的錄入和採購時取得增值稅普通發票形成的應付帳款期初餘額兩大類。

5.1.2.1 應付帳款期初餘額的錄入

第一，採購時取得增值稅專用發票形成的應付帳款期初餘額的錄入。

具體操作如下：點擊「業務工作」→點擊「財務會計」→點擊「應付款管理」→點擊「設置」→點擊「期初餘額」命令，選擇「採購發票和採購專用發票」→點擊「確定」按鈕→點擊「增加」命令→點擊「確定」按鈕→點擊「增加」命令，錄入相關信息→點擊「保存」按鈕，如圖 5-7 所示。

195

圖 5-7（a）

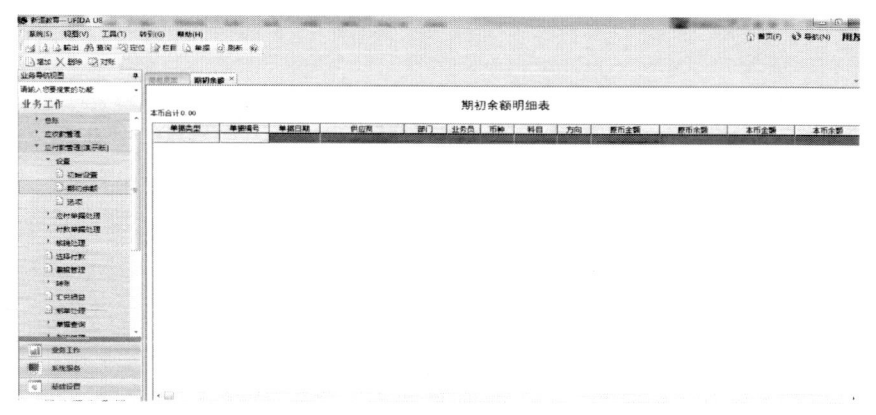

圖 5-7（b）

圖 5-7（c）

圖 5-7（d）

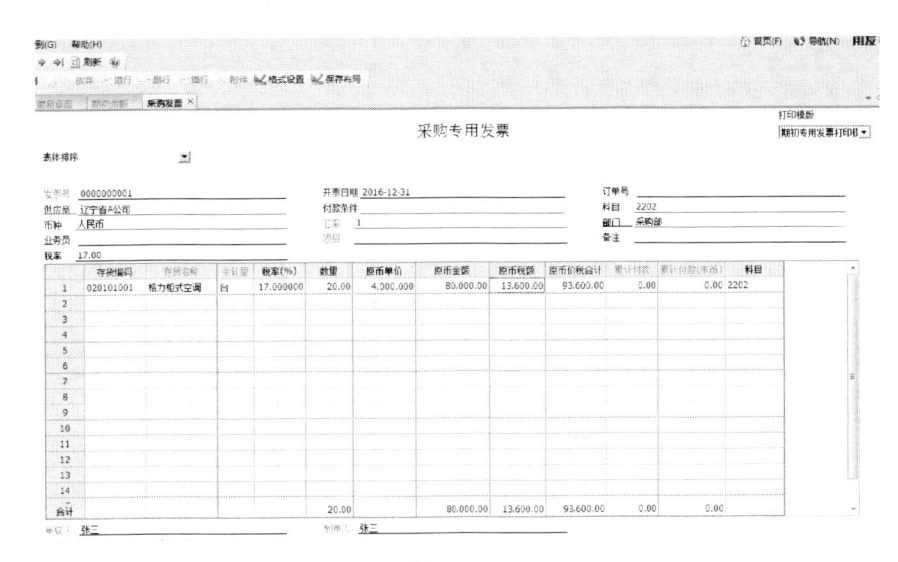

圖 5-7（e）

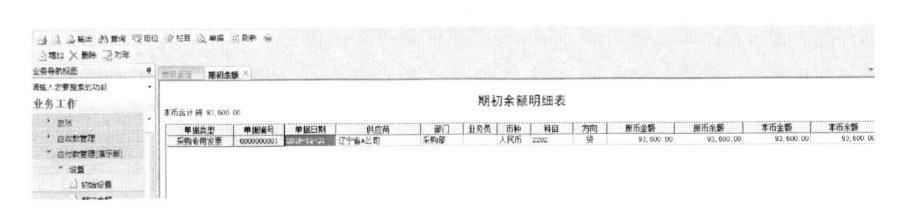

圖 5-7（f）

圖 5-7　採購時取得增值稅專用發票形成的應付帳款期初餘額的錄入

第二，採購時取得增值稅普通發票形成的應付帳款期初餘額的錄入。

具體操作如下：點擊「業務工作」→點擊「財務會計」→點擊「應付款管理」→點擊「設置」→點擊「期初餘額」命令，選擇「採購發票和採購普通發票」選項→點擊「確定」按鈕→點擊「增加」命令，選擇「採購普通發票」→點擊「確定」按鈕→點擊「增加」命令，錄入相關信息→點擊「保存」按鈕，如圖 5-8 所示。

圖 5-8（a）

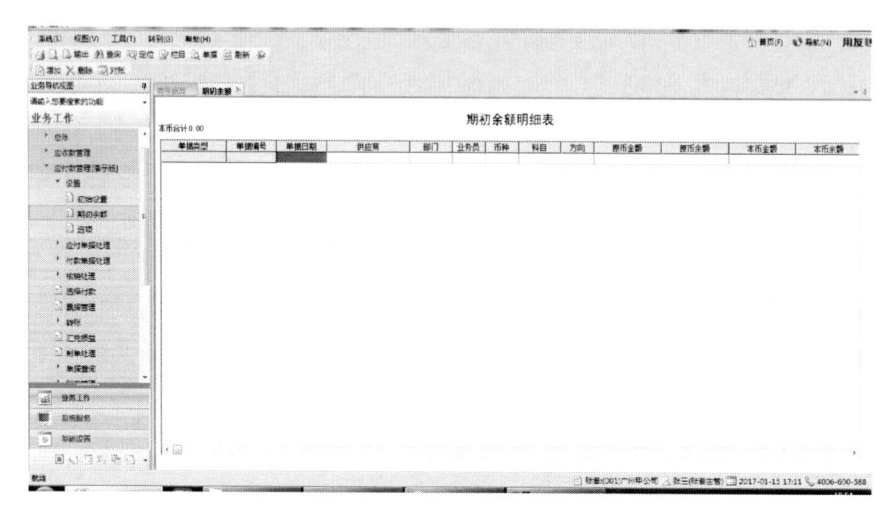

圖 5-8（b）

圖 5-8（c）

圖 5-8（d）

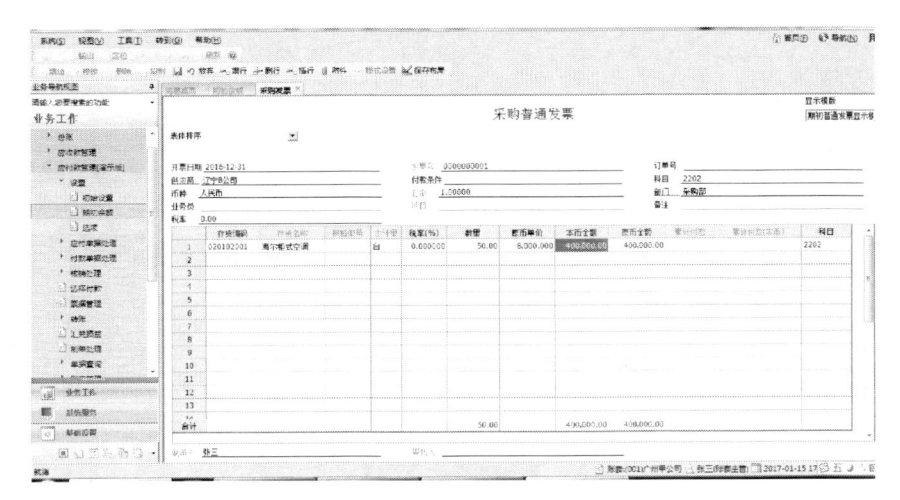

圖 5-8（e）

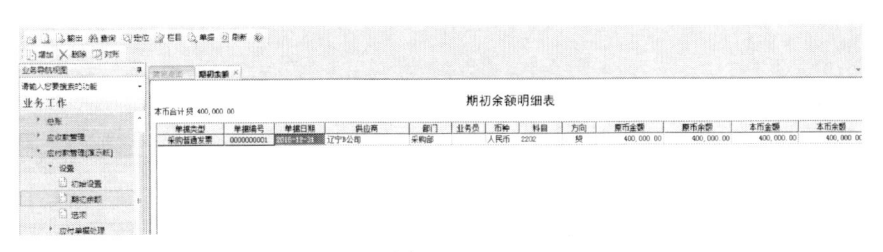

圖 5-8（f）

圖 5-8　採購時取得增值稅普通發票形成的應付帳款期初餘額的錄入

[特別提示]

　　錄入採購普通發票有關信息時，稅率應當錄入 0。

5.1.2.2　應付票據期初餘額的錄入

　　具體操作如下：點擊「業務工作」→點擊「財務會計」→點擊「應付款管理」→點擊「設置」→點擊「期初餘額」命令，單據名稱處選擇「應付票據」選項，單據類型處選擇「應付票據」或「商業承兌匯票」或「銀行承兌匯票」選項→點擊「確定」按鈕→點擊「增加」命令，選擇「應付票據」或「商業承兌匯票」或「銀行承兌匯票」選項→點擊「確定」按鈕，錄入相關信息→點擊「保存」按鈕，如圖 5-9 所示。

圖 5-9（a）

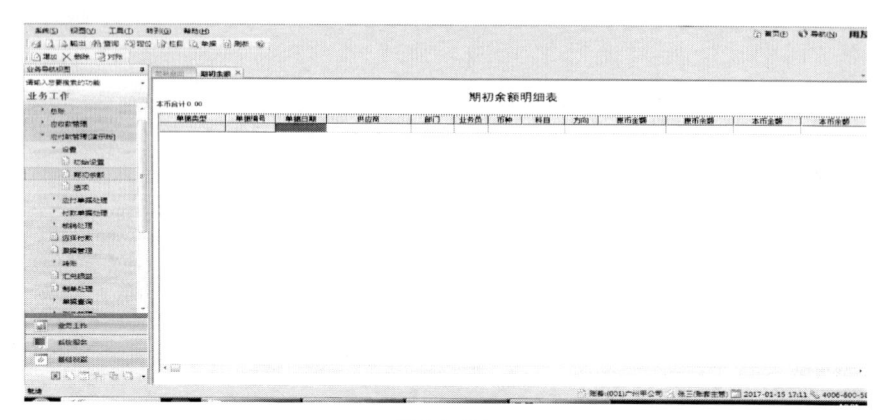

圖 5-9（b）

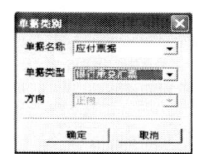

圖 5-9（c）

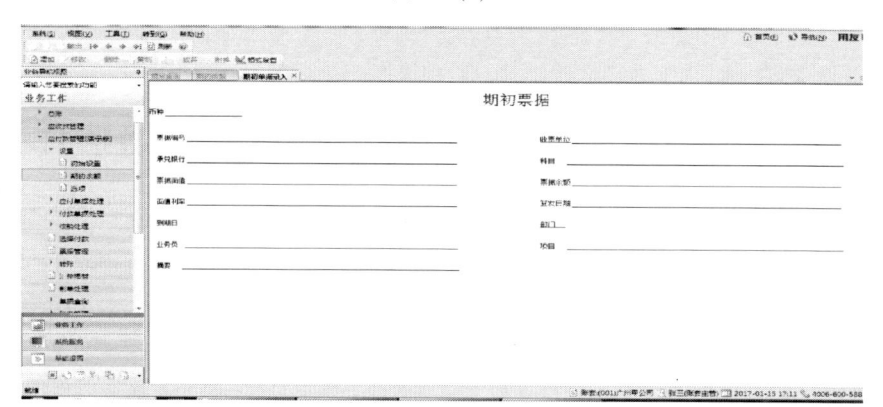

圖 5-9（d）

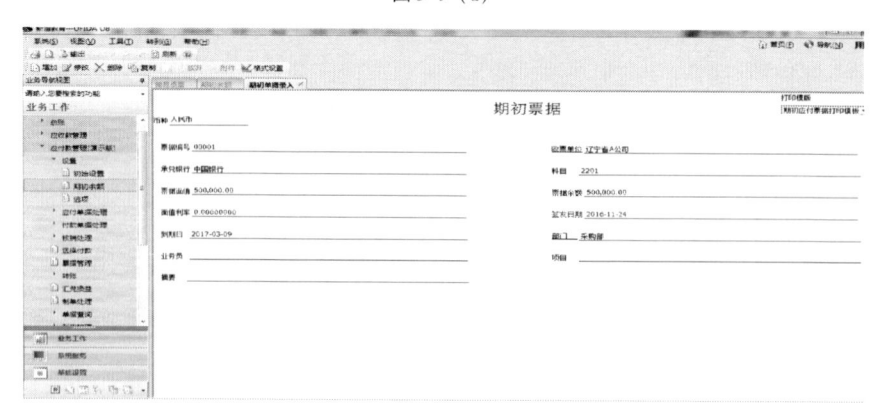

圖 5-9（e）

5 應付帳款系統

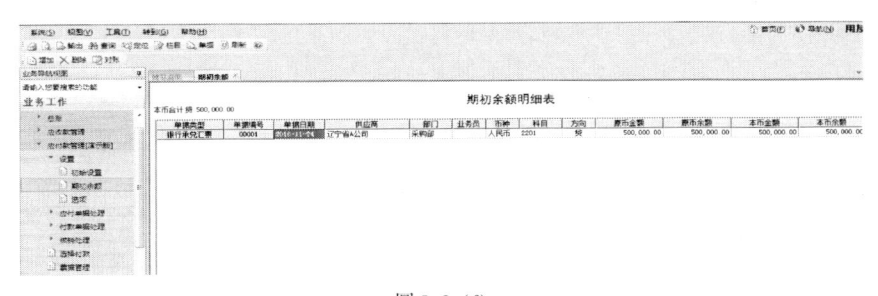

圖 5-9（f）

圖 5-9　應付票據期初餘額的錄入

5.1.2.3　預付帳款期初餘額的錄入

具體操作如下：點擊「業務工作」→點擊「財務會計」→點擊「應付款管理」→點擊「設置」→點擊「期初餘額」命令，選擇「預付款」和「付款單」選項→點擊「確定」按鈕→點擊「增加」命令，選擇「預付款」和「付款單」選項→點擊「確定」按鈕→點擊「增加」命令，錄入相關信息→點擊「保存」按鈕，如圖 5-10 所示。

圖 5-10（a）

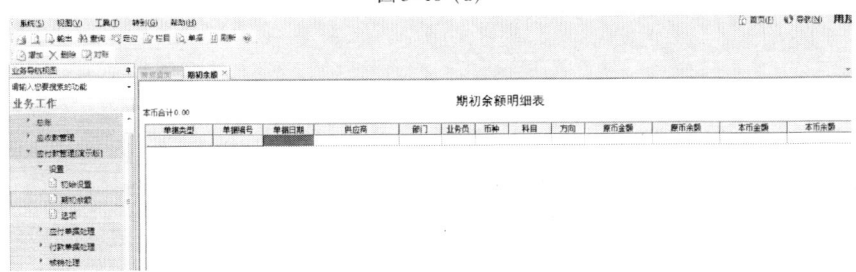

圖 5-10（b）

圖 5-10（c）

201

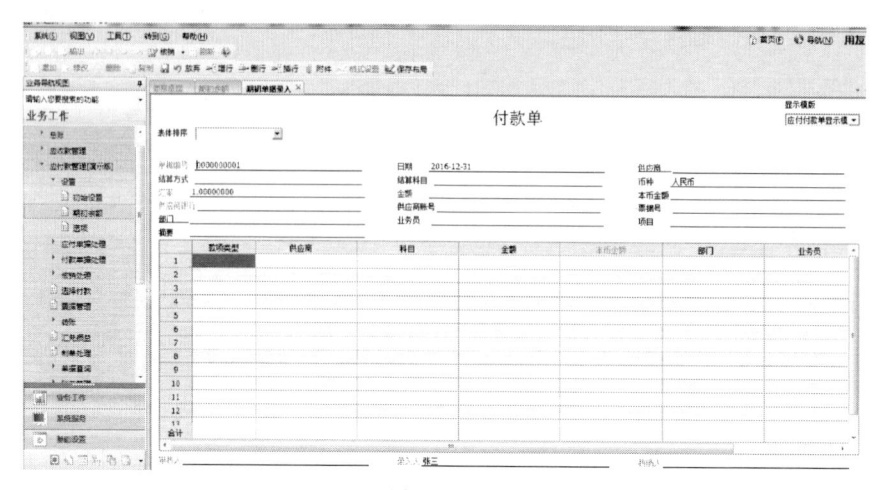

圖 5-10（d）

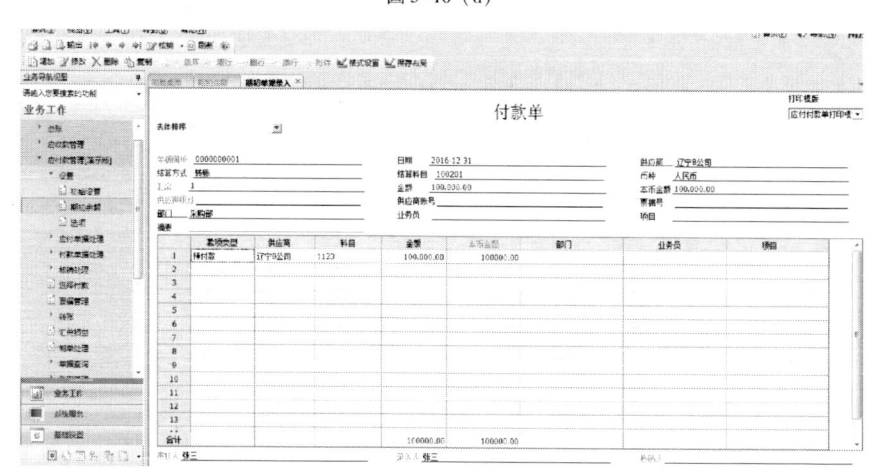

圖 5-10（e）

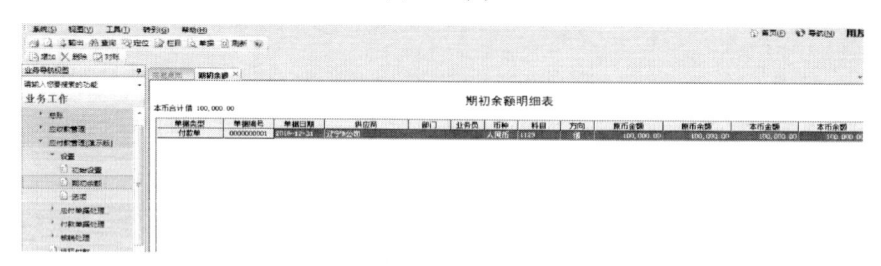

圖 5-10（f）

圖 5-10　預付帳款期初餘額的錄入

[特別提示]

錄入付款單中「款項類型欄」時要選擇「預付款」。

5.2 應付單據處理

應付單據處理主要由應付單據錄入和應付單據審核兩部分內容組成，主要用於處理當期採購業務所形成的「應付帳款」或「應付票據」業務。

5.2.1 應付單據錄入

在此功能下，製單人和審核人可以是同一人。

具體操作如下：點擊「應付單據錄入」命令，選擇單據類別→點擊「確定」按鈕→點擊「增加」命令，錄入相關信息→點擊「保存」按鈕→點擊「審核」，選擇立即製單→點擊「保存」按鈕。

第一，若購進時取得了增值稅專用發票，操作過程如圖 5-11 所示。

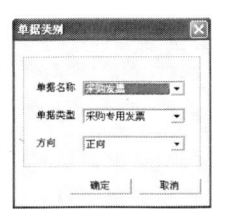

圖 5-11（a）

圖 5-11（b）

圖 5-11（c）

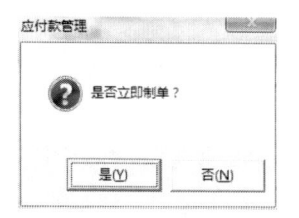

圖 5-11（d）

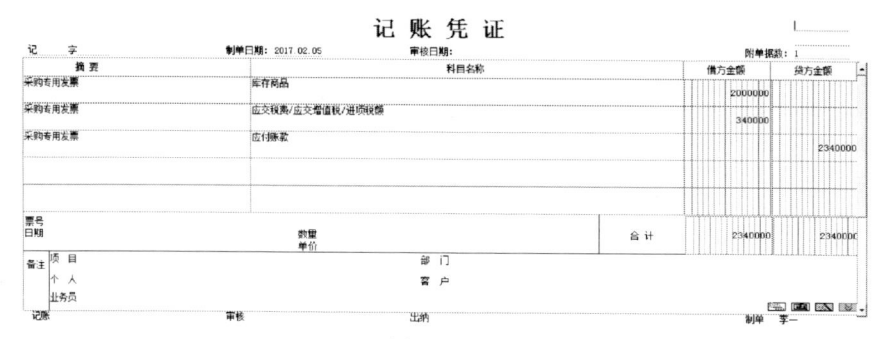

圖 5-11（e）

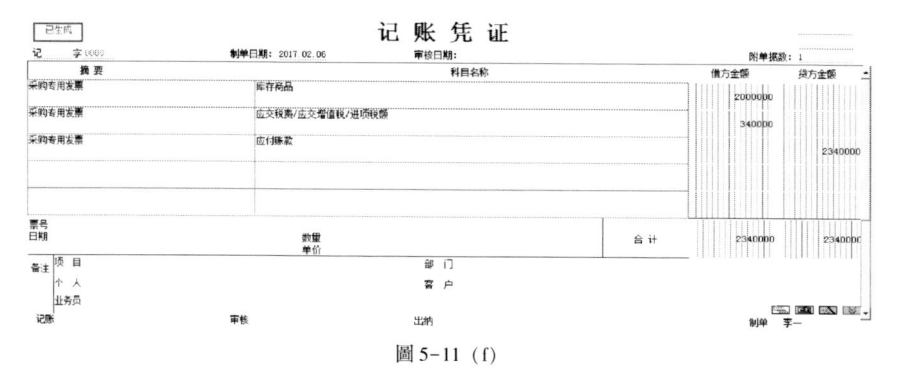

圖 5-11（f）

圖 5-11　購進時取得了增值稅專用發票應付單據錄入

第二，若購進時取得的是增值稅普通發票，操作過程如圖 5-12 所示。

圖 5-12（a）

圖 5-12（b）

圖 5-12（c）

圖 5-12（d）

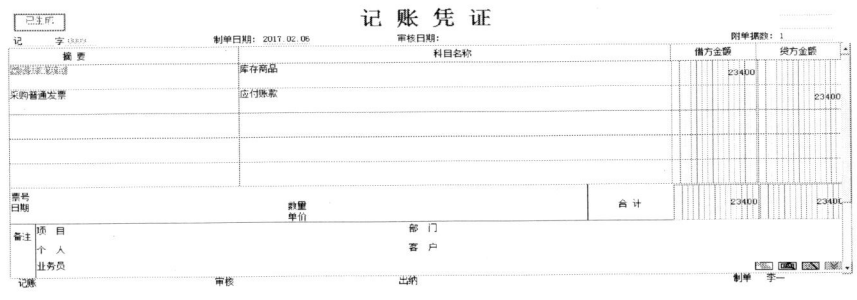

圖 5-12（e）

圖 5-12　購進時取得的是增值稅普通發票應付單據錄入

第三，若因採購的原材料、商品存在質量等原因，導致採購退貨的，可以進行如下操作。

具體操作如下：點擊「應付單據錄入」命令，選擇採購發票的類型和負向→點擊「確定」按鈕→點擊「增加」命令→點擊「確定」按鈕→點擊「增加」命令，錄入相關信息→點擊「保存」按鈕→點擊「審核」，選擇是否立即製單，如圖5-13所示。

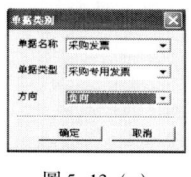

圖5-13（a）

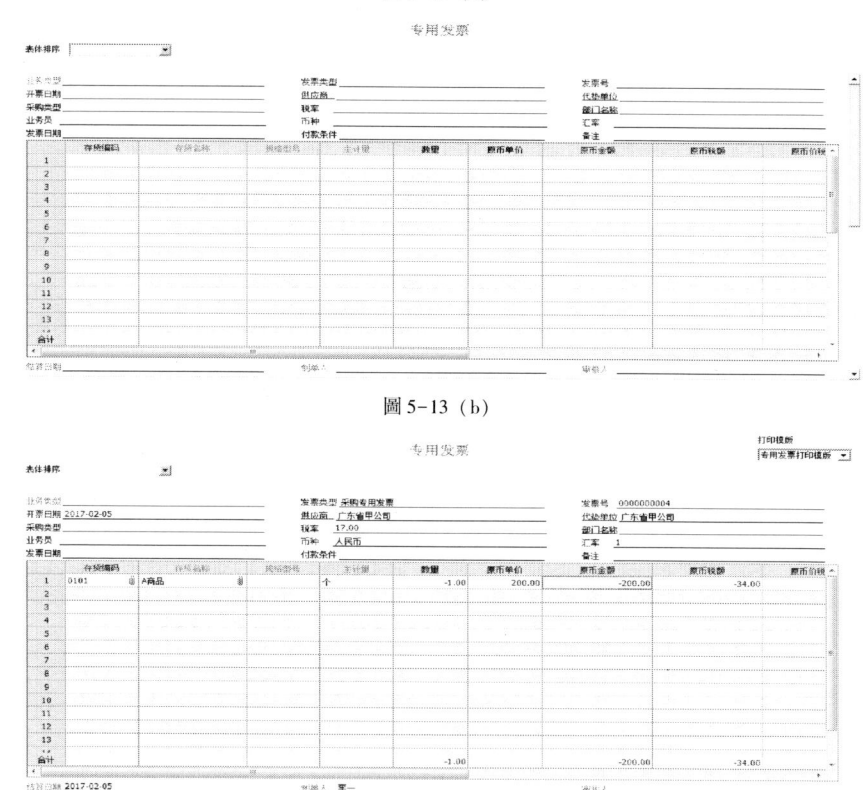

圖5-13（b）

圖5-13（c）

圖5-13 採購退貨情況

[特別提示]

· 可以在此界面進行審核。也可以在應付單據審核界面中進行審核。

· 審核工作完成後，可以立即生成有關應付帳款的記帳憑證，也可以不在此界面生成有關應付帳款的記帳憑證，而是在製單處理界面中生成有關應付帳款的記帳憑證。

· 發生採購退回時，在錄入銷售發票「數量」時，不能錄入正數，要錄入負數。

· 若啟用了供應鏈系統，應付單據是不需要再進行人工錄入相關數據的，完成了供應鏈系統的相關操作後，採購商品形成的應付數據直接在供應鏈中的存貨核算系統中形成應付帳款的相關記帳憑證。沒有償還的應付帳款在以後會計期間支付，在「付款單據處理」界面進行操作就行了。

5.2.2 應付單據審核

在應付單據錄入功能下，若沒有對應付單據進行審核，則可以在此功能下進行審核了。

具體操作如下：點擊「應付單據審核」命令，錄入相關條件→點擊「確定」按鈕，選中需要審核的記錄→點擊「審核」命令，如圖 5-14 所示。

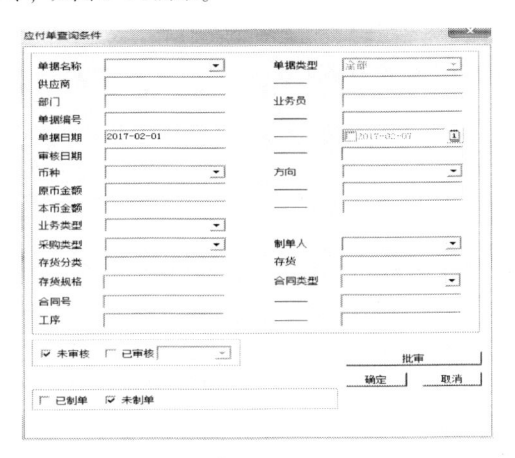

圖 5-14（a）

圖 5-14（b）

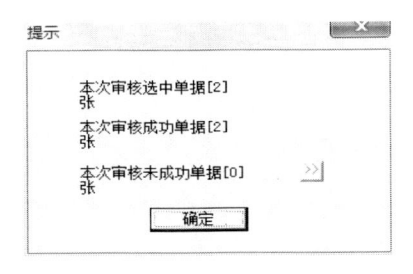

圖 5-14（c）

圖 5-14（d）

圖 5-14　應付單據審核

[特別提示]

若應付單據審核完成後，發現應付單據中有關數據存在錯誤，點擊「棄審」後，就可以對有關數據進行修改了，修改完成後點擊「審核」。

5.3 付款單據處理

付款單據處理主要由付款單據錄入和付款單據審核兩部分內容組成。

5.3.1 付款單據錄入

具體操作如下：點擊「付款單據錄入」命令→點擊「增加」，錄入相關信息→點擊「保存」按鈕→點擊「審核」，選擇立即製單→點擊「保存」按鈕，如圖 5-15 所示。

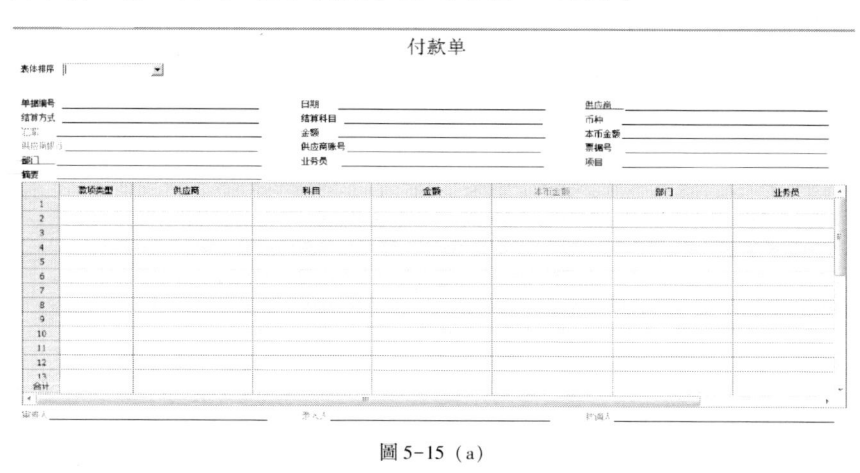

圖 5-15（a）

圖 5-15（b）

圖 5-15　付款單據錄入

若採用預付帳款方式進行結算，具體操作如下：點擊「付款單據錄入」命令→點擊「增加」，錄入相關信息→點擊「保存」按鈕→點擊「審核」，選擇立即製單→點擊「保存」按鈕，如圖 5-16 所示。

圖 5-16（a）

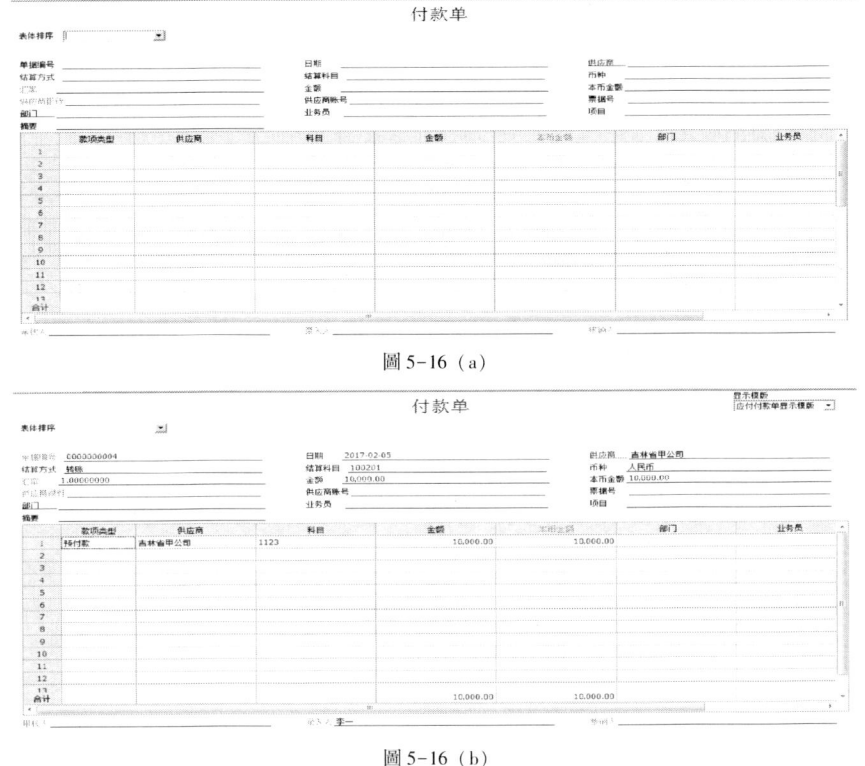

圖 5-16（b）

圖 5-16　付款單據錄入（預期帳款方式結算）

[特別提示]

在付款單中，「款項類型」要選擇為「預付款」，否則後面無法自動生成有關預付款帳的會計憑證，預付衝應付的操作也無法完成。

5.3.2　付款單據審核

在付款單據錄入功能下，若沒有對付款單據進行審核，就可以在此功能下進行審核了。

具體操作如下：點擊「付款單審核」命令，錄入相關條件→點擊「確定」按鈕，選中需要審核的記錄→點擊「審核」，如圖 5-17 所示。

圖 5-17（a）

圖 5-17（b）

圖 5-17（c）

圖 5-17（d）

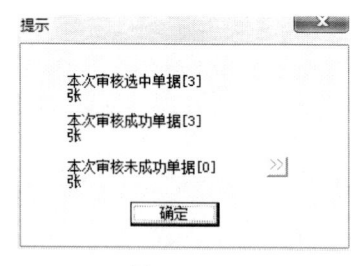

圖 5-17（e）

圖 5-17（f）

圖 5-17　付款單據審核

5.4 核銷處理

核銷處理有兩種方式，一種是手工核銷，一種是自動核銷。

5.4.1 手工核銷

手工核銷是指付款單據與它們對應的應付單據的核銷工作，即從應付帳款總額中衝抵已經支付的款項。我們根據查詢條件選擇需要核銷的單據，然後手工核銷，以加強應付帳款的管理工作。

進入單據核銷界面，上邊列表顯示該客戶可以核銷的收付款單記錄，下邊列表顯示該客戶符合核銷條件的對應單據。

錄入本次結算金額，上下列表中的結算金額必須保持一致。

可以點擊「分攤」按鈕，系統將收付單據中的本次結算金額自動分攤到核銷單據列表的本次結算欄。

具體操作如下：點擊「手工核銷」命令，錄入相關信息→點擊「確定」按鈕，錄入結算金額或點擊「分攤」按鈕→點擊「保存」按鈕，如圖 5-18 所示。

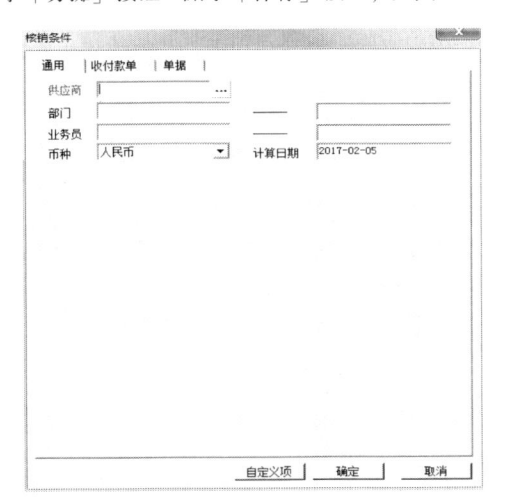

圖 5-18（a）　　　　　　　　　　圖 5-18（b）

圖 5-18（c）

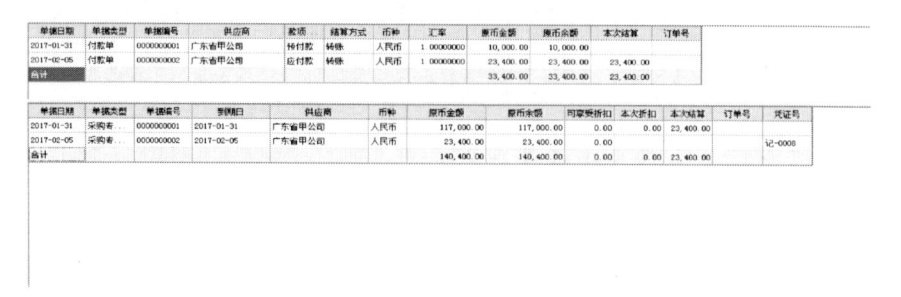

圖 5-18（d）

圖 5-18（e）

圖 5-18　手工核銷

5.4.2　自動核銷

具體操作如下：點擊「自動核銷」命令，選擇相關條件→點擊「確定」按鈕，如圖 5-19 所示。

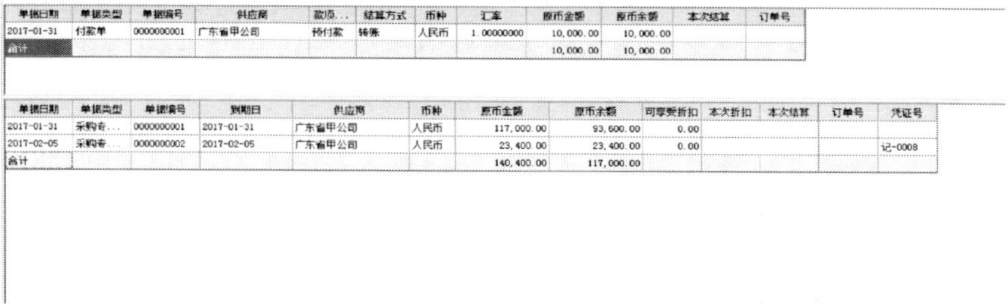

圖 5-19（a）　　　　　　　　　　　圖 5-19（b）

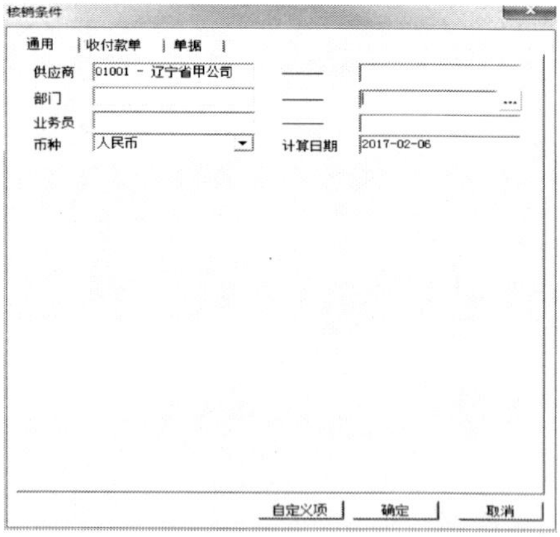

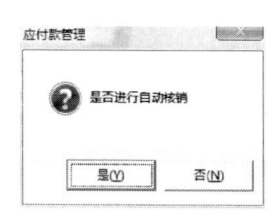

圖 5-19（c）

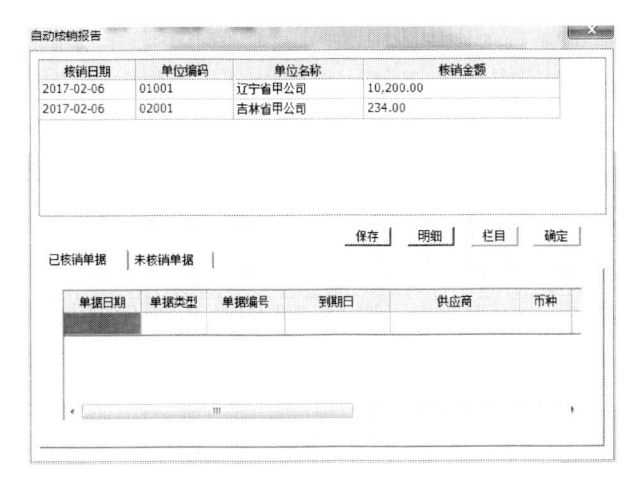

圖 5-19（d）

圖 5-19　自動核銷

選擇付款具體操作：點擊「應付款管理」→點擊「選擇付款」→點擊「增加」→選擇供應商→點擊「增加」→點擊「確定」→錄入付款金額→點擊「確認」→錄入結算方式→點擊「確定」，如圖 5-20 所示。

圖 5-20（a）

圖 5-20（b）

圖 5-20（c）

圖 5-20（d）

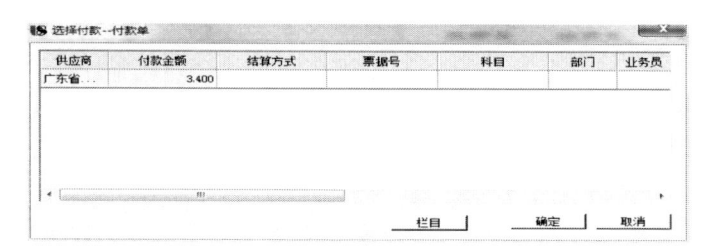

圖 5-20（e）

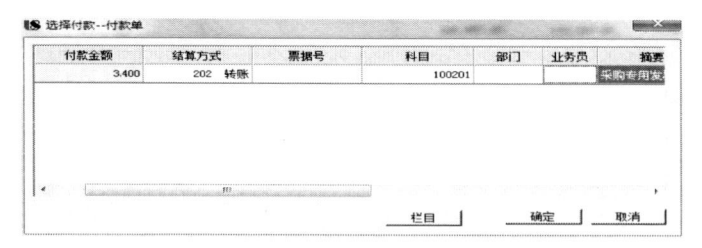

圖 5-20（f）

圖 5-20（g）

圖 5-20　選擇付款

若在基礎設置—基礎檔案—收付結算中做了票據管理操作，在票據管理界面就可以查到相關資料，如圖 5-21 所示。

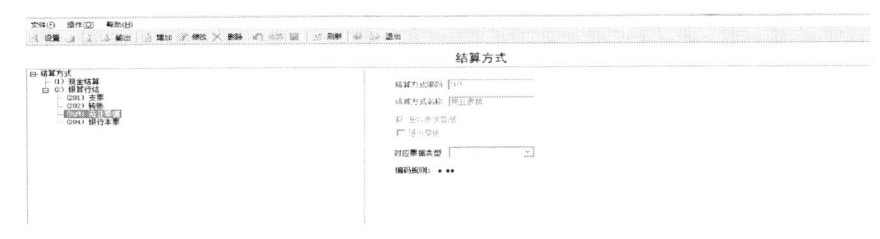

圖 5-21（a）

圖 5-21（b）

圖 5-21（c）

圖 5-21　票據管理

5.5 轉帳

5.5.1 應付衝應付

我們舉例說明應付衝應付的含義：甲公司應向 A 公司支付款項 5,000 元，又應向 B 公司支付款項 6,000 元，A 公司欠 B 公司款項 5,000 元。通過協商，各方可以達成某種協議，由甲公司代替 A 公司向 B 公司償還所欠的 5,000 元款項。

應付衝應付具體操作如下：點擊「應付款管理」→點擊「轉帳」→點擊「應付衝應付」命令，選擇相關條件→點擊「過濾」按鈕，錄入並帳金額→點擊「保存」按鈕，選擇立即製單→點擊「保存」按鈕，如圖 5-22 所示。

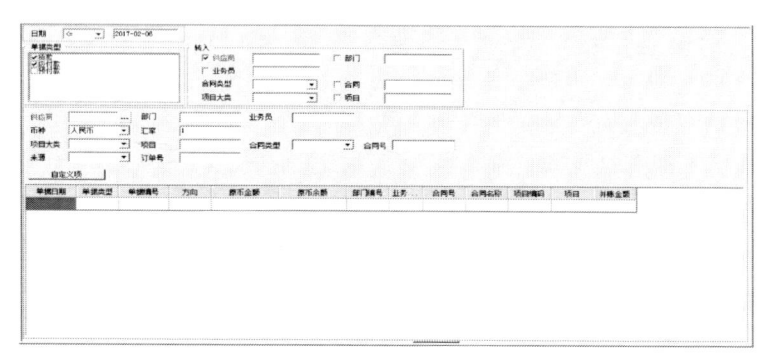

圖 5-22（a）

圖 5-22（b）

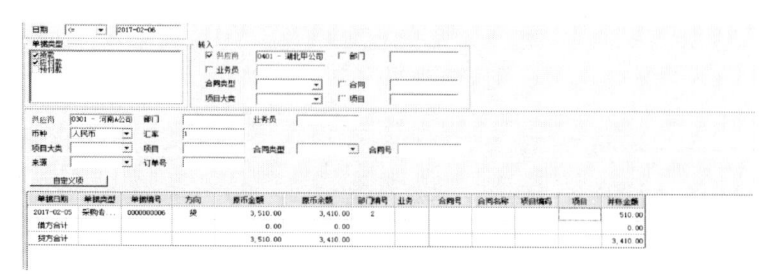

圖 5-22（c）

圖 5-22（d）

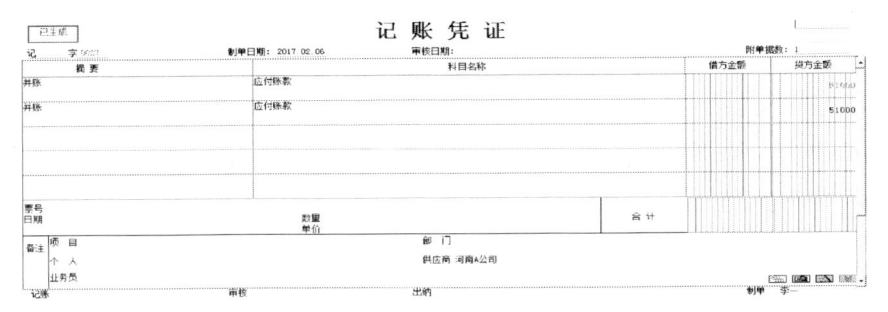

圖 5-22（e）

圖 5-22　應付衝應付

5.5.2　預付衝應付

預付衝應付具體操作如下：點擊「應付款管理」→點擊「轉帳」→點擊「預付衝應付」命令，選擇相關條件→點擊「過濾」按鈕→點擊「應付款」選項卡→點擊「過濾」按鈕，錄入「轉帳總金額」→點擊「自動轉帳」，選擇立即製單→點擊「保存」按鈕，如圖 5-23 所示。

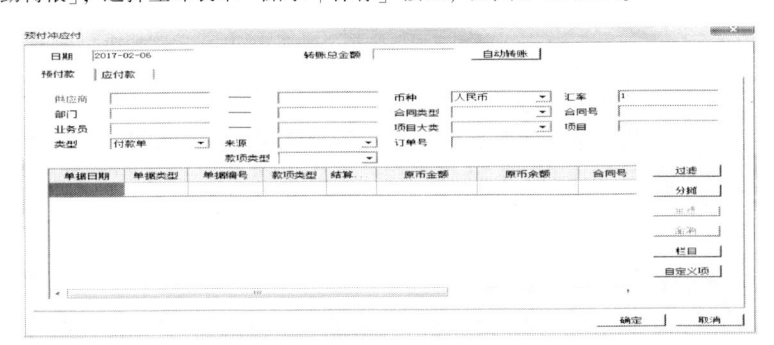

圖 5-23（a）

圖 5-23（b）

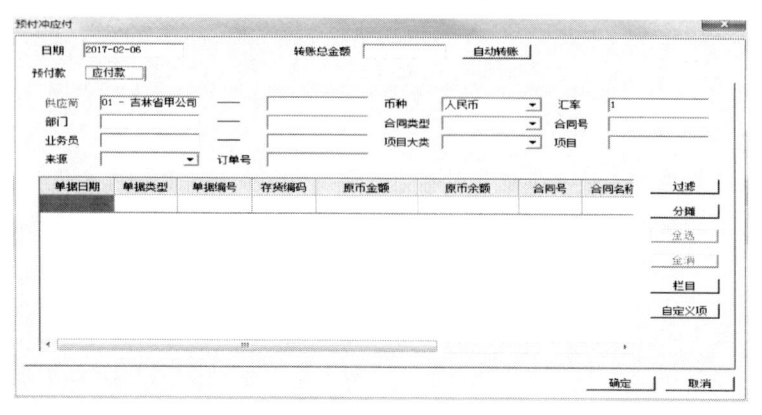

圖 5-23（c）

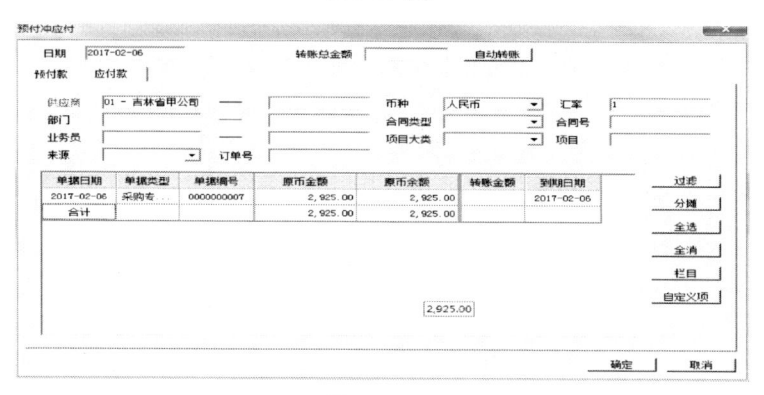

圖 5-23（d）

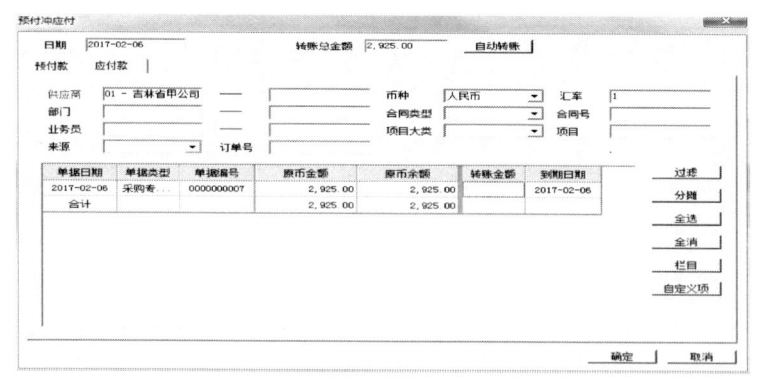

圖 5-23（e）

圖 5-23（f）

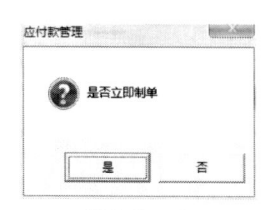

圖 5-23（g）

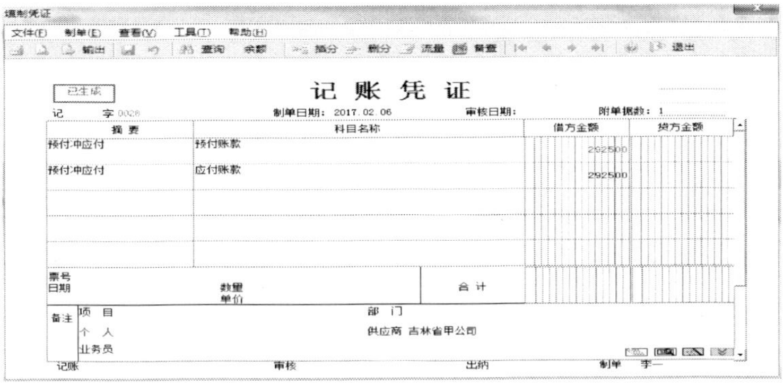

圖 5-23（h）

圖 5-23 預付衝應付

5.5.3 應付衝應收

應付衝應收具體操作如下：點擊「應付款管理」→點擊「轉帳」→點擊「應付衝應收」命令，選擇相關條件→點擊「應收」選項卡，選擇相關條件→點擊「確定」按鈕，錄入轉帳金額→點擊「自動轉帳」，選擇立即製單→點擊「保存」按鈕，如圖 5-24 所示。

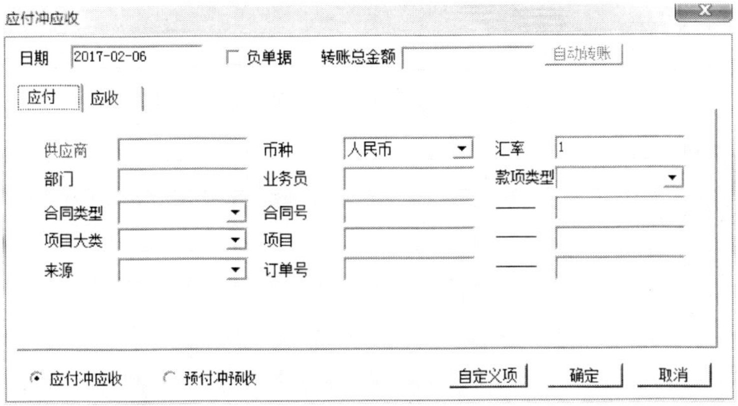

圖 5-24（a）

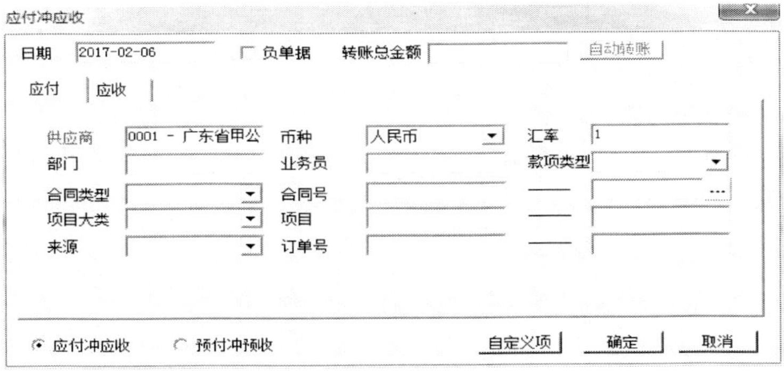

圖 5-24（b）

圖 5-24（c）

圖 5-24（d）

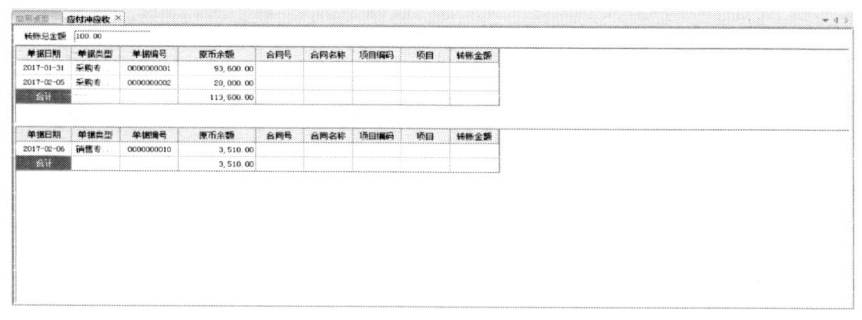

圖 5-24（e）

圖 5-24（f）

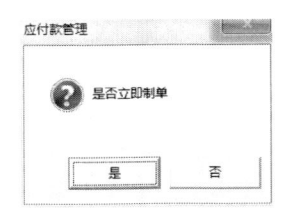

圖 5-24（g）

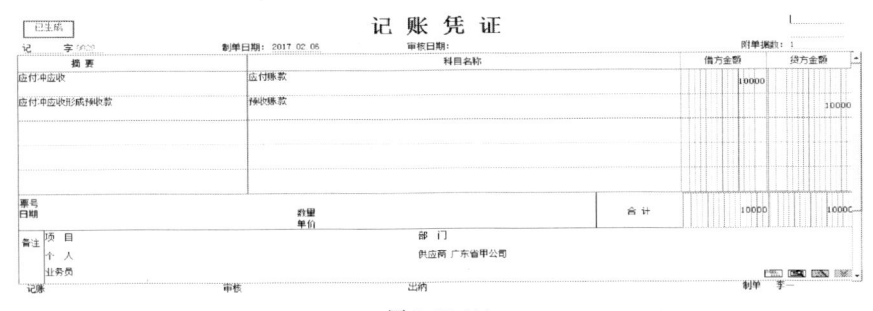

圖 5-24（h）

圖 5-24　應付衝應收

[特別提示]
應付衝應付、預付衝應付、應收衝應付操作完成後，可以選擇立即進行製單，也可以放棄立即進行製單，而放在「製單處理」界面進行製單。

5.6　製單處理

在應付單據處理、付款單據處理、轉帳等功能中，發生的經濟業務完成相關操作後可以立即進行製單，也可以不立即進行製單，而在製單處理功能模塊中製單，生成相關的會計憑證。

具體操作如下：點擊「應付款管理」→點擊「製單處理」命令，選擇相關條件→點擊「確定」按鈕，選中需要製單的記錄→點擊「製單」→點擊「保存」按鈕，如圖 5-25 所示。

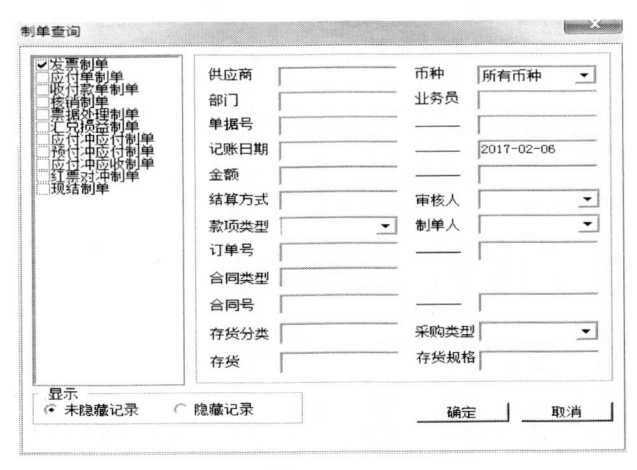

圖 5-25（a）

圖 5-25（b）

圖 5-25（c）

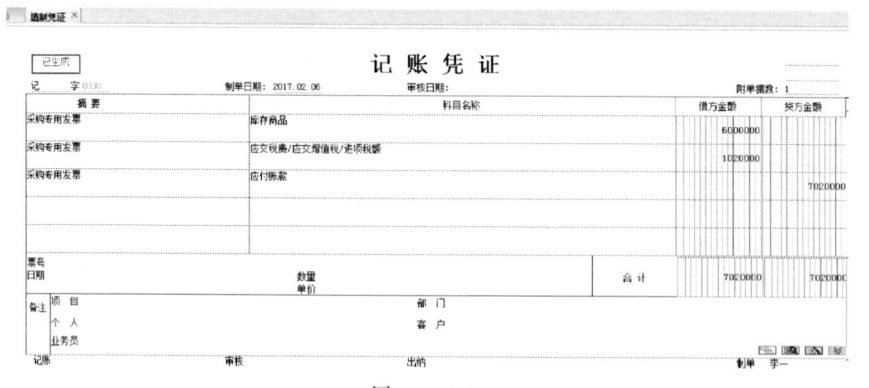

圖 5-25（d）

圖 5-25（e）

圖 5-25　製單處理

[特別提示]
・選擇過濾條件十分重要，應當將所有發生的經濟業務全部製單，否則應付帳款系統無法完成期末結帳工作。
・若採購時開出了商業匯票，應當將會計憑證中的「應付帳款」會計科目更改為「應付票據」會計科目。

5.7　單據查詢

單據查詢包括發票查詢、收付款單查詢和憑證查詢三部分内容。

5.7.1　發票查詢

具體操作如下：點擊「應付款管理」→點擊「單據查詢」→點擊「發票查詢」命令，選擇相關條件→點擊「確定」按鈕，如圖 5-26 所示。

圖 5-26（a）

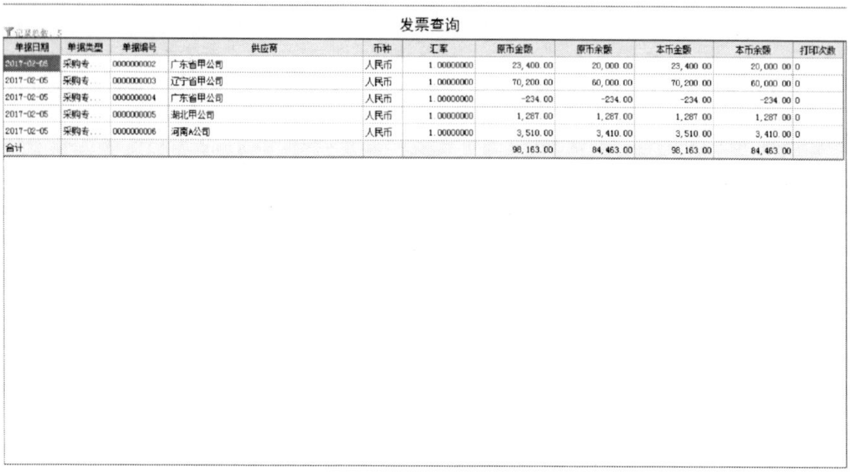
发票查询

单据日期	单据类型	单据编号	供应商	币种	汇率	原币金额	原币余额	本币金额	本币余额	打印次数
2017-02-05	采购专...	0000000002	广东省甲公司	人民币	1.00000000	23,400.00	20,000.00	23,400.00	20,000.00	0
2017-02-05	采购专...	0000000003	辽宁省甲公司	人民币	1.00000000	70,200.00	60,000.00	70,200.00	60,000.00	0
2017-02-05	采购专...	0000000004	广东省甲公司	人民币	1.00000000	-234.00	-234.00	-234.00	-234.00	0
2017-02-05	采购专...	0000000005	湖北甲公司	人民币	1.00000000	1,287.00	1,287.00	1,287.00	1,287.00	0
2017-02-05	采购专...	0000000006	河南A公司	人民币	1.00000000	3,510.00	3,410.00	3,510.00	3,410.00	0
合计						98,163.00	84,463.00	98,163.00	84,463.00	

圖 5-26（b）

圖 5-26　單據查詢

5.7.2　收付款單查詢

具體操作如下：點擊「應付款管理」→點擊「單據查詢」→點擊「收付款單查詢」命令，選擇相關條件→點擊「確定」按鈕，如圖 5-27 所示。

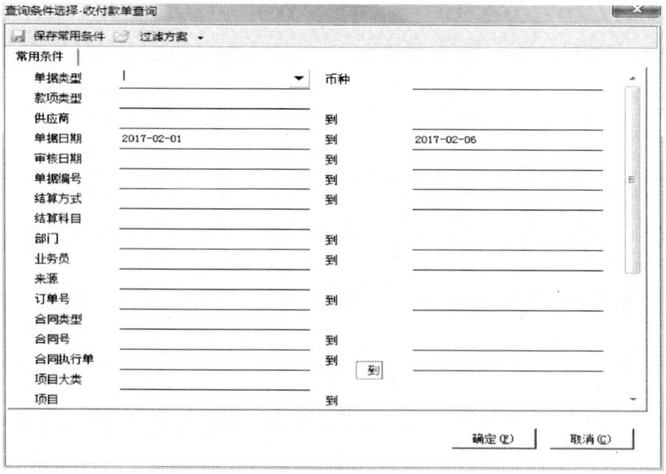

圖 5-27（a）

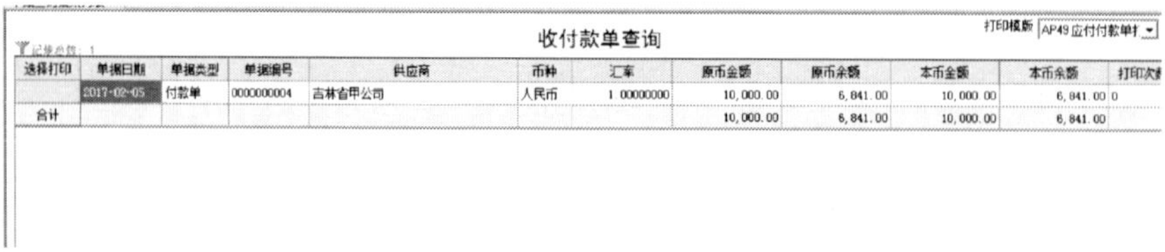
收付款单查询

打印模版 AP49应付付款单打

选择打印	单据日期	单据类型	单据编号	供应商	币种	汇率	原币金额	原币余额	本币金额	本币余额	打印次数
	2017-02-05	付款单	0000000004	吉林省甲公司	人民币	1.00000000	10,000.00	6,841.00	10,000.00	6,841.00	0
合计							10,000.00	6,841.00	10,000.00	6,841.00	

圖 5-27（b）

圖 5-27（c）

圖 5-27　收付款單查詢

5.7.3　憑證查詢

若發現已經生成的會計憑證存在錯誤，在此功能下刪除某張會計憑證，先對有關單據進行修改、審核，然後生成正確的會計憑證。

若認為此憑證完全不再需要，可以進行刪除處理。

[特別提示]

不能在總帳系統中將在應付帳款系統生成的會計憑證進行修改和作廢操作。

憑證查詢具體操作如下：點擊「應付款管理」→點擊「單據查詢」→點擊「憑證查詢」命令，選擇相關條件→點擊「確定」按鈕，如圖 5-28 所示。

圖 5-28（a）　　　　　　　　　圖 5-28（b）

圖 5-28（c）

圖 5-28　憑證查詢

5.8 帳表管理

帳表管理包括業務總帳、業務餘額表和業務明細表三部分內容。

5.8.1 業務總帳

具體操作如下：點擊「應付款管理」→點擊「帳表管理」→點擊「業務報表」→點擊「業務總帳」，選擇相關條件→點擊「確定」按鈕，如圖 5-29 所示。

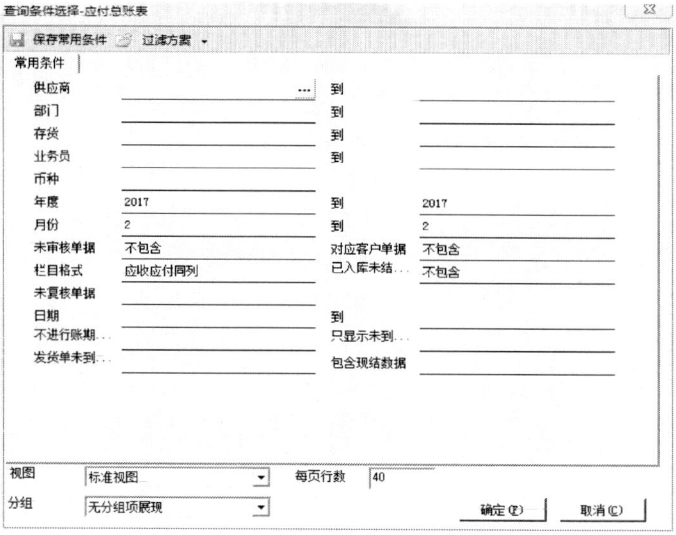

圖 5-29（a）

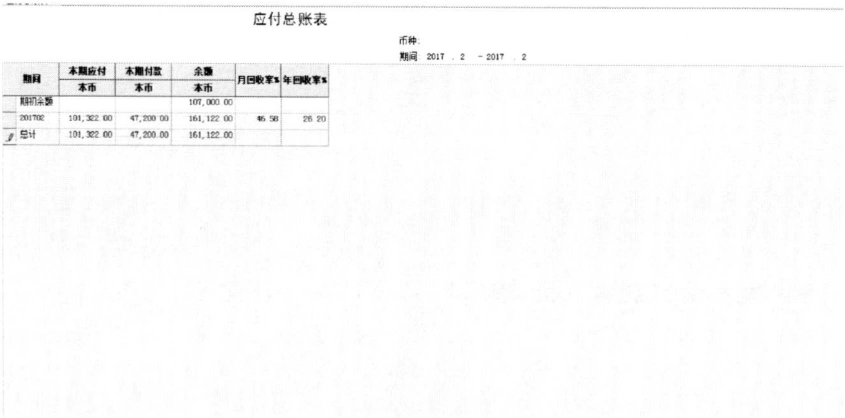

应付总账表

币种:
期间: 2017 . 2 - 2017 . 2

期间	本期应付	本期付款	余额	月回收率%	年回收率%
	本币	本币	本币		
期初余额			107,000.00		
201702	101,322.00	47,200.00	161,122.00	46.58	26.20
总计	101,322.00	47,200.00	161,122.00		

圖 5-29（b）

圖 5-29 業務總帳

5.8.2 業務餘額表

具體操作如下：點擊「應付款管理」→點擊「帳表管理」→點擊「業務報表」→點擊「業務餘額表」命令，選擇相關條件→點擊「確定」按鈕，如圖 5-30 所示。

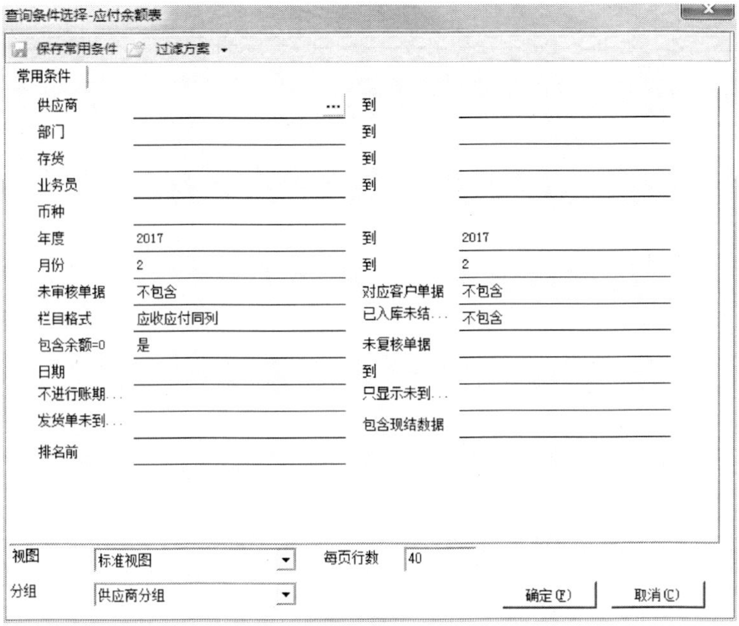

圖 5-30（a）

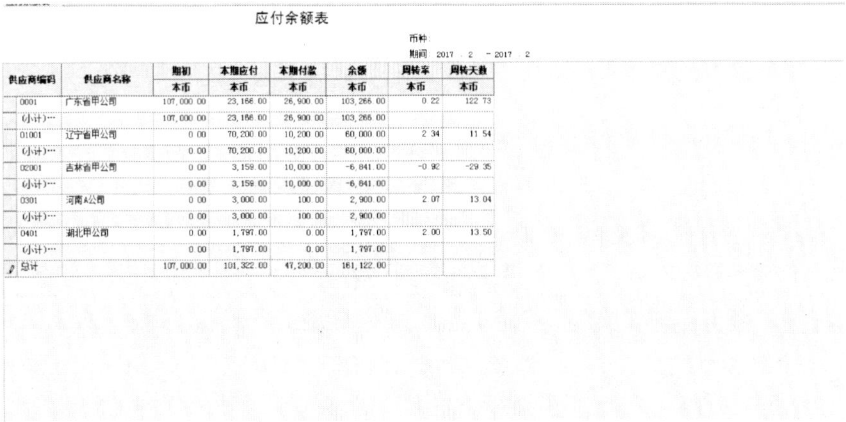

应付余额表

币种:

期间 2017 . 2 - 2017 . 2

供应商编码	供应商名称	期初	本期应付	本期付款	余额	周转率	周转天数
		本币	本币	本币	本币	本币	本币
0001	广东省甲公司	107,000.00	23,166.00	26,900.00	103,266.00	0.22	122.73
(小计)···		107,000.00	23,166.00	26,900.00	103,266.00		
01001	辽宁省甲公司	0.00	70,200.00	10,200.00	60,000.00	2.34	11.54
(小计)···		0.00	70,200.00	10,200.00	60,000.00		
02001	吉林省甲公司	0.00	3,159.00	10,000.00	-6,841.00	-0.92	-29.35
(小计)···		0.00	3,159.00	10,000.00	-6,841.00		
0301	河南A公司	0.00	3,000.00	100.00	2,900.00	2.07	13.04
(小计)···		0.00	3,000.00	100.00	2,900.00		
0401	湖北甲公司	0.00	1,797.00	0.00	1,797.00	2.00	13.50
(小计)···		0.00	1,797.00	0.00	1,797.00		
总计		107,000.00	101,322.00	47,200.00	161,122.00		

圖 5-30（b）

圖 5-30 業務餘額表

5.8.3 業務明細帳

具體操作如下：點擊「應付款管理」→點擊「帳表管理」→點擊「業務報表」→點擊「業務明細帳」命令，選擇相關條件→點擊「確定」按鈕，如圖 5-31 所示。

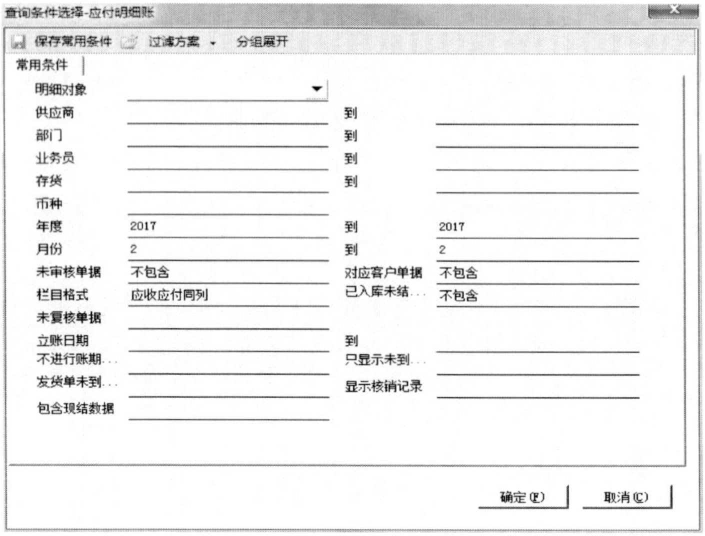

圖 5-31（a）

应付明细账

币种：全部
期间：2 - 2

年	月	日	凭证号	供应商 编码	供应商 名称	摘要	单据类型	单据号	订单号	币种	本期应付 本币	本期付款 本币	余额 本币	到期日
				\)001	广东省甲公司	期初余额							10", 000.00	
2017	2	5	记-0038	\)001	广东省甲公司	采购专...	采购专...	0000000002		人民币	23,400.00		130,400.00	2017-02-05
2017	2	5	记-0031	\)001	广东省甲公司	采购专...	采购专...	0000000004		人民币	-234.00		130,166.00	2017-02-05
2017	2	5	记-0035	\)001	广东省甲公司	付款单	付款单	0000000002		人民币		23,400.00	106,766.00	2017-02-05
2017	2	5	记-0038	\)001	广东省甲公司	采购专...	付款单	0000000005		人民币		3,400.00	103,366.00	2017-02-05
2017	2	6	记-0029	\)001	广东省甲公司	应付冲应收	应付冲应收	FCTAR00		人民币		100.00	103,266.00	2017-01-31
				(0001)小计:							23,166.00	26,900.00	103,266.00	
2017	2	5	记-0030	\)1001	辽宁省甲公司	采购专	采购专	0000000003		人民币	70,200.00		70,200.00	2017-02-05
2017	2	5	记-0036	\)1001	辽宁省甲公司	付款单	付款单	0000000003		人民币		10,200.00	60,000.00	2017-02-05
				(01001)小计:							70,200.00	10,200.00	60,000.00	
2017	2	5	记-0039	\)2001	吉林省甲公司	采购普...	采购普...	0000000001		人民币	234.00		234.00	2017-02-05
2017	2	5	记-0037	\)2001	吉林省甲公司		付款单	0000000004		人民币		10,000.00	-9,766.00	2017-02-05
2017	2	6	记-0034	\)2001	吉林省甲公司	采购专	采购专	0000000007		人民币	2,925.00		-6,841.00	2017-02-06
				(02001)小计:							3,159.00	10,000.00	-6,841.00	
2017	2	5	记-0033	\)301	河南A公司	采购专...	采购专...	0000000006		人民币	3,510.00		3,510.00	2017-02-05
2017	2	6	记-0013	\)301	河南A公司	应收冲应付	应收冲应付	ICYAP00...		人民币		100.00	3,410.00	2017-02-05
2017	2	6	记-0027	\)301	河南A公司	并账	并账	BZAP000...		人民币	-510.00		2,900.00	2017-02-05
				(0301)小计:							3,000.00	100.00	2,900.00	
2017	2	5	记-0032	\)401	湖北甲公司	采购专...	采购专...	0000000005		人民币	1,287.00		1,287.00	2017-02-05
2017	2	6	记-0027	\)401	湖北甲公司	并账	并账	BZAP000...		人民币	510.00		1,797.00	2017-02-05
				(0401)小计:							1,797.00		1,797.00	
合...											101,322.00	47,200.00	161,122.00	

圖 5-31（b）

圖 5-31　業務明細帳

5.9　期末處理

期末結帳後就不能在期末處理系統繼續進行錄入、修改有關數據了。若結帳後，發現有關數據存在錯誤，可以進行反結帳，對錯誤的數據進行修改、審核完成後，再進行結帳。

應付帳款系統期末一定要結帳，只有此系統結帳後，總帳系統期末才能夠進行結帳處理。

[特別提示]

- 期末結帳前，所有發生的經濟業務要全部製單。
- 期末結帳前，所有的會計憑證要全部進行審核、記帳。

5.9.1　期末結帳

具體操作如下：點擊「應付款管理」→點擊「月末處理」→點擊「期末結帳」命令，雙擊「結

帳標誌」下對應的空欄→點擊「下一步」按鈕→點擊「完成」按鈕，如圖 5-32 所示。

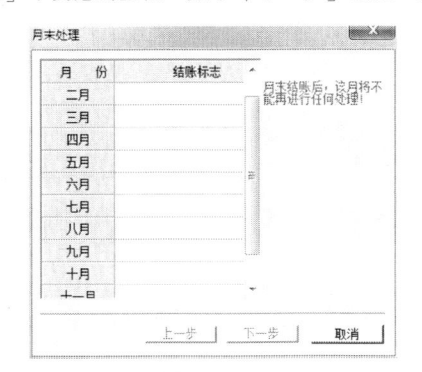

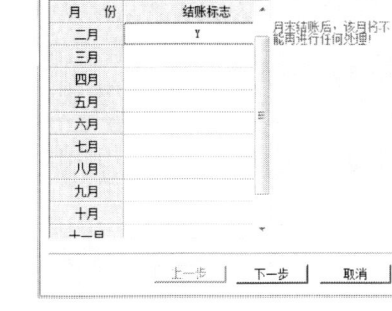

圖 5-32（a）

圖 5-32（b）

圖 5-32（c）

圖 5-32（d）

圖 5-32　期末結帳

5.9.2　取消月結

具體操作如下：點擊「應付款管理」→點擊「月末處理」→點擊「取消月結」命令→點擊「確定」按鈕，如圖 5-33 所示。

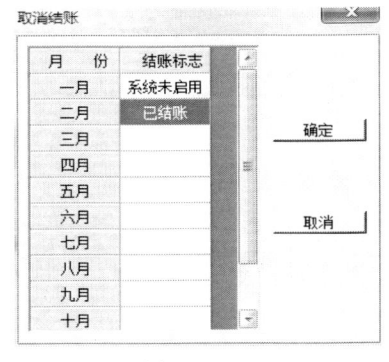

圖 5-33（a）

圖 5-33（b）

圖 5-33　取消月結

實訓一　應付帳款系統設置實訓

[實訓目的]
通過本實訓，能夠掌握應付帳款系統初始設置、期初餘額的錄入等相關操作技能。

[實訓內容]
廣東珠江實業股份有限公司 2017 年 1 月 1 日有關應付帳款、應付票據的期初餘額數據資料如下：

(1) 會計科目輔助核算設置表如表 5-1 所示。

表 5-1　　　　　　　　　會計科目輔助核算設置表

序號	會計科目	輔助核算
1	應付帳款	供應商往來
2	應付票據	供應商往來
3	預付帳款	供應商往來

(2) 完成基本科目設置、控製科目設置、產品科目設置、結算方式科目設置。
(3) 計量單位組表如表 5-2 所示。

表 5-2　　　　　　　　　　計量單位組

分組編碼	分組名稱	計量單位編碼	計量單位名稱	是否主計量單位	換算率
02	數量單位組	0201	個	是	
		0202	件	否	1
		0203	箱	否	1
		0204	臺	否	1

(4) 應付帳款明細表如表 5-3 所示。

表 5-3　　　　　　　　　　應付帳款明細表

供應商名稱	品種	計量單位	庫存數量	不含稅單價（元）	不含稅總金額（元）	稅額（元）	部門	開戶行
A 公司	C 材料	個	1,000	1,000	1,000,000	170,000	採購部	工行廣東分行
B 公司	D 材料	個	750	800	600,000	102,000	採購部	工行廣東分行
合計					1,600,000	272,000		

(5) 應付票據明細表如表 5-4 所示。

表 5-4　　　　　　　　　　應付票據明細表

供應商名稱	票據號	承兌銀行	簽發日期	到期日	票據面值（元）	部門
A 公司	1263	廣州農行	2016.11.20	2017.3.20	468,000	採購部

(6) 預付帳款明細表如表 5-5 所示。

表 5-5　　　　　　　　　　　　　預付帳款明細表

供應商名稱	付款方式	金額（元）	付款日期	部門
甲公司	支票	200,000	2016.12.14	採購部

（7）本單位開戶行有關資料表如表 5-6 所示。

表 5-6　　　　　　　　　　　　　開戶行有關資料

編碼	01	銀行帳號	123456789012
帳戶名稱	廣東珠江實業股份有限公司	開戶時間	2010-01-05
幣種	人民幣	開戶銀行	工行廣東分行
所屬銀行	中國工商銀行	聯行號	95588

[實訓要求]

（1）完成「應付帳款」「應付票據」「預付帳款」等會計科目的輔助核算設置。
（2）完成初始設置的相關操作。
（3）錄入應付帳款、應付票據的期初餘額，並引入總帳系統的期初餘額中。

實訓二　應付帳款系統日常業務處理實訓

[實訓目的]

通過本實訓，能夠掌握應付帳款系統中的應付單據處理、付款單據處理、核銷、轉帳、製單處理和期末結帳等相關的操作知識。

[實訓內容]

期初資料利用本章實訓一的資料。

2017 年 1 月廣東珠江實業股份有限公司發生下列經濟業務（該公司適用增值稅稅率為 17%）：

（1）2017 年 1 月 2 日採購部購進 A 公司生產的 A 材料，購進數量為 1,000 個，不含稅購進單價為 50 元，取得了增值稅專用發票，款項還沒有支付。

（2）2017 年 1 月 3 日採購部購進 B 公司生產的 B 材料，購進數量為 2,000 個，購進單價（含稅）為 40 元，取得了增值稅普通發票，款項還沒有支付；開出了商業承兌匯票一張，票據面值為 80,000 元，出票日期為 2012 年 1 月 3 日，到期日為 2017 年 3 月 3 日。

（3）2017 年 1 月 4 日開出支票一張，支票號碼是 001，支票金額為 702,000 元，開戶行為工商銀行廣東省分行，支付前欠 B 公司貨款。

（4）2017 年 1 月 5 日因需要採購 C 材料，採購部向 B 公司預付貨款 234,000 元，支票號碼是 002，支票金額為 234,000 元，開戶行為工商銀行廣東省分行。

（5）2017 年 1 月 6 日採購部向 C 公司採購 D 材料，採購數量為 500 個，不含稅購進單價為 20 元，取得了增值稅專用發票，貨款還沒有支付。

（6）2017 年 1 月 8 日採購部向 B 公司採購 C 材料，採購數量為 2,000 個，不含稅購進單價為 200 元，取得了增值稅專用發票，貨款還沒有支付。

（7）2017 年 1 月 9 日採購部向 D 公司預付貨款 117,000 元，用於採購 A 材料，支票號碼是 003，支票金額為 117,000 元，開戶行為工商銀行廣東省分行。

（8）2017 年 1 月 15 日採購部向 D 公司採購 A 材料，採購數量為 2,000 個，不含稅購進單價為 60 元，取得了增值稅專用發票，貨款還沒有支付。

（9）2017 年 1 月 16 日因 A 公司提供的 A 材料存在質量問題，採購部向 A 公司退回 A 材料 10 個，並已辦妥了退回手續。

（10）2017 年 1 月 20 日採購部向 D 公司採購 A 材料，採購數量為 500 個，不含稅購進單價為 60 元，取得了增值稅專用發票；開出支票一張支付貨款，支票號碼是 004，支票金額為 35,100 元，開戶行為工商銀行廣東省分行。

（11）2017 年 1 月 20 日採購部向 B 公司支付貨款 468,000 元，支票號碼是 005，支票金額為 468,000 元，開戶行為工商銀行廣東省分行。

（12）2017 年 1 月 25 日採購部向 D 公司採購 A 材料，採購數量為 1,000 個，不含稅購進單價為 58 元，取得了增值稅專用發票，貨款還沒有支付；已辦理了入庫手續，發票已經收到。

[實訓要求]

（1）根據上述發生的經濟業務，進行應付單據處理和付款單據處理。
（2）生成有關應付帳款經濟業務的會計憑證。
（3）進行預付帳款衝抵應付帳款業務的處理，並生成相應的會計憑證。
（4）進行手工核銷處理。
（5）月底進行月末結帳處理。

6　固定資產管理系統

固定資產管理系統主要由設置、卡片、處理和帳表等部分構成。
固定資產管理系統的主要功能是錄入每一項固定資產原值、累計折舊額、使用年限、殘值率等有關財務數據，計提每一個月的折舊額，生成與固定資產計提折舊相關的會計憑證，查詢與固定資產原值、累計折舊額等相關財務數據。

6.1　固定資產管理系統初始化

雙擊固定資產系統，如圖 6-1 和圖 6-2 所示。

圖 6-1　固定資產系統

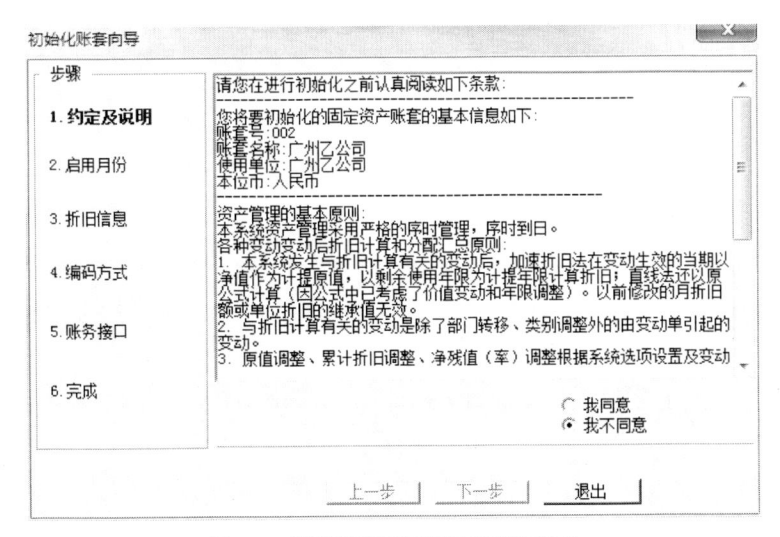

圖 6-2　選擇是否需要固定資產系統初始化

點擊「下一步」按鈕，如圖 6-3 所示。

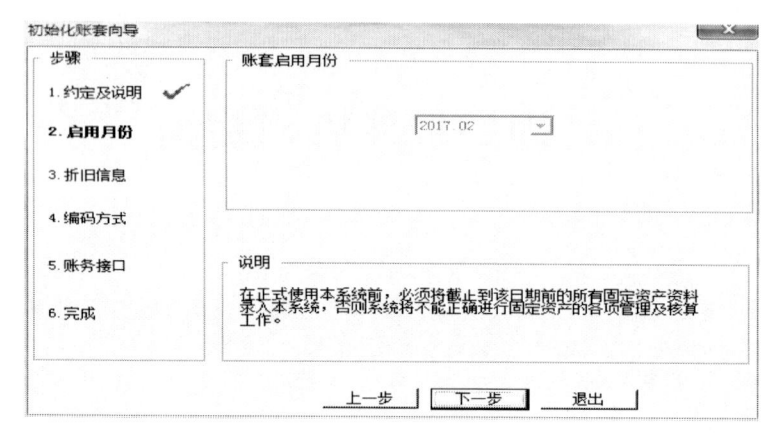

圖 6-3　帳套啟用月份

選擇固定資產折舊方法，如圖 6-4 所示。

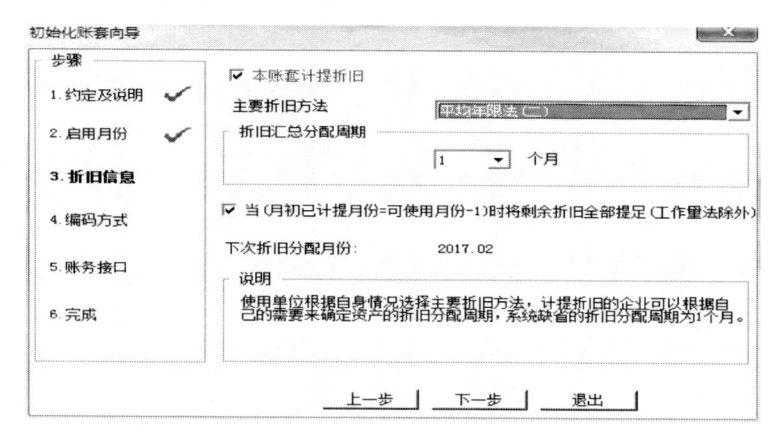

圖 6-4　固定資產折舊方法設置

選擇固定資產編碼方式，如圖 6-5 所示。

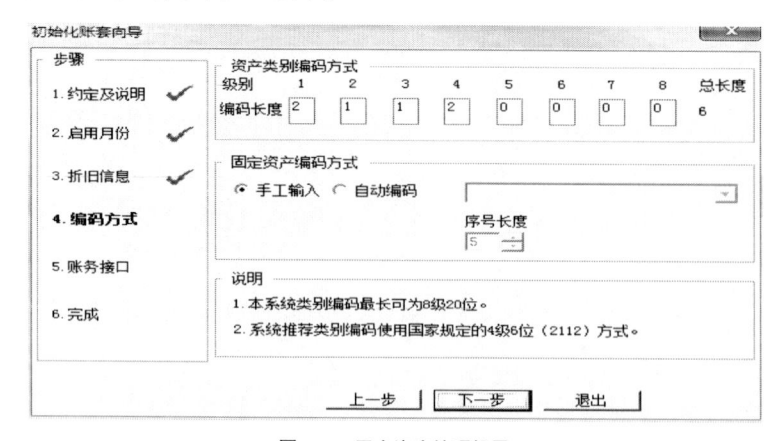

圖 6-5　固定資產編碼設置

錄入與固定資產相關的會計科目，如圖6-6所示。

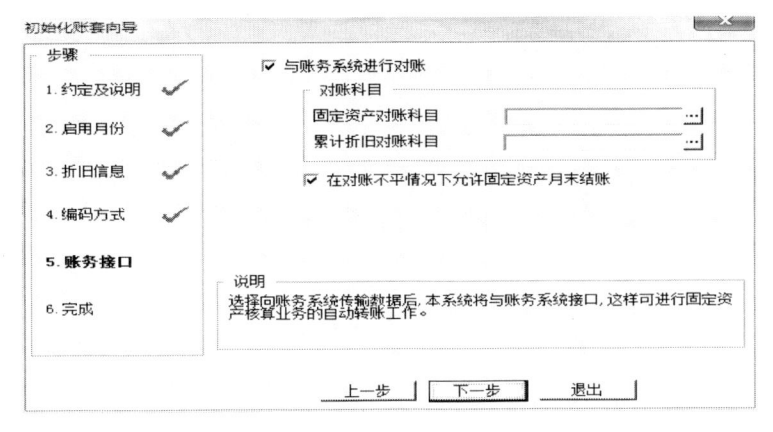

圖6-6（a）

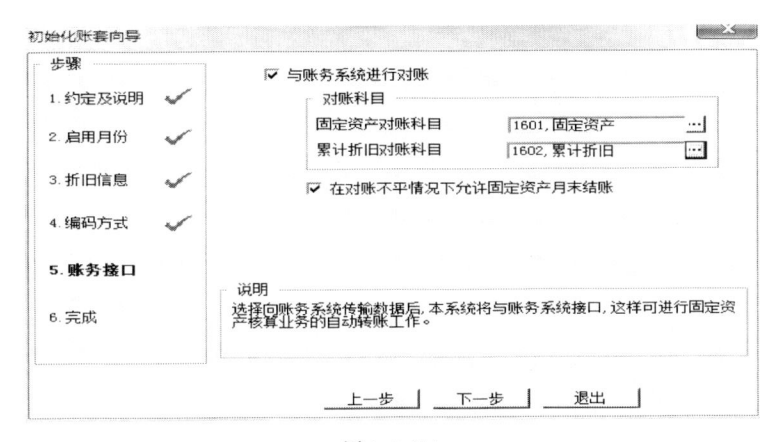

圖6-6（b）

圖6-6　設置與固定資產系統對應會計科目

完成固定資產系統初始化工作，如圖6-7所示。

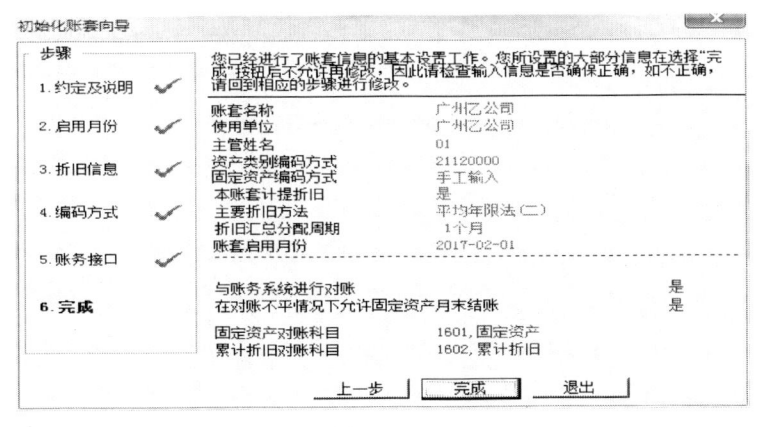

圖6-7（a）

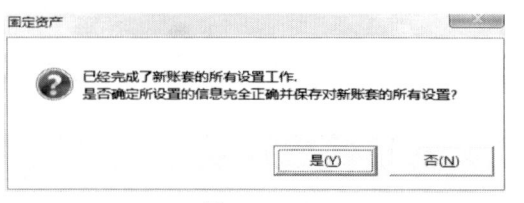

圖 6-7（b） 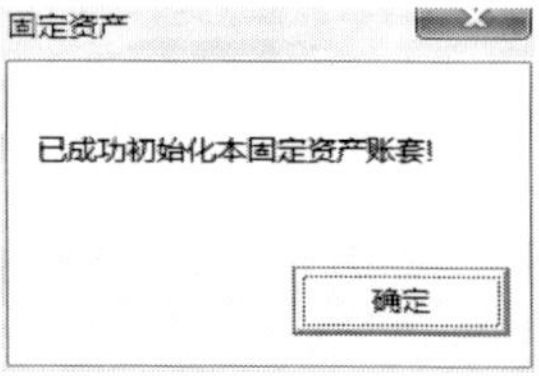　　　　　　　　　　　　圖 6-7（c）

圖 6-7　固定資產系統設置完成

6.2　設置

設置主要由選項、與部門對應的折舊科目和資產類別等部分組成。

6.2.1　選項

固定資產系統初始化完成後，若要對固定資產折舊方法、與固定資產相關的會計科目等內容進行相關修改，可以在選項模塊下，對固定資產折舊方法、與固定資產相關的會計科目、固定類別編碼方式進行重新設置。

具體操作如下：點擊「選項」命令→點擊「編輯」按鈕，選擇「折舊信息」或「與帳務系統接口」或「其它」選項，修改相關內容→點擊「確定」按鈕，如圖 6-8 所示。

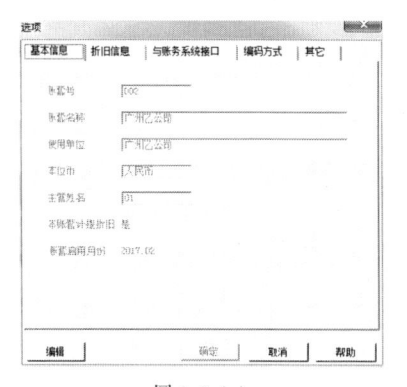

圖 6-8（a） 　　　　　　　　　　　　圖 6-8（b）

圖 6-8　選項

6.2.2　與部門對應的折舊科目

對於企業來說，銷售部門使用的固定資產計提的折舊額計入「銷售費用」會計科目中，生產車間使用的固定資產計提的折舊額計入「製造費用」會計科目中，企業財務部、人力資源部、總經理辦、行政部等管理部門使用的固定資產計提的折舊額計入「管理費用」會計科目中。

具體操作如下：點擊「與部門對應的折舊科目」命令→點擊某個部門→點擊「修改」按鈕，選擇相關會計科目→點擊「保存」按鈕，如圖 6-9 所示。

圖 6-9（a）

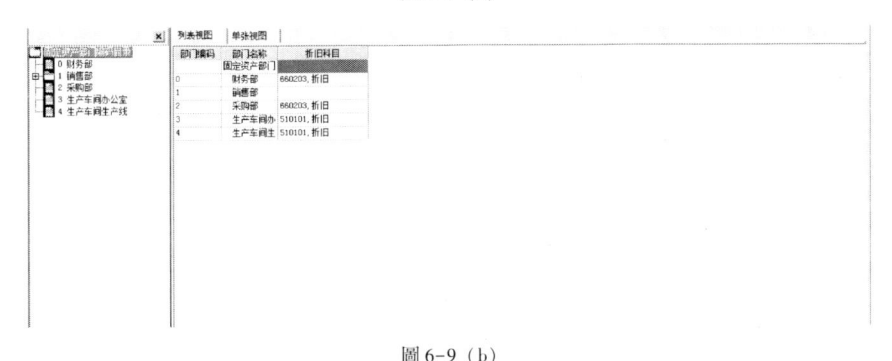

圖 6-9（b）

圖 6-9　與部門對應折舊科目

6.2.3　資產類別

　　具體操作如下：點擊「資產類別」→點擊「增加」命令，錄入資產類別等相關信息→點擊「保存」按鈕，如圖 6-10 所示。

　　若某一大類別固定資產中包含下一級類別固定資產，但下一級類別固定資產的在使用年限、殘值率等方面都不相同時，在錄入第一級大類別固定資產相關信息時，不需要錄入使用年限、殘值率等相關信息，使用年限、殘值率等這些相關信息錄入到下一級類別固定資產信息中。

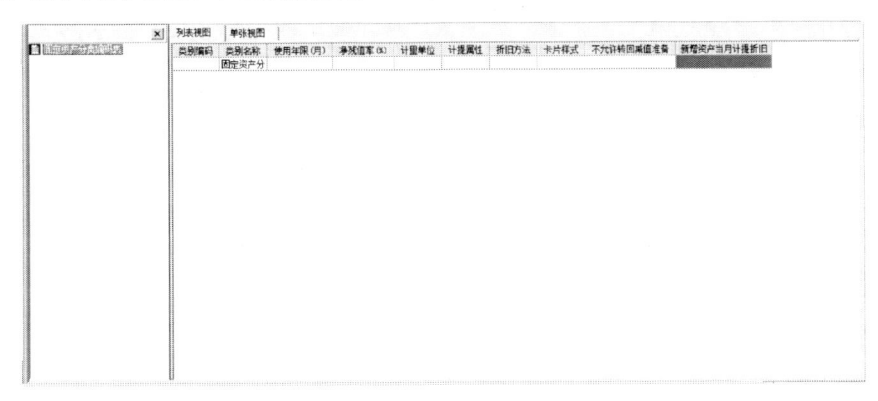

圖 6-10（a）

圖 6-10（b）

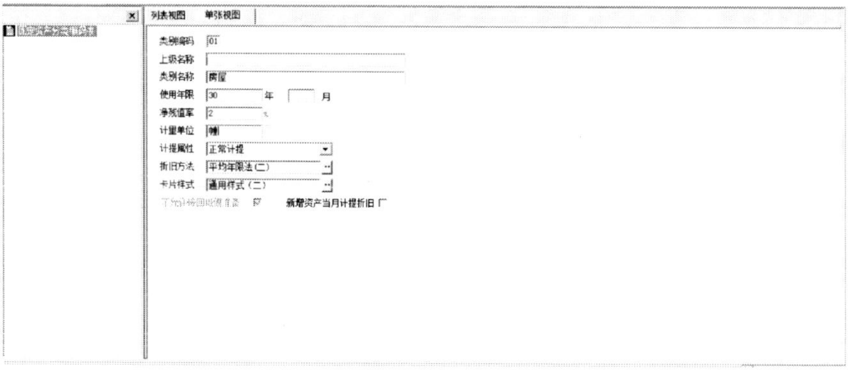

圖 6-10（c）

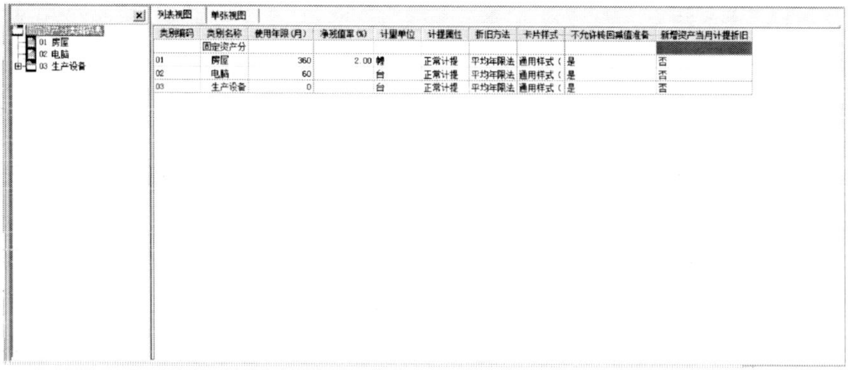

圖 6-10（d）

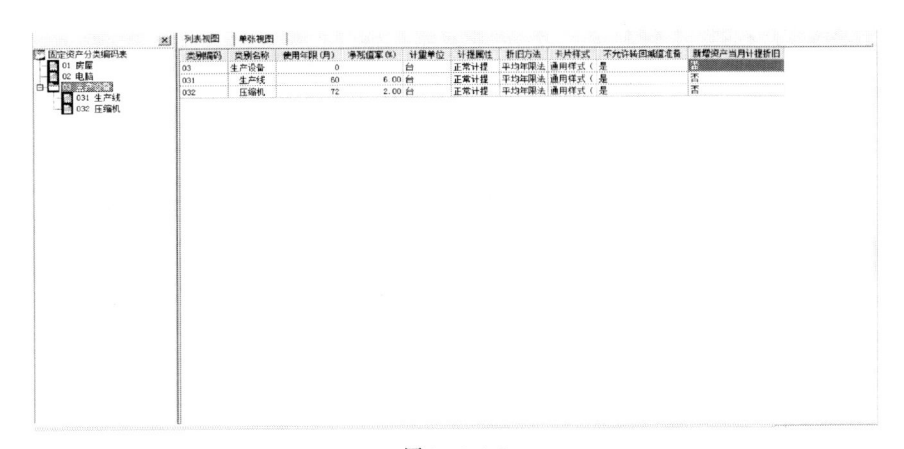

圖 6-10（e）

圖 6-10　資產類別

6.3　卡片

卡片主要由卡片管理、錄入原始卡片、資產增加和資產減少等部分組成。

6.3.1　卡片管理

在沒有錄入與固定資產相關的數據前，卡片管理功能不能反映任何數據；錄入原始卡片等工作完成後，該功能就會反映與固定資產相關的財務數據，如圖 6-11 所示。

圖 6-11（a）

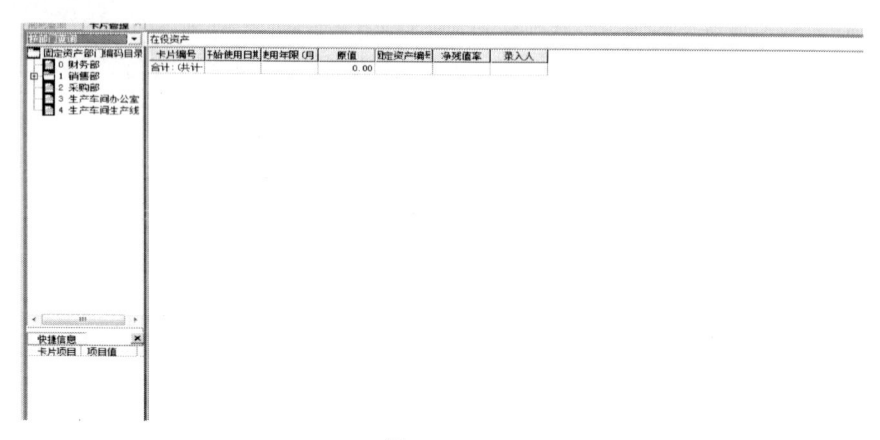

圖 6-11（b）

圖 6-11　卡片管理

有關固定資產原始數據、固定資產增加數據錄入完成後，該功能就能夠反映與固定資產相關的數據，如圖 6-12 所示。

圖 6-12（a）

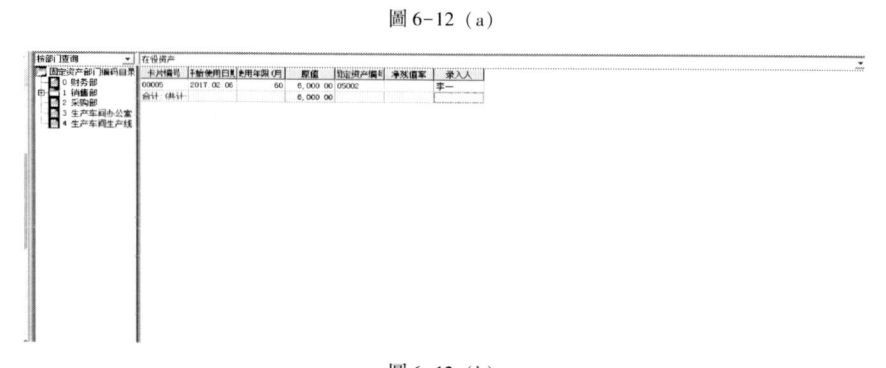

圖 6-12（b）

圖 6-12　卡片管理

6.3.2 錄入原始卡片

在啟用財務軟件進行財務處理前，在手工帳簿中已經存在的有關固定資產的原始數據需要錄入此模塊中。

有關固定資產開始使用時間一定是在帳套啟用時間以前（不含帳套啟用當天的時間）。

有些固定資產可能由一個部門使用，也有些固定資產可能由多個部門共同使用。當某些固定資產由多個部門共同使用時，需要確定每個部門承擔的固定資產折舊費比例，所有比例的總和一定要等於100%。

6.3.2.1 單個部門使用的固定資產數據錄入

具體操作如下：點擊「錄入原始卡片」命令→點擊「確定」按鈕，錄入相關信息→點擊「保存」按鈕，如圖6-13所示。

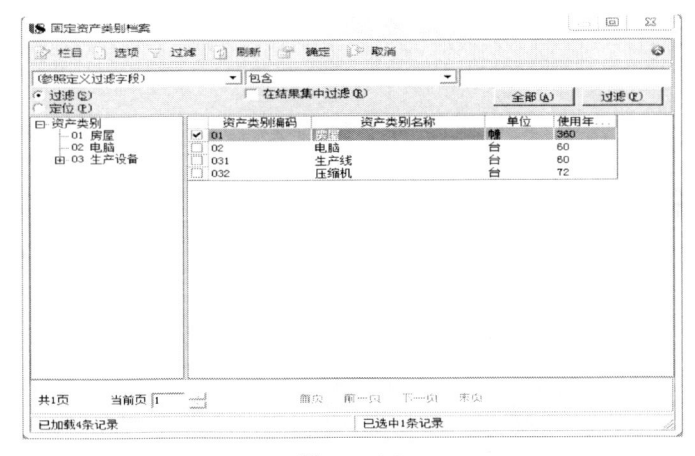

圖6-13（a）

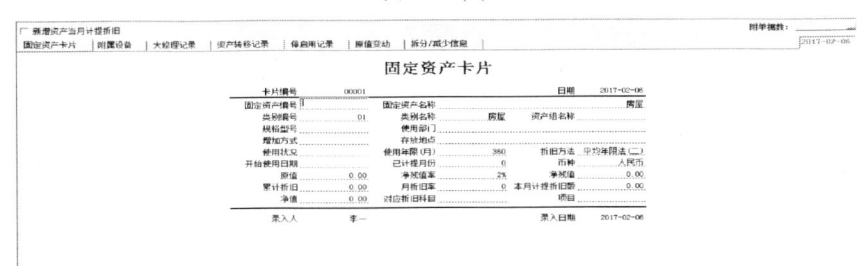

圖6-13（b）

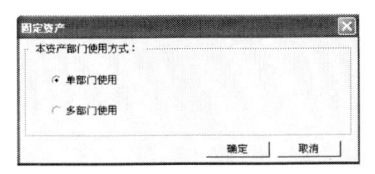

圖6-13（c）

圖 6-13（d）

圖 6-13　錄入原始卡片

6.3.2.2　多個部門使用的固定資產數據錄入

具體操作如下：點擊「錄入原始卡片」命令→點擊「確定」按鈕，錄入相關信息→點擊「保存」按鈕，如圖 6-14 所示。

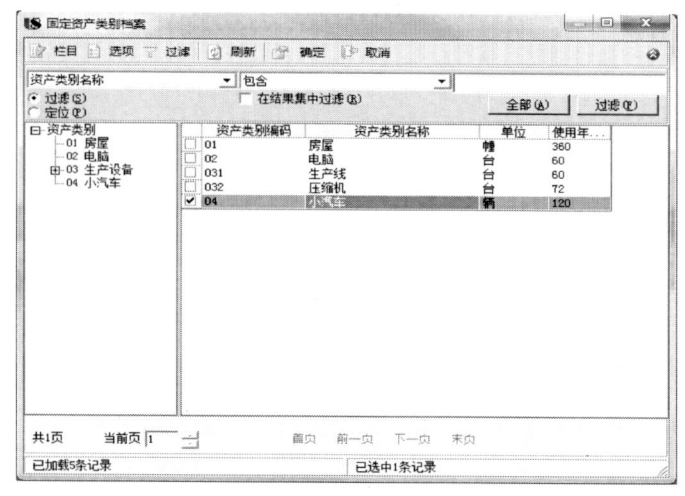

圖 6-14（a）

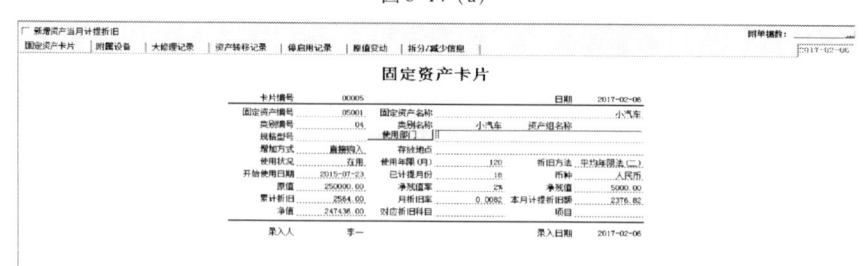

圖 6-14（b）

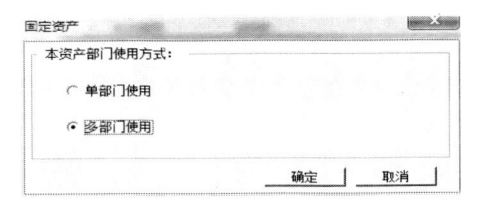

圖 6-14（c）

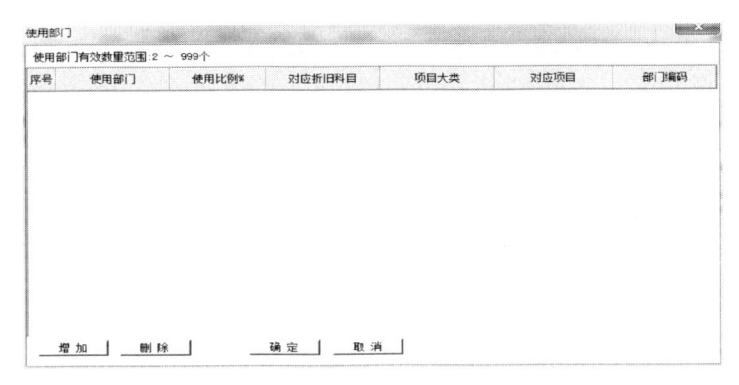

圖 6-14（d）

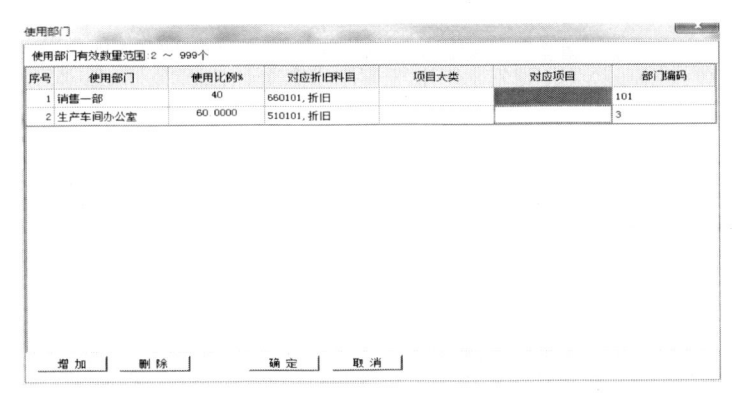

圖 6-14（e）

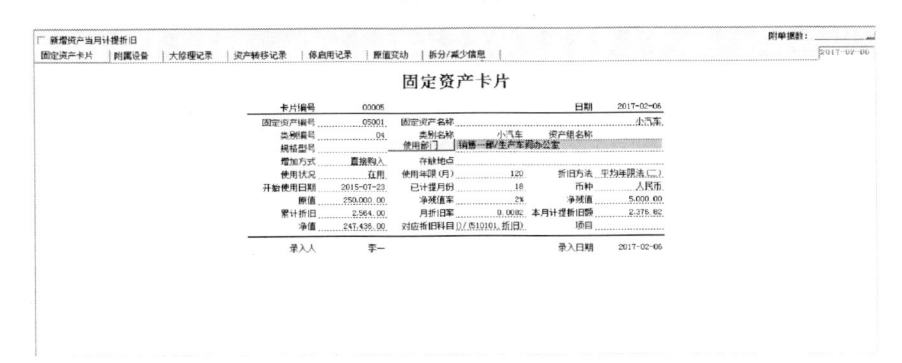

圖 6-14（f）

圖 6-14　錄入原始卡片

若採用工作量法計提折舊，其卡片的樣式如圖 6-15 和圖 6-16 所示。

圖 6-15　固定資產卡片

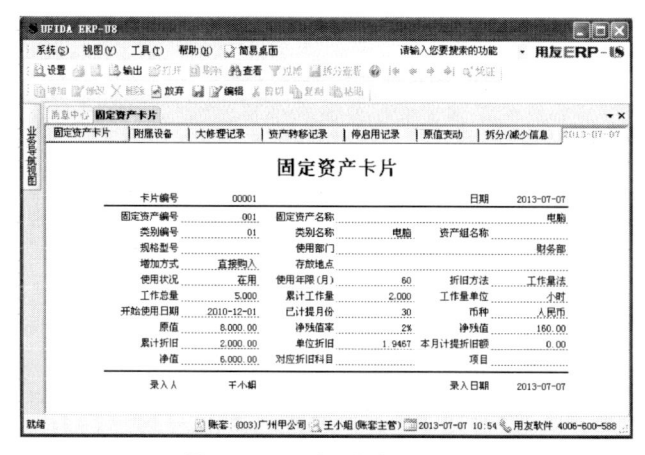

圖 6-16　固定資產卡片錄入完成

6.3.3　資產增加

　　從啟用財務軟件進行會計處理的當期開始，無論何種原因導致的與固定資產增加有關數據就應該錄入在本模塊中，否則會導致每期計提的固定資產折舊額出現錯誤，從而影響到每期財務數據的準確性。

　　有關固定資產開始使用時間一定是在帳套啟用時間以後（含帳套啟用當天的時間）。

　　具體操作如下：點擊「資產增加」命令→點擊「確定」按鈕，錄入相關信息→點擊「保存」按鈕，如圖 6-17 所示。

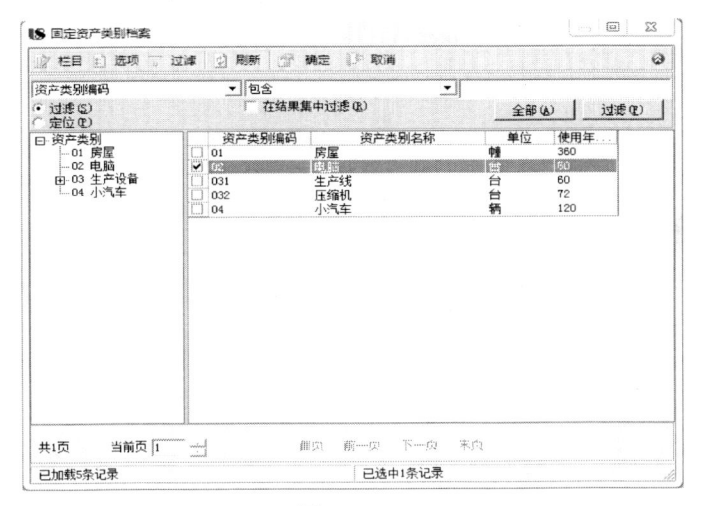

圖 6-17（a）

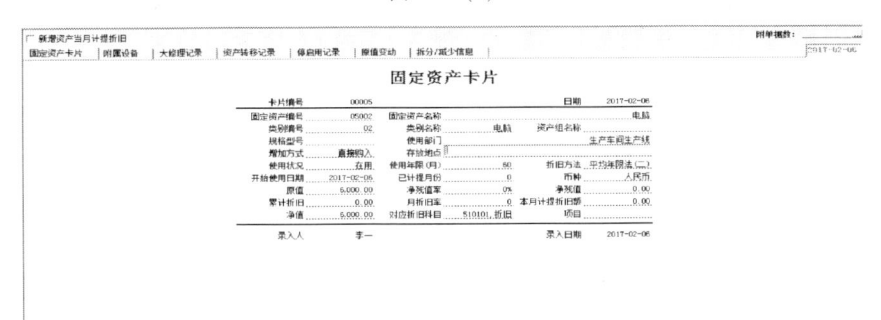

圖 6-17（b）

圖 6-17　資產增加

6.3.4　資產減少

由於出售、報廢等原因導致的與固定資產減少相關的數據錄入在此模塊中。

在操作此功能之前，應當計提本期折舊額，否則本功能是無法進行操作的。

具體操作如下：點擊「資產減少」命令，選擇「卡片編號」選項→點擊「增加」按鈕→雙擊「減少方式」下對應的空欄→點擊「確定」按鈕，如圖 6-18 所示。

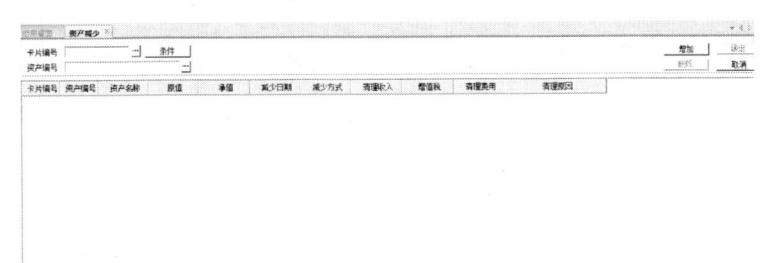

圖 6-18（a）

245

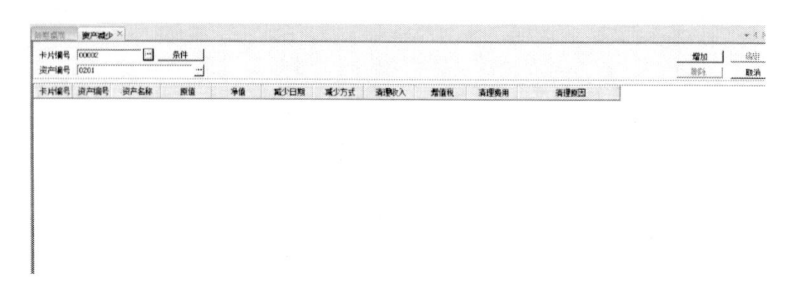

圖 6-18（b）

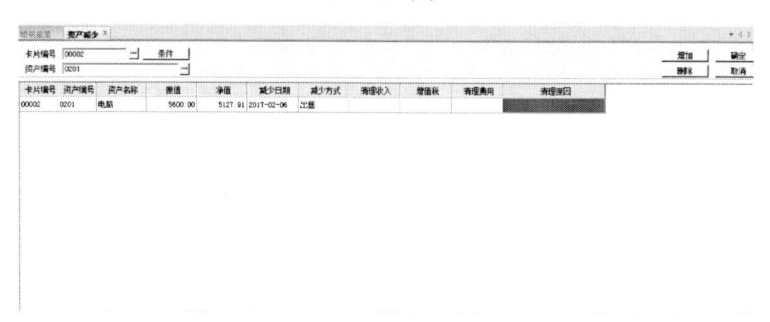

圖 6-18（c）

圖 6-18（d）

圖 6-18　資產減少

6.4　處理

處理由工作量錄入、計提本月折舊、折舊清單、折舊分配表、批量製單、憑證查詢、月末結帳等部分組成。

6.4.1　工作量錄入

若固定資產折舊方法採用的是工作量法，在計提當期的折舊額前就應當錄入有關工作量數據了。

具體操作如下：點擊「工作量錄入」命令，錄入相關信息→點擊「保存」按鈕，如圖 6-19 所示。

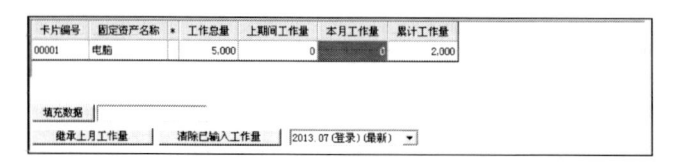

圖 6-19（a）

圖 6-19（b）

圖 6-19　工作量錄入

6.4.2　計提本月折舊

執行此功能後，一是可以計提本期折舊額，二是可以生成與固定資產折舊相關的會計憑證。這裡也可放棄立即生成會計憑證，而在「批量製單」界面生成有關固定資產折舊會計憑證。

具體操作如下：點擊「計提本月折舊」命令，選擇「是」按鈕→點擊「退出」命令→點擊「憑證」命令→點擊「保存」按鈕，如圖 6-20 所示。

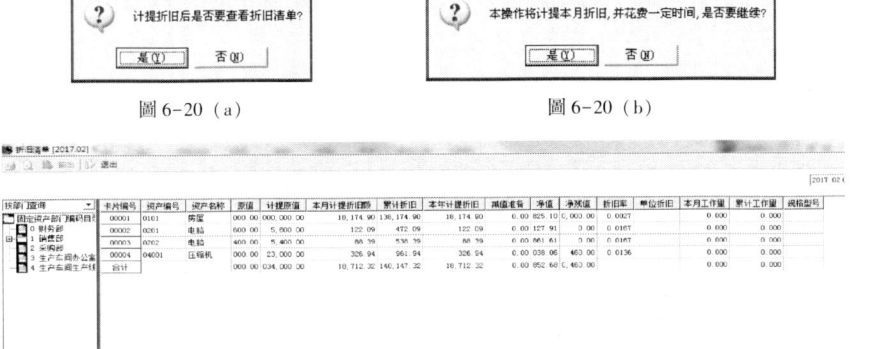

圖 6-20（a）　　　　　　　　　　　圖 6-20（b）

圖 6-20（c）

圖 6-20　計提本月折舊

6.4.3　折舊清單

執行此功能後，主要是能夠查看每項固定資產的原值、本月計提的折舊額、累計折舊、淨值、淨殘值和折舊率等相關信息，如圖 6-21 所示。

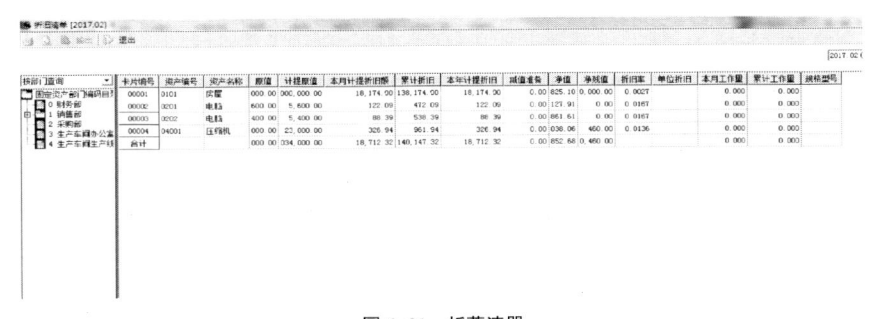

圖 6-21　折舊清單

6.4.4 折舊分配表

在此功能下，一方面是能夠按部門查詢每一個部門當期提取的折舊額，另一個方面是生成與固定資產折舊有關的會計憑證。這裡也可放棄立即生成會計憑證，而在「批量製單」界面生成有關固定資產折舊會計憑證。

具體操作如下：點擊「憑證」命令→點擊「保存」按鈕，如圖6-22所示。

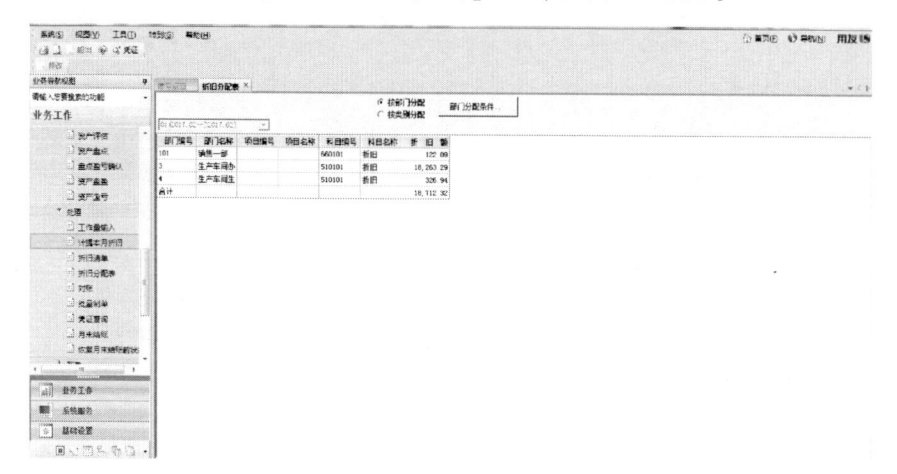

圖6-22（a）

圖6-22（b）

圖6-22 折舊分配表

6.4.5 批量製單

在執行計提本月折舊、折舊分配表等功能時沒有及時生成與固定資產折舊、固定資產增加和固定資產減少等相關的會計憑證，執行此功能後，就可以生成與固定資產折舊、固定資產增加和固定資產減少等相關的會計憑證。

6.4.5.1 計提本月折舊的製單過程

具體操作如下：點擊「批量製單」命令→錄入過濾條件→點擊「確定」→雙擊「選擇」下對應的空欄或點擊「全選」→點擊「製單設置」選項卡→錄入相關信息→點擊「憑證」命令→點擊「保存」按鈕，如圖6-23所示。

圖 6-23（a）

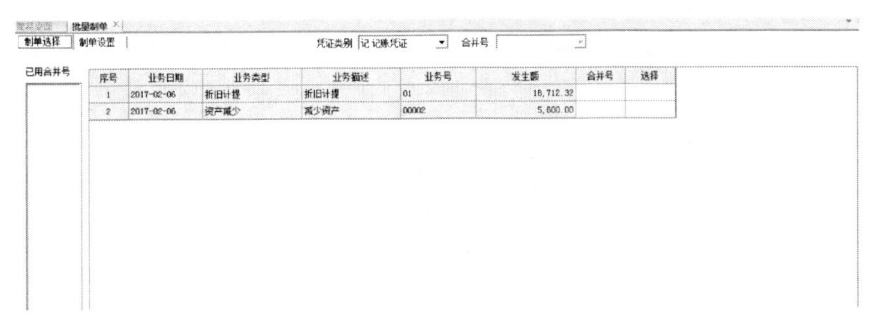

圖 6-23（b）

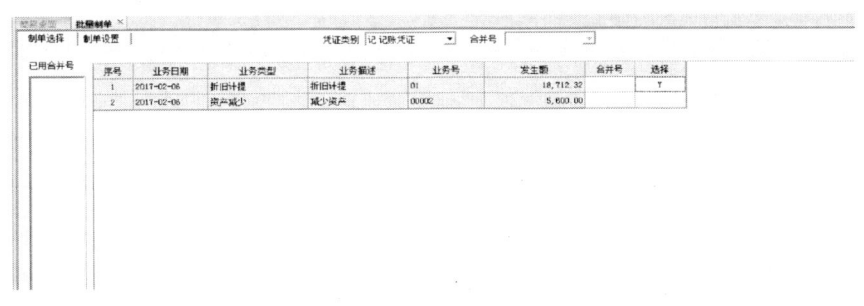

圖 6-23（c）

圖 6-23（d）

圖 6-23（e）

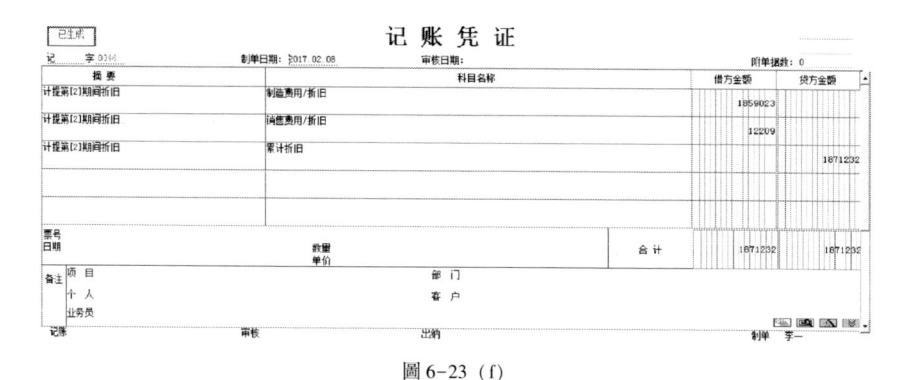

圖 6-23（f）

圖 6-23　計提本月折舊的製單過程

6.4.5.2　固定資產新增的製單過程

具體操作如下：點擊「批量製單」命令→錄入過濾條件→點擊「確定」→雙擊「選擇」下對應的空欄或點擊「全選」→點擊「製單設置」選項卡→錄入相關信息→點擊「憑證」命令→點擊「保存」按鈕，如圖 6-24 所示。

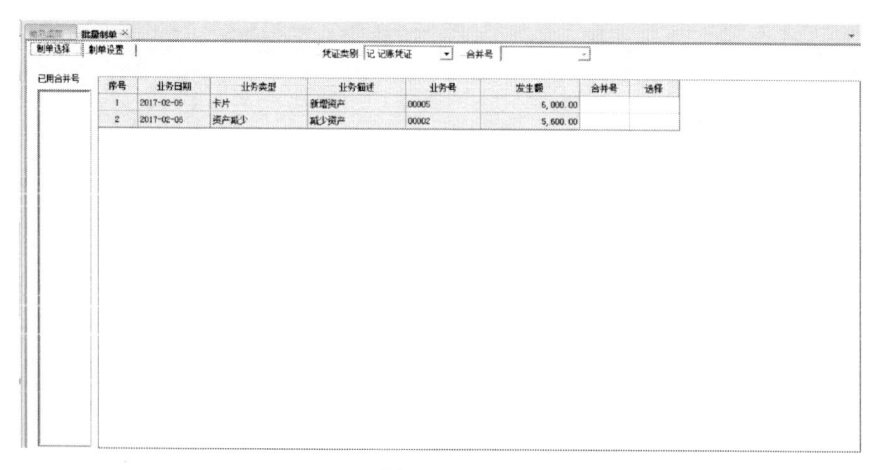

圖 6-24（a）

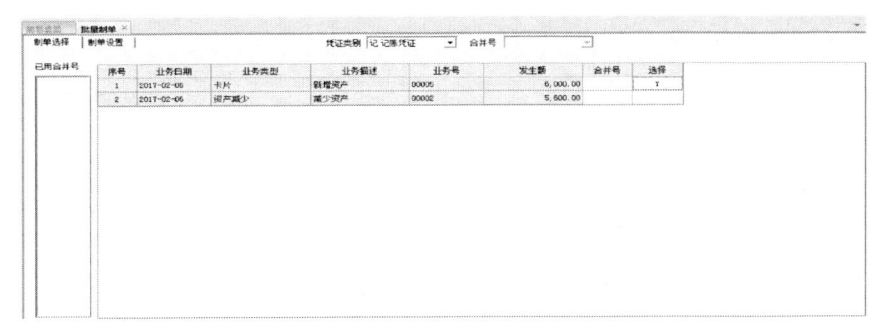

圖 6-24（b）

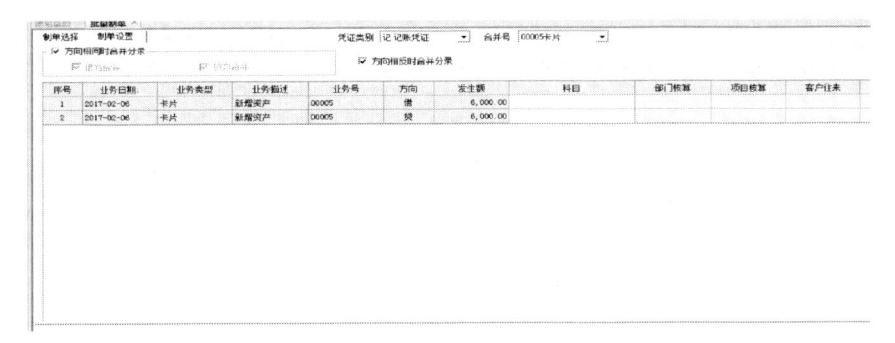

圖 6-24（c）

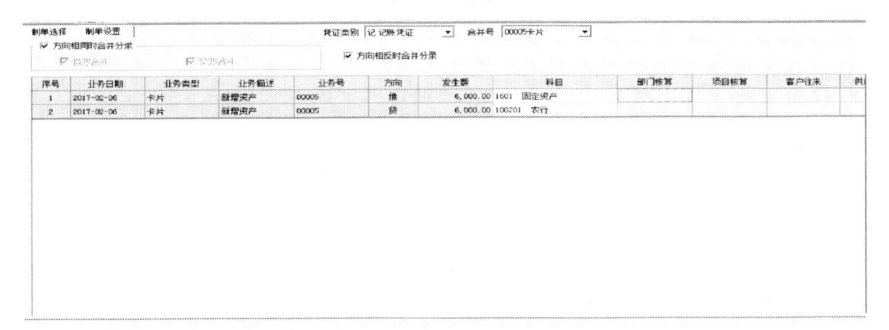

圖 6-24（d）

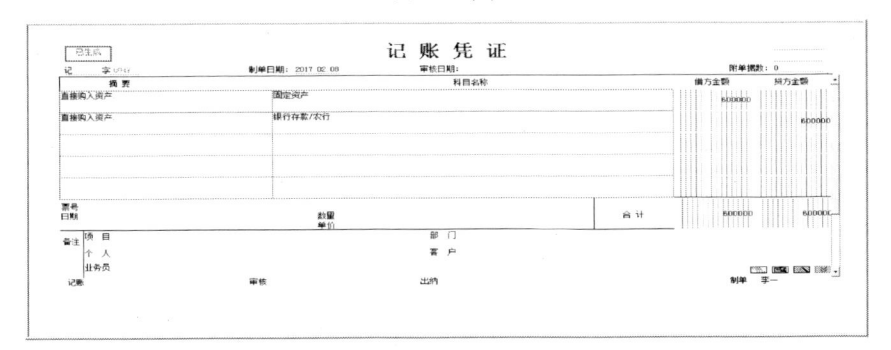

圖 6-24（e）

圖 6-24　固定資產新增的製單過程

[特別提示]

・需要特別強調的是，若購進固定資產時沒有付款，「應付帳款」「應付票據」等會計科目已經設置為「供應商往來」輔助核算，這時是不可以選擇「應付帳款」「應付票據」等會計科目的，要在總帳選項中進行了相關設置後方可操作。

・若購進固定資產時取得了增值稅專用發票，並且進項稅額可以進行抵扣，也可以利用「插分」功能插入一空行，選擇相關的會計科目，生成正確的會計憑證。

6.4.5.3 固定資產減少的製單過程

具體操作如下：點擊「批量製單」命令，錄入過濾條件→點擊「確定」→雙擊「選擇」下對應的空欄或點擊「全選」→點擊「製單設置」選項卡→錄入相關信息→點擊「憑證」命令→點擊「保存」按鈕，如圖6-25所示。

圖6-25（a）

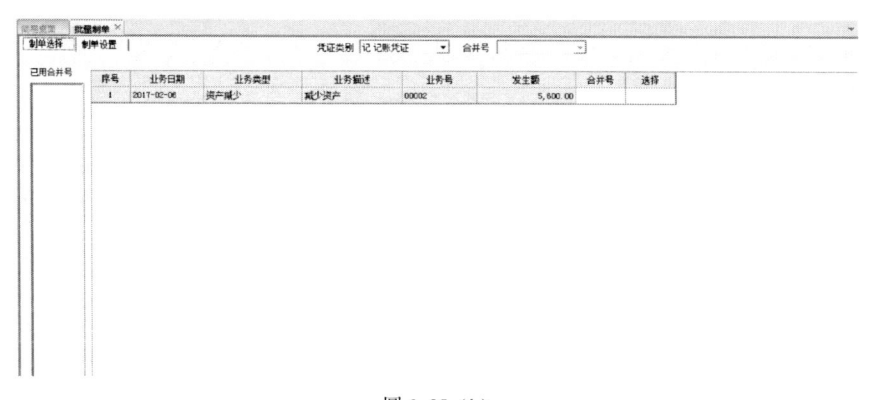

圖6-25（b）

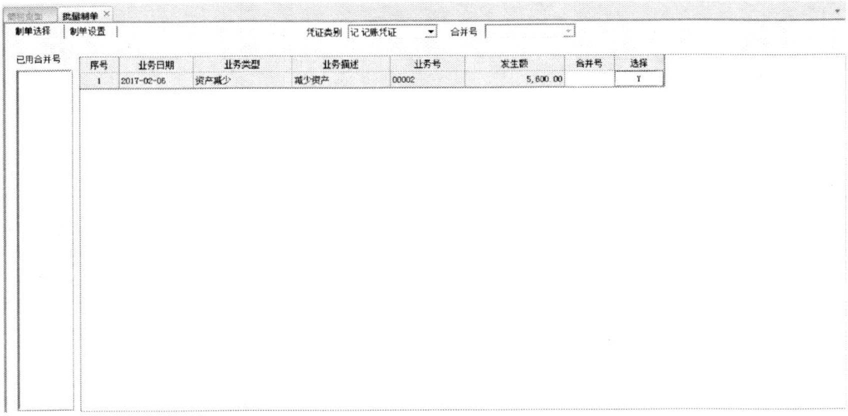

圖 6-25（c）

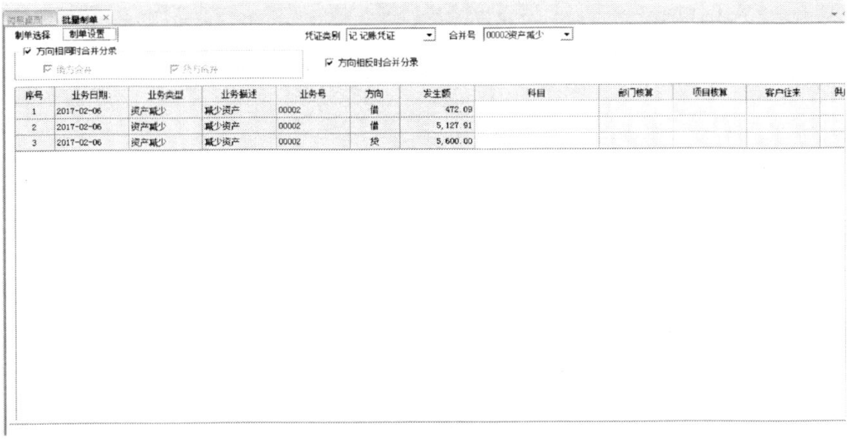

圖 6-25（d）

圖 6-25（e）

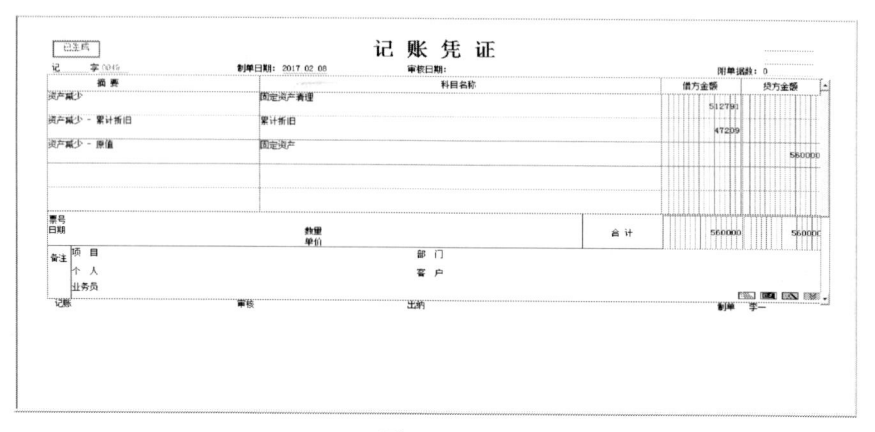

圖 6-25（f）

圖 6-25　固定資產減少的製單過程

若對上述表中數字對應的會計科目不是很清楚，可以通過查詢折舊清單來獲取固定資產原值、累計折舊和固定資產淨值等相關信息，如圖 6-26 所示。

圖 6-26　查詢折舊清單

6.4.6　憑證查詢

在此功能下，可以查詢已經生成的有關固定資產增加、減少、計提折舊的會計憑證。若發現已生成的會計憑證存在錯誤，在此功能下可以刪除某一張會計憑證，修改有關數據後，重新生成正確的會計憑證，如圖 6-27 所示。

圖 6-27　憑證查詢

[特別提示]
在固定資產系統生成的會計憑證不能在總帳系統中進行修改和作廢操作。

6.4.7 月末結帳

當月有關固定資產增加、減少、計提折舊等工作完成後，就可以進行月末結帳了。若本系統月末沒有進行結帳工作，最終會導致總帳系統月末無法完成結帳工作。

具體操作如下：點擊「月末結帳」命令→點擊「開始結帳」按鈕，如圖6-28所示。

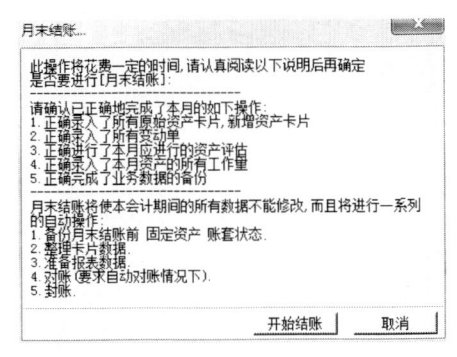

圖6-28（a） 　　　　　　　　　　圖6-28（b）

圖6-28　月末結帳

若結帳工作完成後，發現有關固定資產增加、減少、計提折舊等工作存在錯誤，可以進行反結帳。反結帳工作完成後，就可以對存在有關錯誤的數據進行修改了。修改完成後，再次進行月末結帳工作。

具體操作如下：點擊「恢復月末結帳前狀態」命令→點擊「是」按鈕，如圖6-29所示。

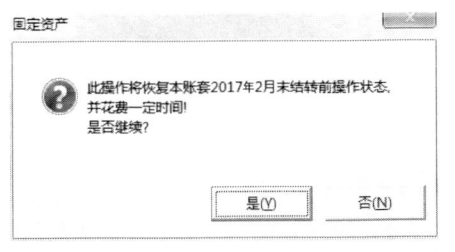

圖6-29（a） 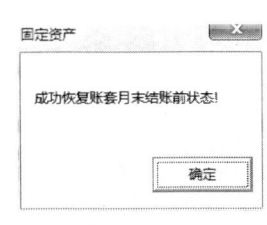　　　　　　　　　　圖6-29（b）

圖6-29　恢復帳套月末結帳前狀態

6.5　帳表

通過帳表功能能夠查詢與固定資產折舊等相關的財務數據。

6.5.1　（部門）折舊計提匯總表

具體操作如下：點擊「帳表」→點擊「我的帳表」→點擊「折舊表」→點擊「（部門）折舊計提匯總表」命令→點擊「確定」按鈕，如圖6-30和圖6-31所示。

255

圖 6-30 （部門）折舊計提匯總表

圖 6-31 查詢（部門）折舊計提匯總表結果

6.5.2 固定資產及累計折舊表（一）

具體操作如下：點擊「帳表」→點擊「我的帳表」→點擊「折舊表」→點擊「固定資產及累計折舊表（一）」命令→點擊「確定」按鈕，如圖 6-32 和圖 6-33 所示。

圖 6-32 固定資產及累計折舊表（一）

圖 6-33 查詢固定資產及累計折舊表（一）結果

6.5.3　固定資產及累計折舊表（二）

具體操作如下：點擊「帳表」→點擊「我的帳表」→點擊「折舊表」→點擊「固定資產及累計折舊表（二）」命令→點擊「確定」按鈕，如圖 6-34 和圖 6-35 所示。

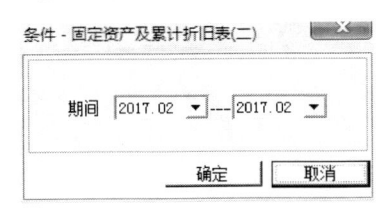

圖 6-34　固定資產及累計折舊表（二）

圖 6-35　固定資產及累計折舊表（二）結果

6.5.4　固定資產折舊計算明細表

具體操作如下：點擊「帳表」→點擊「我的帳表」→點擊「折舊表」→點擊「固定資產折舊計算明細表」命令→點擊「確定」按鈕，如圖 6-36 和圖 6-37 所示。

圖 6-36　固定資產折舊計算明細表

257

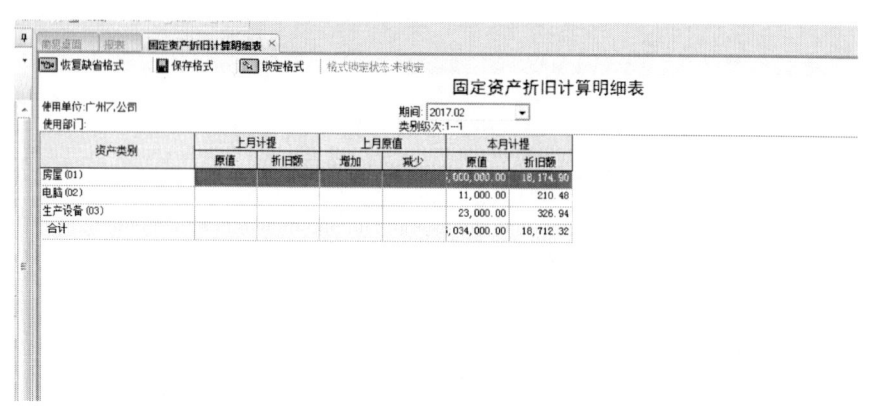

圖 6-37　查詢固定資產折舊計算明細表結果

6.5.5　固定資產折舊清單表

具體操作如下：點擊「帳表」→點擊「我的帳表」→點擊「折舊表」→點擊「固定資產折舊計算清單表」命令→點擊「確定」按鈕，如圖 6-38 和圖 6-39 所示。

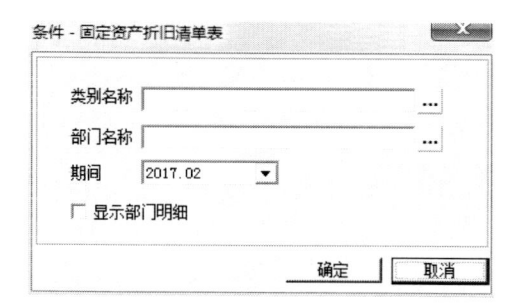

圖 6-38　固定資產折舊計算清單表

圖 6-39　查詢固定資產折舊計算清單表結果

實訓一　固定資產系統（工作量法）

[實訓目的]

通過本實訓，能夠掌握固定資產設置、錄入原始卡片、固定資產增加卡片、固定資產減少卡片、計提折舊、生成與固定資產業務相關的會計憑證、期末結帳等相關操作知識。

[實訓內容]

（1）固定資產系統啟用時間為 2017 年 1 月 1 日。

（2）折舊方法為工作量法。

（3）資產類別編碼規則為 2-2-1-2。手工錄入固定資產編碼。若固定資產採用自動編碼，編碼規則為類別編碼+三位自然序號。

（4）固定資產類別表如表 6-1 所示。

表 6-1　　　　　　　　　　固定資產類別表

一級類別編碼	一級類別名稱	二級類別編碼	二級類別名稱	使用年限(年)	計量單位	淨殘值率(%)	計提屬性
01	房屋	0101	行政大樓	50	幢	6	正常計提
		0102	生產大樓	45	幢	4	正常計提
02	電腦			5	臺	3	正常計提
03	生產設備			10	臺	4	正常計提
04	汽車			25	輛	5	正常計提
05	空調			8	臺	3	正常計提
06	辦公設備			5	個	2	正常計提

（5）企業部門設置表如表 6-2 所示。

表 6-2　　　　　　　　　　企業部門設置表

一級部門編碼	一級部門名稱	二級部門編碼	二級部門名稱
1	財務部		
2	總經理辦		
3	採購部		
4	銷售部	401	銷售一部
		402	銷售二部
5	生產車間	501	車間辦公室
		502	車間生產線
6	人力資源部		

（6）固定資產增加方式為直接購入；固定資產減少方式為出售。

（7）行政大樓由銷售部、財務部、人力資源部、行政部共同使用。分攤比例為銷售部為 30%、財務部 25%、人力資源部 35%、行政部 10%。

（8）2016 年 12 月 31 日固定資產有關資料如表 6-3 所示。

表 6-3　　　　　　　　　　　　　　　　固定資產

名稱	編碼	原值（元）	累計折舊（元）	工作總量（件）	累計工作量（件）	開始使用時間	使用及存放部門
行政大樓	0101001	5,000,000	256,000	250,000	3,000	2015-10-09	行政部
生產大樓	0102002	3,680,000	189,000	300,000	2,500	2014-11-25	生產車間
電腦 A	02001	6,800	200	2,000	50	2015-10-03	財務部
電腦 B	02002	5,600	350	2,000	60	2016-09-01	行政部
電腦 C	02003	4,860	420	2,000	80	2015-08-02	人力資源部
電腦 D	02004	4,980	610	2,000	95	2015-05-09	車間辦公室
生產設備 A	03001	5,680,000	460,000	450,000	26,000	2014-06-12	車間生產線
生產設備 B	03002	2,769,000	876,000	600,000	15,600	2014-01-23	車間生產線
汽車 A	04001	268,000	12,980	300,000	6,000	2013-09-08	行政部
汽車 B	04002	159,250	12,800	200,000	5,000	2015-08-25	車間辦公室
空調 A	05001	8,940	560	20,000	460	2015-09-24	行政部
空調 B	05002	6,850	1,200	20,000	250	2014-08-12	財務部
空調 C	05003	3,250	260	20,000	240	2015-04-28	車間辦公室
辦公設備 A	06001	12,600	780	35,000	1,285	2015-08-26	行政部
辦公設備 B	06002	6,810	965	25,000	654	2016-08-29	財務部
辦公設備 C	06003	19,800	1,340	30,000	300	2015-01-26	人力資源部
辦公設備 D	06004	5,640	410	18,000	320	2016-02-16	人力資源部
辦公設備 E	06005	5,830	135	16,800	186	2016-08-08	人力資源部
合計		17,648,210	1,814,010				

（9）本月新增加的固定資產有關資料如表 6-4 所示。

表 6-4　　　　　　　　　　　　　　本月新增固定資產

名稱	編碼	原值（元）	累計折舊（元）	工作總量（件）	累計工作量（件）	開始使用時間	使用及存放地點
電腦 E	02005	6,950	0	1,800	0	2017-01-01	車間辦公室
汽車 C	04003	245,360	0	295,000	0	2017-01-08	行政部
辦公設備 E	06006	12,612	0	18,900	0	2017-01-12	財務部
空調 D	05004	4,620	0	5,000	0	2017-01-13	車間辦公室
生產設備 C	03003	1,894,650	0	345,000	0	2017-01-20	車間生產線

以上新增的固定資產通過銀行已經全部付款，假設購進時全部取得了增值稅專用發票，進項稅額全部可以抵扣。以上原值中不包含增值稅。使用狀況全部為在用狀態中。

（10）本月減少的固定資產有關資料如表 6-5 所示。

表 6-5　　　　　　　　　　　　　　本月減少固定資產

名稱	編碼	存放地點	退出原因	退出使用時間
電腦 A	02001	財務部	出售	2017-01-25
空調 C	05003	車間辦公室	出售	2017-01-16

（11）本月工作量有關資料如表6-6所示。

表6-6　　　　　　　　　　本月工作量有關資料

名稱	編碼	本月工作量（件）
行政大樓	0101001	5,000
生產大樓	0102002	5,000
電腦A	02001	150
電腦B	02002	120
電腦C	02003	100
電腦D	02004	80
生產設備A	03001	5,000
生產設備B	03002	3,000
汽車A	04001	1,230
汽車B	04002	820
空調A	05001	30
空調B	05002	20
空調C	05003	10
辦公設備A	06001	25
辦公設備B	06002	30
辦公設備C	06003	40
辦公設備D	06004	45
辦公設備E	06005	26

[實訓要求]
（1）錄入固定資產原始資料以及固定資產增加、固定資產減少有關資料。
（2）計提本月固定資產折舊額。
（3）生成有關固定資產增加、固定資產減少、固定資產折舊的會計憑證。
（4）完成固定資產系統的期末結帳工作。

實訓二　固定資產系統（年限平均法二）

[實訓目的]
通過本實訓，能夠掌握固定資產設置、錄入原始卡片、固定資產增加卡片、固定資產減少卡片、計提折舊、生成與固定資產業務相關的會計憑證、期末結帳等相關操作知識。

[實訓內容]
（1）固定資產系統啟用時間為2017年1月1日。
（2）折舊方法為年限平均法（二）。
（3）資產類別編碼規則為2-2-1-2。手工錄入固定資產編碼。固定資產自動編碼規則為類別編碼+三位自然序號。
（4）固定資產類別表如表6-7所示。

表 6-7　　　　　　　　　　　　固定資產類別表

一級類別編碼	一級類別名稱	二級類別編碼	二級類別名稱	使用年限（年）	計量單位	淨殘值率（%）	計提屬性
01	房屋	0101	行政大樓	50	幢	6	正常計提
		0102	生產大樓	45	幢	4	正常計提
02	電腦			5	臺	3	正常計提
03	生產設備			10	臺	4	正常計提
04	汽車			25	輛	5	正常計提
05	空調			8	臺	3	正常計提
06	辦公設備			5	個	2	正常計提

（5）企業部門設置表如表6-8所示。

表 6-8　　　　　　　　　　　　企業部門設置表

一級部門編碼	一級部門名稱	二級部門編碼	二級部門名稱
1	財務部		
2	總經理辦		
3	採購部		
4	銷售部	401	銷售一部
		402	銷售二部
5	生產車間	501	車間辦公室
		502	車間生產線
6	人力資源部		

（6）固定資產增加方式為直接購入；固定資產減少方式為出售。

（7）行政大樓由銷售部、財務部、人力資源部、行政部共同使用。分攤比例為銷售部為40%、財務部25%、人力資源部25%、行政部10%。

（8）2017年12月31日固定資產有關資料如表6-9所示。

表 6-9　　　　　　　　　　　　固定資產

名稱	編碼	原值（元）	累計折舊（元）	開始使用時間	使用部門
行政大樓	0101001	5,000,000	256,000	2013-10-09	行政部
生產大樓	0102002	3,680,000	189,000	2013-11-25	生產車間
電腦A	02001	6,800	200	2015-10-03	財務部
電腦B	02002	5,600	350	2015-09-01	行政部
電腦C	02003	4,860	420	2015-08-02	人力資源部
電腦D	02004	4,980	610	2015-05-09	車間辦公室
生產設備A	03001	5,680,000	460,000	2016-06-12	車間生產線
生產設備B	03002	2,769,000	876,000	2016-01-23	車間生產線
汽車A	04001	268,000	12,980	2014-09-08	行政部
汽車B	04002	159,250	12,800	2012-08-25	車間辦公室

表6-9(續)

名稱	編碼	原值(元)	累計折舊(元)	開始使用時間	使用部門
空調A	05001	8,940	560	2016-09-24	行政部
空調B	05002	6,850	1,200	2015-08-12	財務部
空調C	05003	3,250	260	2015-04-28	車間辦公室
辦公設備A	06001	12,600	780	2016-08-26	行政部
辦公設備B	06002	6,810	965	2016-08-29	財務部
辦公設備C	06003	19,800	1,340	2015-01-26	人力資源部
辦公設備D	06004	5,640	410	2016-02-16	人力資源部
辦公設備E	06005	5,830	135	2016-08-08	人力資源部
合計		17,648,210	1,814,010		

(9) 本月新增加的固定資產有關資料如表6-10所示。

表6-10　　　　　　　　　　　本月新增固定資產

名稱	編碼	原值(元)	累計折舊(元)	預計使用年限(年)	開始使用時間	存放地點
電腦E	02005	6,950	0	5	2017-01-01	車間辦公室
汽車C	04003	245,360	0	12	2017-01-08	行政部
辦公設備E	06006	12,612	0	6	2017-01-12	財務部
空調D	05004	4,620	0	5	2017-01-13	車間辦公室
生產設備C	03003	1,894,650	0	15	2017-01-20	車間生產線

以上新增的固定資產通過銀行已經全部付款，購進時全部取得了增值稅專用發票，進項稅額全部可以抵扣。以上原值中不包含增值稅。使用狀況全部為在用狀態中。

(10) 本月減少的固定資產有關資料如表6-11所示。

表6-11　　　　　　　　　　　本月減少固定資產

名稱	編碼	存放地點	退出原因	退出使用時間
電腦A	02001	財務部	出售	2017-01-25
空調C	05003	車間辦公室	出售	2017-01-16

[實訓要求]

(1) 錄入固定資產原始資料以及固定資產增加、固定資產減少等有關資料。
(2) 計提本月固定資產折舊額。
(3) 生成有關固定資產增加、固定資產減少、固定資產折舊的會計憑證。
(4) 完成固定資產系統的期末結帳工作。

7 薪資管理系統

薪資管理系統主要由設置、業務處理和憑證查詢等部分組成。

薪資管理系統的主要功能是錄入與員工工資有關的財務數據，生成與工資相關的會計憑證，根據管理需要，提供與工資相關的報表。

7.1 薪資管理系統初始化

7.1.1 單個工資類別

選擇單個工資類別，如圖7-1和圖7-2所示。

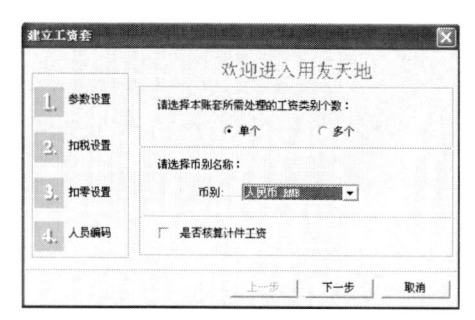

圖7-1　首次進入薪資管理系統

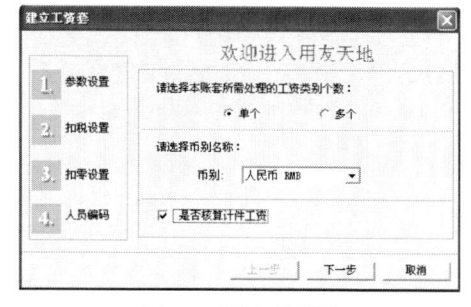

圖7-2　單個工資類別

選擇是否代扣個人所得稅，如圖7-3所示。
選擇是否扣零，如圖7-4所示。

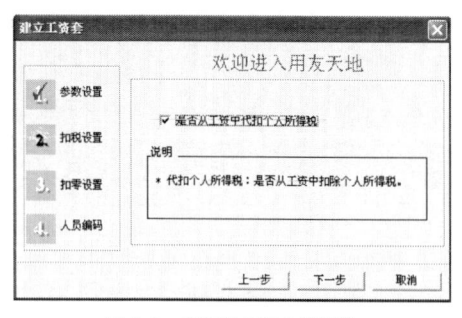

圖7-3　是否代扣個人所得稅

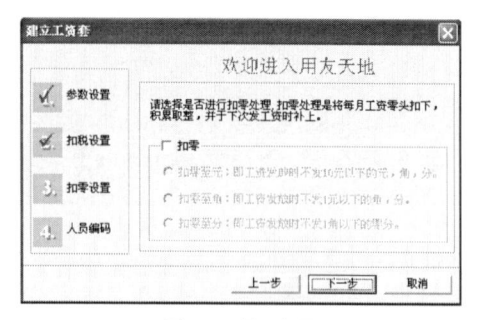

圖7-4　是否扣零

完成薪資管理系統初始化工作，如圖7-5所示。

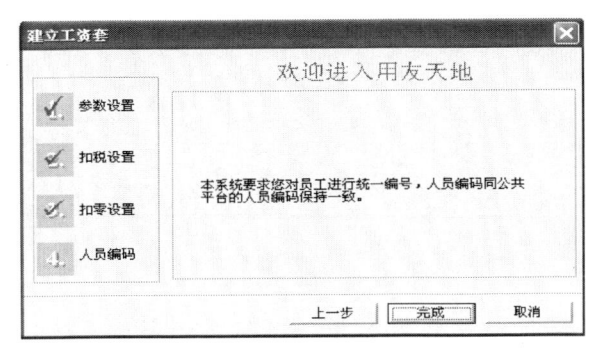

圖 7-5　薪資管理系統初始化完成

7.1.2　多個工資類別

選擇多個工資類別，如圖 7-6 所示。

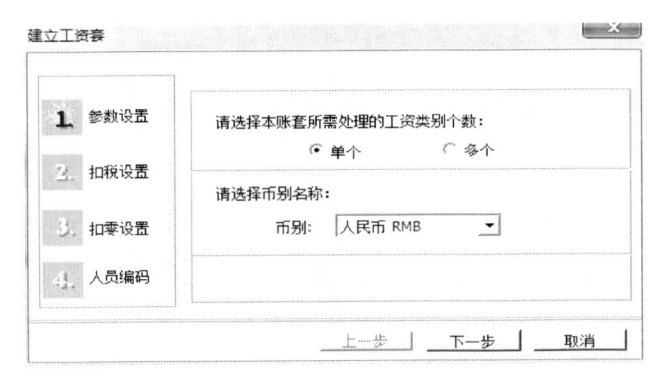

圖 7-6　多個工資類別

選擇是否代扣個人所得稅，如圖 7-7 所示。

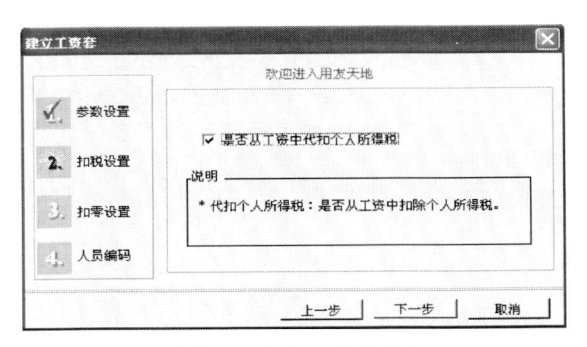

圖 7-7　是否代扣個人所得稅

選擇是否扣零，如圖 7-8 所示。

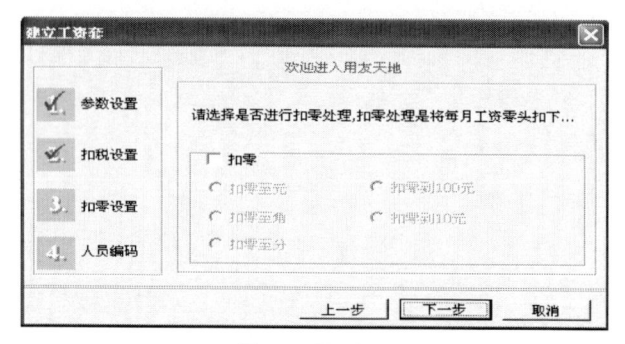

圖 7-8　是否扣零

完成薪資管理系統初始化工作，如圖 7-9 所示。

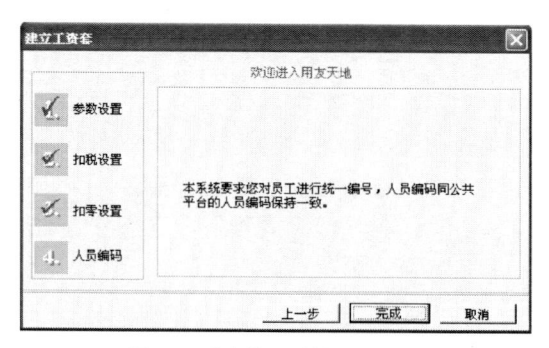

圖 7-9　薪資管理系統初始化完成

建立多個工資類別，如圖 7-10 所示。

具體操作如下：點擊「工資類別」→選擇「錄入新建工資類別名稱」命令→點擊「下一步」按鈕→選中某些部門→點擊「完成」按鈕。

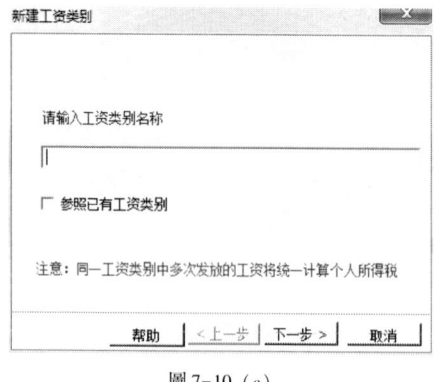

圖 7-10（a） 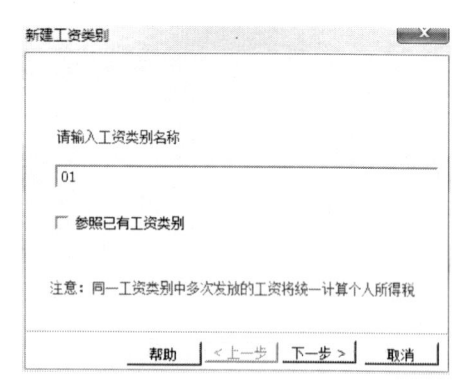　　　　　　　　　　　　圖 7-10（b）

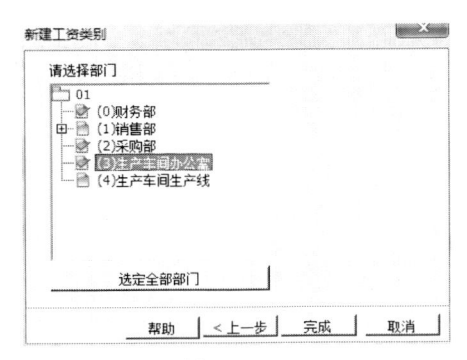

圖 7-10（c）

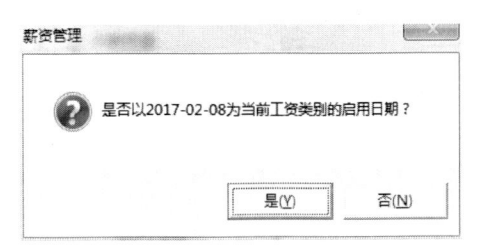

圖 7-10（d）

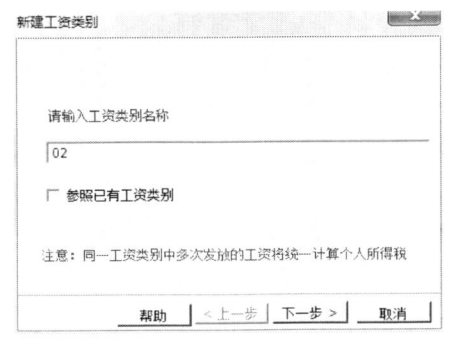

圖 7-10（e）

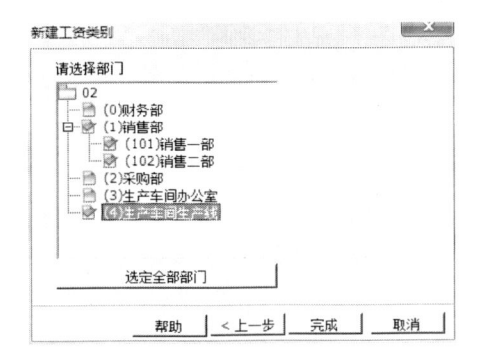

圖 7-10（f）

圖 7-10（g）

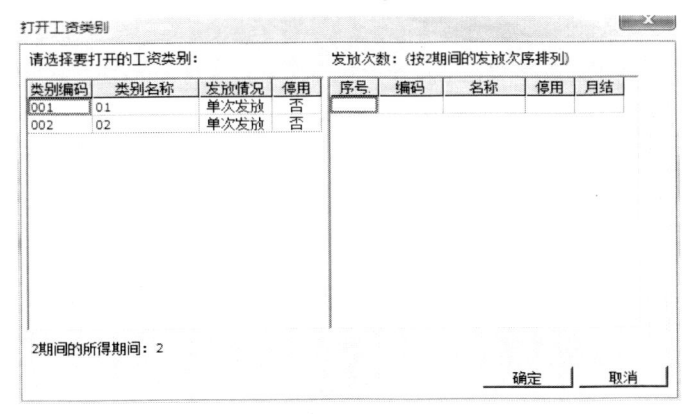

圖 7-10（h）

圖 7-10　建立多個工資類別

打開多個工資類別，如圖 7-11 所示。

具體操作如下：點擊「人力資源」命令→點擊「薪資管理」命令→點擊「工資類別」命令→點擊「打開工資類別」命令，選中某個工資類別→點擊「確定」按鈕。

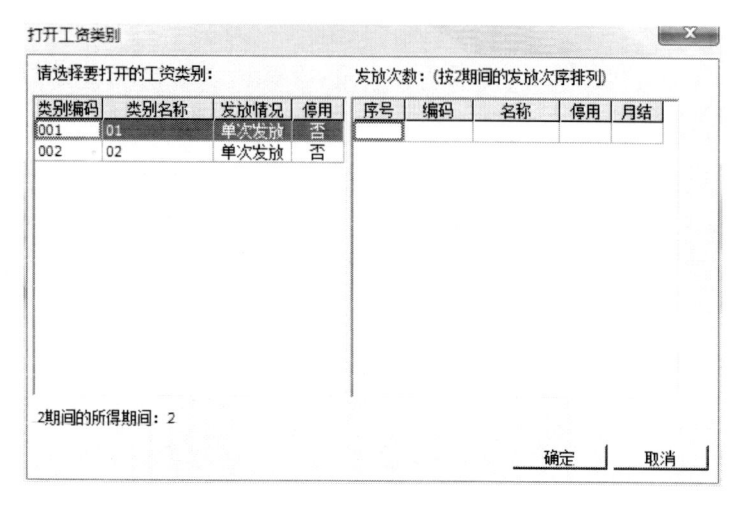

圖 7-11　打開多個工資類別

7.2　設置

設置主要由工資項目設置、人員檔案和選項等部分組成。

7.2.1　工資項目設置

每個企業的工資表構成項目是不同的，每個企業可以根據自己的實際管理需要來設定工資表的構成項目。

基本工資、獎金、浮動工資和績效工資等應發工資項目構成了工資表的「增項」；病假扣款、事假扣款和曠工及遲到扣款等扣減應發工資項目構成了工資表的「減項」。

病假扣款是由病假天數和每天應扣工資金額決定的。事假扣款是由事假天數和每天應扣工資金額決定的。曠工遲到扣款是由曠工遲到次數和每次應扣工資金額決定的。因此，「病假天數」「事假天數」「曠工遲到次數」在錄入增減項欄目時要選擇「其它」，而不能選擇「增項」或「減項」。

具體操作如下：點擊「人力資源」→點擊「薪資管理」→點擊「設置」→點擊「工資項目設置」→點擊「增加」按鈕，錄入相關信息→點擊「確定」按鈕，如圖 7-12 所示。

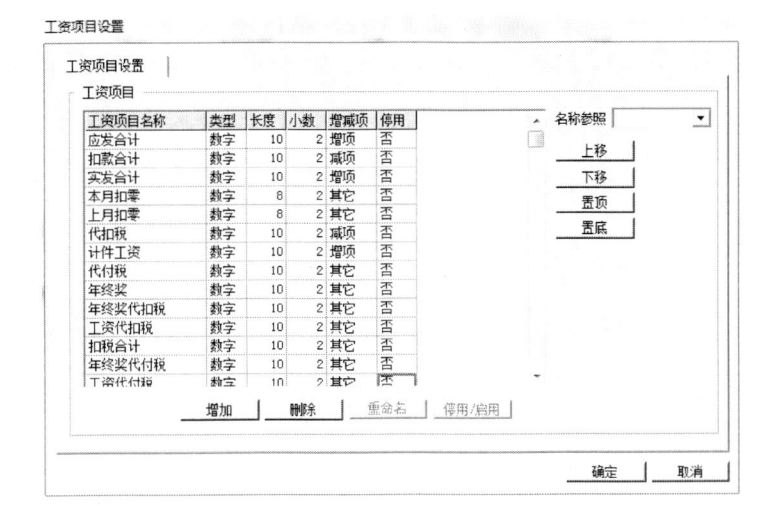

圖 7-12（a）

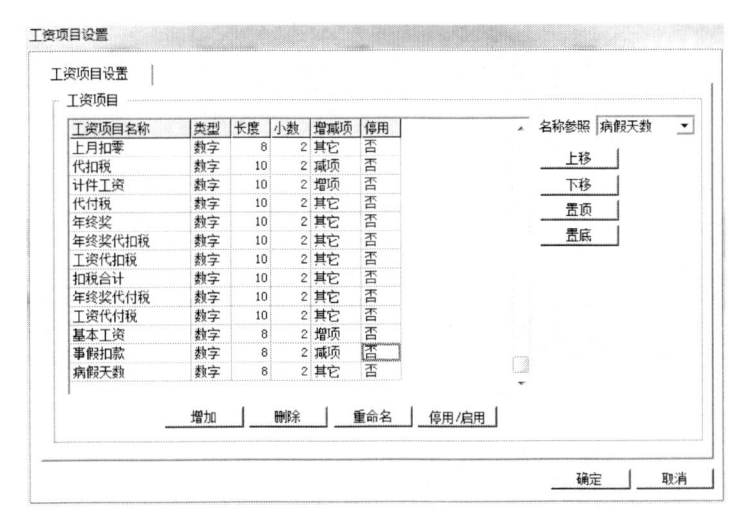

圖 7-12（b）

圖 7-12　工資項目設置

[特別提示]

若選擇了多工資類別，要想對工資「項目設置」進行操作，必須先選擇「關閉工資類別」。

公式設置的具體操作如下：點擊「人力資源」→點擊「薪資管理」→點擊「設置」→點擊「工資項目設置」→點擊「公式設置」選項卡→點擊「增加」按鈕，選擇有關工資項目並設置公式→點擊「公式確認」→點擊「確定」按鈕，如圖 7-13 所示。

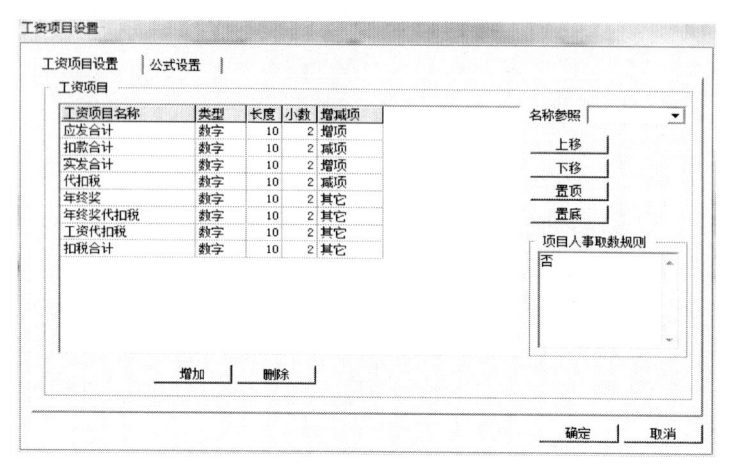

圖 7-13（a）

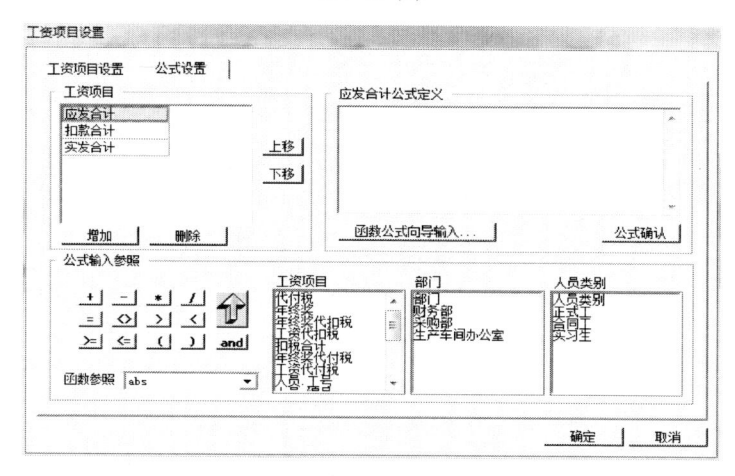

圖 7-13（b）

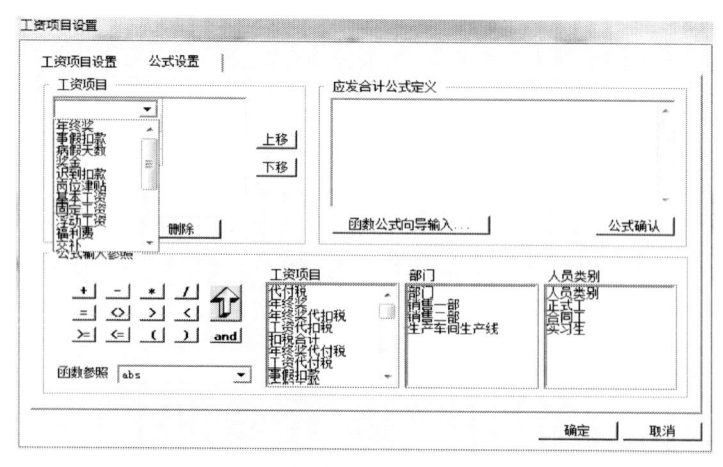

圖 7-13（c）

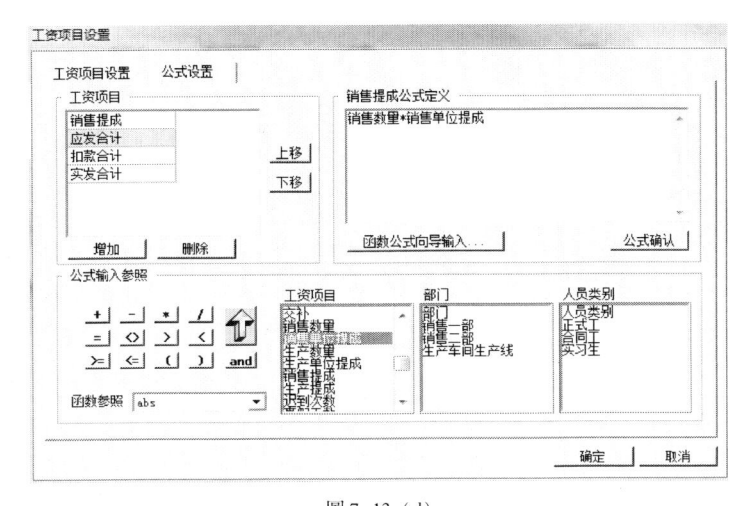

圖 7-13（d）

圖 7-13　公式設置

[特別提示]
- 公式前不能有等號出現。
- 公式需要錄入的數字和符號不能通過電腦鍵盤錄入，而只能通過此界面上左下角的鍵盤來錄入，通過點擊「箭頭」來實現數字和符號之間的轉換。
- 只有人員檔案操作完成後方能進行此功能的操作。

7.2.2　人員檔案

人員檔案主要是要錄入人員編號、人員類別、人員姓名、薪資部門名稱、出生日期、帳號、身分證號碼等信息。其中，人員編號、人員類別、人員姓名、薪資部門名稱是必填項目。出生日期、帳號、身分證號碼等信息是非必填項目。

要完成人員檔案界面的操作，首先要完成「設置」→「基礎檔案」→「人員檔案」界面操作。

方法一：每次錄入一個人員的相關信息。

具體操作如下：點擊「人力資源」→點擊「薪資管理」→點擊「設置」→點擊「人員檔案」→點擊「增加」命令，錄入相關信息→點擊「確定」按鈕，如圖 7-14 所示。

圖 7-14（a）

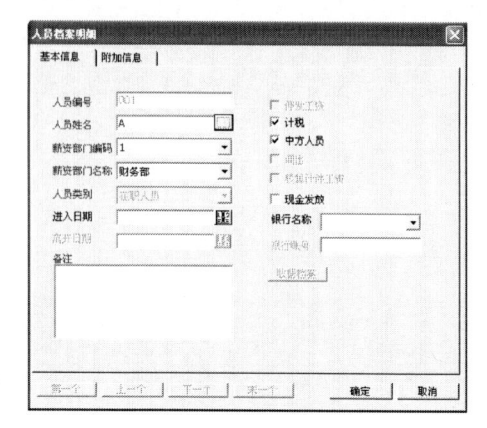

圖 7-14（b）

圖 7-14（c）

圖 7-14　每次錄入一個人員的相關信息

方法二：點擊「批增」按鈕，一次性地完成人員檔案錄入工作。

具體操作如下：點擊「人力資源」→點擊「薪資管理」→點擊「設置」→點擊「人員檔案」→點擊「批增」命令，選擇人員類別→點擊「全選」按鈕→點擊「確定」按鈕，如圖 7-15 所示。

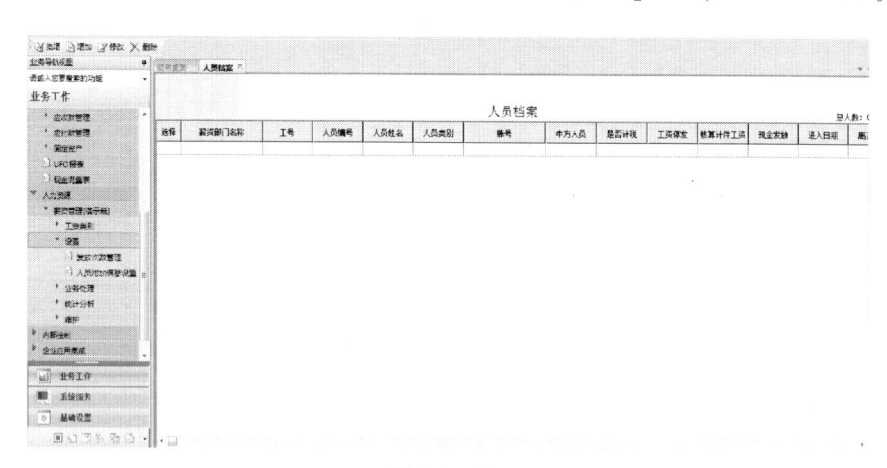

圖 7-15（a）

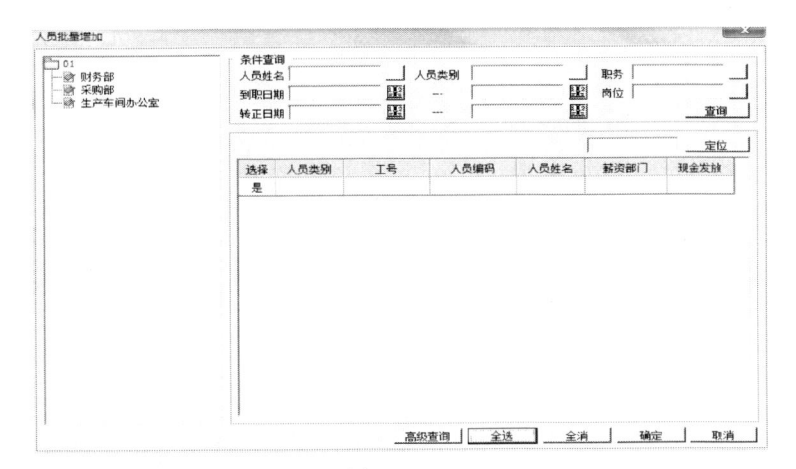

圖 7-15（b）

圖 7-15（c）

圖 7-15　一次性地完成人員檔案錄入工作

7.2.3　選項

選項的主要功能是對扣繳個人所得稅的免徵額、個人所得稅的稅率進行更改，以適應最新的有關個人所得稅稅法的要求。

具體操作如下：點擊「人力資源」→點擊「薪資管理」→點擊「設置」→點擊「選項」命令→點擊「編輯」→點擊「稅率設置」按鈕，進行相關設置→點擊「確定」按鈕，如圖 7-16 所示。

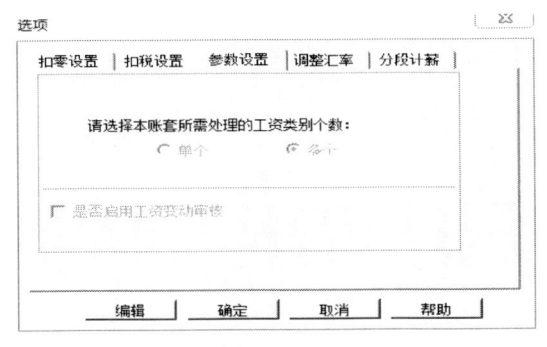

圖 7-16（a）

圖 7-16（b）　　　　　　　　　　　　　　圖 7-16（c）

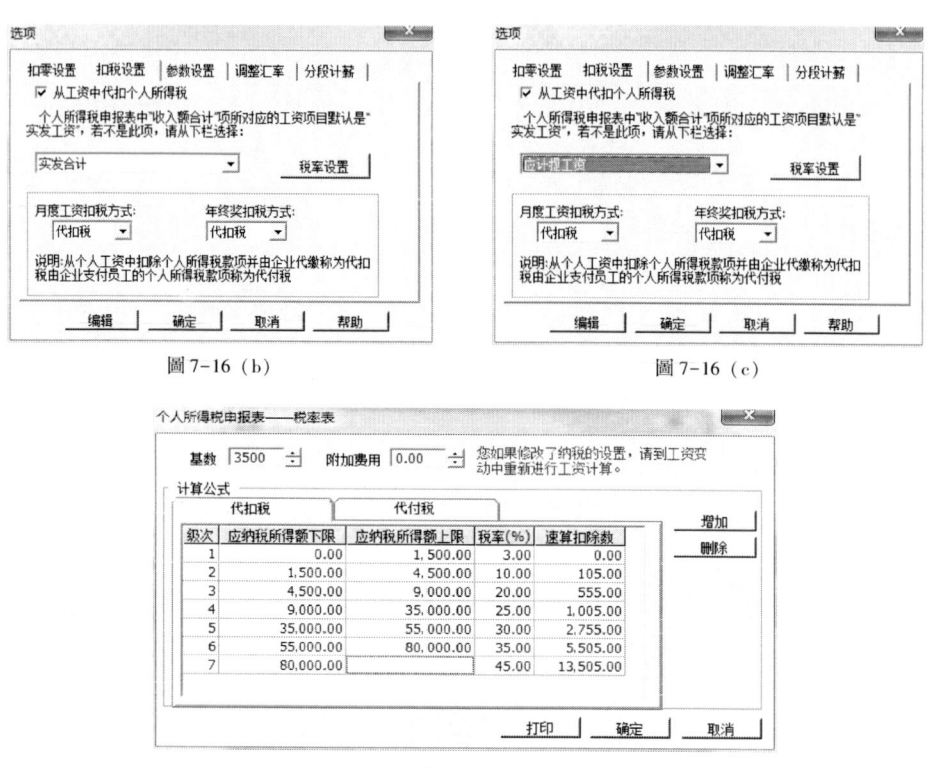

圖 7-16（d）

圖 7-16　選項

[特別提示]

・在選項界面進行個人所得稅免徵額、稅率的相關更改操作後，在「工資變動」界面需要重新計算一次，否則扣繳的個人所得稅計算存在錯誤。

・在此處要做好計提工資項目的設置，否則計提的工資總額是錯誤的。

7.3　業務處理

業務處理主要由工資變動、扣繳個人所得稅、工資分攤、期末處理和反結帳等部分構成。

7.3.1　工資變動

在此功能下，將有關人員的工資數據錄入，其中「應發合計」「扣款合計」「實發合計」「代扣稅」這四個工資項目是不需要人工錄入數據的，點擊「計算」按鈕後，這個工資項目會自動錄入有關工資數據。

若病假扣款、事假扣款、遲到扣款已經在「工資項目」中進行了公式設置，在工資變動表中只需要錄入病假天數、事假天數、遲到次數等相關數據，病假扣款、事假扣款、遲到扣款等相關數據是不需要人工錄入的，點擊「計算」按鈕後，這些項目的數據會自動錄入。

具體操作如下：點擊「人力資源」→點擊「薪資管理」→點擊「業務處理」→點擊「工資變動」命令，錄入相關數據→點擊「計算」按鈕，如圖 7-17 所示。

圖 7-17（a）

圖 7-17（b）

圖 7-17　工資變動

7.3.2　扣繳個人所得稅

此功能能夠自動生成個人所得稅納稅申報表。

具體操作如下：點擊「人力資源」→點擊「薪資管理」→點擊「業務處理」→點擊「扣繳所得稅」命令，選中相關表格→點擊「打開」按鈕→點擊「確定」按鈕，如圖 7-18 所示。

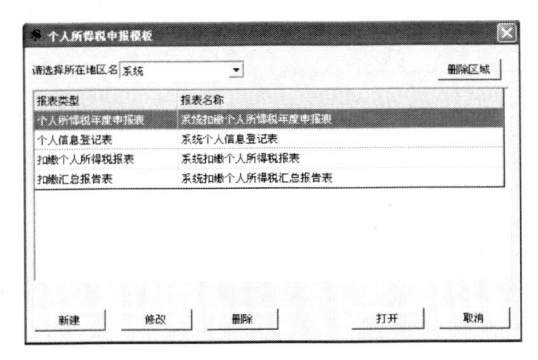

圖 7-18（a）

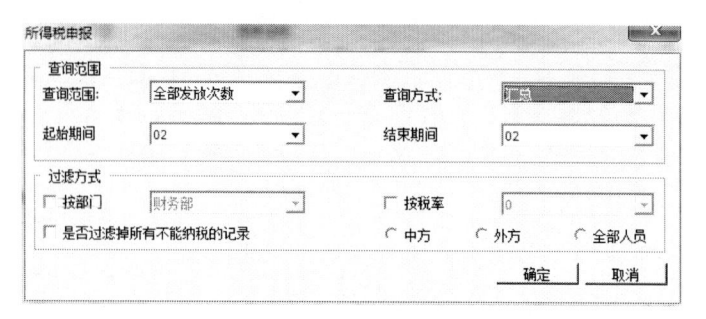

圖 7-18（b）

圖 7-18（c）

圖 7-18　扣繳個人所得稅

7.3.3　工資分攤

此功能能夠進行預提工資的設置工作。銷售部門人員的工資計入「銷售費用」，車間管理人員的工資計入「製造費用」，車間一線生產工人的工資計入「生產成本」，企業行政管理人員的工資計入「管理費用」。

在實際工作中，有些人員工資費用要在不同對象之間進行分配，分配比例之和應該等於1。

例如，一個生產車間生產 A、B 兩種產品，因此要將本車間的生產工人在 A、B 兩種產品之間進行合理分配。

7.3.3.1　工資分攤設置

第一，有關人員工資費用不需要在不同對象之間分配。

具體操作如下：點擊「人力資源」→點擊「薪資管理」→點擊「業務處理」→點擊「工資分攤」命令→點擊「工資分攤設置」按鈕→點擊「增加」按鈕。錄入相關信息→點擊「下一步」按鈕，錄入相關信息後點擊「完成」按鈕，如圖 7-19 所示。

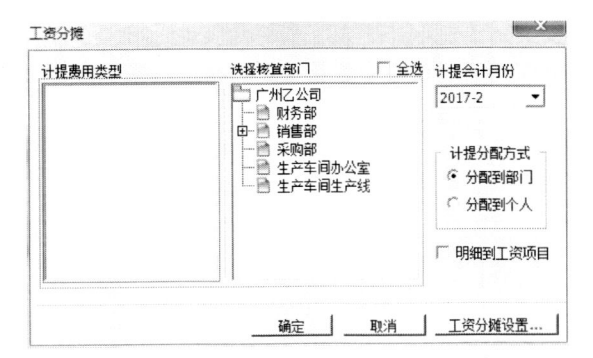

圖 7-19（a）

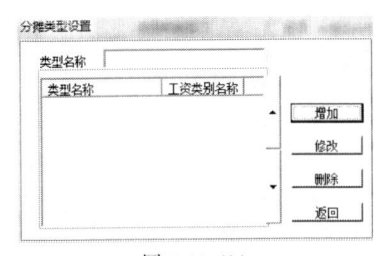

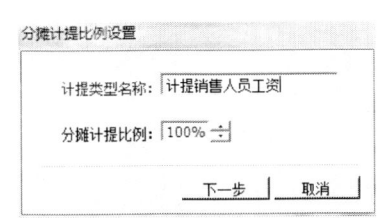

圖 7-19（b）

圖 7-19（c）

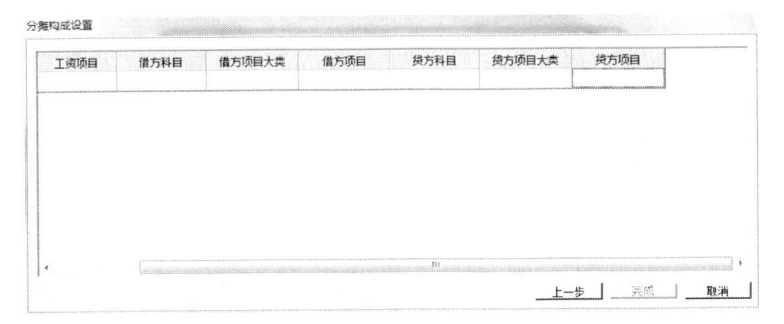

圖 7-19（d）

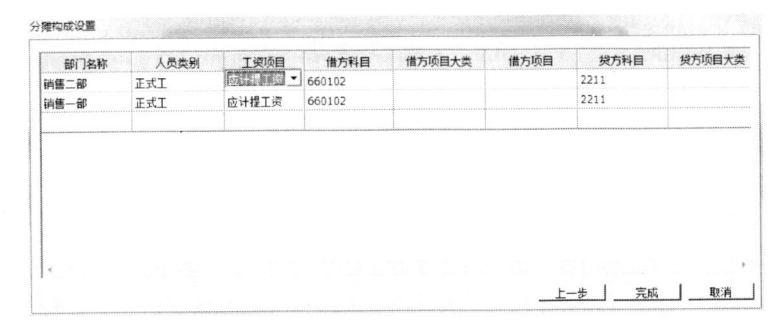

圖 7-19（e）

277

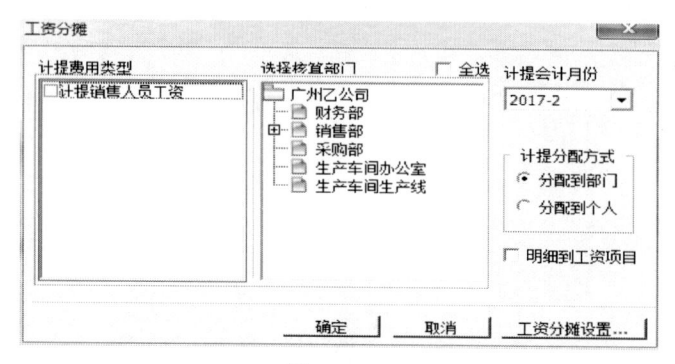

圖 7-19（f）

圖 7-19　工資分攤設置完成（不需要在不同對象之間分配）

第二，有關人員工資費用需要在不同對象之間分配。

具體操作如下：點擊「工資分攤」命令→點擊「工資分攤設置」按鈕→點擊「增加」命令，錄入相關信息→點擊「下一步」按鈕，錄入相關信息後點擊「完成」按鈕，如圖 7-20 所示。

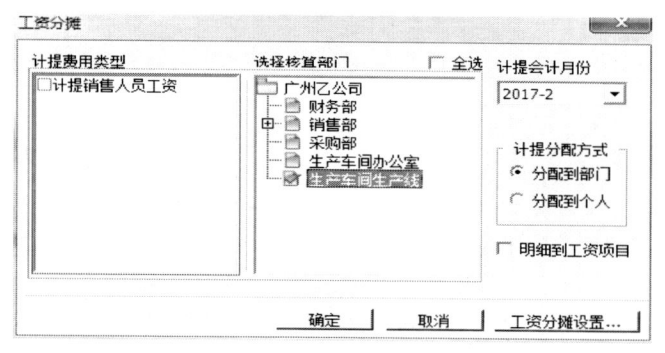

圖 7-20（a）

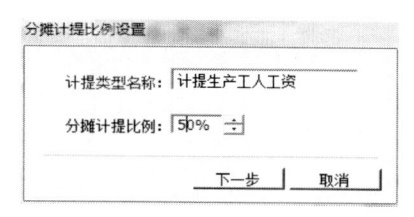

圖 7-20（b）

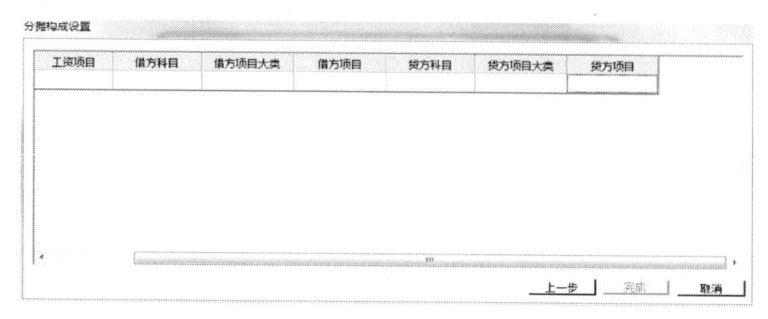

圖 7-20（c）

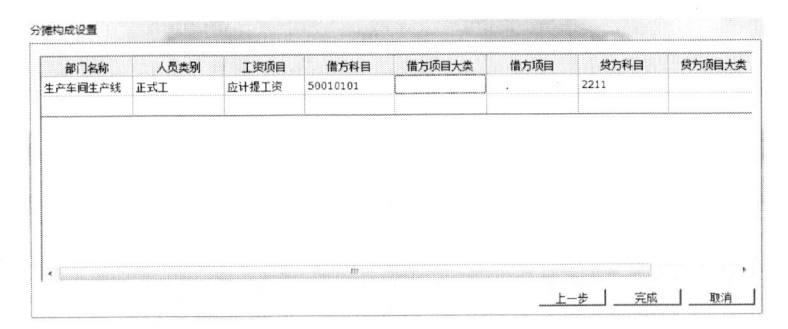

圖 7-20（d）

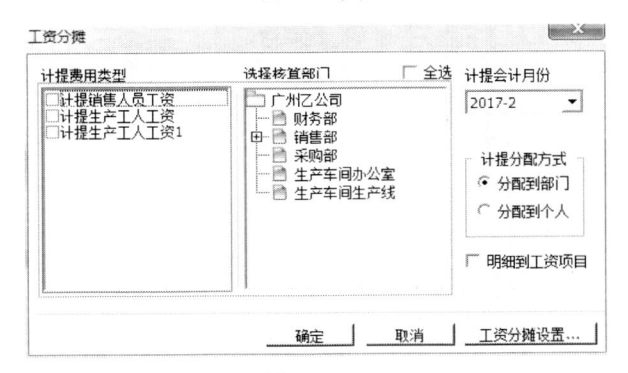

圖 7-20（e）
圖 7-20　工資分攤設置完成（需要在不同對象之間分配）

7.3.3.2　生成計提職工薪酬的會計憑證

該項操作每次只能選中一個部門，不能同時選中多個部門。

具體操作如下：選中某一個部門後點擊「確定」按鈕→再次設置會計科目→點擊「製單」命令→點擊「保存」按鈕，如圖 7-21 所示。

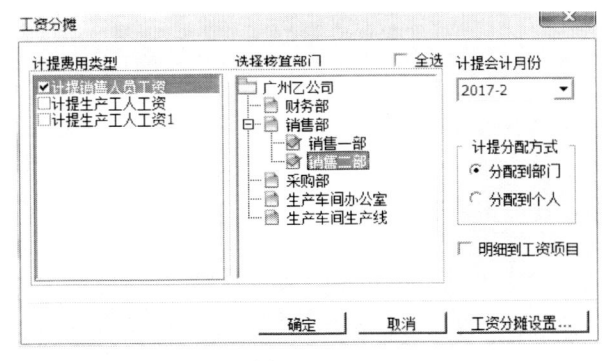

圖 7-21（a）

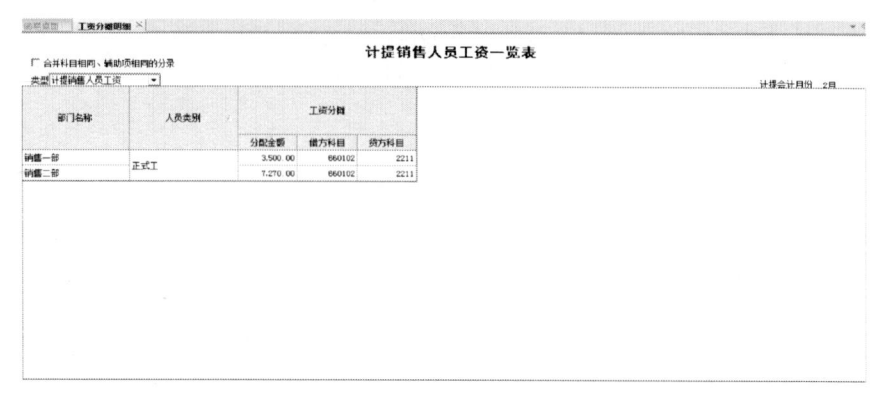

圖 7-21（b）

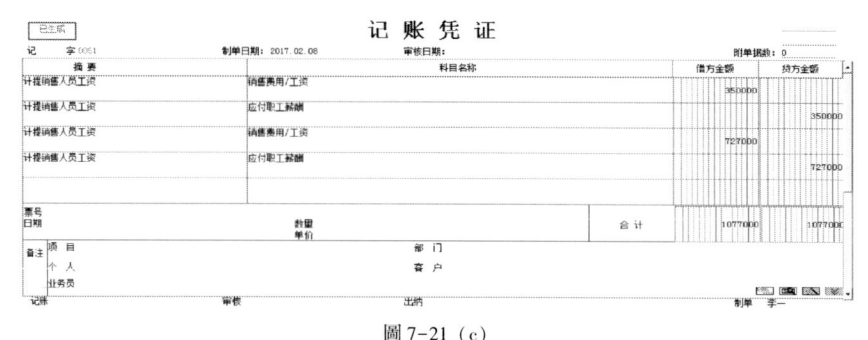

圖 7-21（c）

圖 7-21　生成計提職工薪酬的會計憑證

[特別提示]
- 「人員類別」不能選擇為「無類別」，否則在此系統中無法生成有關計提工資的會計憑證。
- 「計提費用類型」同「選擇核算部門」之間要一一對應。

7.3.4　期末處理

所有有關工資業務處理完畢後，就要進行期末結帳處理了，否則總帳系統無法完成期末結帳工作。

薪資管理系統期末結帳後，本月有關工資業務的數據無法再進行修改，若需要進行有關數據的修改，只有進行反結帳。

期末結帳具體操作如下：點擊「人力資源」→點擊「薪資管理」→點擊「期末處理」命令→點擊「確定」按鈕，如圖 7-22 所示。

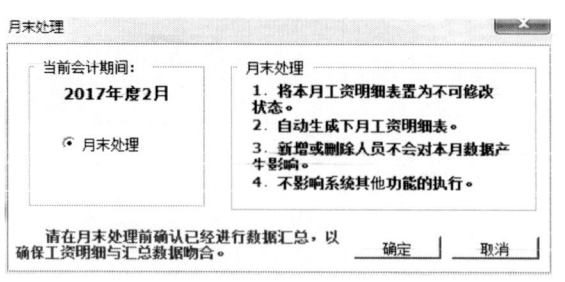

圖 7-22（a）　　　　　　　　　　圖 7-22（b）

圖 7-22　期末處理

7.3.5 反結帳

以結帳月份的次月時間進入用友 U8 系統才能進行反結帳工作。

具體操作如下：點擊「人力資源」→點擊「薪資管理」→點擊「反結帳」命令→點擊「確定」按鈕，如圖 7-23 所示。

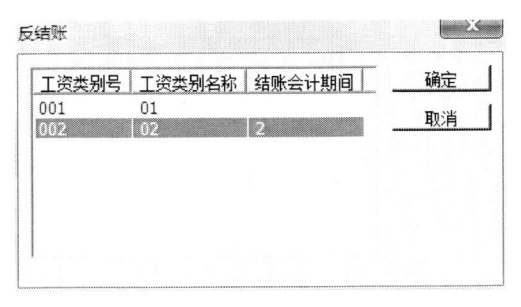

圖 7-23（a）

圖 7-23（b）

圖 7-23（c）

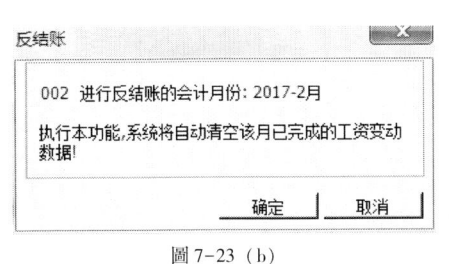

圖 7-23　反結帳

7.4　憑證查詢

憑證查詢具體操作如下：點擊「人力資源」→點擊「薪資管理」→點擊「統計分析」→點擊「憑證查詢」命令，如圖 7-24 所示。

圖 7-24　憑證查詢

憑證查詢系統生成的會計憑證，在總帳系統中是不能作廢的，若發現有關工資數據是錯誤的，要進行修改時，需要在此界面將有關憑證刪除，然後修改有關數據，重新生成有關會計憑證。

實訓　薪資系統實訓

[實訓目的]

通過本實訓，能夠掌握薪資管理系統設置、業務處理、憑證查詢、期末結帳等相關業務操作知識。

[實訓內容]

(1) 廣東珠江實業股份有限公司啟用薪資管理系統的時間為 2017 年 2 月 5 日。

(2) 該公司實行多個工資類別，由公司代扣代繳個人所得稅。

(3) 計量單位組資料如表 7-1 所示。

表 7-1　　　　　　　　　　　計量單位組

分組編碼	分組名稱	計量單位編碼	計量單位名稱	是否主計量單位	換算率
02	數量單位組	0201	個	是	
		0202	件	否	1
		0203	箱	否	1
		0204	臺	否	1

(4) 該公司工資結構表如表 7-2 所示。

表 7-2　　　　　　　　　　　工資結構表

序號	工資項目	增減項
1	基本工資	增項
2	崗位工資	增項
3	獎金	增項
4	津貼	增項
5	交通補貼	增項
6	浮動工資	增項
7	事假扣款	減項
8	事假天數	其他
9	病假扣款	減項
10	病假天數	其他
11	遲到扣款	減項
12	遲到次數	其他

該公司財務制度規定，事假扣款標準是（基本工資+崗位工資+獎金+津貼+交通補貼+浮動工資）÷21.75；病假扣款標準是（基本工資+崗位工資+獎金+津貼+交通補貼+浮動工資）÷21.75×30%；遲到扣款標準是每次 100 元。

(5) 該公司人員檔案表如表 7-3 所示。

表 7-3　　　　　　　　　　　　　　　人員檔案表

部門編碼	部門名稱	編號	姓名	人員類別	是否計稅	是否計件工資
1	財務部	103	李一	在職人員	是	否
1	財務部	104	李二	在職人員	是	否
1	財務部	105	李三	在職人員	是	否
2	總經理辦	203	張一	在職人員	是	否
2	總經理辦	204	張二	在職人員	是	否
2	總經理辦	205	張三	在職人員	是	否
3	採購部	303	王一	在職人員	是	否
3	採購部	304	王二	在職人員	是	否
3	採購部	305	王三	在職人員	是	否
4	銷售一部	40103	毛一	在職人員	是	是
4	銷售一部	40104	毛二	在職人員	是	是
4	銷售二部	40203	毛三	在職人員	是	是
4	銷售二部	40204	毛四	在職人員	是	是
5	車間生產線	50103	黃一	在職人員	是	是
5	車間生產線	50104	黃二	在職人員	是	是
5	車間生產線	50105	黃三	在職人員	是	是
5	車間辦公室	50203	葉一	在職人員	是	否
5	車間辦公室	50204	葉二	在職人員	是	否
5	車間辦公室	50205	葉三	在職人員	是	否
6	人力資源部	603	邱一	在職人員	是	否
6	人力資源部	604	邱二	在職人員	是	否

（6）2017 年 2 月份考勤表如表 7-4 所示。

表 7-4　　　　　　　　　　　　　　　考勤表

部門編碼	部門名稱	編號	姓名	遲到次數（次）	請假天數（天）	病假天數（天）
1	財務部	103	李一	2		
2	總經理辦	203	張一		1	
3	採購部	304	王二			3
4	銷售一部	40104	毛二	1		
5	車間生產線	50104	黃二		3	
5	車間辦公室	50204	葉二		2	

（7）2017 年 2 月份工資表部分數據如表 7-5 所示。

表 7-5　　　　　　　　　　　　　工資表（部分）　　　　　　　　　　　　單位：元

部門編碼	部門名稱	編號	姓名	基本工資	崗位工資	獎金	津貼	交通補貼	浮動工資
1	財務部	103	李一	3,600	500	250	360	400	650
1	財務部	104	李二	2,500	300	150	240	400	350
1	財務部	105	李三	1,800	200	100	200	400	220

表7-5(續)

部門編碼	部門名稱	編號	姓名	基本工資	崗位工資	獎金	津貼	交通補貼	浮動工資
2	總經理辦	203	張一	4,200	600	300	360	400	800
		204	張二	3,800	400	250	300	400	500
		205	張三	2,200	200	180	200	400	260
3	採購部	303	王一	4,300	500	360	380	400	600
		304	王二	3,500	400	300	200	400	350
		305	王三	1,800	200	100	80	400	200
4	銷售一部	40103	毛一	1,000					
		40104	毛二	1,000					
	銷售二部	40203	毛三	1,000					
		40204	毛四	1,000					
5	車間生產線	50103	萬一						
		50104	萬二						
		50105	萬三						
	車間辦公室	50203	葉一	5,000	600	450	350	400	800
		50204	葉二	4,200	500	400	300	400	600
		50205	葉三	3,000	400	300	200	400	400

(8) 2017年2月銷售數量明細表如表7-6所示。

表7-6　　　　　　　　　　銷售數量明細表

部門	姓名	銷售數量（個）	單件銷售提成（元）
銷售一部	毛一	500	8
銷售一部	毛二	400	8
銷售二部	毛三	420	8

(9) 2017年2月生產數量明細表如表7-7所示。

表7-7　　　　　　　　　　生產數量明細表

部門	姓名	生產完工數量（個）	單件生產提成（元）
車間生產線	萬一	500	6
車間生產線	萬二	400	6
車間生產線	萬三	420	6

(10) 2017年2月生產、銷售產品數量表如表7-8所示。

表7-8　　　　　　　　　　生產、銷售產品數量表

部門編碼	部門名稱	編號	姓名	銷售數量（個）	生產數量（個）
4	銷售一部	40103	毛一	500	
		40104	毛二	400	
	銷售二部	40203	毛三	420	

表7-8(續)

部門編碼	部門名稱	編號	姓名	銷售數量(個)	生產數量(個)
5	車間生產線	50103	萬一		500
		50104	萬二		400
		50105	萬三		420

(11) 個人所得稅稅率表如表7-9所示。

表7-9　　　　　　　　　　　個人所得稅稅率表

級數	全月應納稅所得額	稅率(%)	速算扣除數
1	不超過1,500元	3	0
2	1,500元至4,500元的部分	10	105
3	4,500元至9,000元的部分	20	555
4	9,000元至35,000元的部分	25	1,005
5	35,000元至55,000元的部分	30	2,755
6	55,000元至80,000元的部分	35	5,505
7	超過80,000元的部分	45	13,505

個人所得稅的免徵額是3,500元。

[實訓要求]

(1) 根據上述資料，將本月有關工資數據錄入薪資管理系統。
(2) 生成有關預提本月工資的相關會計憑證。
(3) 完成月末結帳工作。

8 庫存管理系統

庫存管理系統主要作用是用來記錄各種貨物期初結存數據、本期入庫數據、本期出庫數據以及期末結存數據。

庫存管理系統主要由初始設置、入庫業務、出庫業務、調撥業務、盤點業務、報表、月末結帳等部分組成。

工業版帳套系統中存貨和貨物指原材料、材料、包裝物、低值易耗品、委外加工材料以及企業自行生產的半成品、產成品等。

工業版用戶可以使用產成品入庫、材料出庫、領料申請、限額領料等模塊，但不能使用受託代銷業務模塊。

商業版帳套系統中存貨指庫存商品，貨物指商品。

商業版用戶不能使用產成品入庫、委外加工入庫、材料出庫相關模塊，商業企業可以設置受託代銷業務模塊。

8.1 初始設置

8.1.1 選項

根據管理要求，進行選項設置。

具體操作如下：點擊「供應鏈」→點擊「庫存管理」→點擊「選項」→選中相關條件→點擊「確定」，如圖 8-1 所示。

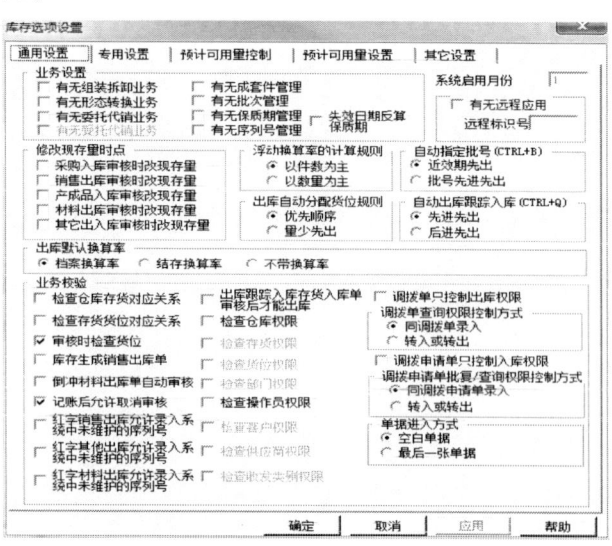

圖 8-1 選項

8.1.2 期初結存

在此界面，主要是錄入存貨的期初結存相關數據，主要內容包括倉庫、存貨名稱、數量、單價、金額等。

具體操作如下：點擊「供應鏈」→點擊「庫存管理」→點擊「期初結存」→點擊「修改」→錄入相關數據→點擊「保存」→點擊「審核」，如圖 8-2 所示。

圖 8-2（a）

圖 8-2（b）

圖 8-2 期初結存

8.1.3 期初不合格品單

期初存在不合格的存貨，就錄入此界面中。

具體操作如下：點擊「供應鏈」→點擊「庫存管理」→點擊「期初不合格品」→點擊「增加」→錄入相關內容→點擊「保存」，如圖 8-3 所示。

圖 8-3（a）

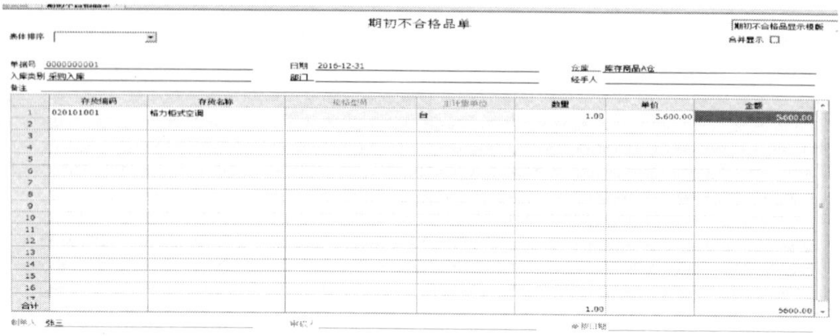

圖 8-3（b）

圖 8-3　期初不合格品單

8.2　入庫業務

8.2.1　採購入庫單

（方法一）具體操作如下：點擊「供應鏈」→點擊「庫存管理」→點擊「入庫業務」→點擊「採購入庫單」→點擊「增加」→錄入相關內容→點擊「保存」→點擊「審核」，如圖 8-4 所示。

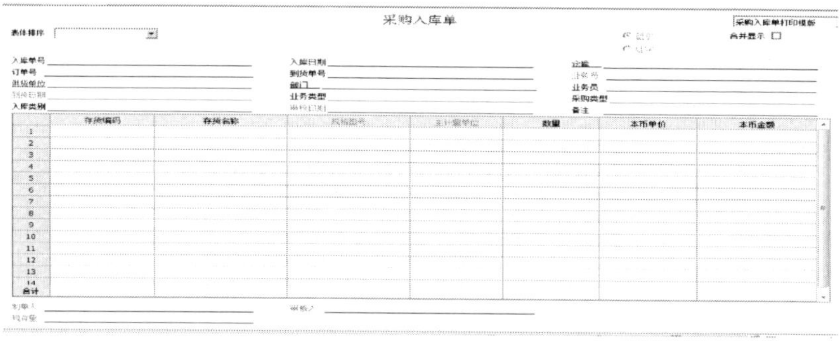

圖 8-4（a）

圖 8-4（b）

圖 8-4　採購入庫單

（方法二）具體操作如下：點擊「供應鏈」→點擊「庫存管理」→點擊「入庫業務」→點擊「採購入庫單」→選擇生單條件→選擇過濾條件→點擊「全選」或選擇某一條記錄→點擊「確定」→點擊「保存」→點擊「審核」，如圖8-5所示。

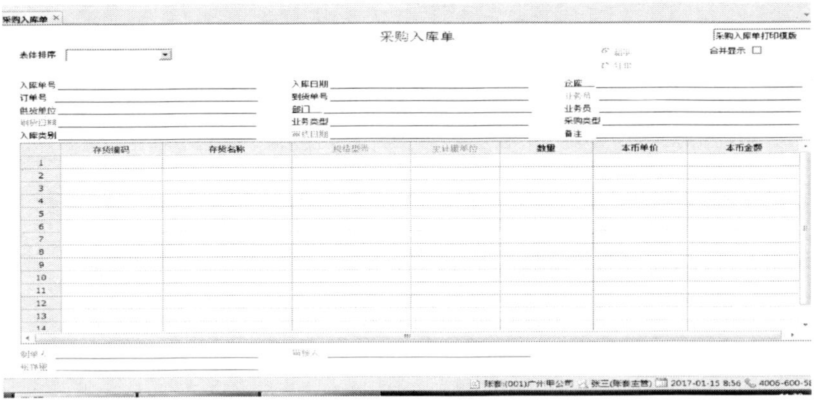

圖8-5（a）

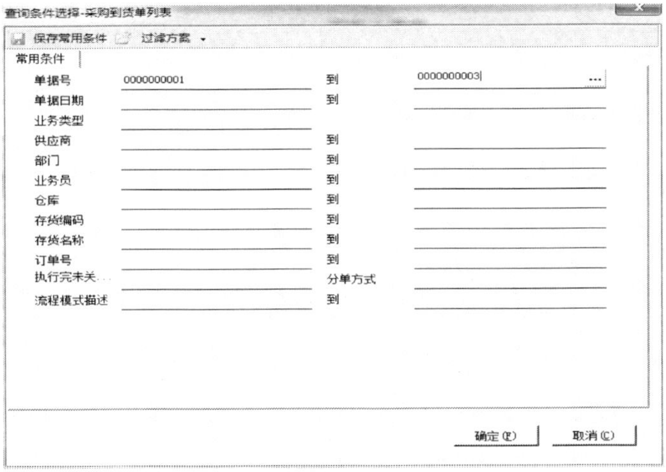

圖8-5（b）

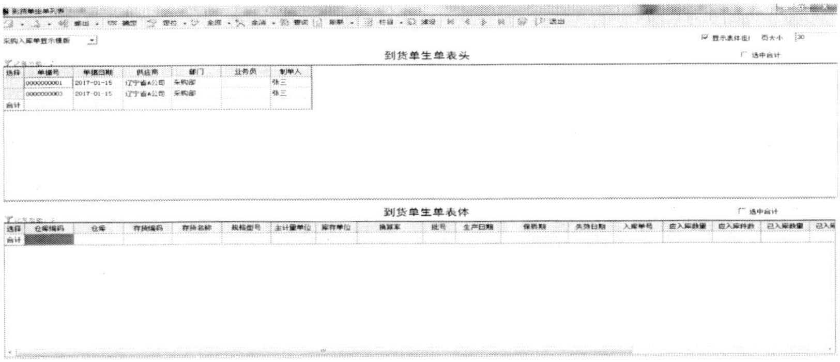

圖8-5（c）

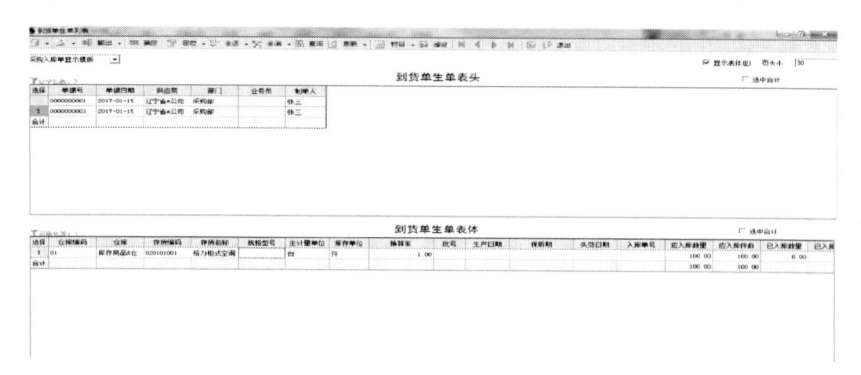

圖 8-5（d）

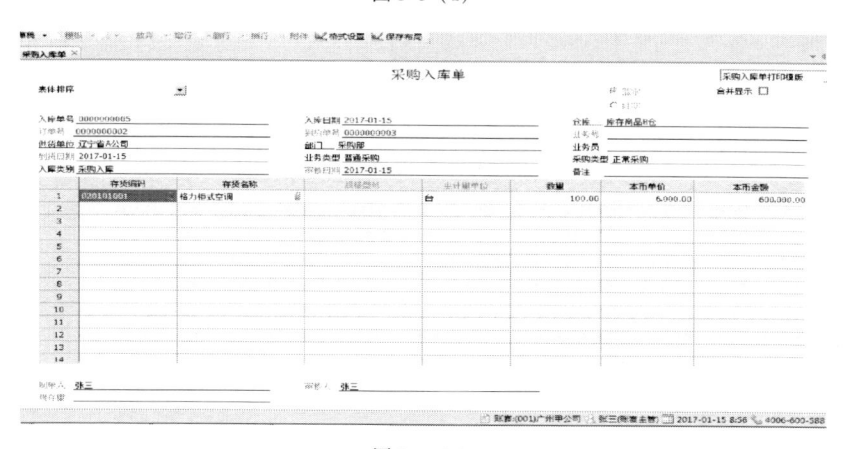

圖 8-5（e）

圖 8-5　採購入庫單

[特別提示]

若採購入庫的貨物因產品質量、規格、型號等原因造成退貨，採用紅字入庫單。

紅字入庫單具體操作如下：點擊「供應鏈」→點擊「庫存管理」→點擊「入庫業務」→點擊「採購入庫單」→點擊「增加」→選擇「紅字」→錄入相關內容→點擊「保存」→點擊「審核」，如圖 8-6 所示。

圖 8-6（a）

圖 8-6（b）

圖 8-6　紅字入庫單

[特別提示]

退貨數量要錄成負數，不能錄成正數。

8.2.2　產成品入庫單

產成品入庫單一般指工業企業產成品驗收入庫時所填制的入庫單據。

產成品一般在入庫時無法確定產品的總成本和單位成本，因此在填制產成品入庫單時，一般只有數量，沒有單價和金額。

具體操作如下：點擊「供應鏈」→點擊「庫存管理」→點擊「入庫業務」→點擊「產成品入庫單」→點擊「增加」→錄入相關內容→點擊「保存」→點擊「審核」，如圖 8-7 所示。

圖 8-7（a）

圖 8-7（b）

圖 8-7　產成品入庫單

8.2.3 其他入庫單

其他入庫單是指除採購入庫、產成品入庫之外的其他入庫業務產生的單據，如調撥入庫、盤盈入庫、組裝拆卸入庫、形態轉換入庫等業務形成的入庫單。

其他入庫單一般由系統根據其他業務單據自動生成，也可以手工填制，如圖 8-8 所示。

圖 8-8（a）

圖 8-8（b）

圖 8-8　其他入庫單

8.3　出庫業務

8.3.1　銷售出庫單

銷售出庫單的形成方法如下：

第一，在銷售管理模塊選項中進行設置。

第二，銷售管理模塊自動生成銷售出庫單。

第三，銷售管理的發貨單、銷售發票、零售日報、銷售調撥單在審核或復核時，自動生成銷售出庫單。

庫存管理模塊不可修改出庫存貨、出庫數量，即一次發貨一次全部出庫。

銷售出庫單生成如圖 8-9 所示。

圖 8-9（a）

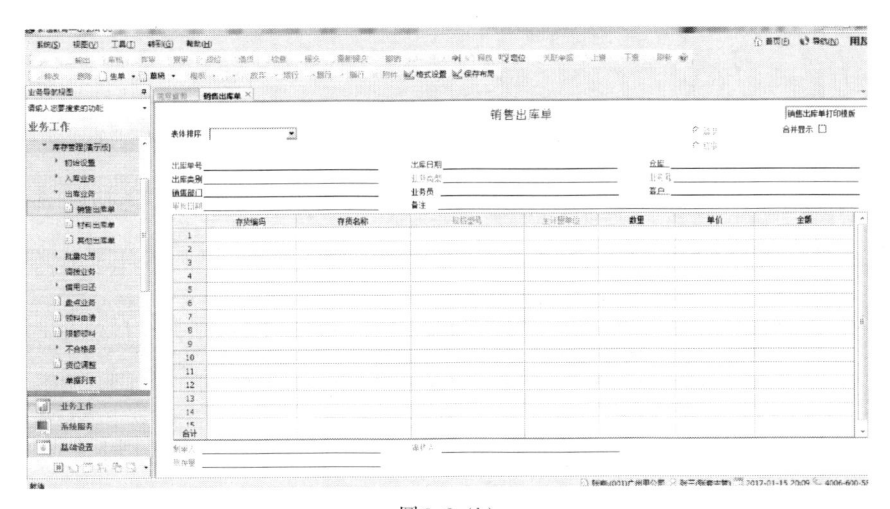

圖 8-9（b）

圖 8-9 銷售出庫單

若在銷售管理子系統的選項中進行了設置，在庫存管理子系統中銷售出庫單不能做任何形式的操作，全部顯示為灰色。

8.3.2 材料出庫單

一般是工業生產企業才會使用材料出庫單。

具體操作如下：點擊「供應鏈」→點擊「庫存管理」→點擊「出庫業務」→點擊「材料出庫單」→點擊「增加」→錄入相關內容→點擊「保存」→點擊「審核」，如圖 8-10 所示。

圖 8-10（a）

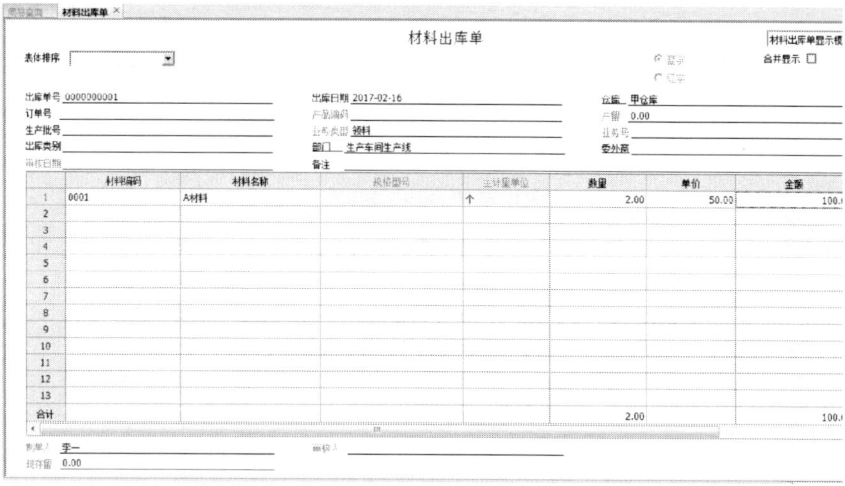

圖 8-10（b）

圖 8-10　材料出庫單

8.3.3　其他業務出庫單

其他業務出庫單是指除銷售出庫、材料出庫之外的其他出庫業務形成的單據，如調撥出庫、盤虧出庫、組裝拆卸出庫、形態轉換出庫、不合格品記錄等業務形成的出庫單。

其他業務出庫單一般由系統根據其他業務單據自動生成，也可以手工填制。

8.4　調撥業務

調撥單是指用於倉庫之間存貨的轉庫業務或部門之間的存貨調撥業務的單據。

8.4.1 調撥申請單

具體操作如下：點擊「供應鏈」→點擊「庫存管理」→點擊「調撥業務」→點擊「調撥申請單」→點擊「增加」→錄入相關內容→點擊「保存」→點擊「審核」，如圖8-11所示。

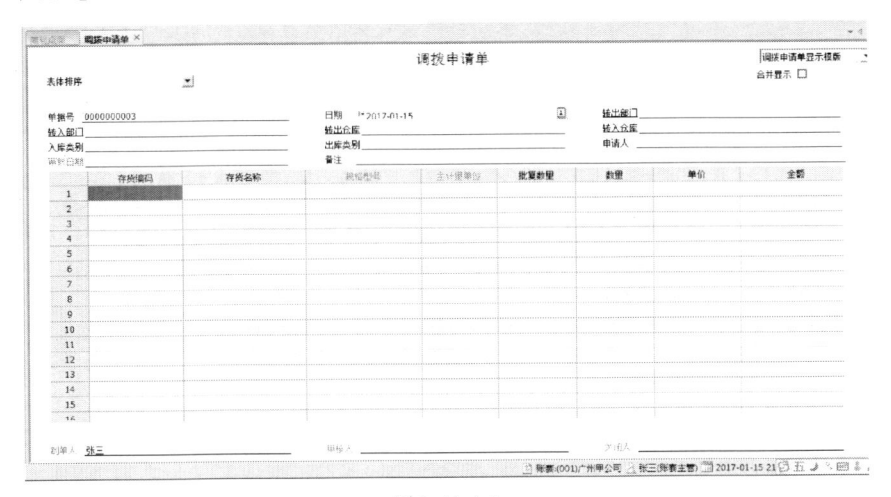

圖8-11（a）

圖8-11（b）

圖8-11　調撥申請單

8.4.2 調撥單

（方法一）具體操作如下：點擊「供應鏈」→點擊「庫存管理」→點擊「調撥業務」→點擊「調撥單」→點擊「增加」→點擊「生單」→選擇生單方式→錄入相關內容→點擊「保存」→點擊「審核」。

生單方式有根據調撥申請單、藍字入庫單、銷售訂單三種形式。

圖8-12是根據藍字入庫單生成的調撥單。

圖 8-12（a）

圖 8-12（b）

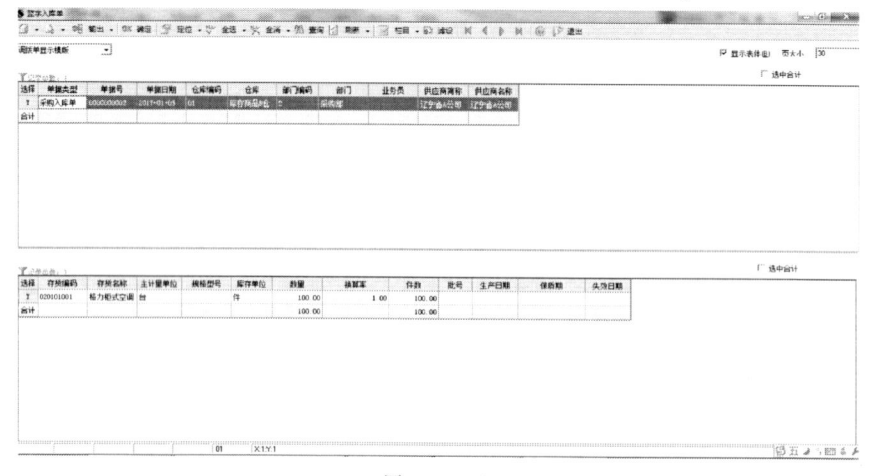

圖 8-12（c）

圖 8-12（d）

圖 8-12　調撥單

（方法二）具體操作如下：點擊「供應鏈」→點擊「庫存管理」→點擊「調撥業務」→點擊「調撥單」→點擊「增加」→錄入相關內容→點擊「保存」→點擊「審核」，如圖 8-13 所示。

圖 8-13（a）

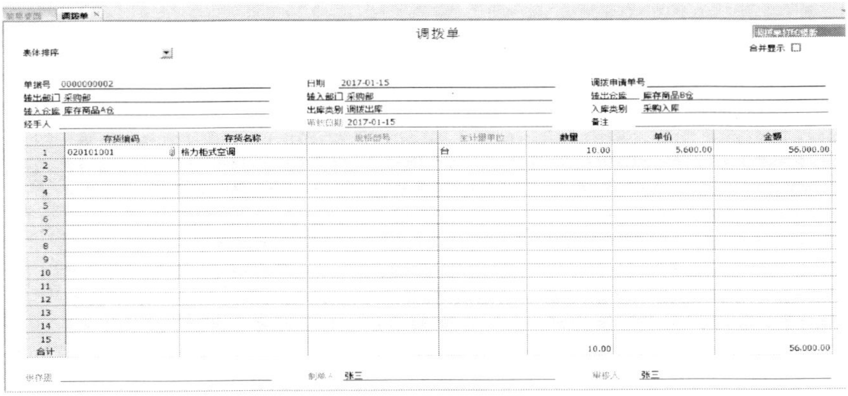

圖 8-13（b）

圖 8-13　調撥單

297

8.5　盤點業務

　　盤點業務是對存貨進行清查，查明存貨盤盈、盤虧、損毀的數量以及造成的原因，調整存貨帳的實存數，使存貨的帳面記錄與庫存實物核對相符。

　　盤盈、盤虧的結果自動生成其他出入庫單。

　　具體操作如下：點擊「供應鏈」→點擊「庫存管理」→點擊「盤點業務」→點擊「增加」→錄入相關內容→點擊「盤庫」→點擊「是」→點擊「確認」→錄入實際盤點數量→點擊「審核」，如圖8-14 所示。

圖 8-14（a）

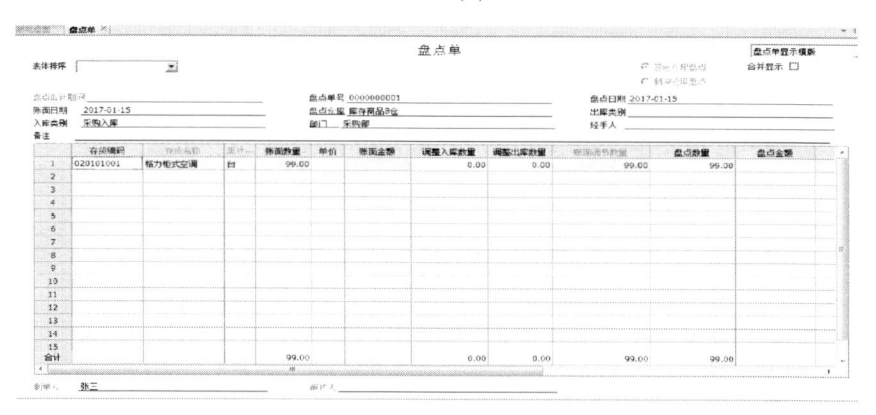

圖 8-14（b）

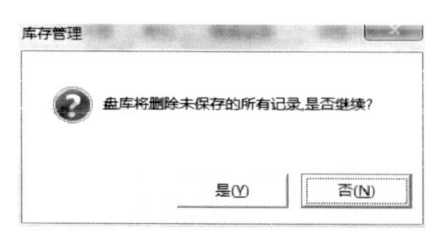

圖 8-14（c）

圖 8-14（d）

圖 8-14（e）

圖 8-14　盤點單

8.6　報表

8.6.1　現存量查詢

具體操作如下：點擊「供應鏈」→點擊「庫存管理」→點擊「報表」→點擊「庫存帳」→點擊「現存量查詢」，如圖 8-15 所示。

圖 8-15（a）

圖 8-15（b）

圖 8-15　現存量查詢

8.6.2　出入庫流入帳

具體操作如下：點擊「供應鏈」→點擊「庫存管理」→點擊「報表」→點擊「庫存帳」→點擊「出入庫流入帳」，如圖 8-16 所示。

圖 8-16（a）

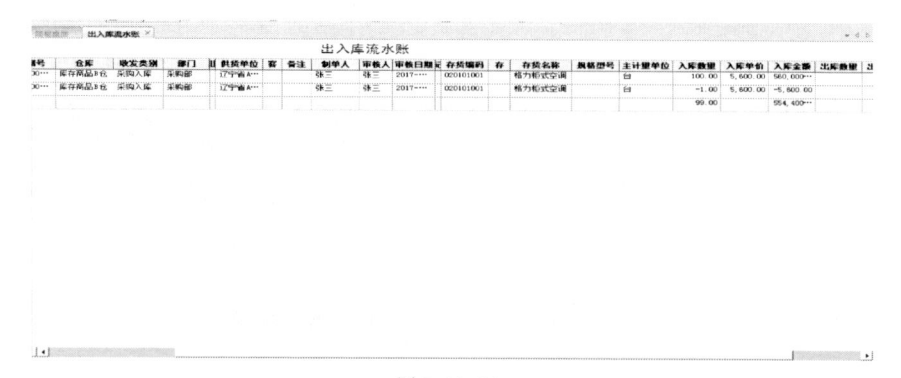

圖 8-16（b）

圖 8-16　出入庫流入帳

8.6.3 庫存臺帳

具體操作如下：點擊「供應鏈」→點擊「庫存管理」→點擊「報表」→點擊「庫存帳」→點擊「庫存臺帳」，如圖 8-17 所示。

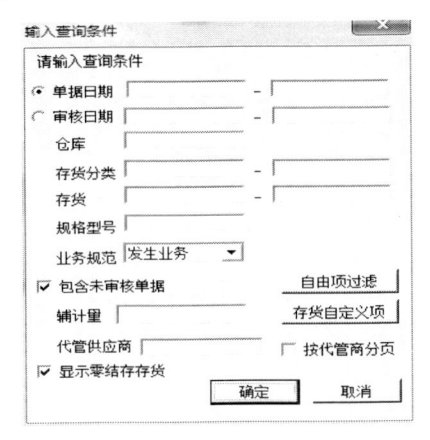

圖 8-17（a）

圖 8-17（b）

圖 8-17　庫存臺帳

8.7　月末結帳

具體操作如下：點擊「供應鏈」→點擊「庫存管理」→點擊「月末結帳」→點擊「結帳」，如圖 8-18 所示。

[特別提示]

只有銷售管理子系統結帳後，此子系統方可期末結帳。

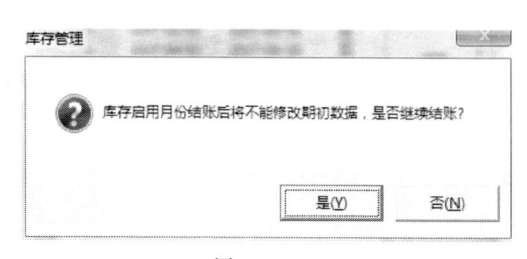

圖 8-18（a）　　　　　　　　　　　　　　　圖 8-18（b）

圖 8-18　月末結帳

實訓　庫存管理實訓

[實訓目的]

通過本次實訓，能夠掌握庫存管理系統中的期初結存數的錄入、採購入庫、採購退貨、銷售出庫、銷售退貨、月末結帳等相關業務的操作知識。

[實訓內容]

(1) 倉庫貨位分類表如表 8-1 所示。

表 8-1　　　　　　　　　　　　　倉庫貨位分類表

倉庫名稱	貨位	備註
商品倉	A 貨位	商品全部存放於 A 貨位
原材料倉	B 貨位	原材料全部存放於 B 貨位
週轉材料倉	C 貨位	週轉材料全部存放於 C 貨位

(2) 庫存商品期初明細表如表 8-2 所示。

表 8-2　　　　　　　　　　　　　庫存商品期初明細表

名稱	計量單位	數量	單價（元）	總額（元）	倉庫	貨位
甲商品	個	20,000	90.5	1,810,000	商品倉	A 貨位
乙商品	個	10,000	100	1,000,000	商品倉	A 貨位
丙商品	個	10,000	100	1,000,000	商品倉	A 貨位
合計				3,810,000		

(3) 原材料期初明細表如表 8-3 所示。

表 8-3　　　　　　　　　　　　　原材料期初明細表

名稱	計量單位	數量	單價（元）	總額（元）	倉庫	貨位
A 材料	個	12,000	50	600,000	材料倉	B 貨位
B 材料	個	5,000	100	500,000	材料倉	B 貨位
合計				1,100,000		

（4）週轉材料期初明細表如表 8-4 所示。

表 8-4　　　　　　　　　　　　　週轉材料期初明細表

名稱	計量單位	數量	單價	總額	倉庫	貨位
A 包裝物	個	10,000	10.01	100,100	週轉材料倉	C 貨位
B 包裝物	個	15,200	5	76,000	週轉材料倉	C 貨位
合計				176,100		

（5）根據採購管理系統實訓中發生的採購入庫、採購退庫業務來處理相關的採購入庫、採購退貨業務。

（6）根據銷售管理系統實訓中發生的銷售出庫、銷售退庫業務來處理相關的銷售業庫、銷售退貨業務。

（7）月末存貨盤點明細表如表 8-5 所示。

表 8-5　　　　　　　　　　　　　月末存貨盤點明細表

商品名稱	計量單位	帳面數量	盤點數量	盈虧數
甲商品	個	18,600.00	18,600.00	
乙商品	個	6,850.00	6,850.00	
丙商品	個	7,405.00	7,400.00	−5
A 材料	個	16,490.00	16,500.00	10
B 材料	個	8,000.00	8,000.00	
C 材料	個	2,000.00	2,000.00	
D 材料	個	500.00	500.00	

[實訓要求]

（1）根據上述發生的經濟業務，進行採購入庫、採購退貨的業務處理。
（2）根據上述發生的經濟業務，進行銷售出庫、銷售退庫的業務處理。
（3）根據上述發生的經濟業務，進行期末盤點業務的處理。
（4）月底進行月末結帳處理。

9 採購管理系統

採購管理系統主要由設置、供應商管理、請購、採購訂貨、採購到貨、採購入庫、採購發票、採購結算、現存量查詢、月末結帳、報表等內容構成。該系統主要用於反映採購管理方面的數據。

9.1 設置

9.1.1 採購期初記帳

貨到票未到，即存貨已入庫，但沒有取得供貨單位的採購發票的業務數據，作期初暫估入庫處理。
票到貨未到，即已取得供貨單位的採購發票，但貨物沒有入庫的業務數據，作期初在途存貨處理。
將採購期初數據記入採購帳，期初記帳後，期初數據不能增加、修改，除非取消期初記帳。
沒有期初數據時，也必須進行期初記帳，以便輸入日常採購單據。
具體操作如下：點擊「供應鏈」→點擊「採購管理」→點擊「設置」→點擊「採購期初記帳」→點擊「記帳」，如圖9-1所示。

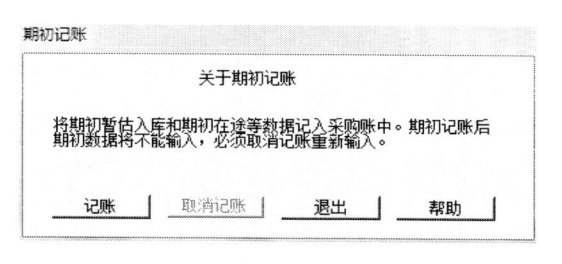

圖9-1（a）　　　　　　圖9-1（b）

圖9-1　採購期初記帳

9.1.2 採購選項

採購選項可以根據管理需要進行相關設置。
具體操作如下：點擊「供應鏈」→點擊「採購管理」→點擊「設置」→點擊「採購選項」→進行選項設置→點擊「確定」，如圖9-2所示。

圖 9-2　採購選項

9.2　供應商管理

9.2.1　供應商資格審批

9.2.1.1　供應商資格審批表

具體操作如下：點擊「供應鏈」→點擊「採購管理」→點擊「供應商管理」→點擊「供應商資格審批」→點擊「點擊供應商資格審批表」→點擊「增加」→錄入相關內容→點擊「保存」→點擊「審核」，如圖 9-3 所示。

圖 9-3　供應商資格審批表

9.2.1.2　供應商資格審批變更表

具體操作如下：點擊「供應鏈」→點擊「採購管理」→點擊「供應商管理」→點擊「供應商資格審批」→點擊「供應商資格審批變更表」→點擊「增加」→錄入相關內容→點擊「保存」→點擊「審核」，如圖 9-4 所示。

圖 9-4　供應商資格審批變更表

9.2.2　供應商供貨審批

9.2.2.1　供應商供貨資格審批表

具體操作如下：點擊「供應鏈」→點擊「採購管理」→點擊「供應商管理」→點擊「供應商供貨審批」→點擊「供應商供貨審批表」→點擊「增加」→錄入相關內容→點擊「保存」→點擊「審核」，如圖 9-5 所示。

圖 9-5　供應商供貨資格審批表

9.2.2.2　供應商供貨資格審批變更表

具體操作如下：點擊「供應鏈」→點擊「採購管理」→點擊「供應商管理」→點擊「供應商供貨審批」→點擊「供應商供貨審批變更表」→點擊「增加」→錄入相關內容→點擊「保存」→點擊「審核」，如圖 9-6 所示。

圖 9-6　供應商供貨資格審批變更表

9.3 請購

請購是公司各部門根據生產和經營管理的需要提出的各項採購計劃。

具體操作如下：點擊「供應鏈」→點擊「採購管理」→點擊「請購」→點擊「增加」→錄入相關內容→點擊「保存」→點擊「審核」，如圖 9-7 所示。

圖 9-7（a）

圖 9-7（b）

圖 9-7　請購

9.4 採購訂貨

採購訂貨是採購部門根據公司的採購申請向外發出的訂貨申請。採購訂貨的數據可能同採購申請的數據是一致的，也可能是不一致的。

具體操作方法有以下兩種：

方法一：點擊「供應鏈」→點擊「採購管理」→點擊「採購訂貨」→點擊「採購訂單」→點擊「增加」→錄入相關內容→點擊「保存」→點擊「審核」。

方法二：點擊「供應鏈」→點擊「採購管理」→點擊「採購訂貨」→點擊「採購訂單」→點擊「增加」→點擊「生單」→選擇生單條件→選擇過濾條件→點擊「確定」→點擊「全選」或單選一條記錄→點擊「確定」→錄入相關內容→點擊「保存」→點擊「審核」。

操作過程如圖9-8所示。

[特別提示]

當採購訂單與採購申請單的數據不一致時，可以在採購訂單中修改相關數據。

圖9-8（a）

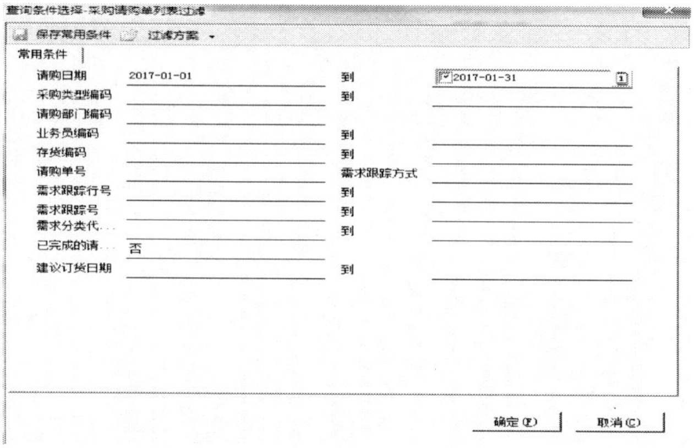

圖9-8（b）

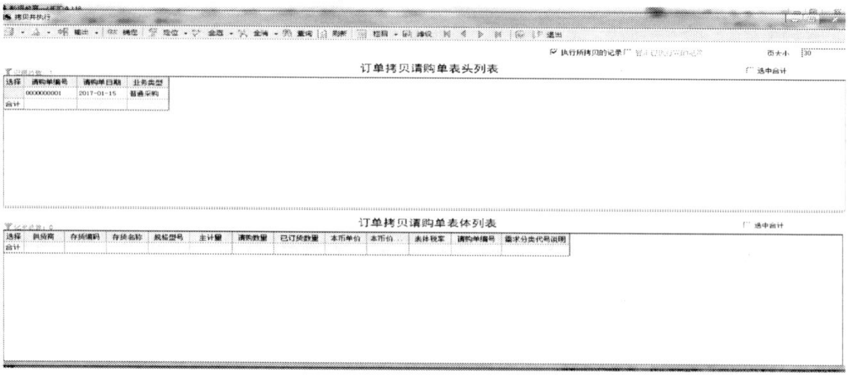

圖9-8（c）

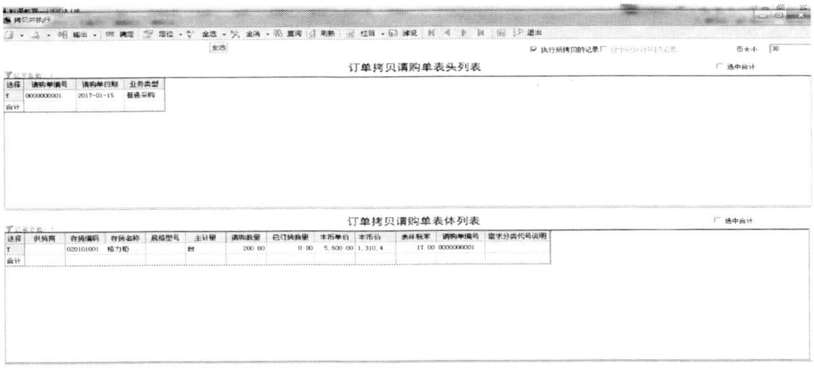

圖 9-8（d）

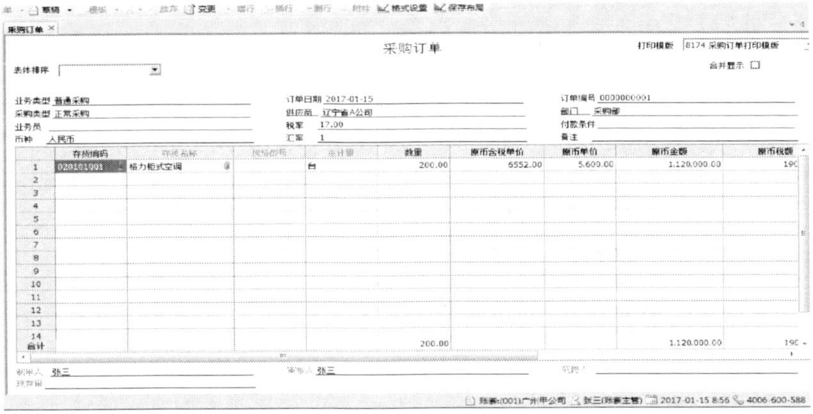

圖 9-8（e）

圖 9-8　採購訂貨

9.4　採購到貨

9.4.1　到貨單

採購的貨物到貨後就要在此界面進行操作。

具體操作方法有以下兩種：

方法一：點擊「供應鏈」→點擊「採購管理」→點擊「採購到貨」→點擊「到貨單」→點擊「增加」→錄入相關內容→點擊「保存」→點擊「審核」。

方法二：點擊「供應鏈」→點擊「採購管理」→點擊「採購到貨」→點擊「到貨單」→點擊「增加」→點擊「生單」→選擇生單條件→選擇過濾條件→點擊「確定」→點擊「全選」或單選一條記錄→點擊「確定」→錄入相關內容→點擊「保存」→點擊「審核」。

操作過程如圖 9-9 所示。

[特別提示]

當到貨數量與採購訂單的數據不一致時，可以在到貨單中修改相關數據。

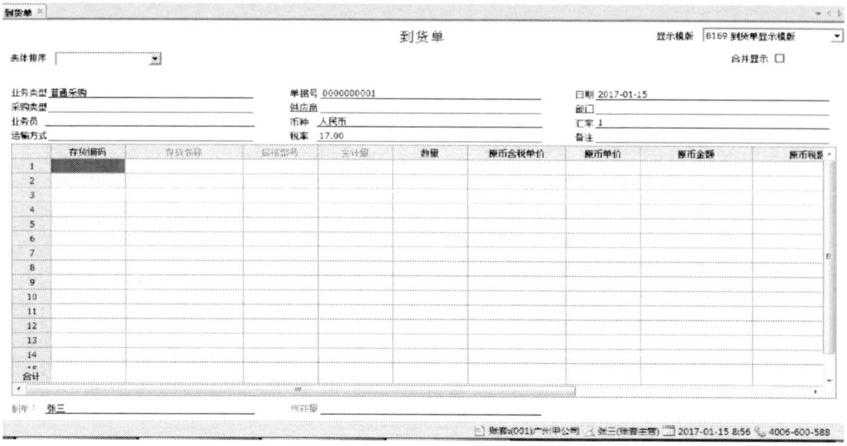

圖 9-9（a）

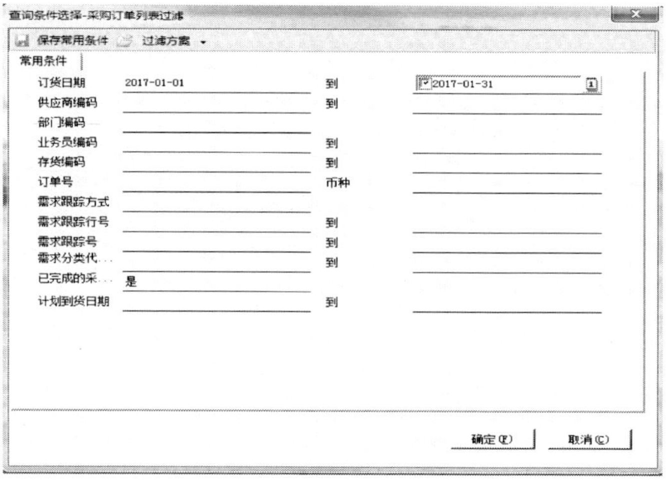

圖 9-9（b）

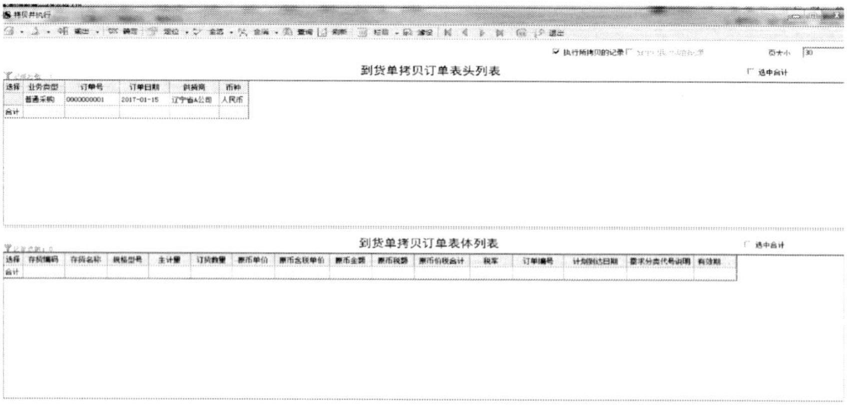

圖 9-9（c）

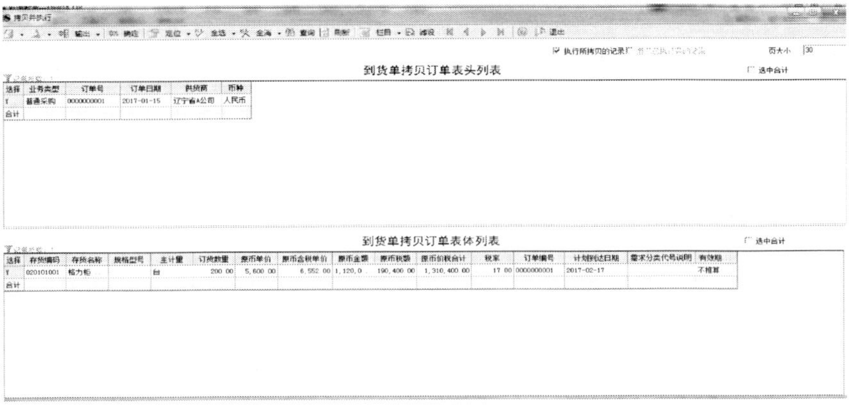

圖 9-9（d）

圖 9-9（e）

圖 9-9 到貨單

9.4.2 採購退貨單

因產品質量、規格、型號等原因造成的退貨，就需要填寫採購退貨單。

具體操作方法有以下兩種：

方法一：點擊「供應鏈」→點擊「採購管理」→點擊「採購到貨」→點擊「採購退貨單」→點擊「增加」→錄入相關內容→點擊「保存」→點擊「審核」。

方法二：點擊「供應鏈」→點擊「採購管理」→點擊「採購到貨」→點擊「採購退貨單」→點擊「增加」→點擊「生單」→選擇生單條件→選擇過濾條件→點擊「確定」→點擊「全選」或單選一條記錄→點擊「確定」→錄入相關內容→點擊「保存」→點擊「審核」。

操作過程如圖 9-10 所示。

[特別提示]

當根據採購訂單生成採購退貨單時，可以根據實際退貨數量修改相關數據。

圖 9-10（a）

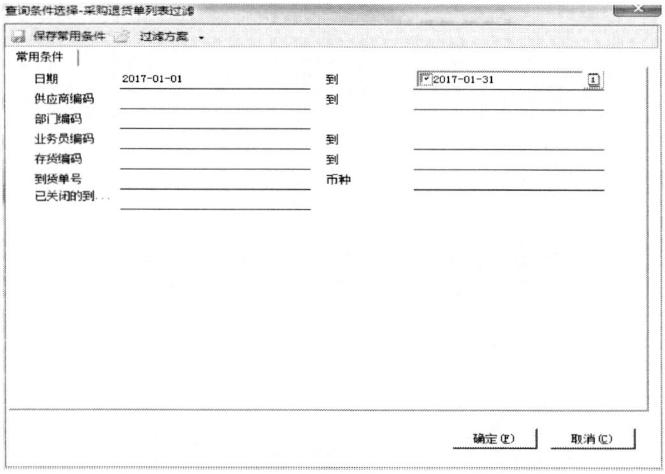

圖 9-10（b）

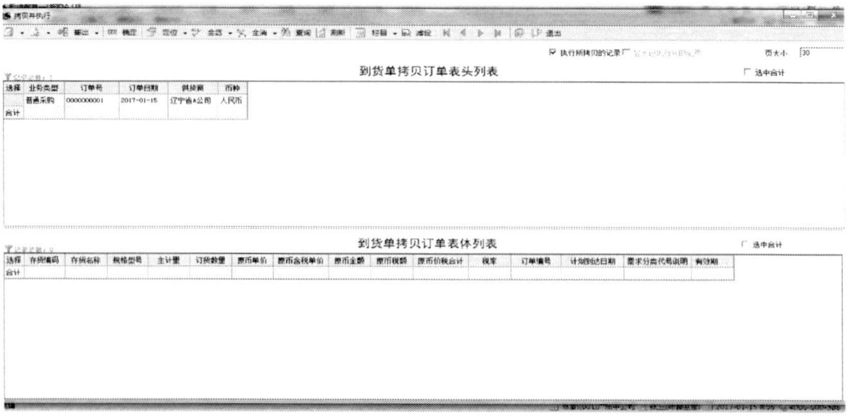

圖 9-10（c）

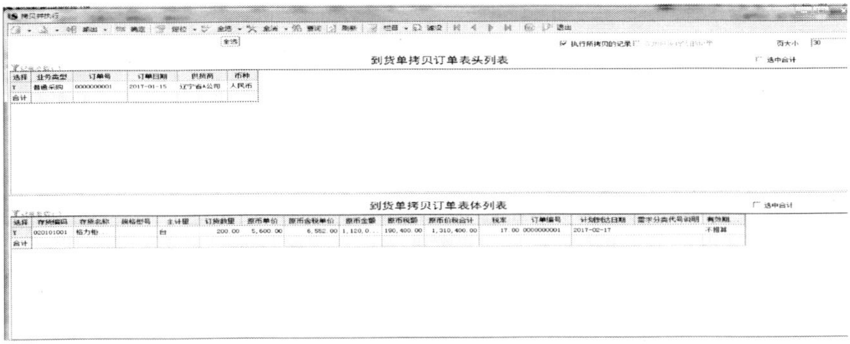

圖 9-10（d）

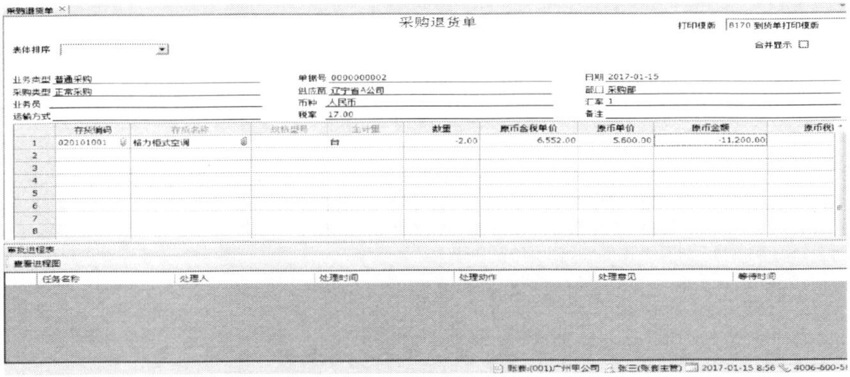

圖 9-10（e）

圖 9-10　採購退貨單

9.5　採購入庫

9.5.1　採購入庫單

採購的貨物到貨後，就要辦理貨物入庫手續，如圖 9-11 所示。

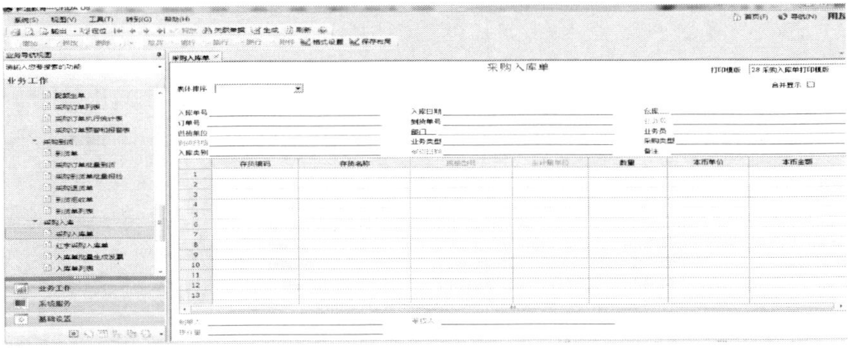

圖 9-11（a）

圖 9-11（b）

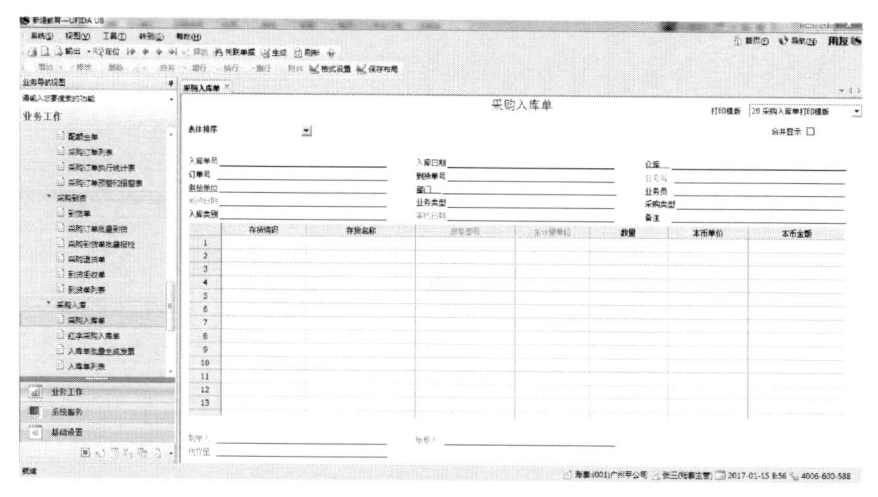

圖 9-11（c）

圖 9-11　採購入庫單

[特別提示]

當採購管理系統與庫存管理系統同時使用時，採購入庫單需要在庫存管理系統中錄入。當採購管理系統不與庫存管理系同時使用時，採購入庫業務在採購管理系統中錄入。

由於採購管理系統與庫存管理系統同時使用，因此上述界面為全灰色的，無法在此界面完成採購入庫操作。

9.5.2　紅字採購入庫單

由於採購管理系統和庫存管理系統同時啟用，在採購系統中無法實現任何功能，全部顯示為灰色。

若採購管理系統和庫存管理系統沒有同時啟用，在採購系統中就可以實現紅字採購入庫單的操作了，如圖 9-12 所示。

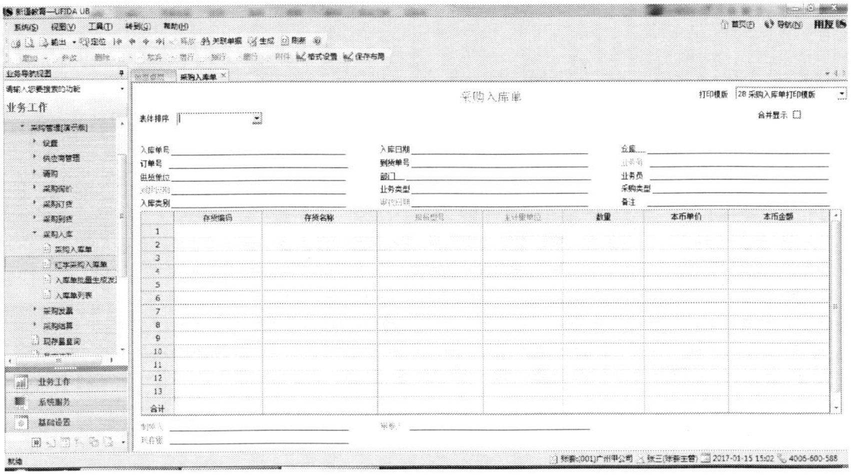

圖 9-12　紅字採購入庫單

9.6　採購發票

9.6.1　專用採購發票

若購進貨物取得了專用發票，就在此界面進行操作。

具體操作如下：點擊「供應鏈」→點擊「採購管理」→點擊「採購發票」→點擊「專用採購發票」→點擊「增加」→選擇生單條件→點擊「全選」或選擇某一條記錄→點擊「確定」→點擊「保存」，如圖 9-13 所示。

若通過現金或銀行存款進行了結算，點擊「現付」，也可以在此界面點擊「結算」，還可以在「採購結算」界面進行結算。

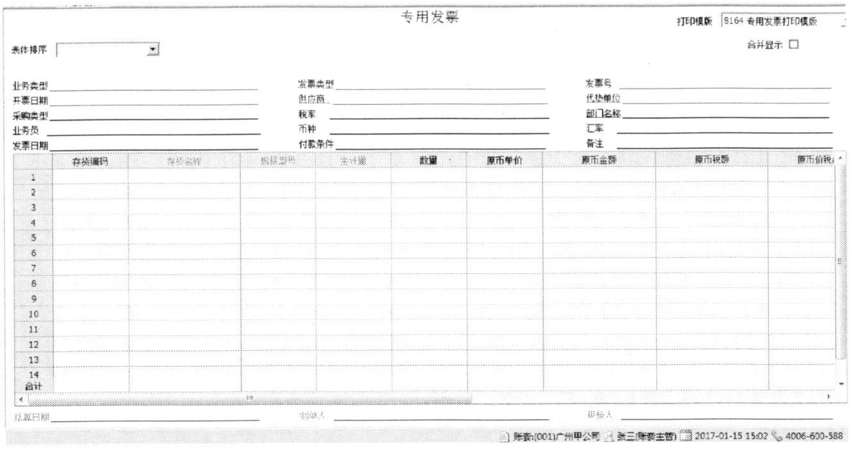

圖 9-13（a）

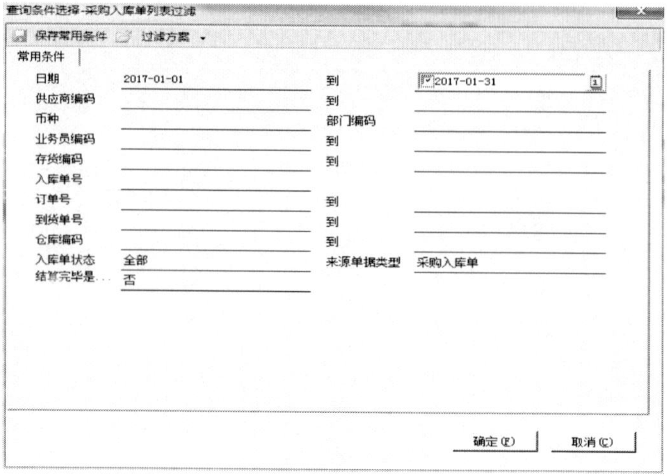

圖 9-13（b）

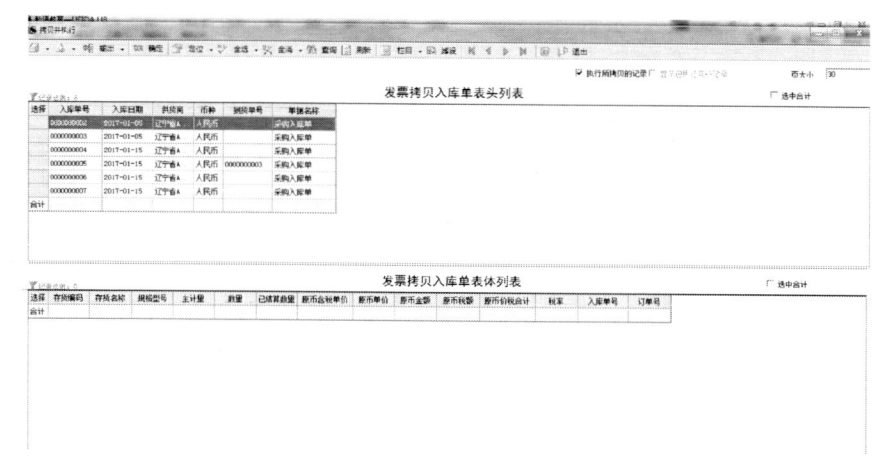

圖 9-13（c）

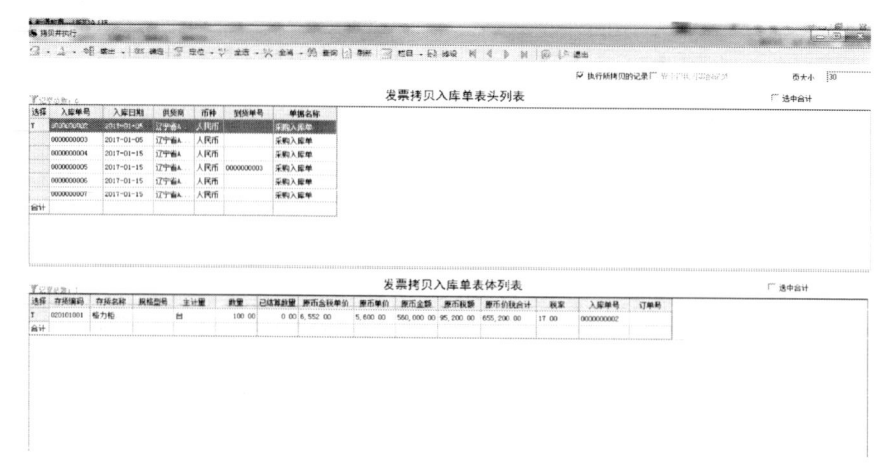

圖 9-13（d）

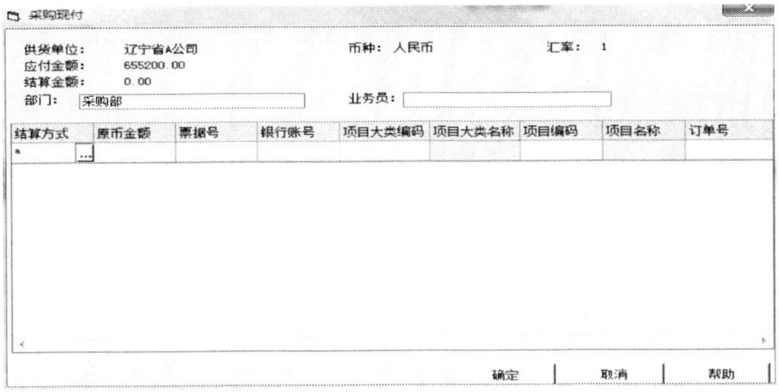

圖 9-13（e）

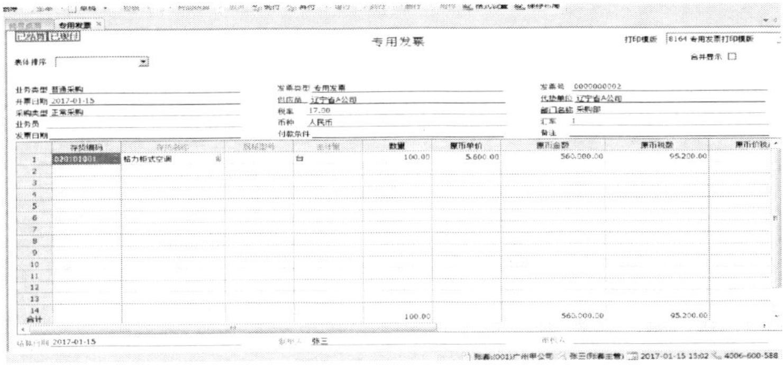

圖 9-13（f）

圖 9-13　專用採購發票

9.6.2　普通採購發票

若購進貨物取得了普通發票，就在此界面進行操作。

具體操作如下：點擊「供應鏈」→點擊「採購管理」→點擊「採購發票」→點擊「專用採購發票」→點擊「增加」→選擇生單條件→點擊「全選」或選擇某一條記錄→點擊「確定」→點擊「保存」，如圖 9-14 所示。

若通過現金或銀行存款進行了結算，點擊「現付」，也可以在此界面點擊「結算」，還可以在「採購結算」界面進行結算。

圖 9-14（a）

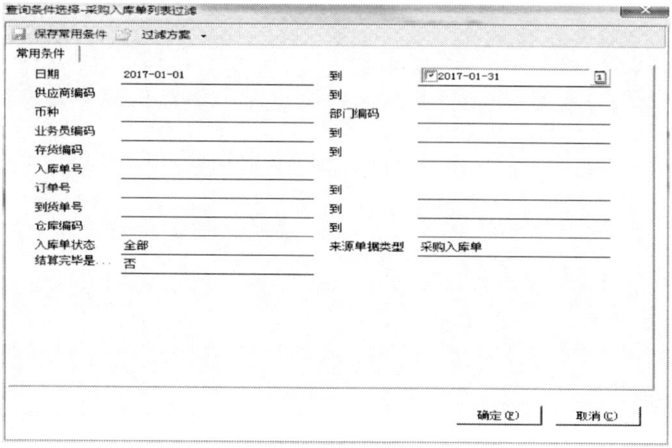

圖 9-14（b）

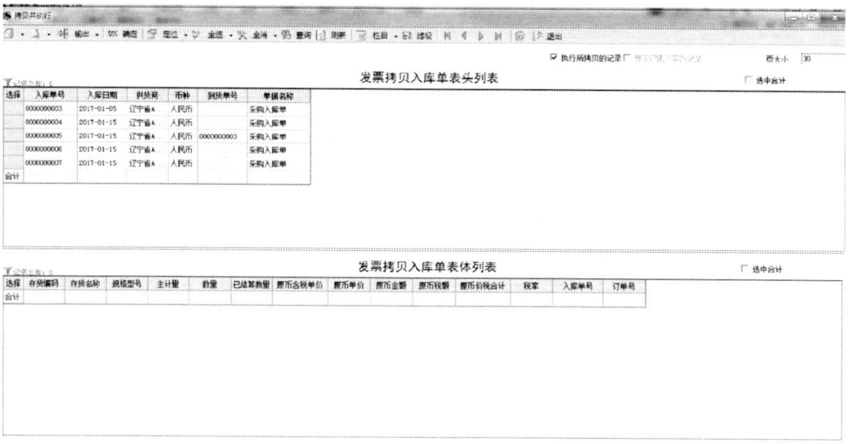

圖 9-14（c）

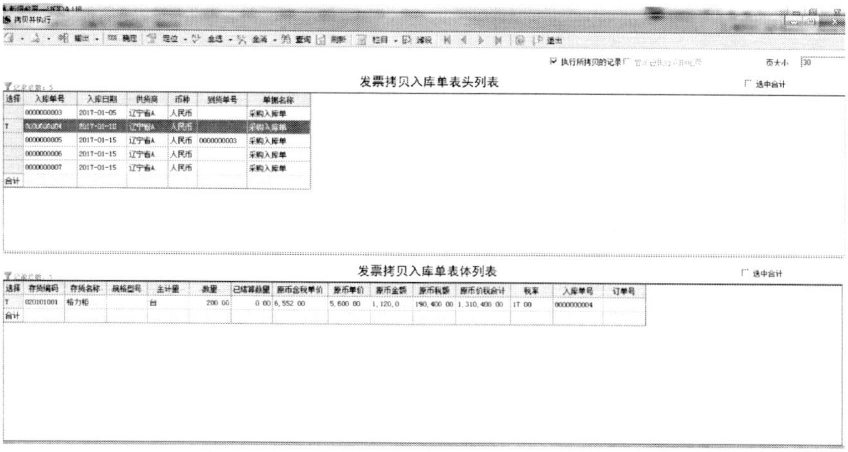

圖 9-14（d）

圖 9-14（e）

圖 9-14（f）

圖 9-14　普通採購發票

9.6.3　運費發票

具體操作如下：點擊「供應鏈」→點擊「採購管理」→點擊「採購發票」→點擊「運費發票」→點擊「增加」→選擇生單條件→點擊「全選」或選擇某一條記錄→點擊「確定」→點擊「保存」，如圖 9-15 所示。

若通過現金或銀行存款進行了結算，點擊「現付」。

[特別提示]

根據採購發票生單，應當將運費發票的相關內容做一定程度的修改，而不能不做修改直接使用。

圖 9-15（a）

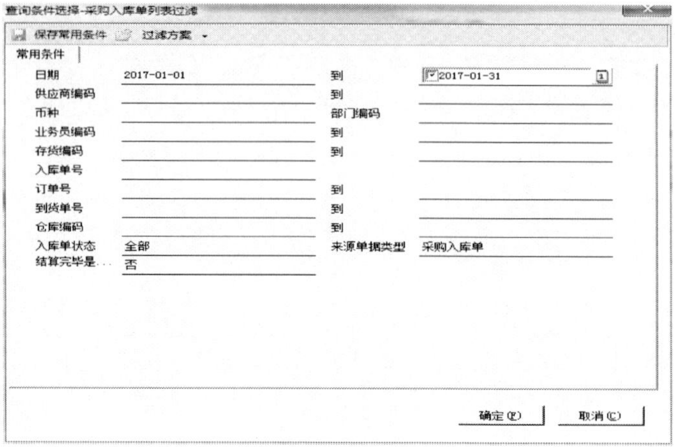

圖 9-15（b）

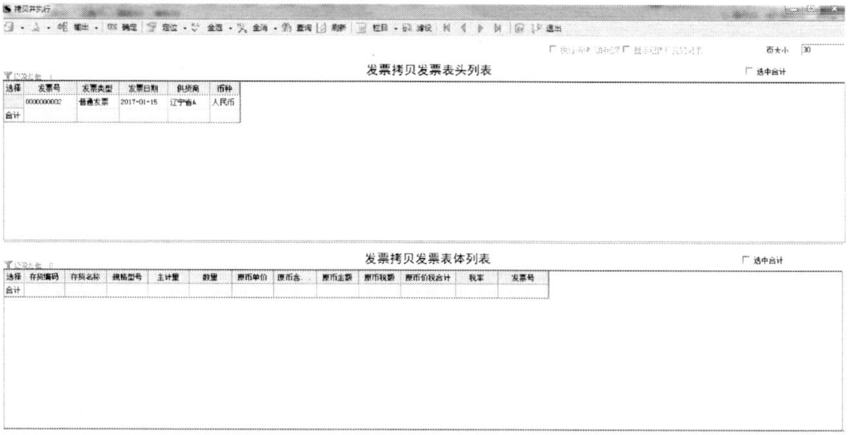

圖 9-15（c）

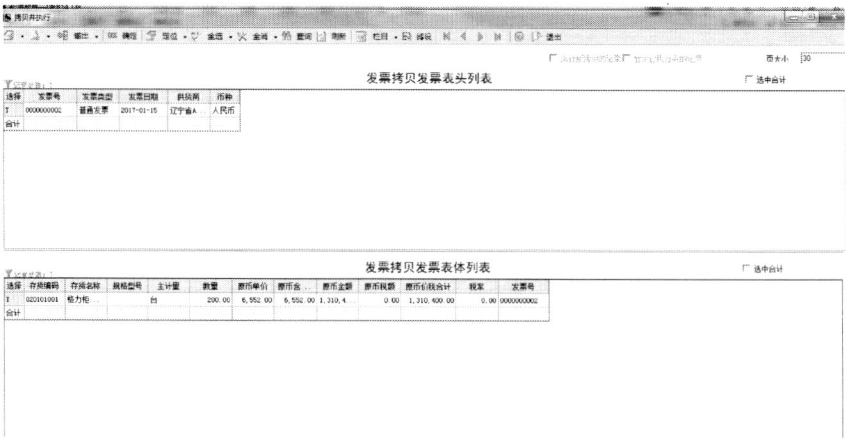

圖 9-15（d）

圖 9-15（e）

圖 9-15（f）

圖 9-15　運費發票

9.6.4　紅字專用採購發票

若對方已經將專用發票開出後又因產品質量、規格、型號等原因發生了退貨，就在此界面進行操作。

具體操作如下：點擊「供應鏈」→點擊「採購管理」→點擊「採購發票」→點擊「紅字專用採購發票」→點擊「增加」→選擇生單條件→點擊「全選」或選擇某一條記錄→點擊「確定」→點擊「保存」，如圖 9-16 所示。

若通過現金或銀行存款進行了結算，點擊「現付」。

[特別提示]

根據採購發票生單，應當將紅字專用採購發票的相關內容做一定程度的修改，而不能不做修改直接使用。

圖 9-16（a）

圖 9-16（b）

圖 9-16（c）

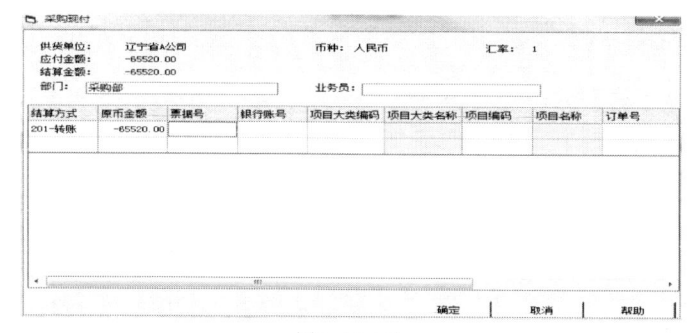

圖 9-16（d）

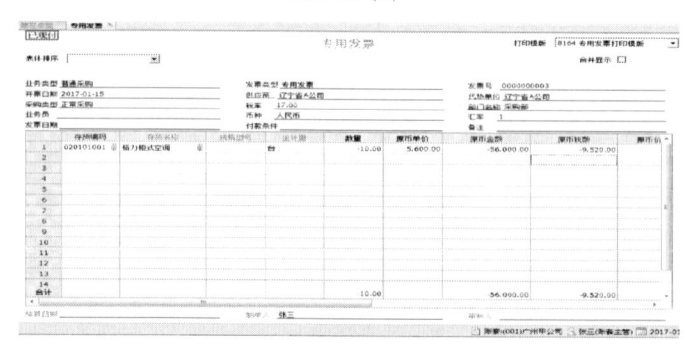

圖 9-16（e）

圖 9-16　紅字專用採購發票

9.6.5 紅字普通採購發票

若對方已經將普通發票開出後又因產品質量、規格、型號等原因發生了退貨，就在此界面進行操作。

具體操作如下：點擊「供應鏈」→點擊「採購管理」→點擊「採購發票」→點擊「紅字普通採購發票」→點擊「增加」→選擇生單條件→點擊「全選」或選擇某一條記錄→點擊「確定」→點擊「保存」，如圖9-17所示。

若通過現金或銀行存款進行了結算，點擊「現付」。

[特別提示]

根據採購發票生單，應當將紅字普通採購發票的相關內容做一定程度的修改，而不能不做修改直接使用。

圖9-17（a）

圖9-17（b）

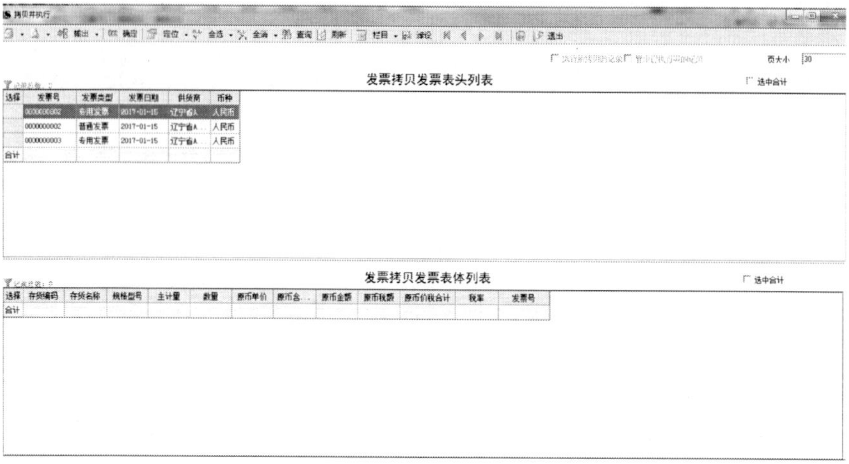

圖 9-17（c）

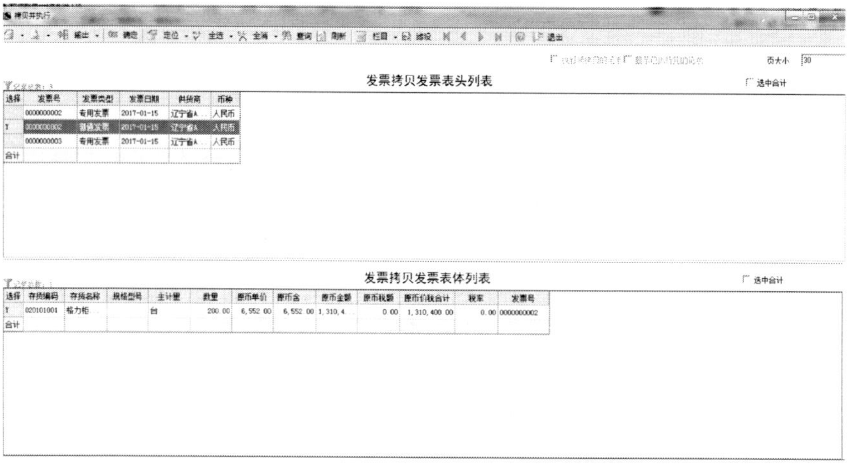

圖 9-17（d）

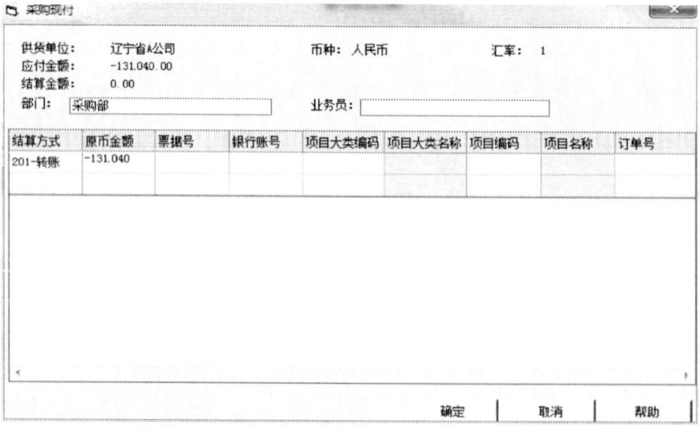

圖 9-17（e）

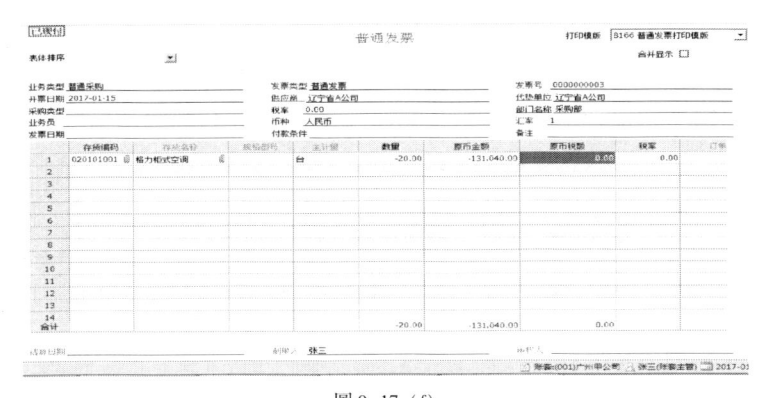

圖 9-17（f）

圖 9-17　紅字普通採購發票

9.6.6　紅字運費發票

由於發票開具不符合要求等原因需要重新開具運費發票的，就可以在此界面進行操作。

具體操作如下：點擊「供應鏈」→點擊「採購管理」→點擊「採購發票」→點擊「紅字運費採購發票」→點擊「增加」→選擇生單條件→點擊「全選」或選擇某一條記錄→點擊「確定」→點擊「保存」，如圖 9-18 所示。

若通過現金或銀行存款進行了結算，點擊「現付」。

圖 9-18（a）

圖 9-18（b）

325

圖 9-18（c）

圖 9-18（d）

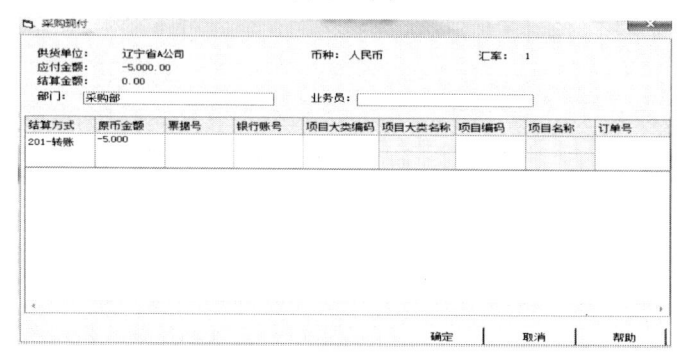

圖 9-18（e）

圖 9-18（f）

圖 9-18　紅字運費發票

9.7　採購結算

採購結算有兩種方式，一種是自動結算，另一種是手工結算。

9.7.1　自動結算

具體操作如下：點擊「供應鏈」→點擊「採購管理」→點擊「採購結算」→點擊「自動結算」→選擇過濾條件→點擊「確定」，如圖 9-19 所示。

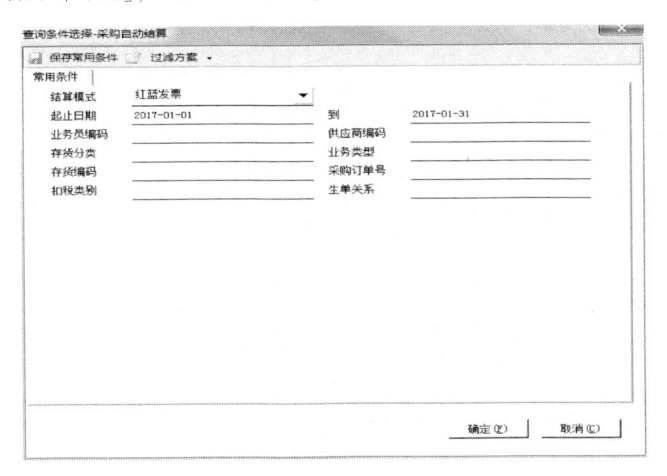

圖 9-19（a）

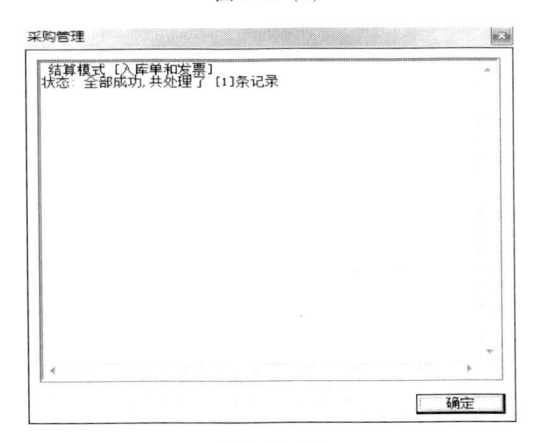

圖 9-19（b）

圖 9-19　自動結算

9.7.2　手工結算

具體操作如下：點擊「供應鏈」→點擊「採購管理」→點擊「採購結算」→點擊「手工結算」→點擊「選單」→點擊「查詢」→選擇過濾條件→點擊「全選」或選擇某一條記錄→點擊「確定」→點擊「結算」，如圖 9-20 所示。

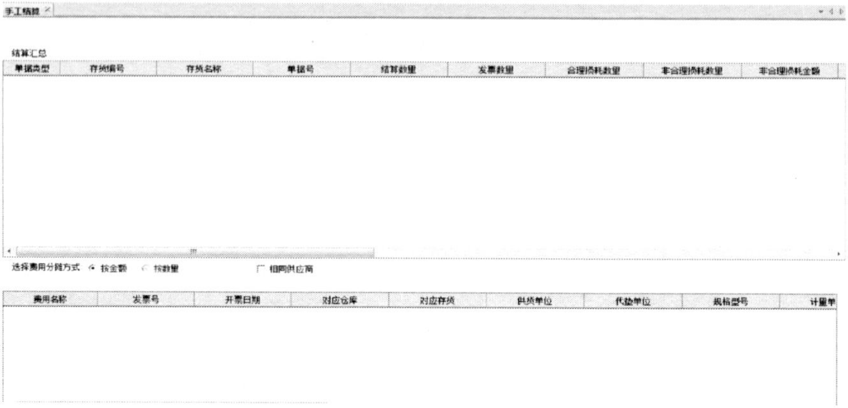

圖 9-20（a）

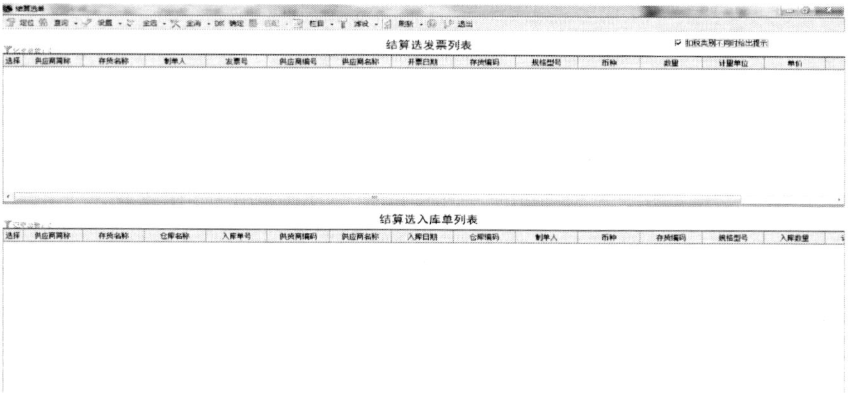

圖 9-20（b）

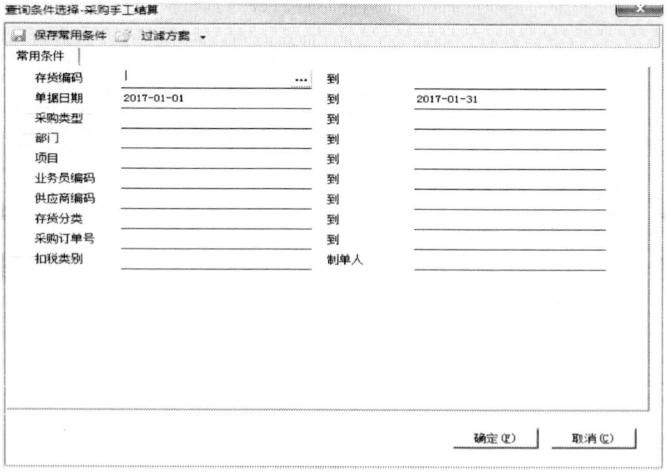

圖 9-20（c）

圖 9-20（d）

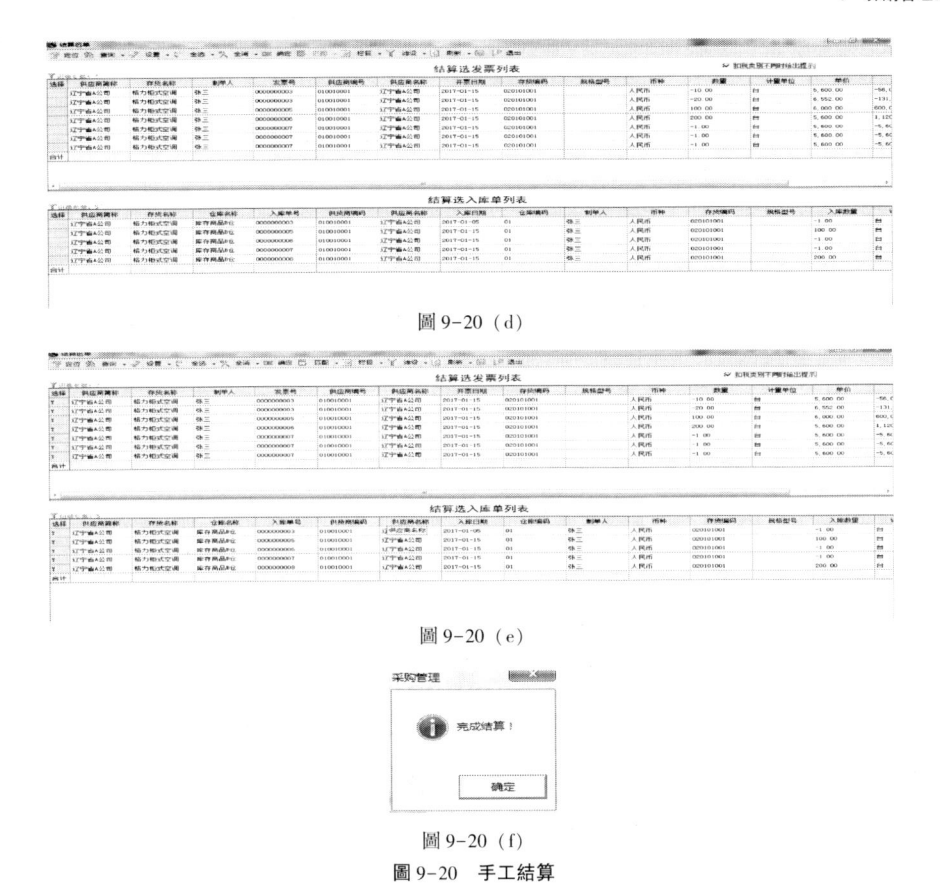

圖 9-20（e）

圖 9-20（f）

圖 9-20　手工結算

9.8　現存量查詢

具體操作如下：點擊「供應鏈」→點擊「採購管理」→點擊「現存量查詢」→選擇過濾條件，如圖 9-21 所示。

圖 9-21（a）

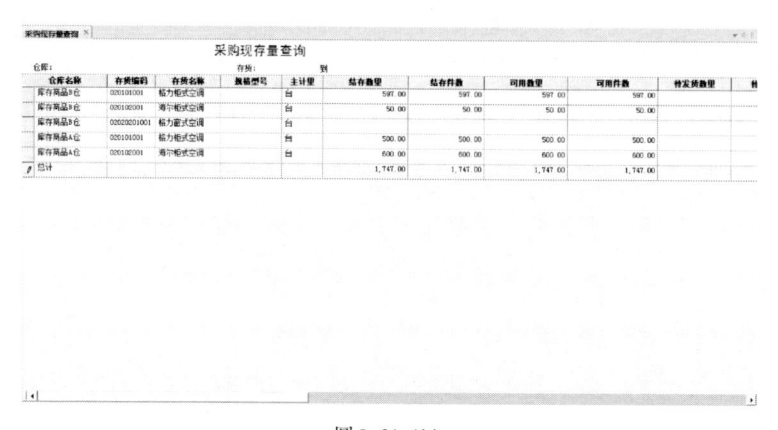

圖 9-21（b）

圖 9-21　現存量查詢

9.9　月末結帳

具體操作如下：點擊「供應鏈」→點擊「採購管理」→點擊「月末結帳」→點擊「結帳」，如圖 9-22 所示。

圖 9-22　月末結帳

9.10　報表

9.10.1　到貨明細表

具體操作如下：點擊「供應鏈」→點擊「採購管理」→點擊「報表」→點擊「到貨明細表」→選擇過濾條件→點擊「確定」，如圖 9-23 所示。

圖 9-23（a）

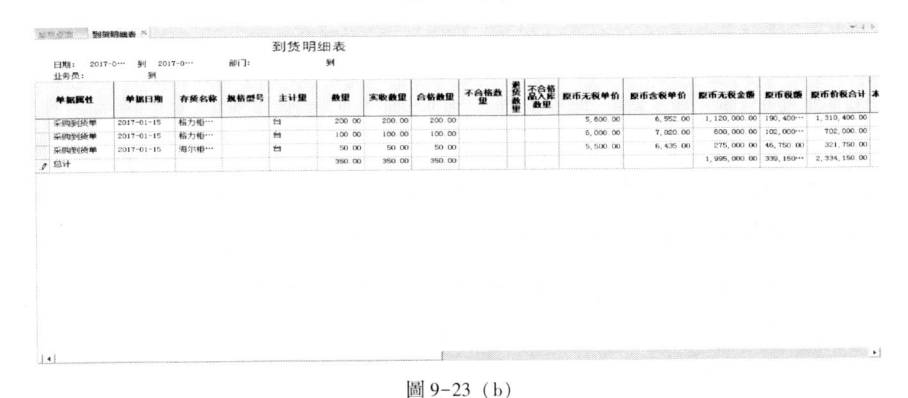

圖 9-23（b）

圖 9-23　到貨明細表

9.10.2　採購明細表

具體操作如下：點擊「供應鏈」→點擊「採購管理」→點擊「報表」→點擊「採購明細表」→選擇過濾條件→點擊「確定」，如圖 9-24 所示。

圖 9-24（a）

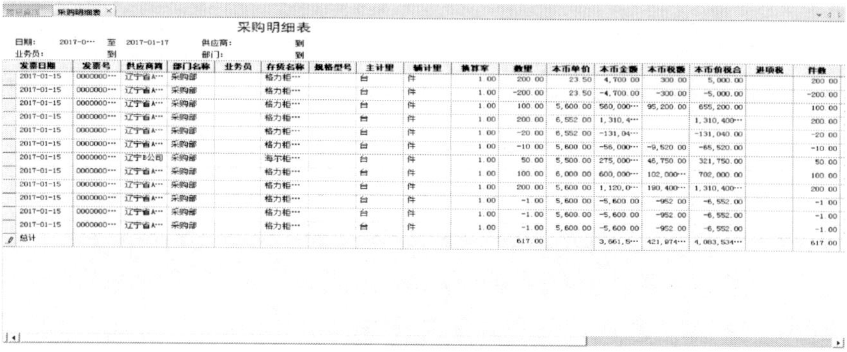

采购明细表

日期: 2017-0… 至 2017-01-17 供应商: 到
业务员: 到 部门: 到

发票日期	发票号	供应商简	部门名称	业务员	存货名称	规格型号	主计量	辅计量	换算率	数量	本币单价	本币金额	本币税额	本币价税合	进项税	件数
2017-01-15	0000000…	辽宁省A…	采购部		格力柜…		台	件	1.00	200.00	23.50	4,700.00	300.00	5,000.00		200.00
2017-01-15	0000000…	辽宁省A…	采购部		格力柜…		台	件	1.00	-200.00	23.50	-4,700.00	-300.00	-5,000.00		-200.00
2017-01-15	0000000…	辽宁省A…	采购部		格力柜…		台	件	1.00	100.00	5,600.00	560,000…	95,200.00	655,200.00		100.00
2017-01-15	0000000…	辽宁省A…	采购部		格力柜…		台	件	1.00	200.00	6,552.00	1,310,4…		1,310,400…		200.00
2017-01-15	0000000…	辽宁省A…	采购部		格力柜…		台	件	1.00	-20.00	6,552.00	-131,04…		-131,040.00		-20.00
2017-01-15	0000000…	辽宁省A…	采购部		格力柜…		台	件	1.00	-10.00	5,600.00	-56,000…	-9,520.00	-65,520.00		-10.00
2017-01-15	0000000…	辽宁B公司	采购部		海尔柜…		台	件	1.00	50.00	5,500.00	275,000…	46,750.00	321,750.00		50.00
2017-01-15	0000000…	辽宁省A…	采购部		格力柜…		台	件	1.00	100.00	6,000.00	600,000…	102,000…	702,000.00		100.00
2017-01-15	0000000…	辽宁省A…	采购部		格力柜…		台	件	1.00	200.00	5,600.00	1,120,0…	190,400…	1,310,400…		200.00
2017-01-15	0000000…	辽宁省A…	采购部		格力柜…		台	件	1.00	-1.00	5,600.00	-5,600.00	-952.00	-6,552.00		-1.00
2017-01-15	0000000…	辽宁省A…	采购部		格力柜…		台	件	1.00	-1.00	5,600.00	-5,600.00	-952.00	-6,552.00		-1.00
2017-01-15	0000000…	辽宁省A…	采购部		格力柜…		台	件	1.00	-1.00	5,600.00	-5,600.00	-952.00	-6,552.00		-1.00
总计										617.00		3,661,5…	421,974…	4,083,534…		617.00

圖 9-24（b）

圖 9-24　採購明細表

9.10.3　入庫明細表

具體操作如下：點擊「供應鏈」→點擊「採購管理」→點擊「報表」→點擊「入庫明細表」→選擇過濾條件→點擊「確定」，如圖 9-25 所示。

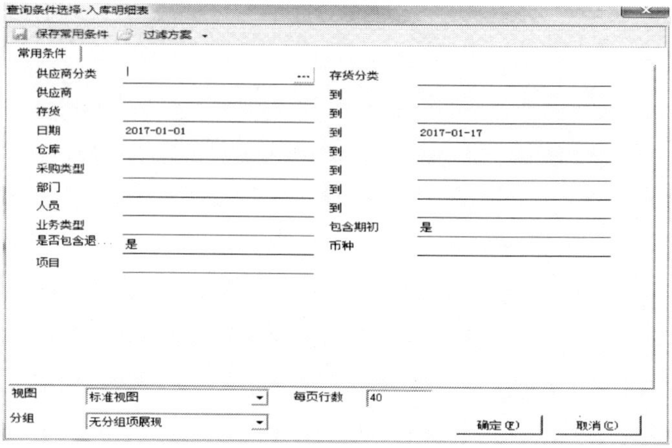

查询条件选择-入库明细表

保存常用条件　过滤方案

常用条件

供应商分类		存货分类	
供应商		到	
存货		到	
日期	2017-01-01	到	2017-01-17
仓库		到	
采购类型		到	
部门		到	
人员		到	
业务类型		包含期初	是
是否包含退…	是	币种	
项目			

视图 标准视图　每页行数 40

分組 无分组项展现　确定(E)　取消(C)

圖 9-25（a）

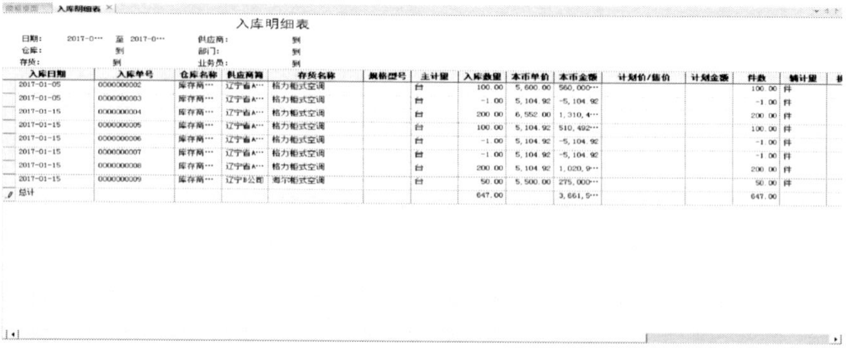

入库明细表

日期: 2017-0… 至 2017-0… 供应商: 到
仓库: 到 部门: 到
存货: 到 业务员: 到

入库日期	入库单号	仓库名称	供应商简	存货名称	规格型号	主计量	入库数量	本币单价	本币金额	计划价/售价	计划金额	件数	辅计量
2017-01-05	0000000002	库存商…	辽宁省A…	格力柜式空调		台	100.00	5,600.00	560,000…			100.00	件
2017-01-05	0000000003	库存商…	辽宁省A…	格力柜式空调		台	-1.00	5,104.92	-5,104.92			-1.00	件
2017-01-15	0000000004	库存商…	辽宁省A…	格力柜式空调		台	200.00	6,552.00	1,310,4…			200.00	件
2017-01-15	0000000005	库存商…	辽宁省A…	格力柜式空调		台	100.00	5,104.92	510,492…			100.00	件
2017-01-15	0000000006	库存商…	辽宁省A…	格力柜式空调		台	-1.00	5,104.92	-5,104.92			-1.00	件
2017-01-15	0000000007	库存商…	辽宁省A…	格力柜式空调		台	-1.00	5,104.92	-5,104.92			-1.00	件
2017-01-15	0000000008	库存商…	辽宁省A…	格力柜式空调		台	200.00	5,104.92	1,020,9…			200.00	件
2017-01-15	0000000009	库存商…	辽宁B公司	海尔柜式空调		台	50.00	5,500.00	275,000…			50.00	件
总计							647.00		3,661,5…			647.00	

圖 9-25（b）

圖 9-25　入庫明細表

9.10.4　結算明細表

具體操作如下：點擊「供應鏈」→點擊「採購管理」→點擊「報表」→點擊「結算明細表」→選擇過濾條件→點擊「確定」，如圖 9-26 所示。

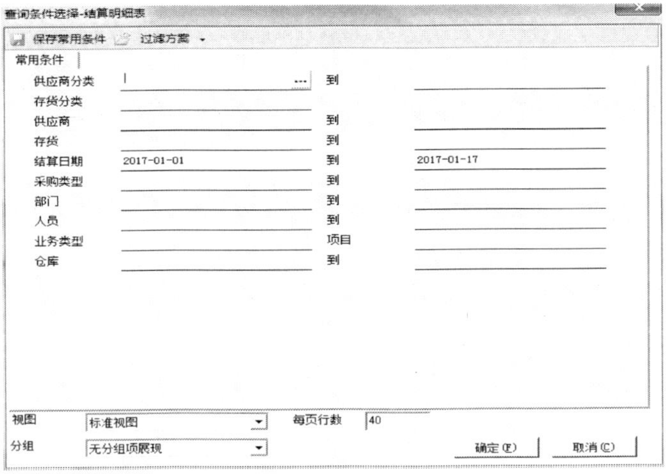

圖 9-26（a）

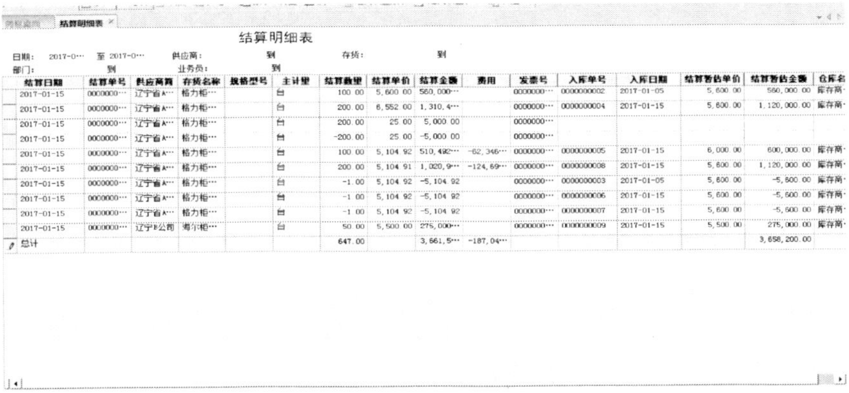

结算明细表

日期：2017-0…　至 2017-0…　供应商：　到　存货：　到
部门：　到　业务员：　到

结算日期	结算单号	供应商简	存货名称	规格型号	主计量	结算数量	结算单价	结算金额	费用	发票号	入库单号	入库日期	结算暂估单价	结算暂估金额	仓库名
2017-01-15	0000000…	辽宁省A…	格力柜…		台	100.00	5,600.00	560,000…		0000000…	0000000002	2017-01-05	5,600.00	560,000.00	库存商…
2017-01-15	0000000…	辽宁省A…	格力柜…		台	200.00	6,552.00	1,310,4…		0000000…	0000000004	2017-01-15	5,600.00	1,120,000.00	库存商…
2017-01-15	0000000…	辽宁省A…	格力柜…		台	200.00	25.00	5,000.00		0000000…					
2017-01-15	0000000…	辽宁省A…	格力柜…		台	-200.00	25.00	-5,000.00		0000000…					
2017-01-15	0000000…	辽宁省A…	格力柜…		台	100.00	5,104.92	510,492…	-62,346…	0000000…	0000000005	2017-01-15	6,000.00	600,000.00	库存商…
2017-01-15	0000000…	辽宁省A…	格力柜…		台	200.00	5,104.91	1,020,9…	-124,69…	0000000…	0000000008	2017-01-15	5,600.00	1,120,000.00	库存商…
2017-01-15	0000000…	辽宁省A…	格力柜…		台	-1.00	5,104.92	-5,104.92		0000000…	0000000003	2017-01-05	5,600.00	-5,600.00	库存商…
2017-01-15	0000000…	辽宁省A…	格力柜…		台	-1.00	5,104.92	-5,104.92		0000000…	0000000006	2017-01-15	5,600.00	-5,600.00	库存商…
2017-01-15	0000000…	辽宁省A…	格力柜…		台	-1.00	5,104.92	-5,104.92		0000000…	0000000007	2017-01-15	5,600.00	-5,600.00	库存商…
2017-01-15	0000000…	辽宁B公司	海尔柜…		台	50.00	5,500.00	275,000…		0000000…	0000000009	2017-01-15	5,500.00	275,000.00	库存商…
总计						647.00		3,661,5…	-187,04…					3,658,200.00	

圖 9-26（b）

圖 9-26　結算明細表

實訓　採購管理實訓

[實訓目的]

通過本實訓，能夠掌握採購管理系統中的採購入庫、採購退貨、核銷、月末結帳等相關業務的操作知識。

[實訓內容]

2017 年 1 月廣東珠江實業股份有限公司發生下列經濟業務（增值稅稅率為 17%，供應商的開戶銀

行及納稅人號碼隨意編寫）：

（1）2017年1月2日採購部購進A公司生產的A材料，購進數量為1,000個，不含稅購進單價為50元，取得了增值稅專用發票，款項還沒有支付；發出的採購訂單數為1,200個；已辦理了入庫手續，發票已經收到。

（2）2017年1月3日採購部購進B公司生產的B材料，購進數量為2,000個，購進單價（含稅）為40元，取得了增值稅普通發票，款項還沒有支付；開出了商業承兌匯票一張，票據面值為80,000元，出票日期為2012年1月3日，到期日為2017年3月3日；發出的採購訂單數為2,000個；已辦理了入庫手續，發票已經收到。

（3）2017年1月4日開出支票一張，支票號碼是001，支票金額為702,000元，開戶行為工行廣東分行，支付前欠B公司貨款。

（4）2017年1月6日採購部向C公司採購D材料，採購數量為500個，不含稅購進單價為20元，取得了增值稅專用發票，貨款還沒有支付；發出的採購訂單數為500個；已辦理了入庫手續，發票已經收到，。

（5）2017年1月8日採購部向B公司採購C材料，採購數量為2,000個，不含稅的購進單價為200元，取得了增值稅專用發票，貨款還沒有支付；發出的採購訂單數為2,000個；已辦理了入庫手續，發票已經收到。

（6）2017年1月15日採購部向D公司採購A材料，採購數量為2,000個，不含稅購進單價為60元，取得了增值稅專用發票，貨款還沒有支付；發出的採購訂單數為2,500個；已辦理了入庫手續，發票已經收到。

（7）2017年1月16日因A公司提供的A材料存在質量問題，採購部向A公司退回A材料10個，並已辦妥了退回手續。

（8）2017年1月20日採購部向D公司採購A材料，採購數量為500個，不含稅購進單價為60元，取得了增值稅專用發票；開出支票一張用於支付貨款，支票號碼為004，支票金額為35,100元；發出的採購訂單數為500個；已辦理了入庫手續，發票已經收到。

（9）2017年1月20日採購部向B公司支付貨款468,000元，支票號碼是015，支票金額為468,000元。

（10）2017年1月25日採購部向D公司採購A材料，採購數量為1,000個，不含稅購進單價為58元，取得了增值稅專用發票，貨款還沒有支付；發出的採購訂單數為1,100個；已辦理了入庫手續，發票已經收到。

［實訓要求］

（1）根據上述發生的經濟業務，進行採購入庫、採購退貨的業務處理。

（2）根據上述發生的經濟業務，進行核銷的業務處理。

（3）月底進行月末結帳處理。

10 銷售管理系統

銷售管理系統主要用於反映企業有關銷售方面的數據，主要由設置、銷售訂貨、銷售發貨、銷售開票、代墊費用單、銷售現存量查詢、月末結帳、報表等部分組成。

10.1 設置

10.1.1 選項

這一模塊根據企業管理需要進行相關設置。

具體操作如下：點擊「供應鏈」→點擊「銷售管理」→點擊「設置」→點擊「銷售選項」→進行相關設置→點擊「確定」，如圖 10-1 所示。

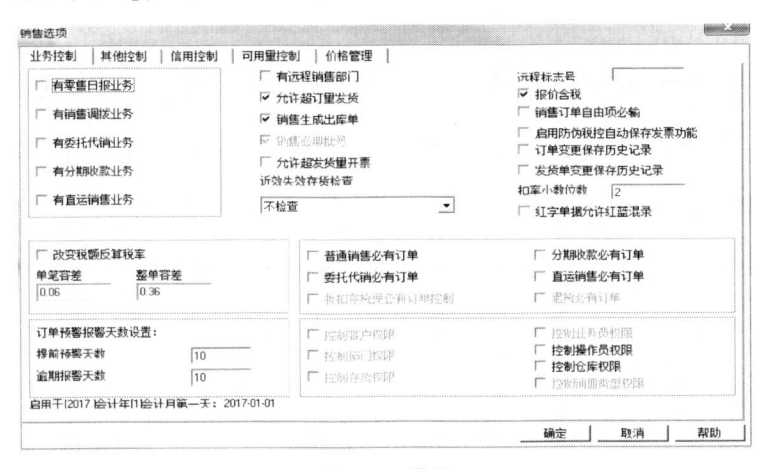

圖 10-1 選項

10.1.2 期初發貨單

這一模塊處理建帳日之前已經發貨、出庫、尚未開發票的業務，包括普通銷售、分期收款發貨單。

具體操作如下：點擊「供應鏈」→點擊「銷售管理」→點擊「設置」→點擊「期初錄入」→點擊「期初發貨單」→點擊「增加」→錄入相關內容→點擊「保存」→點擊「審核」，如圖 10-2 所示。

圖 10-2（a）

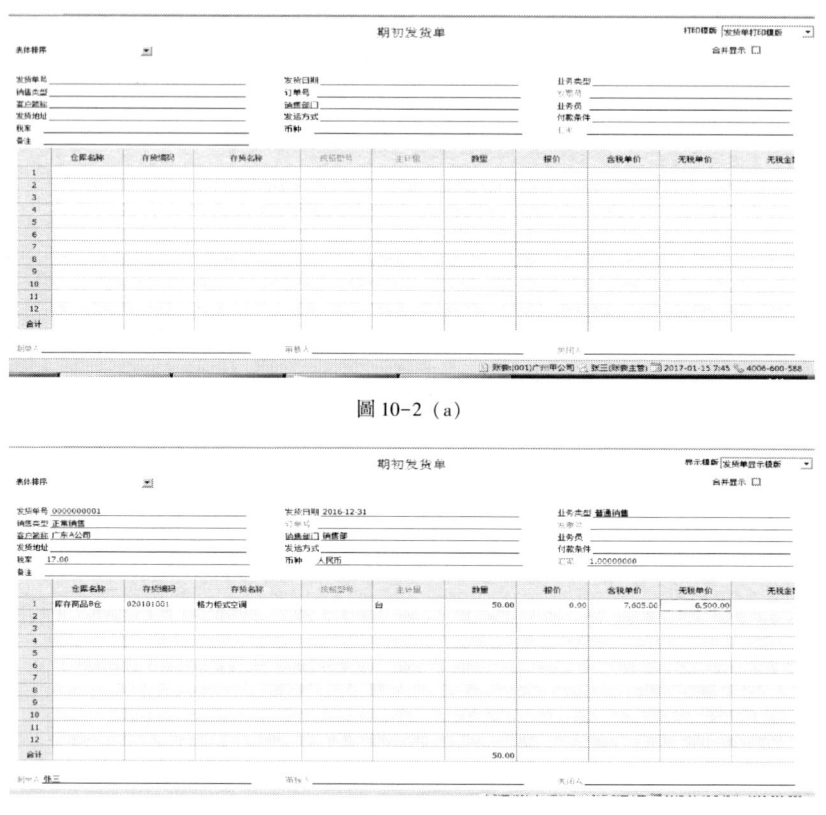

圖 10-2（b）

圖 10-2　期初發貨單

10.2　銷售訂貨

具體操作如下：點擊「供應鏈」→點擊「銷售管理」→點擊「銷售訂貨」→點擊「銷售訂單」→點擊「增加」→錄入相關內容→點擊「保存」→點擊「審核」，如圖 10-3 所示。

圖 10-3（a）

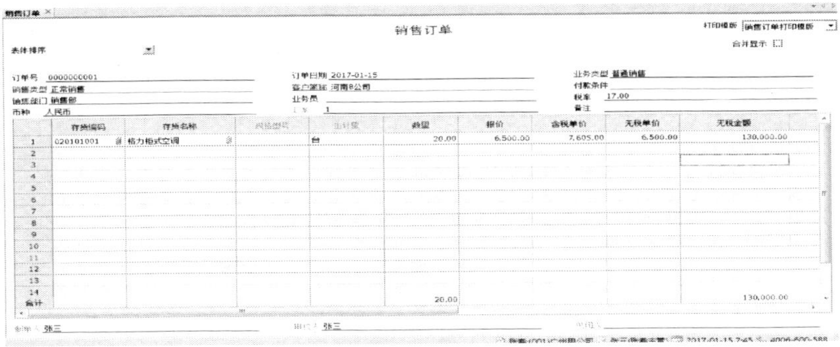

圖 10-3（b）

圖 10-3　銷售訂貨

10.3　銷售發貨

10.3.1　發貨單

具體操作如下：點擊「供應鏈」→點擊「銷售管理」→點擊「銷售發貨」→點擊「發貨單」→點擊「增加」→選擇過濾條件→選擇「全選」或選擇某一條記錄→點擊「確定」→點擊「保存」→點擊「審核」，如圖 10-4 所示。

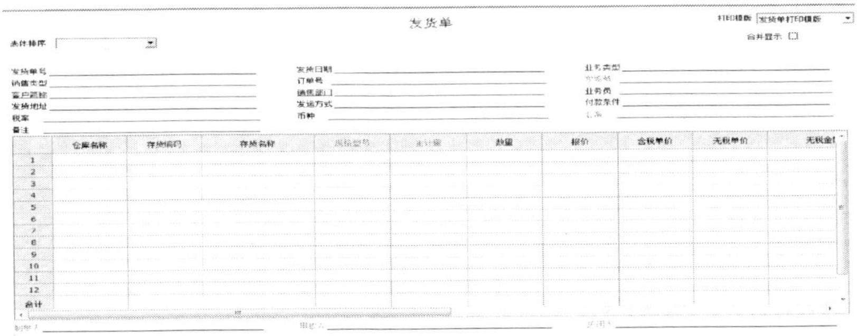

圖 10-4（a）

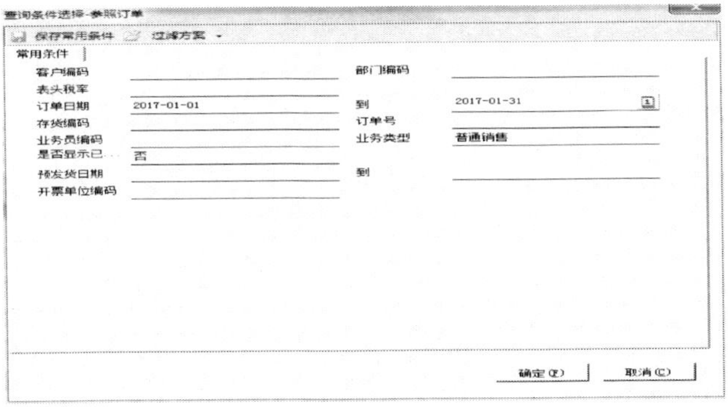

圖 10-4（b）

圖 10-4（c）

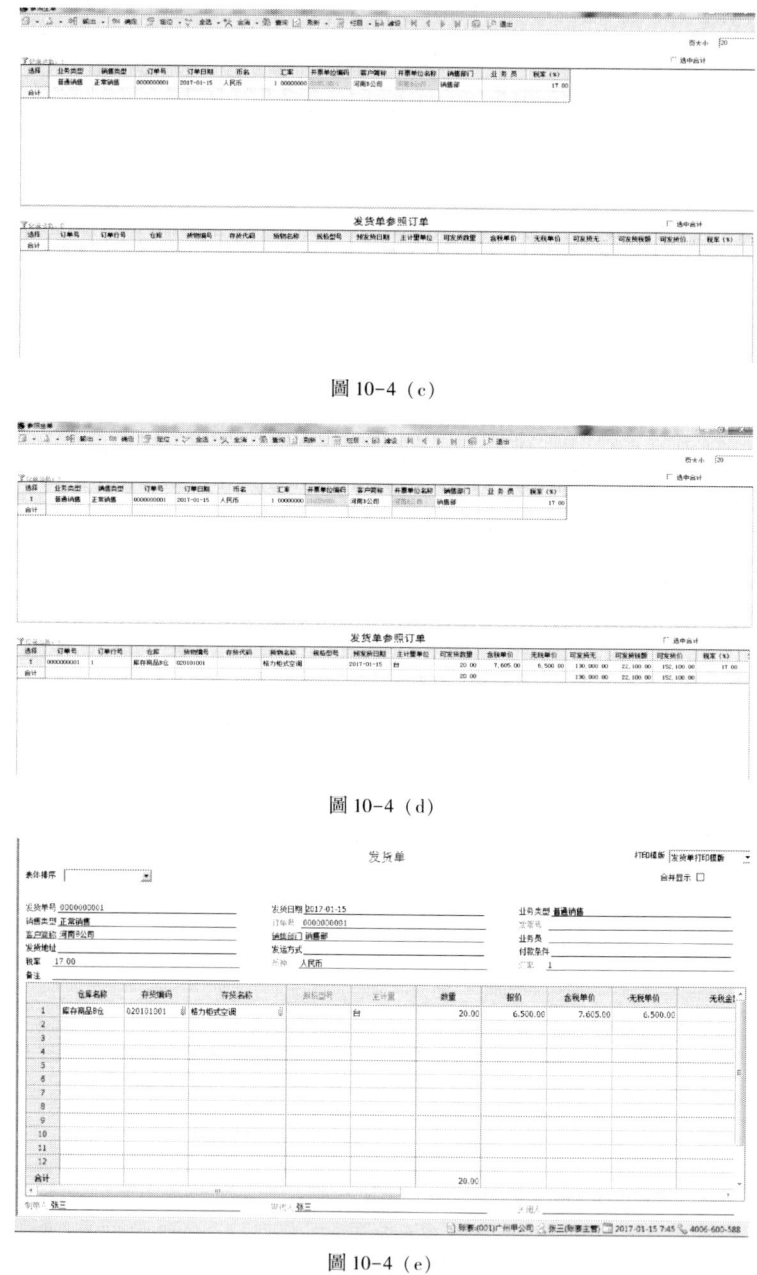

圖 10-4（d）

圖 10-4（e）
圖 10-4　發貨單

10.3.2　退貨單

具體操作如下：點擊「供應鏈」→點擊「銷售管理」→點擊「銷售發貨」→點擊「退貨單」→點擊「增加」→選擇過濾條件→選擇「全選」或選擇某一條記錄→點擊「確定」→點擊「保存」→點擊「審核」，如圖 10-5 所示。

圖 10-5（a）

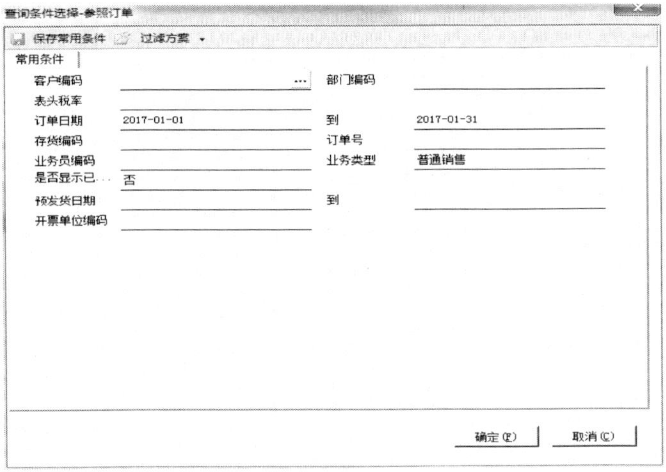

圖 10-5（b）

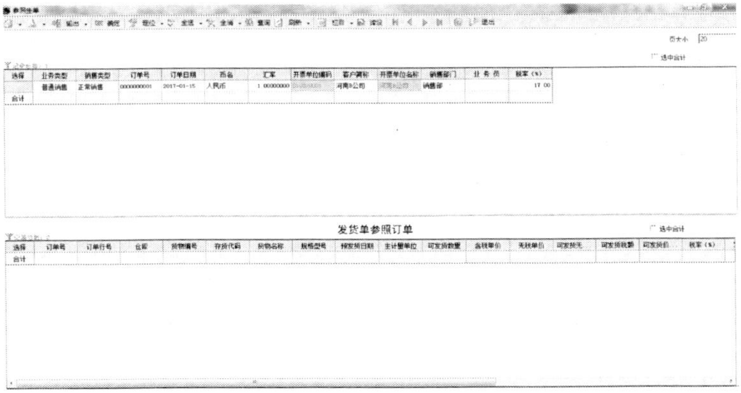

圖 10-5（c）

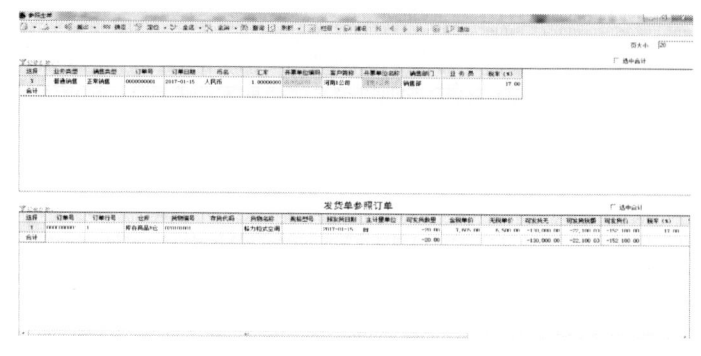

圖 10-5（d）

圖 10-5（e）

圖 10-5　退貨單

10.4　銷售開票

10.4.1　開具銷售專用發票

具體操作如下：點擊「供應鏈」→點擊「銷售管理」→點擊「銷售開票」→點擊「銷售專用發票」→點擊「增加」→選擇生單條件→選擇過濾條件→選擇「全選」或選擇某一條記錄→點擊「確定」→點擊「保存」→點擊「復核」，如圖 10-6 所示。

圖 10-6（a）

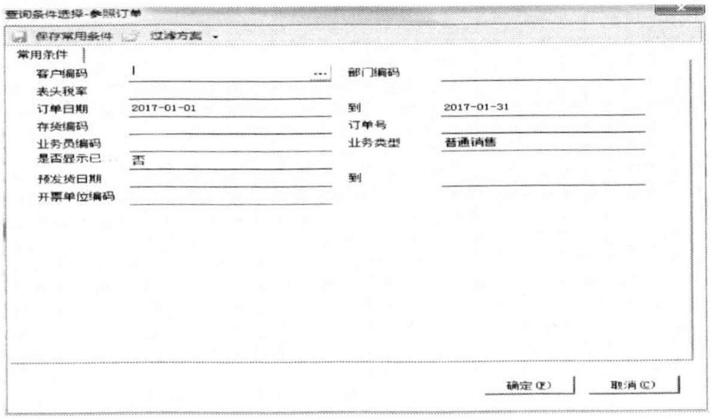

圖 10-6（b）

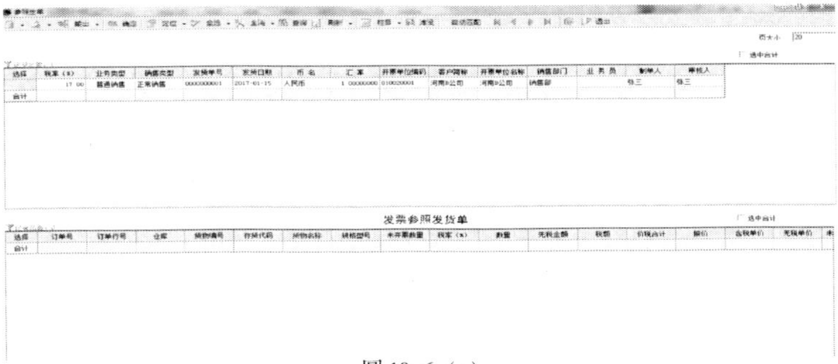

圖 10-6（c）

圖 10-6（d）

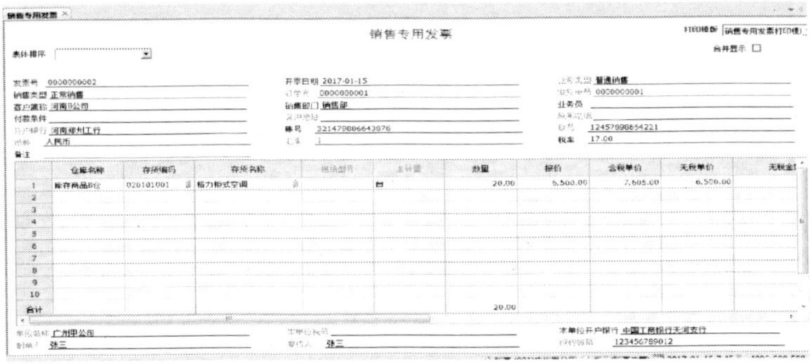

圖 10-6（e）

圖 10-6　開具銷售專用發票

10.4.2 開具銷售普通發票

具體操作如下：點擊「供應鏈」→點擊「銷售管理」→點擊「銷售開票」→點擊「銷售普通發票」→點擊「增加」→選擇生單條件→選擇過濾條件→選擇「全選」或選擇某一條記錄→點擊「確定」→點擊「保存」→點擊「復核」，如圖 10-7 所示。

圖 10-7（a）

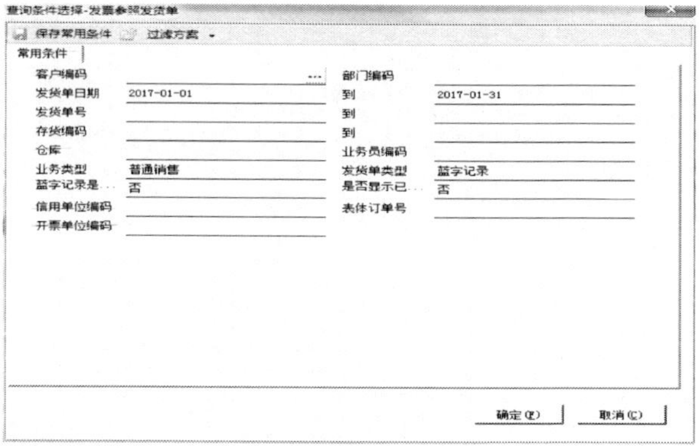

圖 10-7（b）

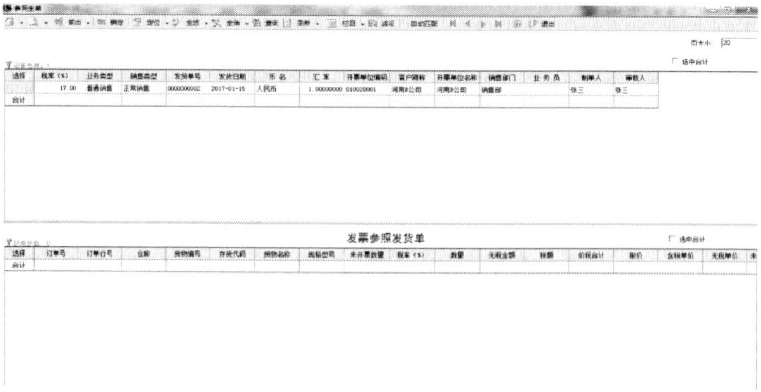

圖 10-7（c）

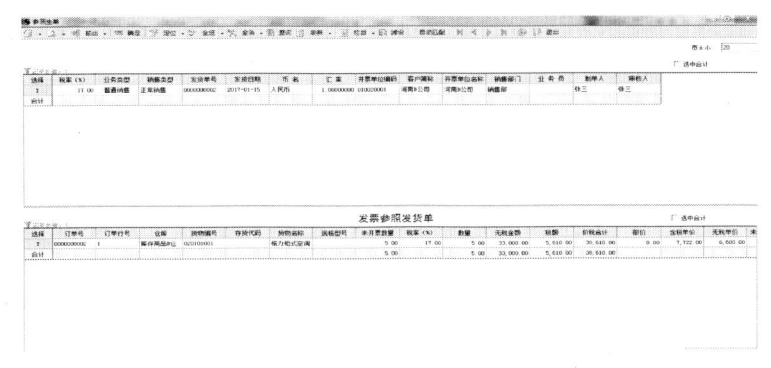

圖 10-7（d）

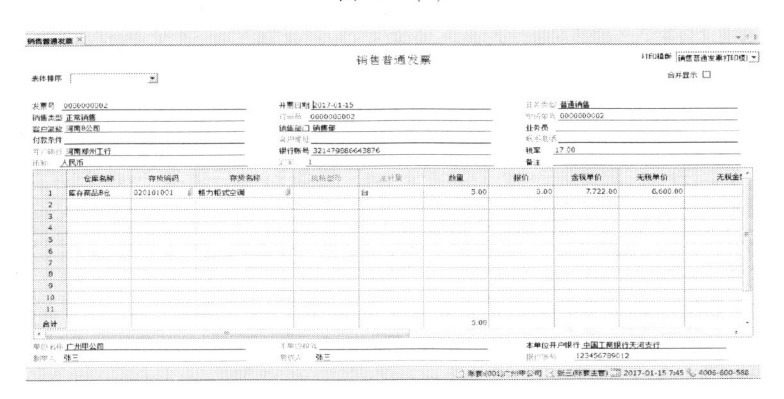

圖 10-7（e）

圖 10-7 銷售普通發票

10.4.3 開具紅字專用銷售發票

銷售出去的貨物因產品質量、規格、型號等原因發生了退貨，同時已經開具了專用發票就在此界面操作。

具體操作如下：點擊「供應鏈」→點擊「銷售管理」→點擊「銷售開票」→點擊「紅字銷售專用發票」→點擊「增加」→選擇過濾條件→選擇「全選」或選擇某一條記錄→點擊「確定」→點擊「保存」→點擊「復核」，如圖 10-8 所示。

圖 10-8（a）

圖 10-8（b）

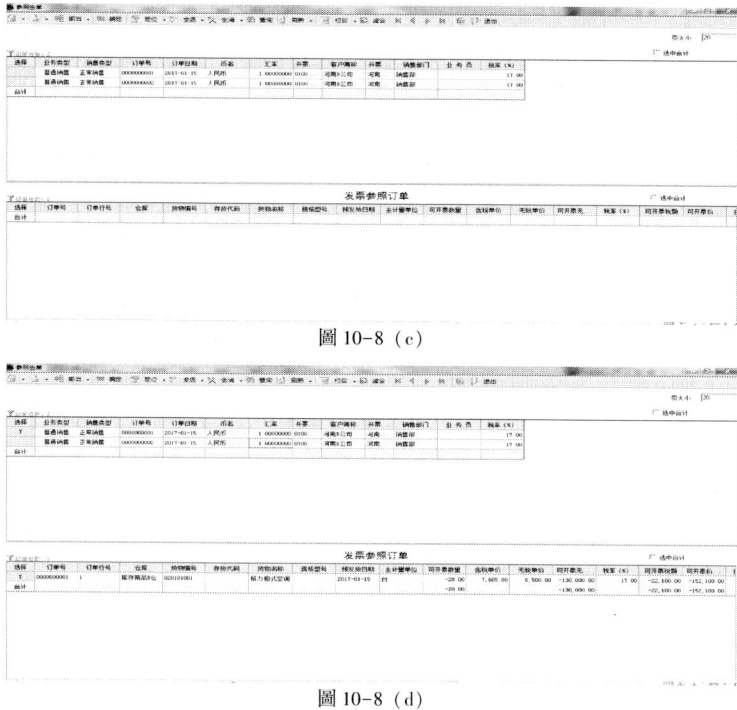

圖 10-8（c）

圖 10-8（d）

圖 10-8（e）
圖 10-8　開具紅字專用銷售發票

10.4.4 開具紅字普通銷售發票

銷售出去的貨物因產品質量、規格、型號等原因發生了退貨，同時已經開具了專用發票就在此界面操作。

具體操作如下：點擊「供應鏈」→點擊「銷售管理」→點擊「銷售開票」→點擊「紅字普通銷售發票」→點擊「增加」→選擇過濾條件→選擇「全選」或選擇某一條記錄→點擊「確定」→點擊「保存」→點擊「復核」，如圖10-9所示。

圖10-9（a）

圖10-9（b）

圖10-9（c）

圖 10-9（d）

圖 10-9（e）

圖 10-9　開具紅字普通銷售發票

10.5　代墊費用單

企業若在銷售時為客戶代墊運費等費用，就在此界面進行操作。

具體操作如下：點擊「供應鏈」→點擊「銷售管理」→點擊「代墊費用單」→點擊「增加」→點擊「保存」→點擊「審核」，如圖 10-10 所示。

圖 10-10（a）

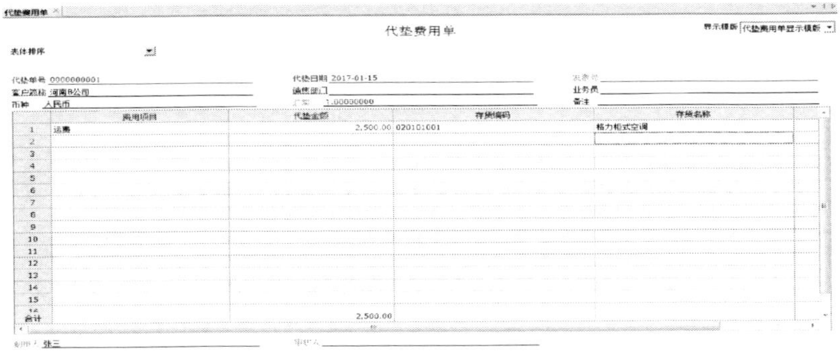

圖 10-10（b）

圖 10-10　代墊費用單

10.6　銷售現存量查詢

具體操作如下：點擊「供應鏈」→點擊「銷售管理」→點擊「銷售現存量查詢」→選擇過濾條件→點擊「確定」，如圖 10-11 所示。

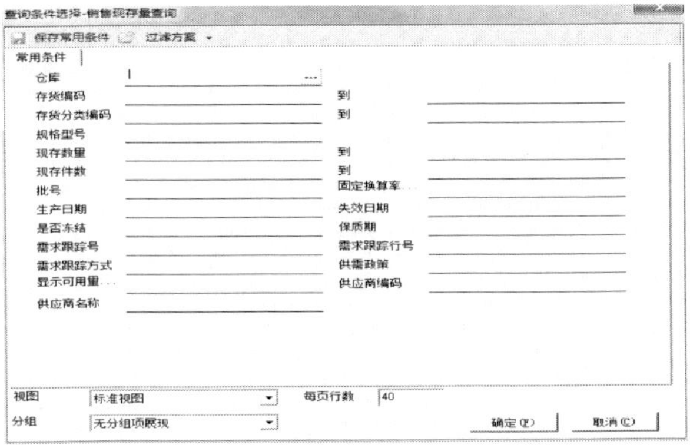

圖 10-11（a）

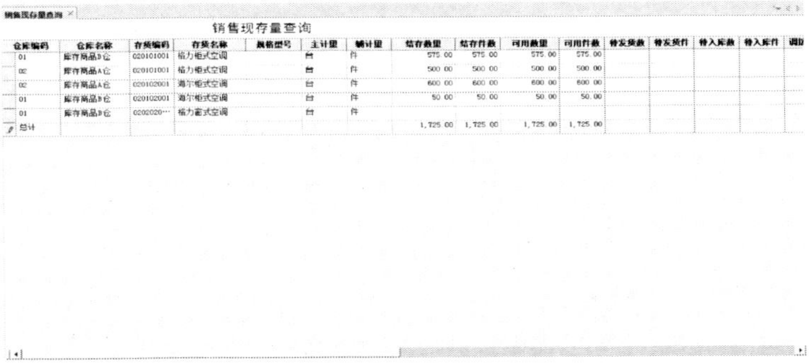

圖 10-11（b）

圖 10-11　銷售現存量查詢

10.7　月末結帳

具體操作如下：點擊「供應鏈」→點擊「銷售管理」→點擊「月末結帳」→點擊「結帳」，如圖 10-12 所示。

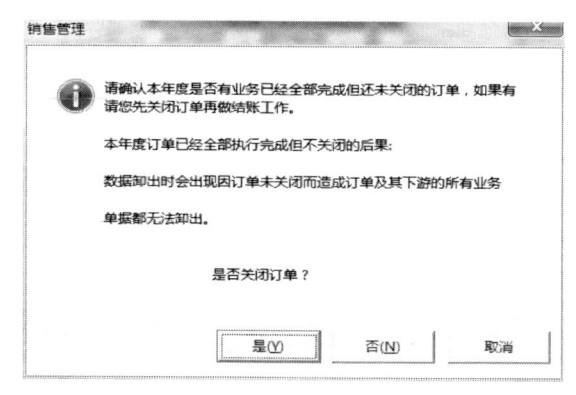

圖 10-12（a）

圖 10-12（b）
圖 10-12　月末結帳

10.8　報表

10.8.1　銷售統計表

具體操作如下：點擊「供應鏈」→點擊「銷售管理」→點擊「報表」→點擊「我的報表」→點擊「銷售統計表」→選擇過濾條件→點擊「確定」，如圖 10-13 所示。

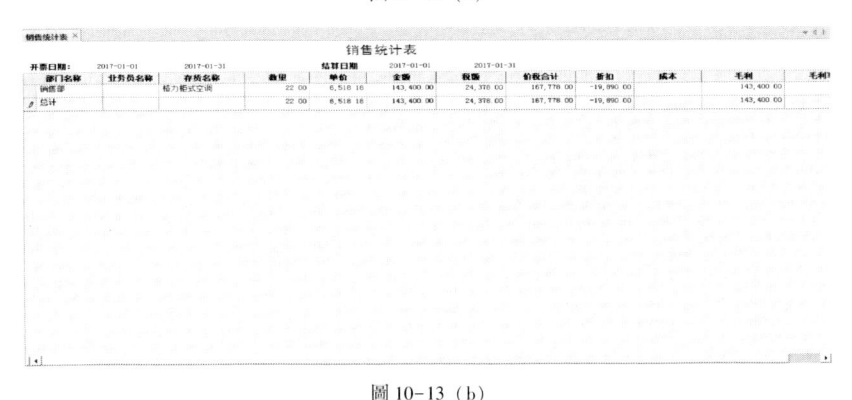

圖 10-13（a）

圖 10-13（b）

圖 10-13　銷售統計表

10.8.2　發貨統計表

具體操作如下：點擊「供應鏈」→點擊「銷售管理」→點擊「報表」→點擊「我的報表」→點擊「發貨統計表」→選擇過濾條件→點擊「確定」，如圖 10-14 所示。

圖 10-14（a）

圖 10-14（b）

圖 10-14　發貨統計表

10.8.3　發貨匯總表

具體操作如下：點擊「供應鏈」→點擊「銷售管理」→點擊「報表」→點擊「我的報表」→點擊「發貨匯總表」→選擇過濾條件→點擊「確定」，如圖 10-15 所示。

圖 10-15（a）

圖 10-15（b）

圖 10-15　發貨匯總表

實訓　銷售管理實訓

[實訓目的]

通過本實訓，能夠掌握銷售過程中出庫、退貨、開具發票、收款等相關業務知識。

[實訓內容]

2017年1月廣東珠江實業股份有限公司發生了如下經濟業務（該公司適用的增值稅稅率為17%）：

（1）2017年1月2日銷售部銷售甲商品給上海B公司，銷售數量為1,000個，不含稅銷售單價為160元，開具了增值稅專用發票，款項沒有收到；銷售訂單數量為1,000個。

（2）2017年1月3日銷售部銷售乙商品給遼寧化工公司，銷售數量為500個，不含稅銷售單價為200元，開具了增值稅普通發票；遼寧化工公司開具了一張銀行承兌匯票，票期日期為2017年1月3日，票面金額為58,500元，期限為3個月，票據號是01；銷售訂單數量為500個。

（3）2017年1月3日收到開戶行進帳通知單，進帳單號是001，收到江蘇D公司預付購買丙產品貨款117,000元。

（4）2017年1月4日銷售部銷售丙商品給上海B公司，銷售數量為2,000個，不含稅銷售單價為120元，開具了增值稅專用發票，款項沒有收到；銷售訂單數量為2,000個。

（5）2017年1月5日收到開戶行進帳通知單，進帳單號是002，收到黑龍江三洋公司所欠貨款585,000元。

（6）2017年1月6日銷售部銷售乙商品給遼寧化工公司，銷售數量為600個，不含稅銷售單價為200元，開具了增值稅普通發票；遼寧化工公司於同日通過銀行轉帳方式付清了全部貨款，轉帳單號是003；銷售訂單數量為600個。

（7）2017年1月7日銷售部銷售丙商品給江蘇D公司，銷售數量為600個，不含稅銷售單價為120元，開具了增值稅普通發票，款項還沒有收到；銷售訂單數量為600個。

（8）2017年1月10日收到開戶銀行進帳通知單，進帳單號是004，收到1月2日銷售給上海B公司的貨款及稅金，共計187,200元。

（9）2017年1月10日銷售部銷售乙商品給浙江紡織進出口公司，銷售數量為2,000個，不含稅銷售單價為110元，開具了增值稅專用發票，貨物已發出，款項還沒有收到；銷售訂單數量為2,000個。

（10）2017年1月20日收到開戶銀行的進帳通知單，進帳單號是005，收到1月7日銷售給江蘇D公司的貨款，款項共計842,400元。

（11）2017年1月25日收到客戶江蘇D公司的退貨通知，2017年1月7日銷售的貨物中有一部分貨物（丙商品）中不符合合同要求，因產品質量存在問題發生退貨，已辦理了退貨入庫手續，退貨數量為5個。

（12）2017年1月26日銷售貨物甲商品一批給遼寧化工公司，數量為500個，不含稅銷售單價為200元，收到轉帳支票一張，支票號碼是004，含稅金額是117,000元，增值稅稅率為17%，開具了增值稅專用發票；銷售訂單數量為500個。

（13）2017年1月28日銷售貨物乙商品一批給浙江紡織進出口公司，數量為50個，不含稅銷售單價為200元，價款合計共計11,700元，增值稅稅率為17%，款項還沒有收到，開具了增值稅專用發票。

（14）2017年1月30日收到客戶上海B公司的退貨通知，2017年1月2日銷售的貨物中有一部分貨物（甲商品）中不符合合同要求，客戶將一部分貨物退回，數量為100個，退貨含稅金額為18,720

元;開出中國工商銀行廣州分行轉帳支票一張,支票號碼是005,增值稅稅率為17%。
[實訓要求]
(1) 根據上述發生的經濟業務,進行銷售出庫、銷售退貨的業務處理。
(2) 根據上述發生的經濟業務,進行開具發票的業務處理。
(3) 根據上述發生的經濟業務,進行核銷的業務處理。
(4) 月底進行月末結帳處理。

11 存貨核算系統

存貨核算系統主要由初始設置、日常業務、業務核算、財務核算、帳表等內容組成。該系統主要用於採購、銷售的會計核算和會計處理。

11.1 初始設置

11.1.1 選項錄入

具體操作如下：點擊「供應鏈」→點擊「存貨核算」→點擊「初始設置」→點擊「選項」→點擊「選項錄入」→進行相關選擇→點擊「確定」，如圖 11-1 所示。

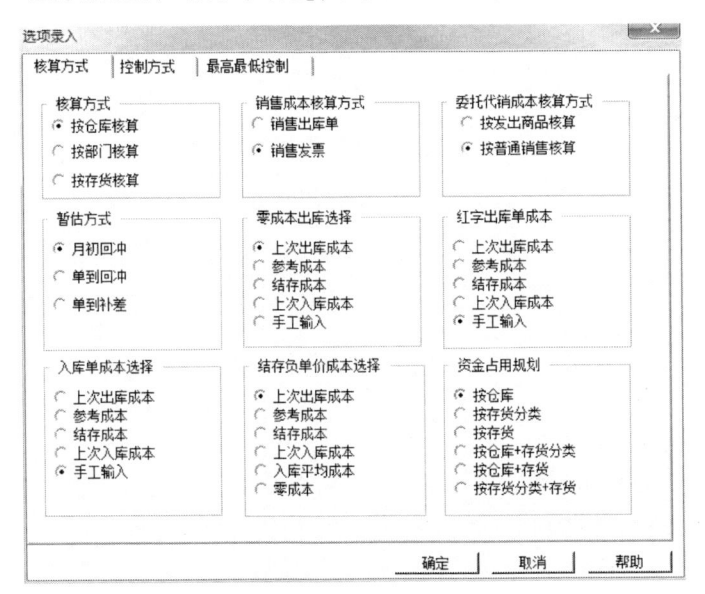

圖 11-1 選項錄入

11.1.2 期初數據

具體操作如下：點擊「供應鏈」→點擊「存貨核算」→點擊「初始設置」→點擊「期初數據」→點擊「期初餘額」→選擇倉庫→點擊「取數」→點擊「記帳」，如圖 11-2 所示。

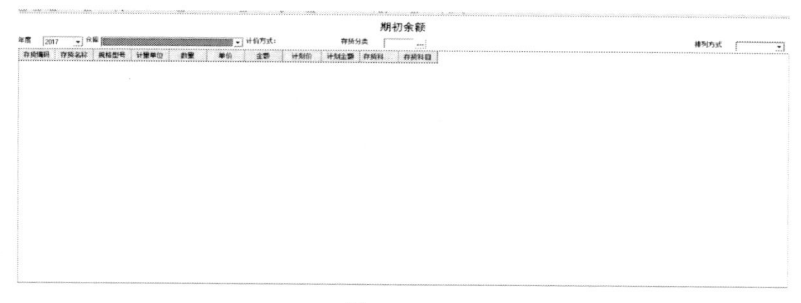

圖 11-2（a）

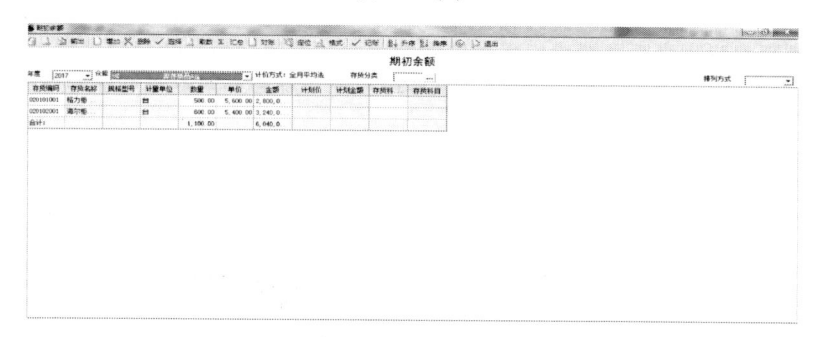

圖 11-2（b）

圖 11-2（c）
圖 11-2　期初數據

11.1.3　科目設置

具體操作如下：點擊「供應鏈」→點擊「存貨核算」→點擊「初始設置」→點擊「科目設置」→點擊「增加」→錄入相關內容→點擊「保存」，如圖 11-3 所示。

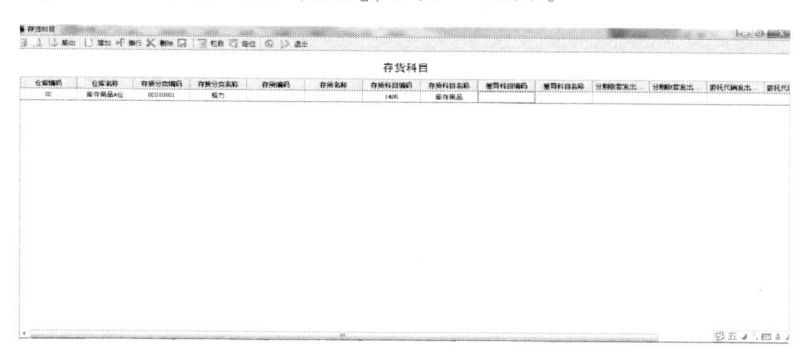

圖 11-3（a）

圖 11-3（b）

圖 11-3（c）

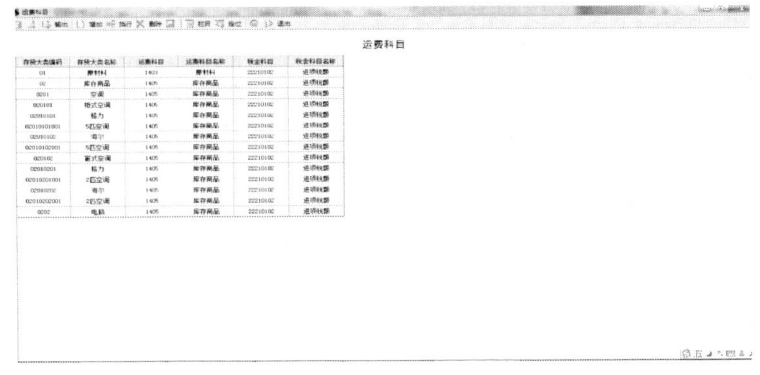

圖 11-3（d）

圖 11-3（e）

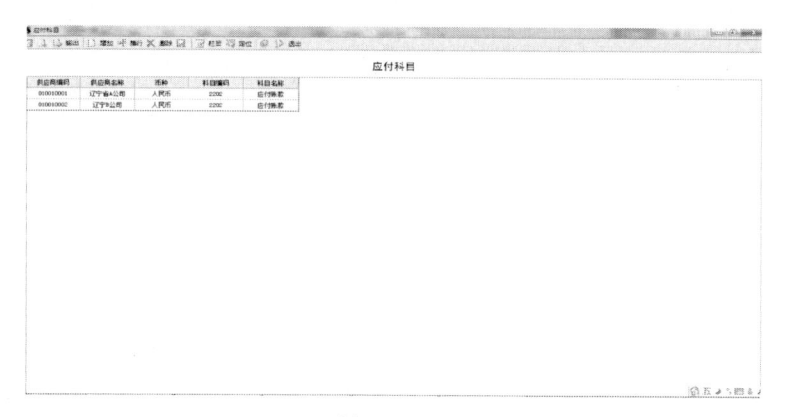

圖 11-3（f）

圖 11-3　科目設置

11.2　日常業務

日常業務主要由採購入庫單、產成品入庫單、其他入庫單、銷售出庫單、材料出庫單、其他出庫單等內容組成。在採購管理系統、銷售管理系統、庫存管理系統、存貨核算系統四個供應鏈子系統同時使用的情況下，只能此界面進行查詢及修改（有關單據不能結算）。

11.3　業務核算

11.3.1　正常單據記帳

具體操作如下：點擊「供應鏈」→點擊「存貨核算」→點擊「業務核算」→點擊「正常單據記帳」→選擇過濾條件→點擊「全選」或選擇某一條記錄→點擊「記帳」，如圖 11-4 所示。

圖 11-4（a）

圖 11-4（b）

圖 11-4（c）

圖 11-4（d）

圖 11-4　正常單據記帳

11.3.2　恢復記帳

具體操作如下：點擊「供應鏈」→點擊「存貨核算」→點擊「業務核算」→點擊「恢復記帳」→選擇過濾條件→點擊「全選」或選擇某一條記錄→點擊「恢復」，如圖 11-5 所示。

357

圖 11-5（a）

圖 11-5（b）

圖 11-5（c）

圖 11-5（d）
圖 11-5　恢復記帳

11.3.3 平均單價計算

具體操作如下：點擊「供應鏈」→點擊「存貨核算」→點擊「業務核算」→點擊「平均單價計算」，如圖 11-6 所示。

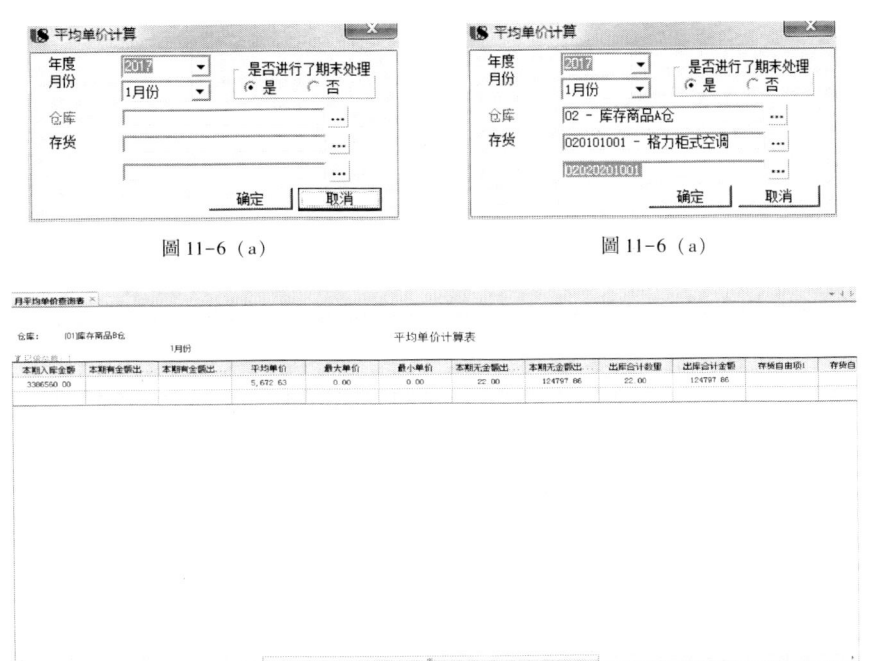

圖 11-6（a）　　　　　圖 11-6（a）

圖 11-6（c）

圖 11-6　平均單價計算

11.3.4 月末處理

具體操作如下：點擊「供應鏈」→點擊「存貨核算」→點擊「業務核算」→點擊「月末處理」→點擊「處理」→點擊「確定」，如圖 11-7 所示。

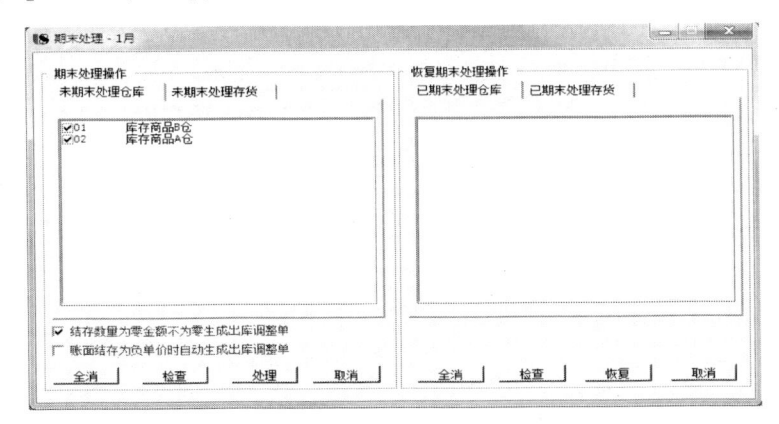

圖 11-7（a）

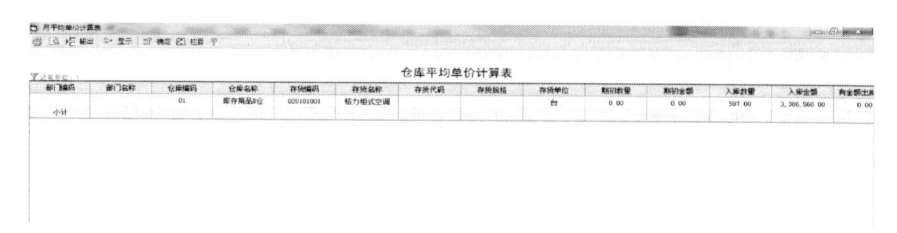

圖 11-7（b）

圖 11-7（c）

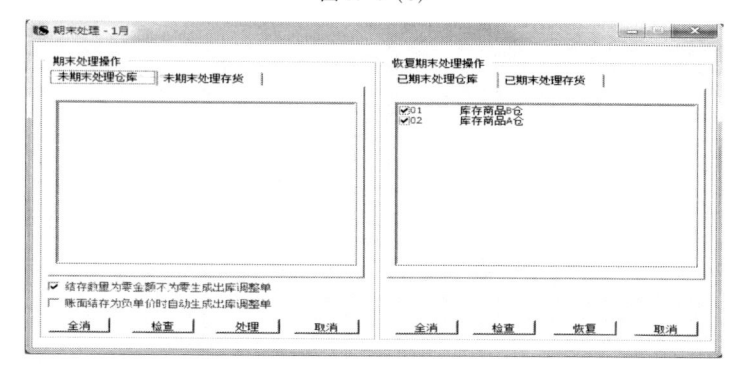

圖 11-7（d）

圖 11-7　月末處理

11.3.5　月末結帳

具體操作如下：點擊「供應鏈」→點擊「存貨核算」→點擊「業務核算」→點擊「月末結帳」→點擊「結帳」，如圖 11-8 所示。

圖 11-8　月末結帳

11.4 財務核算

11.4.1 生成憑證

具體操作如下：點擊「供應鏈」→點擊「存貨核算」→點擊「財務核算」→點擊「生成憑證」→點擊「選擇」→點擊「確定」→點擊「全選」或選擇某一條記錄→點擊「確定」→點擊「生成」→點擊「保存」，如圖 11-9 所示。

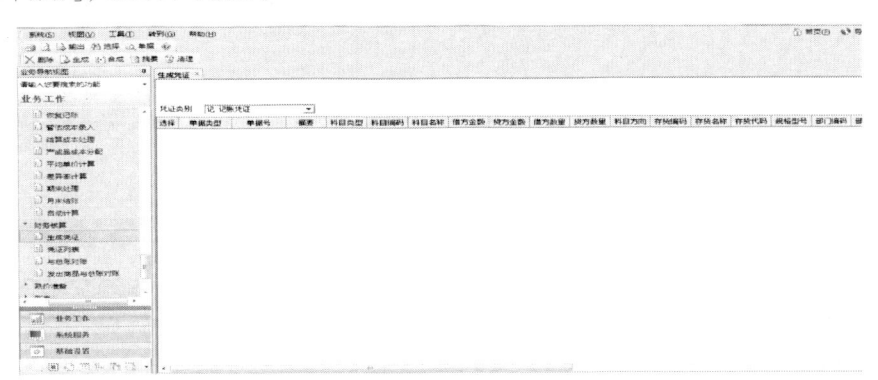

圖 11-9（a）

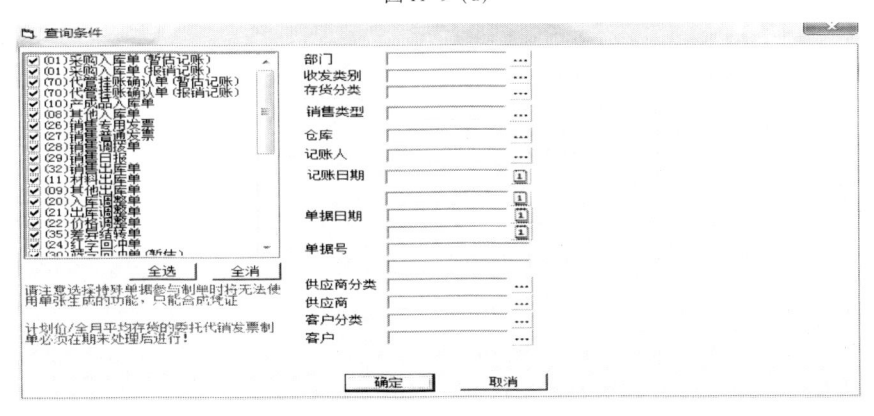

圖 11-9（b）

圖 11-9（c）

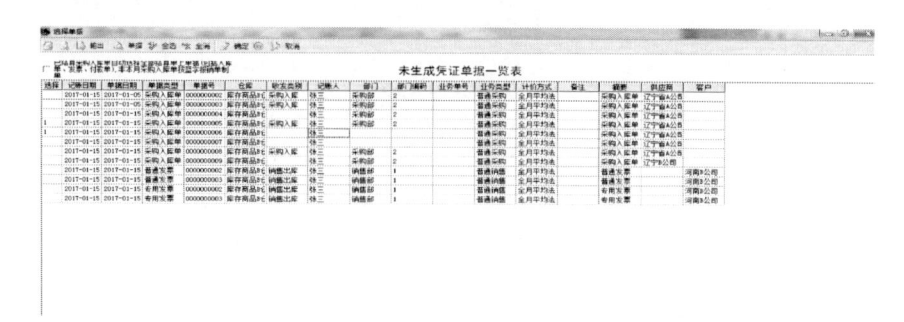

圖 11-9（d）

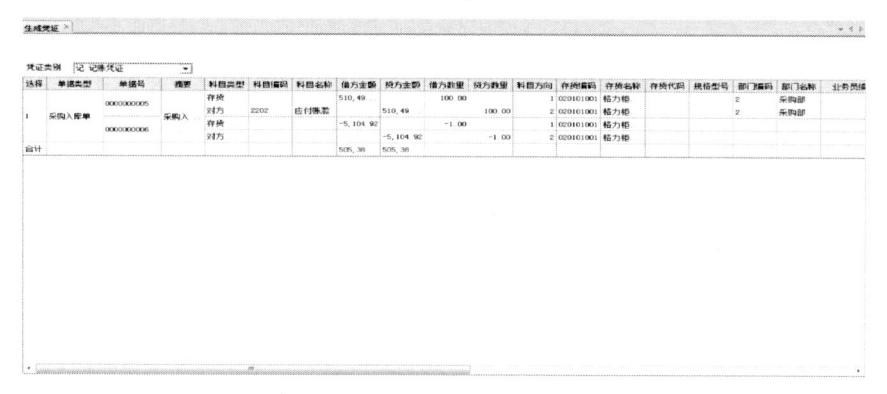

圖 11-9（e）

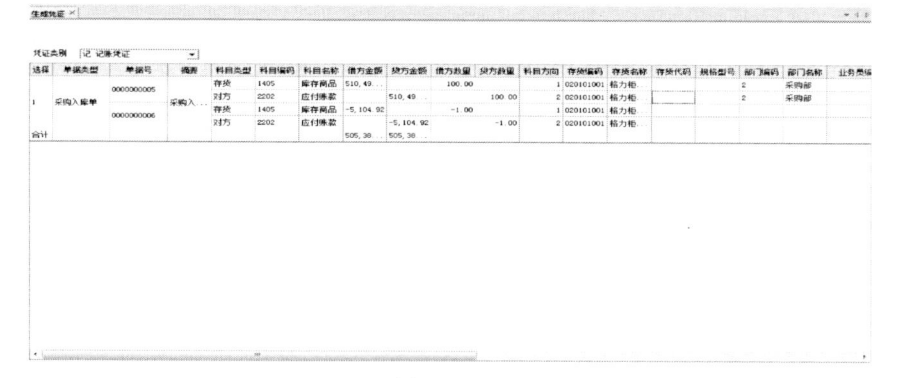

圖 11-9（f）

圖 11-9（g）

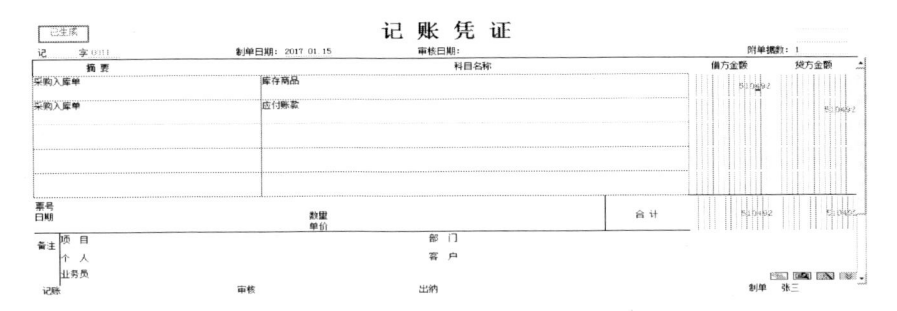

圖 11-9（h）

圖 11-9　生成憑證

11.4.2　憑證列表

具體操作如下：點擊「供應鏈」→點擊「存貨核算」→點擊「財務核算」→點擊「憑證列表」→選擇查詢條件→點擊「確定」，如圖 11-10 所示。

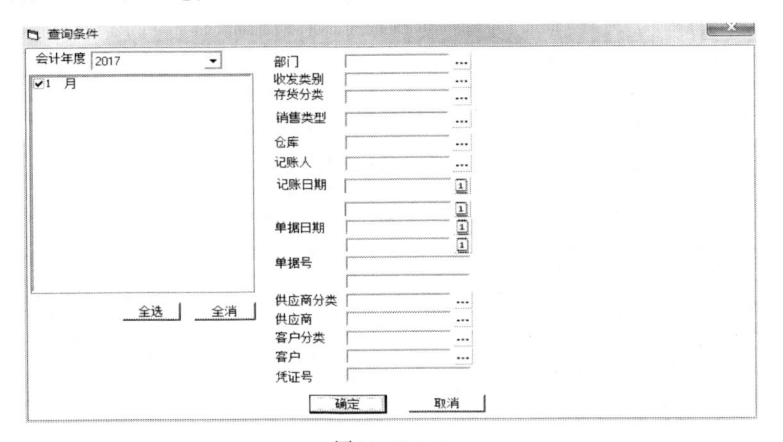

圖 11-10（a）

圖 11-10（b）

圖 11-10　憑證列表

11.5 帳表

11.5.1 流水帳

具體操作如下：點擊「供應鏈」→點擊「存貨核算」→點擊「帳表」→點擊「帳簿」→點擊「流水帳」→選擇查詢條件→點擊「確定」，如圖 11-11 所示。

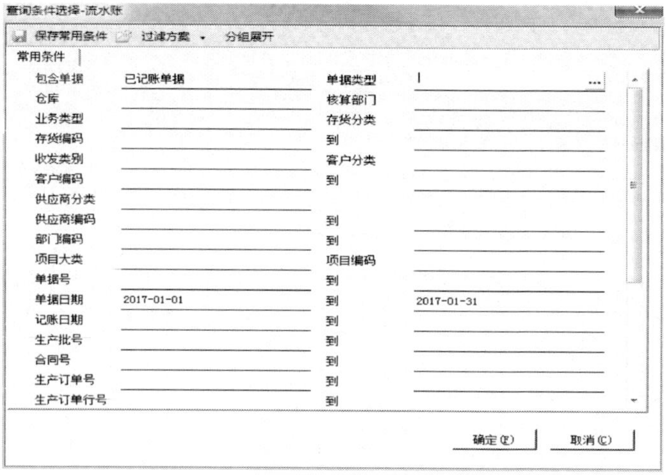

圖 11-11（a）

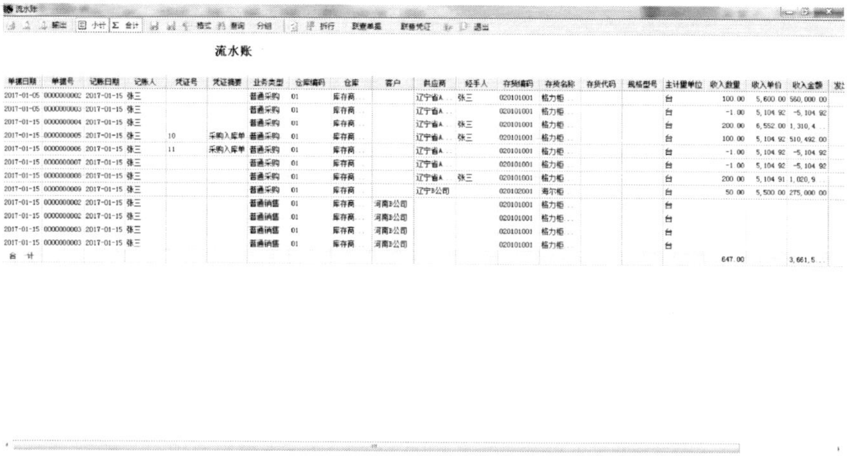

流水账

单据日期	单据号	记账日期	记账人	凭证号	凭证摘要	业务类型	仓库编码	仓库	客户	供应商	经手人	存货编码	存货名称	存货代码	规格型号	主计量单位	收入数量	收入单价	收入金额
2017-01-05	0000000002	2017-01-15	张三			普通采购	01	库存商…		辽宁省A…	张三	020101001	格力柜…			台	100.00	5,600.00	560,000.00
2017-01-05	0000000003	2017-01-15	张三			普通采购	01	库存商…		辽宁省A…		020101001	格力柜…			台	-1.00	5,104.92	-5,104.92
2017-01-15	0000000004	2017-01-15	张三			普通采购	01	库存商…		辽宁省A…	张三	020101001	格力柜…			台	200.00	6,552.00	1,310,4…
2017-01-15	0000000005	2017-01-15	张三	10	采购入库单	普通采购	01	库存商…		辽宁省A…	张三	020101001	格力柜…			台	100.00	5,104.92	510,492.00
2017-01-15	0000000006	2017-01-15	张三	11	采购入库单	普通采购	01	库存商…		辽宁省A…		020101001	格力柜…			台	-1.00	5,104.92	-5,104.92
2017-01-15	0000000007	2017-01-15	张三			普通采购	01	库存商…		辽宁省A…		020101001	格力柜…			台	-1.00	5,104.92	-5,104.92
2017-01-15	0000000008	2017-01-15	张三			普通采购	01	库存商…		辽宁省A…	张三	020101001	格力柜…			台	200.00	5,104.91	1,020,9…
2017-01-15	0000000009	2017-01-15	张三			普通采购	01	库存商…		辽宁B公司		020102001	海尔柜…			台	50.00	5,500.00	275,000.00
2017-01-15	0000000002	2017-01-15	张三			普通销售	01	库存商…	河南B公司			020101001	格力柜…			台			
2017-01-15	0000000002	2017-01-15	张三			普通销售	01	库存商…	河南B公司			020101001	格力柜…			台			
2017-01-15	0000000003	2017-01-15	张三			普通销售	01	库存商…	河南B公司			020101001	格力柜…			台			
2017-01-15	0000000003	2017-01-15	张三			普通销售	01	库存商…	河南B公司			020101001	格力柜…			台			
合 计																	647.00		3,661,5…

圖 11-11（b）

圖 11-11　流水帳

11.5.2 明細帳

具體操作如下：點擊「供應鏈」→點擊「存貨核算」→點擊「帳表」→點擊「帳簿」→點擊「明細帳」→選擇查詢條件→點擊「確定」，如圖 11-12 所示。

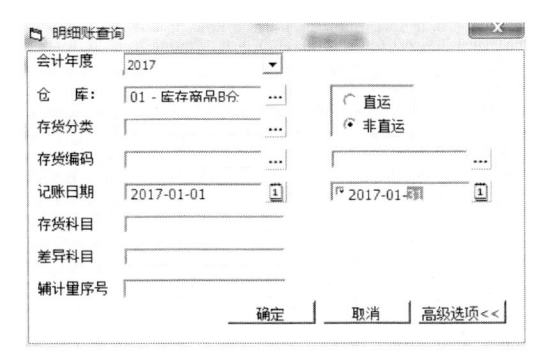

圖 11-12（a）

圖 11-12（b）

圖 11-12　明細帳

實訓　存貨核算實訓

[實訓目的]

通過本實訓，能夠掌握存貨核算系統中的初始設置、日常業務、業務核算、財務核算等相關操作知識。

[實訓內容]

先將採購管理系統實訓、銷售管理系統實訓、庫存管理系統實訓中發生的各項經濟業務處理完畢，然後再進入本系統中根據實訓要求進行相關的業務操作。

[實訓要求]

（1）啟用存貨核算系統，進行初始設置。

（2）進行本系統進行正常記帳、平均單價計算，並根據平均單價計算結果結轉相關的銷售成本。

（3）將本期發生的採購、銷售業務處理完畢後，生成正確的記帳憑證。

（4）月底進行月末結帳處理。

12　會計電算化綜合實訓

通過本部分的實訓，能夠綜合地、熟練地掌握用友財務軟件中總帳系統、應收帳款系統、應付帳款系統、薪資管理系統和固定資產系統相關操作知識，全面提高利用財務軟件進行財務處理的能力。

12.1　1月份實訓資料

[實訓內容]

2017年1月份發生的經濟業務資料如下：

廣州市××實業股份有限公司（以下簡稱公司）於2017年1月15日啟用財務軟件進行會計業務處理。

（1）公司基本情況。

公司名稱：廣州市××實業股份有限公司。

公司法定代表人：張××。

公司電話：020-12345678。

公司地址：廣州市天河區黃埔大道8號。

郵政編碼：510440。

公司成立時間：2010年3月15日。

公司是一家生產性企業，主要生產和銷售甲產品和乙產品；只有一個生產車間進行生產，車間名稱為第一生產車間；第一生產車間所發生的費用甲產品承擔55%，乙產品承擔45%。

甲產品銷售時需要繳納增值稅和消費稅，乙產品銷售時只需要繳納增值稅。公司具有一般納稅人資格，增值稅稅率為17%，消費稅稅率為10%，城市維護建設稅稅率為7%，教育費附加為3%。

甲產品對外出口，採用美元進行結算，在建行廣東分行開設外幣帳戶。

（2）公司組織部門框架如表12-1所示。

表12-1　　　　　　　　　　公司組織部門框架

一級部門編碼	一級部門名稱
1	總經理辦
2	財務部
3	審計部
4	採購部
5	銷售部
6	車間辦公室
7	車間生產線
8	人力資源部

(3) 人員檔案表如表 12-2 所示。

表 12-2　　　　　　　　　　　　　　　　人員檔案表

部門編碼	部門名稱	編號	姓名	人員類別	是否計稅	是否計件工資	職務
1	總經理辦	101	陳一	在職人員	是	否	
		102	陳二	在職人員	是	否	
		103	陳三	在職人員	是	否	
2	財務部	201	張一	在職人員	是	否	經理
		202	張二	在職人員	是	否	出納
		203	張三	在職人員	是	否	製單
		204	張四	在職人員	是	否	記帳
3	審計部	301	王一	在職人員	是	否	審核
		302	王二	在職人員	是	否	
		303	王三	在職人員	是	否	
4	採購部	401	鄧一	在職人員	是	是	業務員
		402	鄧二	在職人員	是	是	業務員
		403	鄧三	在職人員	是	是	業務員
5	銷售部	501	吳一	在職人員	是	是	業務員
		502	吳二	在職人員	是	是	業務員
		503	吳三	在職人員	是	是	業務員
6	車間辦公室	601	萬一	在職人員	是	否	
		602	萬二	在職人員	是	否	
		603	萬三	在職人員	是	否	
7	車間生產線	701	葉一	在職人員	是	是	
		702	葉二	在職人員	是	是	
		703	葉三	在職人員	是	是	
		704	葉四	在職人員	是	是	
8	人力資源部	801	周一	在職人員	是	否	
		802	周二	在職人員	是	否	
		803	周三	在職人員	是	否	

(4) 客戶分類表如表 12-3 所示。

表 12-3　　　　　　　　　　　　　　　　客戶分類表

一級編碼	一級名稱	二級編碼	二級名稱	三級編碼	三級名稱
01	東北地區	01001	黑龍江	010010001	A 公司
		01002	吉林	010020002	B 公司
		01003	遼寧	010030002	C 公司
02	華東地區	02001	上海	020010001	D 公司
		02002	浙江	020020002	E 公司
		02003	江蘇	020030003	F 公司
03	華中地區	03001	湖北	030010001	G 公司
		03002	湖南	030020002	H 公司
		03003	河南	030030003	I 公司

(5) 供應商分類表如表 12-4 所示。

表 12-4　　　　　　　　　　　　　　　供應商分類表

一級編碼	一級名稱	二級編碼	二級名稱
01	大供應商	01001	M 公司
		01002	N 公司
02	中供應商	02001	O 公司
		02002	P 公司
03	小供應商	03001	Q 公司
		03002	X 公司

(6) 存貨分類表如表 12-5 所示。

表 12-5　　　　　　　　　　　　　　　存貨分類表

一級編碼	一級名稱	二級編碼	二級名稱	三級編碼	三級名稱	存貨屬性
01	原材料	0101	A 材料			外購、生產
		0102	B 材料			外購、生產
		0103	C 材料			外購、生產
		0104	D 材料			外購、生產
02	庫存商品	0201	甲產品			生產、銷售
		0202	乙產品			生產、銷售
03	週轉材料	0301	包裝物	030101	紙箱 A	外購、銷售
				030102	紙箱 B	外購、銷售
		0302	低值易耗品	030201	扳手	外購、銷售
				030202	老虎鉗	外購、銷售

(7) 計量單位組如表 12-6 所示。

表 12-6　　　　　　　　　　　　　　　計量單位組

分組編碼	分組名稱	計量單位編碼	計量單位名稱	是否主計量單位	換算率
01	數量單位組	0101	個	是	
		0102	件	否	1

(8) 倉庫貨位分類表如表 12-7 所示。

表 12-7　　　　　　　　　　　　　　　倉庫貨位分類表

倉庫名稱	貨位	備註
商品倉	A 貨位	商品全部存放於 A 貨位
原材料倉	B 貨位	原材料全部存放於 B 貨位
週轉材料倉	C 貨位	週轉材料全部存放於 C 貨位

(9) 開戶銀行資料如表 12-8 所示。

表 12-8　　　　　　　　　　　　　　　開戶銀行資料

編碼	01	銀行帳號	123456789012
帳戶名稱	廣州市××實業股份有限公司	開戶時間	2010-01-05
幣種	人民幣	開戶銀行	工行天河支行
所屬銀行	中國工商銀行	聯行號	95588

(10) 結算方式如表 12-9 所示。

表 12-9　　　　　　　　　　　　　結算方式

一級結算方式編碼	一級結算方式名稱	二級結算方式編碼	二級結算方式名稱	是否票據管理
1	現金結算			否
2	銀行結算	201	支票結算	否
		202	銀行轉帳	否
3	商業匯票	301	銀行承兌匯票	否
		302	商業承兌匯票	否

(11) 會計科目輔助核算表如表 12-10 所示。

表 12-10　　　　　　　　　　　會計科目輔助核算表

會計科目	輔助核算	現金科目	銀行科目	銀行帳	日記帳
庫存現金		是			是
銀行存款			是	是	是
銀行存款——工行			是	是	是
銀行存款——建行	外幣(美元)		是	是	是
應收帳款	客戶往來				
應收票據	客戶往來				
預收帳款	客戶往來				
其他應收款	個人往來				
應付票據	供應商往來				
應付帳款	供應商往來				
預付帳款	供應商往來				
其他應付款	個人往來				
管理費用	部門核算				
主營業務收入	項目核算				
生產成本	項目核算				

(12) 應收票據期初餘額明細表如表 12-11 所示。

表 12-11　　　　　　　　　　應收票據期初餘額明細表

客戶名稱	票據號	承兌銀行	簽發日期	到期日	票據面值（元）	部門
A 公司	001	建行廣州支行	2016-10-01	2017-02-01	351,000	銷售部
C 公司	002	農行廣州支行	2016-12-15	2017-03-15	58,500	銷售部
D 公司	003	農行廣州支行	2016-11-20	2017-02-20	117,000	銷售部
合計					526,500	

(13) 應收帳款期初餘額明細表如表 12-12 所示。

表 12-12　　　　　　　　　　應收帳款期初餘額明細表

客戶名稱	品種	計量單位	銷售數量	不含稅單價（元）	不含稅總金額（元）	稅額（元）	部門	開戶行
A 公司	甲產品	個	5,000	120	600,000	102,000	銷售部	工行天河支行
B 公司	甲產品	個	1,000	130	130,000	22,100	銷售部	工行天河支行
C 公司	乙產品	個	500	100	50,000	8,500	銷售部	工行天河支行

表12-12(續)

客戶名稱	品種	計量單位	銷售數量	不含稅單價（元）	不含稅總金額（元）	稅額（元）	部門	開戶行
D公司	乙產品	個	600	90	54,000	9,180	銷售部	工行天河支行
E公司	甲產品	個	2,000	130	260,000	44,200	銷售部	工行天河支行
F公司	甲產品	個	3,000	120	360,000	61,200	銷售部	工行天河支行
G公司	乙產品	個	200	100	20,000	3,400	銷售部	工行天河支行
合計					1,474,000	250,580	銷售部	工行天河支行

（14）預付帳款期初餘額明細表如表12-13所示。

表12-13　　　　　　　　　預付帳款期初餘額明細表

供應商名稱	預付方式	預付金額（元）	部門	業務員	預付時間
M公司	支票	100,000	採購部	鄧一	2016-12-25
N公司	轉帳	50,000	採購部	鄧二	2016-11-26
O公司	支票	120,000	採購部	鄧三	2016-12-20
P公司	轉帳	200,000	採購部	鄧一	2016-11-20
合計		470,000			

（15）應付帳款期初餘額明細表如表12-14所示。

表12-14　　　　　　　　　應付帳款期初餘額明細表

供應商名稱	品種	計量單位	購進數量	不含稅單價（元）	不含稅總金額（元）	稅額（元）	部門	開戶行
M公司	A材料	個	6,000	30	180,000	30,600	採購部	工行天河支行
N公司	B材料	個	3,000	20	60,000	10,200	採購部	工行天河支行
O公司	C材料	個	6,000	10	60,000	10,200	採購部	工行天河支行
P公司	D材料	個	4,000	6	24,000	4,080	採購部	工行天河支行
Q公司	A材料	個	2,500	30	75,000	12,750	採購部	工行天河支行
X公司	B材料	個	2,000	20	40,000	6,800	採購部	工行天河支行
合計		個			439,000	74,630	採購部	工行天河支行

（說明：購進時都取得了增值稅專用發票）

（16）應付票據期初餘額明細表如表12-15所示。

表12-15　　　　　　　　　應付票據期初餘額明細表

供應商名稱	票據號	承兌銀行	簽發日期	到期日	票據面值（元）	部門
M公司	050	工行天河支行	2016-11-20	2017-02-20	468,000	採購部
N公司	051	工行天河支行	2016-12-05	2017-03-05	234,000	採購部
O公司	052	工行天河支行	2016-12-10	2017-04-10	46,800	採購部
P公司	053	工行天河支行	2016-11-05	2017-02-05	117,000	採購部
合計					865,800	

（17）預收帳款期初餘額明細表如表12-16所示。

表 12-16　　　　　　　　　　　預收帳款期初餘額明細表

客戶名稱	預收方式	預收金額	部門	業務員	預收時間
B 公司	支票	150,000	銷售部	吳一	2016-11-05
C 公司	轉帳	250,000	銷售部	吳二	2016-12-08
D 公司	支票	100,000	銷售部	吳三	2016-12-15
E 公司	轉帳	200,000	銷售部	吳一	2016-11-28
合計		700,000			

（18）會計憑證類別設置為收款憑證、付款憑證和轉帳憑證。

（19）外匯匯率採用浮動匯率，1~10 日匯率為 1：6.335,1；11~20 日匯率為 1：6.236,4；21~30 日匯率為 1：6.284,6；31 日匯率為 1：6.325,8。

（20）計提壞帳準備的方法是應收帳款餘額百分比法，計提壞帳準備的比例是 0.5%。

（21）計提固定資產折舊方法採用年限平均折舊法（二）；資產類別編碼規則為 2-2-1-2；手工錄入固定資產編碼；固定資產增加方式為直接購入或自行建造；固定資產減少方式為出售。

（22）固定資產類別表如表 12-17 所示。

表 12-17　　　　　　　　　　　固定資產類別表

一級類別編碼	一級類別名稱	二級類別編碼	二級類別名稱	使用年限（年）	計量單位	淨殘值率（%）	計提屬性
01	房屋	0101	行政大樓	60	幢	5	正常計提
		0102	生產大樓	50	幢	4	正常計提
02	電腦			5	臺	3	正常計提
03	生產設備			10	臺	4	正常計提
04	汽車	0401	卡車	15	輛	5	正常計提
		0401	小汽車	20	輛	2	正常計提
05	空調			8	臺	3	正常計提
06	辦公設備			5	個	2	正常計提

（23）2011 年 12 月 31 日有關固定資產資料如表 12-18 所示。

表 12-18　　　　　　　　　　　固定資產資料

編碼	名稱	原值（元）	累計折舊（元）	開始使用時間	使用及存放部門
0101001	行政大樓	4,126,540.00	251,456.00	2015-10-15	人力資源部
0102002	生產大樓	2,894,126.00	421,697.23	2015-10-20	車間辦公室
02001	電腦 A	8,500.00	426.00	2016-11-10	總經理辦
02002	電腦 B	7,560.00	562.00	2016-05-06	財務部
02003	電腦 C	6,250.00	512.00	2016-04-06	審計部
02004	電腦 D	5,420.00	658.00	2016-02-02	採購部
02005	電腦 E	4,650.00	510.00	2015-10-01	銷售部
02006	電腦 F	3,650.00	356.00	2015-10-01	車間辦公室
02007	電腦 G	6,530.00	630.00	2015-10-01	車間生產線
02008	電腦 H	5,560.00	560.00	2015-10-01	人力資源部
03001	生產設備 A	563,200.00	32,165.40	2015-10-01	車間辦公室
03002	生產設備 B	456,821.00	30,258.00	2015-10-01	車間辦公室

表12-18(續)

編碼	名稱	原值（元）	累計折舊（元）	開始使用時間	使用及存放部門
03003	生產設備 C	236,982.00	8,564.00	2015-10-01	車間辦公室
03004	生產設備 D	125,850.00	3,265.00	2015-10-01	車間辦公室
04001	小汽車 A	258,620.00	12,365.00	2015-10-01	總經理辦
04002	小汽車 B	168,500.00	56,980.00	2016-10-05	總經理辦
04003	卡車	125,680.00	25,632.00	2016-12-05	車間辦公室
05001	空調 A	12,500.00	6,532.00	2015-10-01	總經理辦
05002	空調 B	5,642.00	126.00	2015-10-01	財務部
05003	空調 C	4,560.00	152.00	2015-10-01	審計部
05004	空調 D	3,580.00	160.00	2015-10-01	採購部
05005	空調 E	3,650.00	140.00	2015-10-01	銷售部
05006	空調 F	4,260.00	182.00	2015-10-01	車間辦公室
06001	辦公設備 A	36,520.00	2,568.00	2015-10-01	總經理辦
06002	辦公設備 B	8,560.00	856.00	2015-10-01	財務部
06003	辦公設備 C	4,589.00	654.00	2015-10-01	審計部
06004	辦公設備 D	3,850.00	235.00	2015-10-01	採購部
合計		9,092,150.00	858,201.63		

（24）2016 年 12 月 31 日有關科目餘額明細表如表 12-19 所示。

表 12-19　　　　　　　　　　　關科目餘額明細表

資　產	借方金額（元）	負債及所有者權益	貸方金額（元）
庫存現金	25,000.00	短期借款	
銀行存款		工行	2,560,000.00
工行	3,684,000.00	應付帳款	513,630.00
建行（USD）	258,000.00	應付票據	865,800.00
	1,640,054.40	預收帳款	700,000.00
應收帳款	1,724,580.00	應付職工薪酬	
預付帳款	470,000.00	工資	642,105.00
壞帳準備	-6,800.00	應交稅費	
應收票據	526,500.00	應交消費稅	56,891.40
交易性金融資產	253,000.00	應交城建稅	4,792.22
其他應收款	27,500.00	未交增值稅	11,568.85
		其他應付款	1,200
原材料	2,689,000.00	教育費附加	2,053.81
庫存商品	1,863,250.00	長期借款	4,562,300.00
週轉材料	12,680.00	實收資本	12,000,000.00
固定資產	9,092,150.00	資本公積	20,000.00
累計折舊	-858,201.63	盈餘公積	4,000.00
在建工程	586,000.00	未分配利潤	363,917.49
工程物資	125,986.00		
無形資產	453,560.00		
合計	22,308,258.77	合計	22,308,258.77

(25) 其他應收款期初餘額明細表如表 12-20 所示。

表 12-20　　　　　　　　　　其他應收款期初餘額明細表

部門編碼	部門名稱	編號	姓名	金額（元）
1	總經理辦	101	陳一	6,000
4	採購部	401	鄧一	5,500
		402	鄧二	8,500
5	銷售部	501	吳一	4,500
		502	吳二	3,000
合計				27,500

(26) 其他應付款期初餘額明細表如表 12-21 所示。

表 12-21　　　　　　　　　　其他應付款期初餘額明細表

部門編碼	部門名稱	編號	姓名	金額（元）
7	車間生產線	701	葉一	300
		702	葉二	300
		703	葉三	300
		704	葉四	300
合計				1,200

(27) 工資類別及統計標準表如表 12-22 所示。

表 12-22　　　　　　　　　　工資類別及統計標準表

部門	工資類別	統計標準	計件工資標準（元）
車間生產線	計件工資	完工產品數量	0.3
銷售部	計件工資	銷售甲產品	1
		銷售乙產品	0.8
其他部門	固定工資		

(28) 工資結構表如表 12-23 所示。

表 12-23　　　　　　　　　　工資結構表

序號	工資項目	增減項
1	基本工資	增項
2	崗位工資	增項
3	獎金	增項
4	津貼	增項
5	交通補貼	增項
6	浮動工資	增項
7	事假扣款	減項
8	事假天數	其他
9	病假扣款	減項
10	病假天數	其他
11	遲到扣款	減項
12	遲到次數	其他

該公司財務制度規定，事假扣款標準是(基本工資+崗位工資+獎金+津貼+交通補貼+浮動工資)÷21.75；病假扣款標準是(基本工資+崗位工資+獎金+津貼+交通補貼+浮動工資)÷21.75×20%；遲到扣款標準是每次100元。

(29) 2017年1月公司考勤表如表12-24所示。

表12-24　　　　　　　　　　　　　　考勤表

部門名稱	編號	姓名	遲到次數（次）	事假天數（天）	病假天數（天）
總經理辦	101	陳一	1		
	102	陳二		1	
	103	陳三			1
財務部	201	張一	1		
	202	張二			
	203	張三		2	
	204	張四			
審計部	301	王一	1		
	302	王二			1
	303	王三		2	
採購部	401	鄧一			1
	402	鄧二			
	403	鄧三			1
銷售部	501	吳一			
	502	吳二		1	
	503	吳三			
車間辦公室	601	萬一	1		
	602	萬二			
	603	萬三			
車間生產線	701	葉一	1		
	702	葉二			2
	703	葉三			
	704	葉四		1	
人力資源部	801	周一		1	
	802	周二			
	803	周三			

(30) 2017年1月份工資表部分數據如表12-25所示。

表12-25　　　　　　　　　　　　工資表（部分）　　　　　　　　　　　　單位：元

部門編碼	部門名稱	編號	姓名	基本工資	崗位工資	獎金	津貼	交通補貼	浮動工資
1	總經理辦	101	陳一	2,500	500	600	400	500	750
		102	陳二	1,800	400	500	350	500	650
		103	陳三	2,200	400	500	350	500	550

表12-25(續)

部門編碼	部門名稱	編號	姓名	基本工資	崗位工資	獎金	津貼	交通補貼	浮動工資
2	財務部	201	張一	3,600	800	1,000	400	500	800
		202	張二	2,600	700	800	400	500	700
		203	張三	2,500	600	700	350	500	700
		204	張四	1,800	400	500	200	500	300
3	審計部	301	王一	4,000	600	600	500	500	600
		302	王二	2,200	350	500	400	500	400
		303	王三	1,800	200	300	300	500	200
4	採購部	401	鄧一	3,200	500	450	400	500	550
		402	鄧二	2,000	300	300	200	500	300
		403	鄧三	2,500	400	300	200	500	250
5	銷售部	501	吳一					200	
		502	吳二					200	
		503	吳三					200	
6	車間辦公室	601	萬一	5,000	500	450	500	500	800
		602	萬二	4,200	500	400	300	500	750
		603	萬三	3,000	400	300	300	500	500
7	車間生產線	701	葉一					200	
		702	葉二					200	
		703	葉三					200	
		704	葉四					200	
8	人力資源部	801	周一	3,500	450	400	500	500	600
		802	周二	2,000	320	300	450	500	400
		803	周三	2,500	350	350	400	500	500

（31）2017年1月計件工資統計表如表12-26所示。

表12-26　　　　　　　　　　　　　計件工資統計表　　　　　　　　　　　單位：個

部門編碼	部門名稱	編號	姓名	完工產品數量	銷售甲產品數量	銷售乙產品數量
5	銷售部	501	吳一		15,000	50
		502	吳二		2,000	7,000
		503	吳三		3,000	990
7	車間生產線	701	葉一	40,000		
		702	葉二	35,000		
		703	葉三	45,000		
		704	葉四	30,000		

（32）個人所得稅稅率表如表12-27所示。

表 12-27　　　　　　　　　　　　　個人所得稅稅率表

級數	全月應納稅所得額	稅率（%）	速算扣除數
1	不超過 1,500 元	3	0
2	1,500 元至 4,500 元的部分	10	105
3	4,500 元至 9,000 元的部分	20	555
4	9,000 元至 35,000 元的部分	25	1,005
5	35,000 元至 55,000 元的部分	30	2,755
6	55,000 元至 80,000 元的部分	35	5,505
7	超過 80,000 元的部分	45	13,505

（說明：個人所得稅的免徵額是 3,500 元）

（33）庫存商品明細表如表 12-28 所示。

表 12-28　　　　　　　　　　　　　庫存商品明細表

名稱	計量單位	數量	單價	總額	倉庫	貨位
甲商品	個	20,000	43.162,5	863,250	商品倉	A 貨位
乙商品	個	20,000	50	1,000,000	商品倉	A 貨位
合計				1,863,250		

（34）庫存原材明細表如表 12-29 所示。

表 12-29　　　　　　　　　　　　　庫存原材明細表

名稱	計量單位	數量	單價（元）	總額（元）	倉庫	貨位
A 材料	個	50,000	30	1,500,000	原材料倉	B 貨位
B 材料	個	42,500	20	850,000	原材料倉	B 貨位
C 材料	個	31,500	10	315,000	原材料倉	B 貨位
D 材料	個	4,000	6	24,000	原材料倉	B 貨位
合計				2,689,000		

（35）庫存週轉材料明細表如表 12-30 所示。

表 12-30　　　　　　　　　　　　　庫存週轉材料明細表

名稱	計量單位	數量	單價（元）	總額（元）	倉庫	貨位
紙箱 A	個	1,670	4	6,680	週轉材料倉	C 貨位
紙箱 B	個	3,000	2	6,000	週轉材料倉	C 貨位
合計				12,680		

（36）2017 年 1 月公司發生了如下經濟業務（銷售貨物適用的增值稅稅率為 17%）：

①1 月 1 日財務部張一出差，向財務部借款 1,000 元，財務部以現金支付。

②1 月 1 日支付本月水費 4,600 元，開出工行轉帳支票一張，支票號碼是 001 號；總經理辦承擔水費 600 元，銷售部門承擔水費 200 元，生產車間承擔水費 3,800 元；取得了增值稅普通發票。

③1 月 2 日從工行提現 50,000 元，開出工行現金支票一張，支票號碼是 002 號。

④1 月 2 日採購部鄧一出差向財務部借款 2,000 元，財務部以現金支付。

⑤1 月 2 日開出工行轉帳支票一張，支付上月員工工資 200,000 元，支票號碼是 003 號。

⑥1 月 3 日採購部從 M 公司採購 A 材料，數量是 2,000 個，不含稅單價是 25 元，取得了增值稅專

用發票，開出工行轉帳支票一張支付貨款，金額共計 58,500 元，支票號碼是 004 號。

⑦ 1 月 3 日採購部從 N 公司採購 B 材料，數量是 1,000 個，含稅採購單價是 21 元，取得了增值稅普通發票，款項沒有支付。

⑧ 1 月 3 日為了採購 C 材料，向 O 公司預付採購貨款 35,100 元，開出工行轉帳支票一張，支票號碼是 005 號。

⑨ 1 月 3 日從工行借入 500,000 元，期限為 1 年，利率為 6%，進帳單號是 051 號。

⑩ 1 月 4 日採購部支付 M 公司前欠貨款 210,600 元，開出工行轉帳支票一張，支票號碼是 006 號。

⑪ 1 月 4 日採購部從 M 公司採購 A 材料 7,000 個，不含稅採購單價 30 元，取得了增值稅專用發票，款項還沒有支付。

⑫ 1 月 4 日採購部從 P 公司採購 C 材料 5,000 個，不含稅採購單價 12 元，取得了增值稅專用發票，款項還沒有支付。

⑬ 1 月 5 日採購部支付前欠 P 公司貨款 28,080 元，開出工行轉帳支票一張，支票號碼是 007 號。

⑭ 1 月 5 日以現金支付總經理辦餐費 560 元，取得了增值稅普通發票。

⑮ 1 月 5 日支付公司電話費，總計金額為 4,250 元，其中銷售部承擔 250 元，總經理辦承擔 3,000 元，車間辦公室承擔 1,000 元；開出工行轉帳支票一張，支票號碼是 008 號；取得了增值稅普通發票。

⑯ 1 月 5 日生產車間為生產甲產品、乙產品從倉庫領料。其中，為生產甲產品領用 A 材料 4,500 個，為生產乙產品領用 B 材料 3,600 個，C 材料 7,200 個。

⑰ 1 月 5 日以現金為生產車間辦公室支付辦公費用 680 元，取得了增值稅普通發票。

⑱ 1 月 5 日財務部張一報銷差旅費用 820 元，取得了增值稅普通發票。

⑲ 1 月 5 日人力資源部以現金轉帳支票支付人才招聘費用 2,500 元，支票號碼是 009 號。

⑳ 1 月 6 日以現金向生產線工人葉一返還工衣款 300 元。

㉑ 1 月 6 日以現金支票支付生產設備 A 修理費用 3,600 元，工行支票號碼是 010 號，取得了增值稅普通發票。

㉒ 1 月 6 日以工行現金支票支付本月生產車間電費 26,820 元，支票號碼是 011 號，取得了增值稅普通發票。

㉓ 1 月 6 日銷售甲產品 5,000 個給 A 公司，不含稅銷售單價是 110 元，貨款尚未收到，開具了增值稅專用發票，業務員是吳一。

㉔ 1 月 6 日銷售甲產品 2,000 個給 B 公司，不含稅銷售單價是 95 元，對方以現金支票支付，開具了增值稅普通發票，進帳單號是 052 號，業務員是吳二。

㉕ 1 月 7 日銷售乙產品 1,000 給個 C 公司，不含稅銷售單價是 90 元，對方還沒有支付貨款，開具了增值稅專用發票，業務員是吳三。

㉖ 1 月 7 日以工行現金支票支付公司會計報表年審費用 5,600 元，支票號碼是 012 號。

㉗ 1 月 7 日以工行現金支票支付公司甲產品廣告費用 25,826 元，支票號碼是 013 號，取得了增值稅普通發票。

㉘ 1 月 8 日以工行現金支票支付公司小汽車 A、小汽車 B 過路過橋費 6,235 元，支票號碼是 014 號。

㉙ 1 月 9 日以工行現金支票支付生產車間辦公室卡車高速公路通行費 3,620 元，支票號碼是 015 號。

㉚ 1 月 9 日以現金 250 元購買小汽車 A 的修理配件。

㉛ 1 月 9 日以現金支付公司桶裝水費用 1,620 元，其中公司人力資源部承擔 320 元，銷售部承擔 300 元，生產車間承擔 1,000 元，取得了增值稅普通發票。

㉜ 1 月 9 日以現金支付生產車間辦公室打印紙 5 箱，共計支付現金 650 元，取得了增值稅普通

發票。

㉝ 1 月 10 日以工行存款繳納上月增值稅 11,568.85 元，消費稅 56,891.4 元，城市維護建設稅 4,792.22 元，教育費附加 2,053.81 元，銀行轉帳單號是 016 號。

㉞ 1 月 10 日銷售乙產品給 D 公司，銷售數量是 5,000 元，不含稅銷售單價是 80 元，開具了增值稅普通發票，D 公司同時開具了一張銀行承兌匯票，承兌銀行是農行廣州分行，票據面值為 468,000 元，期限為 3 個月，到期日 2017 年 4 月 10 日，業務員是吴一。

㉟ 1 月 10 日以現金為生產車間購買扳手等小修理工具，共花費了 360 元，取得了增值稅普通發票。

㊱ 1 月 11 日以工行轉帳支票支付本年度財產保險費用 45,600 元，其中生產車間承擔 35,600 元，公司總經理辦承擔 8,000 元，銷售部承擔 2,000 元，支票號碼是 17 號，取得了增值稅普通發票。

㊲ 1 月 11 日採購部購買 Q 公司的 D 材料，購買數量是 10,000 個，不含稅購買單價是 8 元，同時開出一張 3 個月工行承兌的商業匯票一張，面值是 93,600 元，取得了增值稅專用發票。

㊳ 1 月 11 日銷售部銷售乙產品給 G 公司，銷售數量為 2,000 個，不含稅銷售單價為 90 元，款項還沒有收到，開具了增值稅普通發票，業務員是吴二。

㊴ 1 月 11 日銷售部收到 B 公司預付貨款 117,000 元，銀行進帳單號是 053 號。

㊵ 1 月 11 日以現金支付銷售部餐費 820 元，取得了增值稅普通發票。

㊶ 1 月 12 日以工行轉帳支票支付公司法律訴訟費用 4,620 元，支票號碼是 18 號，取得了增值稅普通發票。

㊷ 1 月 12 日以工行轉帳支票支付公司的電費 248,000 元，其中生產車間辦公室承擔 220,000 元，銷售部門承擔 8,000 元，公司總經理辦承擔 20,000 元，支票號碼是 19 號，取得了增值稅普通發票。

㊸ 1 月 12 日以工行現金支票支付公司的移動電話費用 23,400 元，其中總經理辦承擔 10,000 元，人力資源部承擔 3,400 元，銷售部承擔 8,000 元，生產車間辦公室承擔 2,000 元，支票號碼是 20 號，取得了增值稅普通發票。

㊹ 1 月 12 日以工行支票支付公司物業管理費用 32,500 元，其中銷售部承擔 2,500 元，人力資源部承擔 30,000 元，支票號碼是 21 號，取得了增值稅普通發票。

㊺ 1 月 13 日以工行支票購買生產設備 E，取得了增值稅專用發票，不含稅金額是 500,000 元，支票金額為 585,000 元，支票號碼為 22 號。該生產設備使用年限 10 年，由生產車間負責使用和管理，殘值率為 4%。

㊻ 1 月 13 日以工行支票購買辦公設備 E，由人力資源部使用，價稅合計 6,500 元，取得了增值稅普通發票，支票號碼是 23 號，使用年限為 5 年，殘值率為 2%。

㊼ 1 月 14 日銷售部預收 F 公司貨款 160,000 元，進帳單號是 54 號。

㊽ 1 月 14 日銷售乙產品給 D 公司，不含稅銷售單價為 85 元，銷售數量為 3,000 個，開具了增值稅專用發票，D 公司同日開具了一張商業匯票，票據面值共計 298,350 元，業務員是吴二。

㊾ 1 月 14 日以現金支票支付公司車輛加油費 42,000 元，其中公司總經理辦承擔 22,000 元，銷售部承擔 15,000 元，車間辦公室承擔 5,000 元，支票號碼是 24 號，取得了增值稅普通發票。

㊿ 1 月 14 日經公司總經理批准，處理 A 公司應收帳款壞帳損失 5,000 元。

(51) 1 月 14 日出口甲產品到美國，銷售數量為 2,000 個，銷售單價是 30 美元，款項已存入建行外幣戶，支票號碼是 25 號，業務員是吴三。

(52) 1 月 14 日計提本月公司應承擔「五險一金」共計 156,800 元，其中公司人力資源部承擔 56,800 元，車間生產線承擔 40,000 元，車間辦公室承擔 30,000 元，銷售部承擔 30,000 元。

(53) 1 月 15 日收到工行進帳單通知，銀行存款利息收入 365.25 元，進帳單號是 55 號。

(54) 1 月 15 日發生銷售退貨，退貨公司是 C 公司，退貨數量為 10 個，當時不含稅銷售單價為 90

元，退回的商品是乙產品，倉庫已經辦好入庫手續。客戶還沒有支付貨款。銷售時開具了增值稅專用發票；業務員是吳三。

(55) 1月15日發生採購退貨，將採購的A材料退還給M公司，退貨數量為5個，當時的不含稅採購單價是30元，購買時取得了增值稅專用發票，款項還未支付。

(56) 1月16日將電腦A出售，出售時取得價款5,600元，購買方以現金支付。

(57) 1月16日購買工行銀行支票發生手續費26元，銀行直接從存款帳戶上扣款，通知單號是56號。

(58) 1月16日因銷售的甲產品存在質量問題，向客戶支付賠償費25,000元，以工行轉帳支票支付，支票號碼是27號。

(59) 1月16日採購部採購了一批辦公用品，總金額是25,120元，財務部以工行現金支票付款，支票號碼是28號，其中車間辦公室承擔5,120元，銷售部承擔3,000元，人力資源部承擔17,000元，取得了增值稅普通發票。

(60) 1月16日計提本月應承擔的短期借款利息36,250.12元。

(61) 1月16日支付本月應負擔的水費，以工行支票支付，支票號碼是29號，共發生了14,568.9元，其中銷售部承擔568.9元，車間辦公室承擔12,000元，公司總經理辦承擔2,000元。

(62) 1月16日銷售部收到B公司支付的貨款，總金額是152,100元，通知單號是57號。

(63) 1月16日銷售部收到G公司支付的貨款，總金額是23,400元，通知單號是58號。

(64) 1月17日採購部向X公司支付前欠的貨款，金額是46,800元，以工行支票支付，支票號碼是30號。

(65) 1月18日銷售部銷售乙產品給E公司，銷售數量是2,000個，不含稅銷售單價是90元，開具了增值稅專用發票，由於買方資金緊張，收到了同日開具的一張為期4個月的廣州工行承兑的商業匯票，票據面值為210,600元，業務員是吳二。

(66) 1月18日以現金支付總經理辦徵訂的報紙雜誌費420元，取得了增值稅普通發票。

(67) 1月18日為生產甲產品從倉庫領用材料4,800個，為生產乙產品從倉庫領用材料4,000個、C材料8,000個。

(68) 1月18日購買電腦供財務部使用，以工行支票支付了4,560元，取得了增值稅普通發票。使用年限為5年，殘值率為3%，支票號碼是31號。

(69) 1月20日採購部從N公司採購B材料，採購數量是5,000個，不含稅採購單價是20元，取得了增值稅專用發票，款項還沒有支付。

(70) 1月20日採購部從X公司採購B材料，採購數量是6,000個，不含稅採購單價是19元，取得了增值稅普通發票，由於公司資金緊張，同日開具了一張工行承兑的3個月的商業匯票給X公司。

(71) 1月20日銷售部銷售50個甲產品給D公司，不含稅的銷售單價是120元，開具了增值稅普通發票，業務員是吳一，D公司以現金付款。

(72) 1月20日以現金支付總經理辦交付的工商部門罰款260元。

(73) 1月20日採購部為了採購D材料向P公司預付採購貨款120,000元，以工行轉帳支票支付，支票號碼是32號。

(74) 1月20日銷售部向C公司銷售甲產品1,000個，不含稅銷售單價120元，開具了增值稅專用發票，對方以銀行存款支付，進帳單號是59號，業務員是吳三。

(75) 1月21日銷售部收回F公司前欠貨款210,600元，銀行進帳單號是60號。

(76) 1月21日銷售部向F公司銷售甲產品5,000個，不含稅銷售單價是120元，開具了增值稅普通發票，F公司以銀行支票支付，銀行進帳單號是61號，業務員是吳一。

(77) 1月30日將本月第一車間的製造費用分配給甲產品和乙產品。

㊻ 1月30日本月投產的產品全部完工，計算甲產品和乙產品的成本並做完工入庫處理，甲產品完工入庫數量為9,300個，乙產品完工入庫數量為7,600個。
㊼ 1月30日計算本月應繳納的城市維護建設稅和教育費附加並做帳務處理。
㊽ 1月30日計算並結轉本月產品的銷售成本。

[實訓要求]
（1）根據所給的資料，做好基礎設置工作。
（2）完成應收帳款系統的全部業務，並進行期末結帳工作。
（3）完成應付帳款系統的全部業務，並進行期末結帳工作。
（4）完成固定資產系統的全部業務，並進行期末結帳工作。
（5）完成薪資管理系統的全部業務，並進行期末結帳工作。
（6）完成總帳系統的全部業務和期末結帳工作，並完成本月的資產負債表和利潤表編制工作。

12.2　2月份實訓資料

[實訓內容]
廣州市××實業股份有限公司2017年2月發生的經濟業務資料如下：
（1）2月1日以工行支票支付上月工資120,000元，支票號碼是001號。
（2）2月1日以工行支票支付公司的電話費用15,600元，其中車間辦公室承擔5,600元，銷售部承擔2,000元，總經理辦承擔1,000元，採購部承擔5,000元，人力資源部承擔2,000元，支票號碼是002號，取得了增值稅普通發票。
（3）2月2日銷售部收到C公司預付的貨款234,000元，進帳單號是050號。
（4）2月2日銷售部銷售甲產品給D公司，銷售數量為1,000個，銷售單價是130元，開具了增值稅普通發票，貨款還沒有收到，業務員是吳一。
（5）2月2日銷售部收到A公司前期開出的應收票據款，金額總計351,000元，進帳單號是051號。
（6）2月2日人力資源部周二出差借款2,000元，財務部以現金支付。
（7）2月3日採購部以工行轉帳支票支付前欠O公司貨款702,000元，支票號碼是003號。
（8）2月3日銷售部收到A公司前欠貨款600,000元，銀行進帳單號是052號。
（9）2月3日以現金支付財務部辦公費用530元，取得了增值稅普通發票。
（10）2月3日以現金支付總理辦報銷加油費820元，取得了增值稅普通發票。
（11）2月3日銷售部銷售乙產品給E公司，銷售數量是1,000個，不含稅銷售單價是80元，開具了增值稅專用發票，款項還沒收到，業務員是吳一。
（12）2月4日銷售部收到E公司前欠貨款304,200元，銀行進帳單號是053號。
（13）2月4日以工行現金支票支付總理辦酒店住宿費3,000元，支票號碼是004號，取得了增值稅普通發票。
（14）2月5日以工行支票支付自來公司水費13,450元，其中生產車間辦公室承擔12,000元，總經理辦承擔1,000元，銷售部承擔450元，取得了增值稅普通發票。
（15）2月5日生產車間領用原材料，其中為生產甲產品領用6,000個，為生產乙產品領用5,000個，C材料領用10,000個。
（16）2月5日以工行存款上繳上月計提的相關稅金，銀行單號是054號。
（17）2月6日以工行支票支付公司電費249,120元，其中生產車間辦公室承擔220,000元，銷售

部承擔 19,120 元，總經理辦承擔 8,000 元，財務部承擔 2,000 元，支票號碼是 005 號。

（18）2 月 6 日銷售部銷售甲產品 50 個給 B 公司，不含稅銷售單價是 110 元，開具了增值稅專用發票，購貨方以現金支付，業務員是吳二。

（19）2 月 7 日採購部以工行支票支付前欠 P 公司應付票據款 117,000 元，支票號碼是 006 號。

（20）2 月 7 日以工行支票支付應由生產車間承擔的排污費 56,000 元，支票號碼是 007 號。

（21）2 月 7 日銷售部銷售乙產品給 C 公司，銷售數量為 6,000 個，不含稅銷售單價是 120 元，開具了增值稅普通發票，買方以銀行轉帳方式付款，銀行進帳單號是 054 號，業務員是吳三。

（22）2 月 7 日財務部接到工行扣款通知，從工行存款上扣割轉帳手續費 5,600 元，銀行支付單號是 055 號。

（23）2 月 7 日人力資源部周二報銷差旅費用 2,120 元，差額以現金支付。

（24）2 月 7 日採購部從 M 公司採購一臺生產設備 F 供生產車間使用，買價為 150,000 元，取得了增值稅專用發票，增值稅稅額為 25,500 元，款項還沒有支付。該生產設備使用年限為 10 年，殘值率為 4%。

（25）2 月 8 日將生產設備 B 出售，出售取得價款 425,000 元，銀行進帳單號是 056 號，同時以現金支付清理費用 3,200 元。

（26）2 月 8 日採購部從 M 公司採購 B 材料，採購數量是 8,000 個，不含稅採購單價是 20 元，取得了增值稅專用發票，貨款還沒有支付。

（27）2 月 9 日銷售部收回 B 公司前欠貨款 120,000 元，工行進帳單號是 056 號。

（28）2 月 9 日銷售部銷售乙產品給 A 公司，銷售數量是 2,000 個，不含稅銷售單價是 100 元，開具了增值稅專用發票，款項還沒有收到，業務員是吳三。

（29）2 月 9 日銷售部銷售乙產品給 F 公司，銷售數量是 400 個，不含稅銷售單價是 120 元，開具了增值稅專用發票，款項還沒有收到，業務員是吳二。

（30）2 月 9 日銷售部銷售甲產品給 B 公司，銷售數量是 800 個，不含稅銷售單價是 120 元，開具了增值稅專用發票，款項還沒有收到，業務員是吳一。

（31）2 月 9 日銷售部銷售乙產品給 A 公司，銷售數量是 600 個，不含稅銷售單價是 100 元，開具了增值稅專用發票，款項還沒有收到，業務員是吳二。

（32）2 月 9 日計提長期借款利息 36,500 元（計入當期損益）。

（33）2 月 9 日以工行支票支付公司電話費用 13,450 元，其中總理辦承擔 2,450 元，財務部承擔 500 元，人力資源部承擔 500 元，生產車間辦公室承擔 3,000 元，銷售部承擔 7,000 元，支票號碼是 008 號，取得了增值稅普通發票。

（34）2 月 10 日以現金支付財務部餐費 415 元，取得了增值稅普通發票。

（35）2 月 10 日客戶 A 公司退貨，退回乙產品 10 個，購買時不含稅銷售單價為 100 元，開具了增值稅專用發票，貨款還沒有支付。業務員是吳二。

（36）2 月 10 採購部向 M 公司退貨，退回 B 材料 30 個，不含稅採購單價為 20 元，取得了增值稅專用發票，貨款尚未支付。

（37）2 月 10 日以工行支票支付電費 35,468 元，其中銷售部承擔 468 元，總經理辦承擔 5,000 元，生產車間辦公室承擔 30,000 元，取得了增值稅普通發票。

（38）2 月 10 日以工行支票支付材料裝卸費和運費（沒有取得專用發票）12,400 元，支票號碼是 009 號。

（39）2 月 11 日以現金支付銷售部運費（沒有取得專用發票）680 元。

（40）2 月 11 日銷售部銷售甲產品給 D 公司，銷售數量是 1,000 個，不含稅的銷售單價是 120 元，開具了增值稅專用發票，款項入帳，銀行進帳單號是 57 號，業務員是吳三。

(41) 2月11日採購部以工行支票支付前欠 M 公司貨款 187,200 元，銀行單號是 58 號。

(42) 2月12日財務部以現金支付地稅局罰款 610 元。

(43) 2月12日以現金支付人力資源部新員工培訓費用 850 元，取得了增值稅普通發票。

(44) 2月12日生產車間為生產甲產品領用 A 材料 12,000 個，為生產乙產品領用 B 材 4,000 個，C 材料 8,000 個。

(45) 2月13日以工行支票支付生產車間生產設備修理費 3,620 元，支票號碼是 010 號。

(46) 2月13日銷售部銷售乙產品給 C 公司，銷售數量是 1,000 個，銷售單價是 85 元（含稅），開具了增值稅普通發票；C 公司通過銀行轉帳已付帳，銀行進帳單號是 59 號；業務員是吳二。

(47) 2月14日以工行支票支付公司辦用品費用 11,680 元，其中財務部承擔 680 元，總經理辦承擔 1,000 元，人力資源部承擔 2,000 元，銷售部承擔 3,000 元，生產車間辦公室承擔 5,000 元，支票號碼是 011 號，取得了增值稅普通發票。

(48) 2月20日以工行支票方式收到 D 公司到期的應收票據款 117,000 元，支票號碼是 012 號。

(49) 2月28日員工工資部分數據表如表 12-31 所示。

表 12-31　　　　　　　　　　　員工工資（部分）　　　　　　　　　單位：元

部門編碼	部門名稱	編號	姓名	基本工資	崗位工資	獎金	津貼	交通補貼	浮動工資
1	總經理辦	101	陳一	2,500	600	600	400	500	800
		102	陳二	1,800	400	500	350	500	650
		103	陳三	2,200	400	500	350	500	550
2	財務部	201	張一	3,600	900	1,000	400	500	800
		202	張二	2,600	700	800	400	500	700
		203	張三	2,500	600	700	350	500	700
		204	張四	1,800	400	500	200	500	300
3	審計部	301	王一	4,000	600	600	500	500	700
		302	王二	2,100	350	500	400	500	400
		303	王三	1,800	200	300	300	500	200
4	採購部	401	鄧一	3,200	500	450	400	500	550
		402	鄧二	2,000	400	300	300	500	400
		403	鄧三	2,500	400	300	300	500	250
5	銷售部	501	吳一					200	
		502	吳二					200	
		503	吳三					200	
6	車間辦公室	601	萬一	5,000	500	450	500	500	800
		602	萬二	4,200	450	400	300	500	750
		603	萬三	3,000	400	300	300	500	500
7	車間生產線	701	葉一					200	
		702	葉二					200	
		703	葉三					200	
		704	葉四					200	
		705	葉五					200	

表12-31(續)

部門編碼	部門名稱	編號	姓名	基本工資	崗位工資	獎金	津貼	交通補貼	浮動工資
8	人力資源部	801	周一	3,500	500	400	500	500	500
		802	周二	2,000	320	300	450	500	400
		803	周三	2,500	350	350	400	500	500

（50）2月員工考勤表如表12-32所示。

表12-32　　　　　　　　　　　　員工考勤表

部門名稱	編號	姓名	遲到次數（次）	事假天數（天）	病假天數（天）
總經理辦	101	陳一	2		
	102	陳二		1	
	103	陳三		2	
財務部	201	張一	1		
	202	張二		2	
	203	張三		2	
	204	張四			1
審計部	301	王一	2		
	302	王二			1
	303	王三		1	
採購部	401	鄧一		2	
	402	鄧二			1
	403	鄧三			1
銷售部	501	吳一	1		
	502	吳二		1	
	503	吳三			2
車間辦公室	601	萬一	1		
	602	萬二			
	603	萬三			
車間生產線	701	葉一	1		
	702	葉二			2
	703	葉三			
	704	葉四		1	
人力資源部	801	周一		1	
	802	周二	1		
	803	周三			

（51）2月份計件工資統計表如表12-33所示。

383

表 12-33　　　　　　　　　　　　　計件工資統計表　　　　　　　　　　　單位：件

部門編碼	部門名稱	編號	姓名	完工產品數量	甲產品銷售數量	乙產品銷售數量
5	銷售部	501	吳一		15,000	1,000
		502	吳二		50	15,990
		503	吳三		7,000	12,000
7	車間生產線	701	葉一	35,000		
		702	葉二	40,000		
		703	葉三	41,000		
		704	葉四	32,000		
		705	葉五	36,000		

（52）將本月第一車間的製造費用分配給甲產品和乙產品。

（53）計提 2 月份應繳納的消費稅、城市維護建設稅和教育費附加。

（54）計算並結轉 2 月份銷售成本。

（55）2 月份投產的產品全部完工，結轉 2 月完工入庫的產品成本，甲產品完工入庫數量為 18,000 個，乙產品完工入庫數量為 9,000 個。

[實訓要求]

（1）完成應收帳款系統的全部業務，並進行期末結帳處理。

（2）完成應付帳款系統的全部業務，並進行期末結帳處理。

（3）完成固定資產系統的全部業務，並進行期末結帳處理。

（4）完成薪資管理系統的全部業務，並進行期末結帳處理。

（5）完成總帳系統的全部業務和期末結帳工作，並完成本月的資產負債表和利潤表的編製工作。

國家圖書館出版品預行編目(CIP)資料

新編會計電算化教程 / 李焱、熊輝根、唐湘娟 主編. -- 第一版.
-- 臺北市：崧燁文化，2018.09

　面　；　公分

ISBN 978-957-681-385-6(平裝)

1.財政學 2.稅收

560　　　　　107011659

書　　名：新編會計電算化教程
作　　者：李焱、熊輝根、唐湘娟 主編
發行人：黃振庭
出版者：崧燁文化事業有限公司
發行者：崧燁文化事業有限公司
E-mail：sonbookservice@gmail.com
粉絲頁　　　　　　網　　址：
地　　址：台北市中正區重慶南路一段六十一號八樓815室
8F.-815, No.61, Sec. 1, Chongqing S. Rd., Zhongzheng
Dist., Taipei City 100, Taiwan (R.O.C.)
電　　話：(02)2370-3310　傳　真：(02) 2370-3210
總經銷：紅螞蟻圖書有限公司
地　　址：台北市內湖區舊宗路二段121巷19號
電　　話：02-2795-3656　傳真：02-2795-4100　網址：
印　　刷：京峯彩色印刷有限公司（京峰數位）

　　本書版權為西南財經大學出版社所有授權崧博出版事業有限公司獨家發行電子書及繁體書繁體版。若有其他相關權利及授權需求請與本公司聯繫。

定價：650 元

發行日期：2018 年 9 月第一版

◎ 本書以POD印製發行